DO PING-PONG AO TÊNIS DE MESA
OS PRIMÓRDIOS DA MODALIDADE ESPORTIVA NO BRASIL (1902-1949)

Editora Appris Ltda.
1.ª Edição - Copyright© 2025 dos autores
Direitos de Edição Reservados à Editora Appris Ltda.

Nenhuma parte desta obra poderá ser utilizada indevidamente, sem estar de acordo com a Lei nº 9.610/98. Se incorreções forem encontradas, serão de exclusiva responsabilidade de seus organizadores. Foi realizado o Depósito Legal na Fundação Biblioteca Nacional, de acordo com as Leis nos 10.994, de 14/12/2004, e 12.192, de 14/01/2010.

Catalogação na Fonte
Elaborado por: Dayanne Leal Souza
Bibliotecária CRB 9/2162

Y544d
2025
	Yokota, Gustavo
	   Do Ping-Pong ao tênis de mesa: os primórdios da modalidade esportiva no Brasil (1902-1949) / Gustavo Yokota. – 1. ed. – Curitiba: Appris, 2025.
	   471 p. ; 23 cm. – (Coleção Educação Física e Esportes).
	
	   Inclui referências.
	   ISBN 978-65-250-7356-9
	
	   1. Tênis de mesa. 2. História. 3. Esporte moderno. 4. Brasil. I. Yokota, Gustavo. II. Título. III. Série.
	
	                                                                    CDD – 796.346

Livro de acordo com a normalização técnica da ABNT

Appris editorial

Editora e Livraria Appris Ltda.
Av. Manoel Ribas, 2265 – Mercês
Curitiba/PR – CEP: 80810-002
Tel. (41) 3156 - 4731
www.editoraappris.com.br

Printed in Brazil
Impresso no Brasil

Gustavo Yokota

DO PING-PONG AO TÊNIS DE MESA
OS PRIMÓRDIOS DA MODALIDADE ESPORTIVA NO BRASIL (1902-1949)

Appris editora

Curitiba, PR
2025

FICHA TÉCNICA

EDITORIAL	Augusto Coelho
	Sara C. de Andrade Coelho

COMITÊ EDITORIAL

- Ana El Achkar (Universo/RJ)
- Andréa Barbosa Gouveia (UFPR)
- Antonio Evangelista de Souza Netto (PUC-SP)
- Belinda Cunha (UFPB)
- Délton Winter de Carvalho (FMP)
- Edson da Silva (UFVJM)
- Eliete Correia dos Santos (UEPB)
- Erineu Foerste (Ufes)
- Fabiano Santos (UERJ-IESP)
- Francinete Fernandes de Sousa (UEPB)
- Francisco Carlos Duarte (PUCPR)
- Francisco de Assis (Fiam-Faam-SP-Brasil)
- Gláucia Figueiredo (UNIPAMPA/ UDELAR)
- Jacques de Lima Ferreira (UNOESC)
- Jean Carlos Gonçalves (UFPR)
- José Wálter Nunes (UnB)
- Junia de Vilhena (PUC-RIO)
- Lucas Mesquita (UNILA)
- Márcia Gonçalves (Unitau)
- Maria Aparecida Barbosa (USP)
- Maria Margarida de Andrade (Umack)
- Marilda A. Behrens (PUCPR)
- Marília Andrade Torales Campos (UFPR)
- Marli Caetano
- Patrícia L. Torres (PUCPR)
- Paula Costa Mosca Macedo (UNIFESP)
- Ramon Blanco (UNILA)
- Roberta Ecleide Kelly (NEPE)
- Roque Ismael da Costa Güllich (UFFS)
- Sergio Gomes (UFRJ)
- Tiago Gagliano Pinto Alberto (PUCPR)
- Toni Reis (UP)
- Valdomiro de Oliveira (UFPR)

SUPERVISORA EDITORIAL	Renata C. Lopes
PRODUÇÃO EDITORIAL	Sabrina Costa
REVISÃO	Andrea Bassoto Gatto
DIAGRAMAÇÃO	Jhonny Alves dos Reis
CAPA	Lívia Costa
REVISÃO DE PROVA	Bruna Santos

COMITÊ CIENTÍFICO DA COLEÇÃO EDUCAÇÃO FÍSICA E ESPORTE

DIREÇÃO CIENTÍFICA	Valdomiro de Oliveira (UFPR)	
CONSULTORES	Gislaine Cristina Vagetti (Unespar)	Arli Ramos de Oliveira (UEL)
	Carlos Molena (Fafipa)	Dartgnan Pinto Guedes (Unopar)
	Valter Filho Cordeiro Barbosa (Ufsc)	Nelson Nardo Junior (UEM)
	João Paulo Borin (Unicamp)	José Airton de Freitas Pontes Junior (UFC)
	Roberto Rodrigues Paes (Unicamp)	Laurita Schiavon (Unesp)
INTERNACIONAIS	Wagner de Campos (University Pitisburg-EUA)	
	Fabio Eduardo Fontana (University of Northern Iowa-EUA)	
	Ovande Furtado Junior (California State University-EUA)	

AGRADECIMENTOS

Dedico estas palavras para agradecer às pessoas que, direta ou indiretamente, tornaram possível a materialização deste livro.

Não poderia começar de outra maneira senão mencionando a minha amada família.

Minha mãe e meu pai são os principais incentivadores de toda a trajetória profissional que percorri e sigo percorrendo. Sem o amor, o carinho, os ensinamentos, a motivação e os esforços pessoais e financeiros desses dois, eu jamais teria conseguido chegar até aqui. Obrigado, Sueli e Masaru, vocês são a minha maior inspiração. Agradeço ao Guilherme e à Samanta, cada um à sua maneira, por terem me presenteado com o exemplo e o zelo de irmãos mais velhos, que são os melhores que eu poderia ter.

Agradeço à minha namorada, pelo companheirismo e pelos ensinamentos durante os últimos anos. Quando nos conhecemos, este livro era apenas um sonho, agora tenho a sorte de realizá-lo ao seu lado. Você escutou os meus desabafos, acalmou os meus anseios e apoiou as minhas escolhas nos momentos mais decisivos. Obrigado, Mika, minha parceira de vida!

Agradeço à minha querida prima Fernanda, brilhante nos ramos da poesia, da publicidade, das relações públicas, do empreendedorismo e de muitos outros, por ter me auxiliado na construção estética da capa deste livro. Fico muito orgulhoso em acompanhar tudo que você está construindo e realizando nos âmbitos profissional e pessoal!

Aos amigos e às amigas que conheci no tênis de mesa, obrigado. Vocês fizeram e continuam fazendo a minha alegria sempre que me lembro de tudo o que vivemos e compartilhamos juntos. Seria injusto mencionar nomes e esquecer de alguém, prefiro evitar tamanha injustiça comigo mesmo... Mas saibam que se o tênis de mesa significa tanto para mim, é por causa das risadas que dei com vocês.

Agradeço à Confederação Brasileira de Tênis de Mesa, que acreditou neste livro ainda em 2021. O apoio recebido do início ao fim foi determinante para a sua publicação, demonstrando mais uma vez o compromisso da atual gestão com a produção científica. Escrever a história da modalidade no Brasil foi um voto de confiança pelo qual eu sempre serei grato.

Agradeço ao Prof. Dr. Marco Antonio Bettine de Almeida, minha maior influência no universo acadêmico. Desde o primeiro semestre da graduação em Educação Física e Saúde, foi ele quem me instigou a investigar o tênis de mesa sob o olhar das ciências humanas. Dali em diante, foram projetos de iniciação científica, bolsas de monitoria, artigos publicados e uma série de oportunidades e ensinamentos sem os quais eu não teria conseguido concluir este livro.

Agradeço à Taisa Belli, professora da Unicamp e maior referência acadêmica do tênis de mesa brasileiro na atualidade. Esteve presente na minha qualificação do mestrado e espero que, em breve, esteja também na minha defesa. Você criou a UniTM e está realizando um trabalho imensurável para o desenvolvimento da nossa modalidade. Obrigado por ter contribuído com este livro.

Agradeço à Larissa Riberti, professora de História Contemporânea e da América Latina na Universidade Federal do Rio Grande do Norte. Os seus apontamentos foram essenciais para eu compreender mais sobre o contexto histórico do tema que me propus a analisar neste livro. Saiba que as nossas breves conversas e suas indicações de leitura me ensinaram muito mais do que você pode imaginar.

Por fim, não poderia deixar de mencionar os colegas da EACH-USP, minha querida universidade, razão de ser quem eu sou. Agradeço ao Guilherme Pires, doutor em Mudança Social e Participação Política, e ao Danilo Lutiano, doutor em Educação Física. Vocês dois são referências que eu quero ter sempre por perto. Obrigado por terem lido parte deste livro e por terem contribuído com os seus valiosos apontamentos.

À Fabiana Tiemy Yokota.

PREFÁCIO

Primeiramente, gostaria de agradecer ao professor Gustavo Yokota por me convidar a prefaciar seu livro. O Gustavo sempre foi um pesquisador interessado nas ciências humanas, mesmo tendo o perfil para a área do treinamento esportivo, principalmente por sua trajetória como mesatenista.

Seus estudos com o tênis de mesa iniciaram-se com pesquisas voltadas ao financiamento dos atletas. O autor percebeu discrepâncias na questão de gênero nas Bolsas Atleta e desse debate surgiu o tema de mestrado que tratou sobre a inserção das mulheres no tênis de mesa brasileiro, dissertação de grande destaque na área sociocultural da Educação Física e Esporte.

Este livro soma-se à vasta produção acadêmica do professor Gustavo, a qual tive o privilégio de orientar no mestrado. *Do Ping-Pong ao tênis de mesa: os primórdios da modalidade esportiva no Brasil (1902-1949)* é seminal na área dos estudos históricos das modalidades esportivas e um divisor de águas nos estudos dos esportes de raquete, pois analisa aspectos históricos do Brasil Império para a República, passando pelo Estado Novo e pelo fim da Era Vargas.

O estado de São Paulo e sua capital homônima têm destaque no texto por serem o berço da prática, mas para quem busca apenas datas e nomes, digo que este não é um livro para vocês, pois ele é um trabalho que discute o processo de desenvolvimento das práticas esportivas e todas as suas nuances, como a urbanização, o transporte, a migração, as transformações culturais e sua influência no tênis de mesa.

Um dos elementos para a vinda do esporte ao Brasil é a urbanização, pois o café traria crescentes necessidades de material humano e tecnológico. A população do estado de São Paulo, a título de exemplo, passaria de 800 mil habitantes, em 1872, para mais de 7 milhões em 1940. Assim como a capital do estado, que em 1872 contava com 23 mil habitantes, que passaram a mais de um milhão em 1940, crescimento estimulado principalmente pela migração.

O aumento da rede de transportes teve papel fundamental nesse processo. O marco foi a inauguração da ferrovia Santos-Jundiaí, em 1867, ligando o porto de Santos ao interior. A obra também consolida a cidade de São Paulo como centro econômico do estado, que se tornou o principal entroncamento ferroviário da região, onde se encontravam os migrantes e os produtos industrializados que iam em direção ao interior, e o café, que viajava na direção contrária.

Ali surgiu um verdadeiro local de encontros, onde: a elite consolidava seus negócios e iniciava um processo de mudança das suas moradias para o centro financeiro; a mão de obra nacional não captada pela lavoura, que buscou emprego na dinâmica metrópole; a presença dos migrantes, que chegaram a representar, no início do século XX, metade da população da cidade, auxiliando na chegada de novas técnicas na lavoura e na indústria. A expansão dos transportes e das comunicações foi condição para o incremento do comércio e da indústria, visto que possibilitou a integração de diferentes mercados.

Iniciou-se um novo padrão de consumo, instigado por uma nascente, mas agressiva, publicidade, e pelo dinamismo cultural representado pela interação entre as revistas ilustradas, a difusão das práticas esportivas, a criação do mercado fonográfico e a popularização do cinema. O acesso a esses segmentos novos dar-se-ia pela participação da elite que, posteriormente, expandiu-se para a própria cultura brasileira.

Com esses novos padrões de consumo e atividades do tempo livre surgiram novas formas de interação das pessoas com a cidade, como as práticas esportivas. Essa revolução possibilitou novas formas de vida, ampliando o leque cultural dos citadinos conhecedores das novas tendências de Paris ou Londres. Dos vários processos culturais ocorridos nesse período, o estudo do professor Gustavo analisa um novo *ethos*, o pingue-pongue.

O surgimento de um tempo livre do trabalho auxilia no processo de disseminação do novo esporte de raquete, contribuindo para a implementação e organização de práticas do tempo livre, que partem do jogar para o jogar e o assistir, saindo dos grandes salões da elite para uma prática sistematizada. Esses avanços reforçam a característica do Brasil desenvolvimentista e da diversidade, que permitia ter uma rica participação nos esportes, não somente pelos migrantes e primeiros clubes de europeus, mas também de ser formada por diversas identidades presentes nos clubes, que às vezes representavam um bairro ou comunidade, sua referência.

Inspirando-se em hábitos europeus, principalmente importados da Paris haussmaniana, os citadinos passavam a frequentar espaços que espelhavam o requinte da sociabilidade europeia, como teatros, cinemas, restaurantes e cafés. Participavam de saraus literários e de audições musicais no ambiente das elites. Competições esportivas de natação, remo e ciclismo, promovidas pelos clubes recreativos privados, começaram a ser valorizadas como forma de libertação do corpo e como meios que a sociedade podia identificar-se como moderna. A vida social fechada nas fazendas e restrita às missas foi substituída pela busca cada vez mais constante às ruas e praças, pelos passeios e encontros na esfera pública, pela vida em sociedade que se constituía referenciada pelos padrões do mundo dito civilizado.

Mesmo nas práticas esportivas revelava-se uma forte segregação das classes sociais, para além de suas dimensões racistas e sexistas. Algumas modalidades, como o tênis e a equitação, eram praticadas majoritariamente pelos homens brancos da elite, em seus clubes privados. A importação dos *sports* e da ideia de clubes privados da Inglaterra foi acompanhada dos valores aristocráticos da origem, resultando, no Brasil, na violenta exclusão dos códigos definidores dos que podiam competir.

Chegando ao final deste prefácio, gostaria de destacar os pontos principais deste livro: (i) o processo de urbanização e industrialização na prática e na disseminação de uma modalidade específica; (ii) o pingue-pongue como prática de lazer da elite paulistana; (iii) o surgimento dos clubes como cultura industrial; (iv) a popularização do pingue-pongue, assim como de outras modalidades, transformou radicalmente a relação do público com o espaço urbano, desenvolvendo um novo conceito de atividades de lazer, como são as esportivas; (v) o surgimento de uma nova categoria de sujeito: os *sportmenships*.

Interessante pensarmos como algo que surge do avanço industrial, como o esporte e os clubes esportivos, pode servir de espaço de encontros, na tentativa de criar identidades, ou como um local de preservação da cultura local. Parece-nos viável fazer uma análise relacionando as ferrovias com o desenvolvimento das cidades do interior, a urbanização, a criação de clubes nas cidades e a prática do tênis de mesa.

Houve uma evolução global dos códigos esportivos na mesma direção da urbanização da sociedade. A regulamentação do tênis de mesa possibilitou passar de uma participação regional para competições inter-regionais. Para isso, criaram-se os clubes, que representavam cada região, facilitando a intermediação entre os participantes de várias localidades.

Institucionalizou-se, burocratizou-se, racionalizou-se o tênis de mesa, que passou do jogo pingue-pongue para a modalidade esportiva. Podemos interpretar o acordo das regras como uma possível superioridade dos níveis de integração. Cabe reiterar que, futuramente, a construção das regras levaria à criação de um organismo de fiscalização e representação, a Confederação Brasileira do Tênis de Mesa.

O restante o livro contará com melhores detalhes e muito mais propriedade.

Prof. Dr. Marco Bettine
Universidade de São Paulo

PALAVRA DO PRESIDENTE DA CONFEDERAÇÃO BRASILEIRA DE TÊNIS DE MESA

Receber o convite para abrir o livro sobre os primeiros passos da história do Tênis de Mesa nacional é motivo de muito orgulho e honra. Olhar para o passado ajuda-nos a compreender as tendências e os ciclos de acontecimentos, a promover o pensamento crítico e as novas perspectivas, que podem contribuir para as tomadas de decisões que ocorrem no presente visando ao futuro.

Este livro traz a história do Tênis de Mesa no Brasil, desde sua chegada em território nacional por meio do pingue-pongue, sua consolidação como esporte, a realização do primeiro Campeonato Brasileiro, a primeira participação do Brasil no Campeonato Mundial, até a conquista do nosso primeiro título sul-americano.

O livro enfoca os estados de São Paulo e Rio de Janeiro como pioneiros na prática da modalidade e elucida os clubes, as competições e atletas masculinos e femininos que praticavam a modalidade desde seus primórdios. Podemos ainda observar no livro todo um contexto histórico do tênis de mesa acerca da temática tão atual sobre equidade de gênero no esporte.

Interessantemente, enquanto disserta especificamente sobre o tênis de mesa nacional, o autor traz em conjunto toda uma contextualização histórica do regime político, do esporte como um todo, dos modos e costumes daquela época, além de uma interlocução com o que ocorria com o tênis de mesa em nível internacional. Tomados em conjunto, tais aspectos podem proporcionar ao leitor uma imersão mais completa e fidedigna do retrato histórico descrito da modalidade.

A Confederação Brasileira de Tênis de Mesa implementou sua área educacional em 2020, a Universidade do Tênis de Mesa, que tem o propósito de abrigar uma série de conteúdos de capacitações para o desenvolvimento de treinadores, árbitros e gestores do tênis de mesa brasileiro. Nesses quatro anos são 14 cursos em seu portfólio e mais de mil profissionais certificados. Sem dúvida, este livro passa a compor uma nova temática para a Universidade do Tênis de Mesa, a ser disseminada junto à nossa comunidade.

Desejo uma boa leitura a todos!

Alaor Azevedo
Presidente da Confederação Brasileira de Tênis de Mesa (CBTM)
Vice-presidente da Federação Internacional de Tênis de Mesa (ITTF)

SUMÁRIO

INTRODUÇÃO 17

1
A FASE DO DIVERTIMENTO CHAMADO PING-PONG (1902-1909) 23
   1.1 BREVE RETROSPECTO DO ESPORTE MODERNO NO BRASIL 23
   1.2 DOS PRIMÓRDIOS DO TÊNIS DE MESA EUROPEU À FUNDAÇÃO DA ITTF ... 28
   1.3 A REPÚBLICA E A MODERNIZAÇÃO DAS DUAS METRÓPOLES 33
   1.4 O BRASIL CONHECE UM NOVO JOGO INGLÊS 38

2
A TRANSIÇÃO GRADUAL DO JOGO PARA O SPORT (1910-1919) 53
   2.1 AS PRIMEIRAS COMPETIÇÕES OFICIAIS EM SÃO PAULO 56
   2.2 O PING-PONG CAMINHA A PASSOS CURTOS NO RIO DE JANEIRO... 61
   2.3 O DESCOMPASSO DO PING-PONG NAS CAPITAIS PAULISTA E CARIOCA 66
   2.4 HIPÓTESES E CONSIDERAÇÕES SOBRE O PING-PONG NO ESPORTE BRASILEIRO DURANTE O INÍCIO DO SÉCULO XX (1902 A 1919) 69

3
OS TEMPOS DE OURO DO PINGUE-PONGUE (1920-1929) 75
   3.1 SÃO PAULO 79
   3.2 RIO DE JANEIRO 103
   3.3 O PRIMEIRO CONFRONTO INTERESTADUAL 119
   3.4 AS MULHERES ENTRAM EM CENA 122
   3.5 AS RAÍZES ESTRANGEIRAS DO PINGUE-PONGUE COMPETITIVO NAS DUAS METRÓPOLES 131
   3.6 UM PANORAMA DO PINGUE-PONGUE BRASILEIRO 155

4
DA ASCENSÃO AO ESFRIAMENTO DO PINGUE-PONGUE COMPETITIVO (1930-1939) 173
   4.1 ENTRE RIVALIDADES E POLÊMICAS, FLORESCE O PINGUE-PONGUE PAULISTA 176
   4.2 O PINGUE-PONGUE CARIOCA ALÇA VOOS MAIS ALTOS 218
   4.3 QUEM VENCIA MAIS, OS PAULISTAS OU OS CARIOCAS? 236

4.4 O PINGUE-PONGUE FEMININO E AS PRIMEIRAS FACULDADES ADEPTAS DA MODALIDADE... 257
4.5 A INFLUÊNCIA DO HIGIENISMO E A CHEGADA DO PINGUE-PONGUE ÀS ESCOLAS...271
4.6 O ESFRIAMENTO DO PINGUE-PONGUE BRASILEIRO DURANTE A SEGUNDA METADE DA DÉCADA 277

5
ENFIM, O TÊNIS DE MESA (1940-1949) 299
5.1 NASCE UMA NOVA MODALIDADE ESPORTIVA EM TERRITÓRIO NACIONAL... 302
5.2 OS ANOS DE FIXAÇÃO DO TÊNIS DE MESA NAS CAPITAIS PAULISTA E CARIOCA (1942 A 1945) 324
5.3 O DESCASO PERMANECE, MAS ELAS RESISTEM COMO PODEM............. 345
5.4 AOS POUCOS, A INTEGRAÇÃO REGIONAL 356
5.5 O TÊNIS DE MESA BRASILEIRO APRESENTA-SE AO MUNDO................380
5.6 O PINGUE-PONGUE NOS TEMPOS DO TÊNIS DE MESA..................... 415

REFERÊNCIAS 423

INTRODUÇÃO

O tênis de mesa é um esporte olímpico, praticado sobre mesas com 76 cm de altura, 274 cm de comprimento e 152,5 cm de largura. As raquetes, de madeira, precisam ser revestidas por borracha com cores diferentes, e as redes, fixadas por suportes metálicos, medem 15,25 cm de altura. Já as pequenas bolas, são de plástico, devem pesar 2,7g e ter exatos 40 mm de diâmetro. Além disso, quando projetadas ao ar a 30 cm, precisam tocar a superfície da mesa e retornar à altura mínima de 23 cm para atender às normas oficiais. As partidas costumam ser disputadas em melhor de cinco ou de sete sets, sendo que cada um deles termina em onze pontos — a menos que o placar empate em dez a dez, pois nesse caso vence aquele jogador que abrir a diferença de dois pontos primeiro. Há dois jogadores por vez nas disputas individuais ou por equipes, e quatro jogadores nas disputas de duplas, a única categoria em que os saques necessariamente devem ser cruzados. E por falar em saques, eles são alternados a cada dois pontos e só são válidos quando a bola é lançada 16 cm para cima pela palma da mão livre na vertical. Tantas especificações são apenas algumas das inúmeras regras criadas e revisadas nos últimos noventa e oito anos pela ITTF (Federação Internacional de Tênis de Mesa), atualmente presente nos cinco continentes do globo terrestre, com 227 países filiados.[1]

No Brasil, a Confederação Brasileira de Tênis de Mesa (CBTM) é a entidade regulamentadora por trás da modalidade, a qual, segundo inferências do Atlas do Esporte, tem cerca de 12 milhões de praticantes ocasionais (Da Costa, 2006). Tal número baseou-se nas vendas de mesas registradas há duas décadas, portanto é uma estimativa que deve ser adotada com ressalvas. Ainda assim, as evidências empíricas parecem sustentar que não se trata de um levantamento exagerado. Basta olharmos ao nosso redor para constatar que, para além das competições amadoras ou profissionais, há manifestações espontâneas do tênis de mesa nos mais variados contextos, como recreios escolares, praças públicas, sindicatos, áreas de lazer em locais de trabalho, salões de clubes esportivos, projetos sociais, garagens e condomínios residenciais, entre outros exemplos comuns a uma parcela considerável da sociedade. Diante da sua quase onipresença

---

[1] Para ver as demais regras da modalidade, acessar o *Handbook* da ITTF, disponível em: https://documents.ittf.sport/sites/default/files/public/2022-02/ITTF_HB_2022_clean_v1_0.pdf.

em espaços recreativos espalhados pelo território nacional, é possível afirmar que o tênis de mesa é um esporte popular entre os brasileiros.

Apesar dessa constatação, não se pode negar que a mesma modalidade ainda está longe de ter as suas potencialidades devidamente exploradas, inclusive pelos círculos universitários — as regras mencionadas, por exemplo, são estranhas à maioria dos profissionais de Educação Física, que passam pela graduação sem adquirirem noções básicas sobre a aplicabilidade do tênis de mesa nas escolas, nos centros de saúde pública e reabilitação, ou mesmo nos clubes esportivos. Felizmente, há pesquisadores e pesquisadoras que trabalham para transformar essa realidade, como Raphael Moreira,[2] Taisa Belli[3] e Camila Cardoso[4], à frente de iniciativas que abrangem desde a prática esportiva para pessoas com deficiência, até o desenvolvimento e a formação de treinadores(as) da modalidade a nível nacional. Mas no que se refere especificamente às ciências humanas, o tênis de mesa ainda é um fenômeno sociocultural esquecido, com raríssimas produções acadêmicas. Tal cenário evidencia a pertinência deste livro, que aborda de maneira inédita a história de uma modalidade tão enraizada no imaginário coletivo e, ao mesmo tempo, tão carente de investigações originais. Antes de tecer comentários acerca do livro que o leitor ou a leitora têm em mãos, acredito ser importante contextualizar brevemente a minha relação, o autor que vos escreve, com o tênis de mesa, além de pontuar como cheguei a essas conclusões e como desemboquei nesta temática. Esclarecer isso é um gesto de transparência da minha parte, para que o leitor ou a leitora entendam de que lugar eu escrevo, com paixão e imparcialidade expressamente declaradas.

De início, devo confessar que a importância da modalidade em minha vida extrapola bastante os interesses acadêmicos. Foi por influência do meu pai e do meu irmão mais velho que, em 2009, dei as primeiras raquetadas num clube da colônia japonesa, onde um campeonato anual de pingue-pongue era tradicionalmente organizado pelos associados.

---

[2] Raphael Moreira é doutorando em Ciências do Movimento Humano pela Unifesp e atua na formação de professores de Educação Física na área do paradesporto. Foi treinador da seleção brasileira paralímpica de tênis de mesa de 2017 a 2022.

[3] A Prof.ª Dr.ª Taisa Belli é líder do Grupo Interdisciplinar de Pesquisa em Esportes de Raquete da Unicamp (GRIPER), membra titular do International Table Tennis Federation (ITTF) Sports Science and Medical Committee, e membra do Comitê Científico da CBTM. Desenvolve pesquisas nas áreas de Fisiologia e Treinamento Desportivo.

[4] Camila Cardoso é mestra em Ciências da Nutrição, do Esporte e Metabolismo pela FCA/Unicamp. Atualmente é líder da Universidade do Tênis de Mesa (UniTM), programa que, entre outras coisas, promove capacitações para o desenvolvimento de treinadores, árbitros e gestores do tênis de mesa brasileiro.

Empolgado com o novo divertimento, fui atrás de treinamentos semanais, tendo a sorte de cruzar os caminhos de Monica Doti, a responsável por me introduzir ao tênis de mesa na cidade de Santo André. Naquele momento, ainda garoto, percebi que o pingue-pongue e o tênis de mesa tinham diferenças: o primeiro era uma atividade de lazer cujos fins principais não pareciam ser competitivos, e, sim, confraternizantes, portanto praticado esporadicamente numa associação nipônica de caráter bairrista e familiar; já o segundo, era o esporte oficial, com regras inflexíveis e materiais sofisticados, portanto praticado periodicamente num ginásio da prefeitura local.

Dali em diante, tomei gosto pela prática e mergulhei de cabeça no tênis de mesa competitivo até virar um atleta profissional. Entre 2011 e 2022 disputei torneios estaduais e nacionais, além de ter representado a seleção brasileira das categorias de base em campeonatos sul-americanos, latino-americanos, pan-americanos e mundiais. Devo a essas experiências os momentos mais memoráveis que tive durante a transição para a vida adulta, além de aprendizados interpessoais que só o universo esportivo poderia me oferecer. Ocorre que, no meio do referido percurso, cada vez mais desanimado com a projeção da minha carreira como atleta profissional, decidi mudar radicalmente de rotina. Pensando em atuar como treinador da modalidade, ingressei no curso de Educação Física e Saúde da Escola de Artes, Ciências e Humanidades da Universidade de São Paulo, afastando-me cada vez mais dos treinamentos semanais. Nesse contexto, fui introduzido às ciências humanas e a um novo universo, o da investigação acadêmica, no qual descobri outras possibilidades para seguir conectado com o tênis de mesa, não mais como eu imaginava antes, mas como pesquisador. Até então desconhecida, essa ocupação virou a minha convicção pelos anos seguintes, e o incessante desejo de compreender de maneira mais profunda o tênis de mesa enquanto fenômeno sociocultural, minha maior motivação.

Sempre com um olhar direcionado à modalidade, durante a iniciação científica transitei pela Sociologia, o que me levou a pesquisar políticas públicas e a desigualdade de gênero no contexto do alto rendimento. Para o trabalho de conclusão do curso, instigado em saber mais sobre o passado do tênis de mesa no Brasil, migrei para a História. As primeiras aproximações com o tema, no entanto, foram frustrantes, pois, conforme apontado, não existiam referências acadêmicas da trajetória da modalidade em nosso país. O máximo que encontrei foram notas de rodapé em abordagens generalistas, além de arquivos baseados em relatos de memorialistas, muitos dos quais provaram-se imprecisos e cheios de datas incorretas após pesquisas rápidas pelos acervos públicos da internet. Frente a esse cenário, ficou evidente que havia muitas lacunas sobre o tema, e que eu precisava ser o primeiro aventureiro a tentar preenchê-las.

Ao longo das pesquisas iniciais, gradualmente fui percebendo que os meus achados poderiam se tornar mais do que apenas um trabalho de conclusão de curso: foi com a ousada pretensão de fundar o campo de estudos históricos do tênis de mesa brasileiro que surgiu a ideia deste livro. Ousada, pois consistia numa tarefa desafiadora em todos os sentidos para um jovem pesquisador como eu. Felizmente, em 2022 a materialização da ideia em realidade objetiva tornou-se possível graças à CBTM, entidade que, desde então, patrocinou a pesquisa de campo, além de todo o processo de publicação, confiando-me uma responsabilidade pela qual sempre serei grato.

Feitas essas considerações, agora sim atentemo-nos ao conteúdo do livro. Trata-se de um estudo focado nas cidades de São Paulo e Rio de Janeiro, metrópoles que mobilizaram importantes formas de sociabilidade no final do século XIX e início do século XX, tais como alguns esportes modernos, mais tarde espraiados pelo restante do território nacional (Sevcenko, 1992). Ambas as capitais foram lugares privilegiados para o desenvolvimento do tênis de mesa brasileiro, portanto é à memória dos seus jogadores, clubes, dirigentes e conquistas que nos atemos ao longo dos cinco capítulos dispostos neste livro, escritos em ordem cronológica. Destinei-me a explorar um período específico da modalidade, que abarca desde a data da sua chegada ao Brasil, em 1902, até a conquista do primeiro título internacional de uma seleção brasileira, em 1949. Tal recorte histórico engloba: o processo de sistematização da prática, inicialmente chamada de *Ping-Pong*, uma patente de jogo importada do exterior; a ascensão e o esfriamento do pingue-pongue nas capitais paulista e carioca; bem como a inevitável substituição do formato anterior pelo tênis de mesa, a prática oficialmente reconhecida com a aprovação das regras internacionais pela Confederação Brasileira de Desportos (CBD). Qual a raiz da dicotomia entre o pingue-pongue e o tênis de mesa no Brasil? Quem foram os seus primeiros adeptos e quais objetivos os moviam? Qual era o contexto socioeconômico e político do país cem, noventa, oitenta, setenta anos atrás, e como isso influenciava os rumos da modalidade? Como, quando e sob quais circunstâncias deu-se o processo de integração do tênis de mesa brasileiro com o restante do mundo? Eis algumas questões que serão respondidas ao longo da leitura.

O maior desafio durante a escrita deste livro consistiu em trabalhar com um tema carente de fontes acadêmicas. Nesse sentido, as investigações bibliográficas pautaram-se em estudos sobre a estruturação do campo esportivo, bem como sobre a história de outras modalidades no Brasil, segundo as quais foi possível traçar hipóteses para melhor compreender a trajetória percorrida pelo tênis de mesa. Já as investigações documentais concentraram-se nos jornais de grande circulação da época, a partir dos quais foi possível tomar conhecimento das pessoas que estiveram por trás da prática durante o período proposto. Ao trabalhar com a imprensa impressa, deve-se considerar que ela atendia a interesses econômicos, políticos e ideológicos diversos. Com atenção a essa limitação, este livro não se resume à mera reprodução dos valores expressos pelos grupos que monopolizavam a escrita, pois não deixa de argumentar, quando apropriado, contrariamente ao discurso adotado em cada um dos jornais de grande circulação. Alguns deles foram os cariocas *O Globo*, *Correio da Manhã* e *Jornal dos Sports*, além dos paulistas *O Estado de São Paulo*, *A Gazeta* e *Correio Paulistano*[5]. Com as informações obtidas por meio de seus noticiários esportivos, e o cruzamento delas com aquilo que existia de melhor na literatura sobre o desenvolvimento do esporte moderno no Brasil, este livro adquiriu um caráter não apenas informativo, mas também crítico. Afinal, não sendo fruto do acaso, o mundo como enxergamos hoje foi construído socialmente, portanto o estudo da sua história favorece uma melhor interpretação das condições que nos cercam (Melo, 1999). Noutras palavras, vasculhar o passado do tênis de mesa brasileiro é uma oportunidade para não apenas conhecer nomes e datas que marcaram a trajetória percorrida pela modalidade, como também para refletir sobre questões que permanecem ecoando até os dias atuais. Conforme aponta a pesquisadora Silvana Goellner (2005a, p. 80), trata-se, nesse sentido,

---

[5] Todas as referências de jornais, periódicos e revistas de época foram consultadas em acervos digitais, cabendo destacar a Hemeroteca Digital, que abriga a maioria delas em seu *website* de livre acesso. Para facilitar a leitura deste livro, optei por apresentar essas referências em notas de rodapé, juntamente às considerações complementares acerca dos temas discutidos (foi mantida a ortografia dos respectivos períodos de circulação dos jornais, periódicos e revistas consultados). Por outro lado, as referências bibliográficas de artigos publicados em revistas acadêmicas e livros seguiram o sistema autor-data, podendo ser consultadas integralmente ao final do livro.

de passear pelo passado que também é presente, pois, "apesar de distante na cronologia, carrega em si proximidades com representações, conceitos e preconceitos, formulações teóricas, construções estéticas, políticas e ideológicas" do nosso tempo.

Devo reforçar que não tenho a pretensão de esgotar discussões neste livro, apenas começá-las. Há muito a ser pesquisado sobre o passado do tênis de mesa brasileiro, praticamente intocado pelo universo acadêmico desde a data de publicação dos noticiários consultados. Sendo assim, espero que este livro seja ponto de partida para novos estudos, tais como investigações específicas sobre a trajetória da modalidade nos demais estados e regiões do país, entre outras inúmeras possibilidades de cunho histórico que serão essenciais para formular um arcabouço teórico do tênis de mesa brasileiro no campo das ciências humanas.

Por fim, embora também tenha essa finalidade, este livro não espera atender apenas a comunidade acadêmica, mas toda e qualquer pessoa disposta a desbravar o passado da modalidade com um olhar atento e questionador. Trabalhar com essa temática foi um percurso de descobertas e reflexões valiosas, em que recorri novamente a Silvana Goellner (2005a, p. 79), para lhe "conferir significações, contextualizá-la no seu tempo, analisá-la, permitir que dela originassem diferentes interpretações". Eu espero profundamente que você, leitor ou leitora, faça o mesmo enquanto me acompanha pelas próximas páginas, pois somente quando nos desprendemos da sua ingênua aparência para conhecer a sua complexa essência é que estamos aptos a compreender verdadeiramente a história do tênis de mesa brasileiro.

19 de junho de 2024
Gustavo Kenzo Yokota

1

A FASE DO DIVERTIMENTO CHAMADO PING-PONG (1902-1909)

A primeira parte deste capítulo tem o objetivo de preparar o leitor para a trajetória cheia de percalços do tênis de mesa brasileiro. Trata-se, portanto, de um "aquecimento", no qual precisamos passar brevemente por alguns temas mais abrangentes e complexos, afinal, este não é um livro voltado apenas aos círculos fechados das universidades, mas a toda e qualquer pessoa interessada em conhecer os primórdios da modalidade. Desse modo, acredito ser importante para o entendimento dos capítulos posteriores contextualizar o leitor a respeito: a) do esporte moderno no Brasil; b) dos primórdios do tênis de mesa na Europa, seu continente de origem; c) da *belle époque* brasileira, período no qual a prática começa a ser difundida no país.

Por fim, devo pontuar que alguns capítulos, divididos por décadas e escritos em ordem cronológica, serão iniciados por uma breve apresentação política e sociocultural do momento em questão. Afinal, não é possível contar a história de um esporte sem considerar a sociedade e as condições nas quais ele foi praticado e difundido.

Salvo algumas exceções, dada a especificidade da modalidade nas cidades de São Paulo e Rio de Janeiro, elas também terão espaços próprios para as suas respectivas narrativas. Isto é, o tênis de mesa paulista e o tênis de mesa carioca, enfatizados ao longo de todo o livro, serão quase sempre detalhados em capítulos separados. Ainda que a atuação de ambos esteja marcada por diversos encontros, optei por abordá-los em textos diferentes, visando, dessa forma, a uma leitura mais fluida.

1.1 BREVE RETROSPECTO DO ESPORTE MODERNO NO BRASIL

O esporte moderno pode ser classificado como um fenômeno sociocultural surgido no final do século XVIII, cujas manifestações tinham técnicas similares a antigas práticas corporais que existiam desde a Antiguidade, mas com sentidos e significados bem distintos (Mascarenhas,

2009). A partir de modificações nos tradicionais jogos populares, juntamente a elementos da cultura corporal da nobreza, a sua gestação ocorreu dentro das escolas públicas da Inglaterra (Bracht, 2005). Tais ambientes, frequentados por jovens burgueses, tinham em sua grade curricular um tempo destinado a atividades físicas, o que seria propício para o desenvolvimento de práticas semiestruturadas.[6]

Com o passar das décadas, sobretudo a partir do século XIX, foram consolidadas algumas características básicas do esporte moderno ao redor do mundo, que poderiam sofrer alterações de acordo com os conhecimentos e as possibilidades locais: a secularização, a igualdade de chances, a especialização dos papéis, a racionalização, a burocratização, a quantificação e a busca do *record* (Guttmann, 2004).[7] Além disso, as constantes transformações nos núcleos das sociedades europeias dificultavam a distinção social entre os grupos urbanos que se formavam nas metrópoles. Caberia ao esporte moderno demarcar de forma mais clara as novas fronteiras existentes, assumindo um papel que ia muito além do lazer. Tal fenômeno sociocultural, dotado da internalização do gesto motor e de uma corporalidade específica, reunia pessoas de classes sociais privilegiadas, ao passo que se tornava um bem simbólico de preservação de *status* (Soares; Vaz, 2009).

No caso do Brasil, antes do século XIX, práticas corporais rudimentares eram resultantes das condições de sobrevivência, com caráter eminentemente utilitário, de modo que se reproduziam nos hábitos dos colonizadores e dos povos indígenas (Tubino, 1996). Ainda assim, cabe mencionar que quando reproduzidas pelas camadas populares, as atividades físicas eram mal vistas pelas elites locais. Graças à estrutura escravocrata da época, havia um preconceito com os trabalhos manuais, comuns aos menos abastados da sociedade, enquanto aos mais abastados cabiam as tarefas intelectuais como atividade laboral. Não seria exagero, portanto, dizer que algumas atividades físicas estavam relacionadas à depreciação moral dos indivíduos. A partir de 1808, com a chegada da família real portuguesa aos Brasil, foram lançadas importantes bases para as ressignificações que estavam por vir. Tal acontecimento impulsionou significativamente a vinda de europeus ao país: ingleses, franceses e alemães trouxeram com eles o embrião de diversas práticas esportivas.

---

[6] Nesse caso, as práticas semiestruturadas consistiam em embriões dos esportes modernos, ainda incipientes em sua organização.

[7] Algumas características atribuídas aos esportes modernos por Allen Guttmann (2004) serão adotadas neste livro como parâmetro para compreendermos as transformações ocorridas no *status* da prática de raquetes.

Embora já houvesse, provavelmente, corridas de cavalos na capital da República desde 1810 (Melo, 2007), é impossível precisar a data de chegada do esporte moderno aos trópicos. Sabe-se apenas que, quando isso se deu na primeira metade do século XIX, suas manifestações importadas da Europa estavam centradas no *fair play* e no cavalheirismo como modos de distinção social. Não demorou para que as elites locais incorporassem os passatempos daquele continente-modelo: as camadas ricas da sociedade abraçaram os esportes modernos, fazendo com que os significados por trás das atividades físicas começassem a se transformar gradualmente em algo positivo, sinônimos de diversão e lazer (a exceção eram os jogos populares, associados às parcelas mais pobres da sociedade). O pesquisador Victor Andrade de Melo explica de maneira sucinta o que aconteceu:

> Assim, com a importação crescente dos modismos e de bens culturais europeus, os esportes e as atividades físicas institucionalizadas chegaram ao Brasil. A influência dos estrangeiros é um fator de importância para a ser considerado no desenvolvimento do campo esportivo no país. Os europeus trouxeram o hábito e o desejo de estruturar clubes, organizar competições esportivas e até mesmo ensinar práticas ligadas às atividades físicas/esportes (Melo, 2009, p. 45).

O grupo em questão não fazia parte da corrente imigratória que vinha ao Brasil para ser mão de obra barata. Na realidade, eram viajantes com profissões valorizadas. Em 1849, a criação de um clube de turfe (Club de Corridas) é um dos marcos desse período, encabeçado por representantes da economia agrícola tradicional (Melo, 2010). Também já eram implementadas em algumas escolas primárias doutrinas europeias de ginástica, que passariam a ser defendidas como meios de fortalecimento físico necessários ao progresso da nação (Tubino, 1996).

Com a transição do Império à República, São Paulo e Rio de Janeiro consolidaram-se como lugares privilegiados para o desenvolvimento histórico do esporte moderno em direção a várias regiões do Brasil (Dias, 2013). Isto é, durante o período em questão, os dois estados, sobretudo as suas capitais, passaram por processos acelerados de urbanização e crescimento demográfico, seguidos de um emergente interesse nas práticas esportivas. Gradualmente, com o impulso das condições socioeconômicas às quais me referi, diversos clubes associativos foram fundados nessas localidades, cada qual com diferentes perfis de frequentadores. Pode-se dizer que tais agremiações operavam estrategicamente em prol dos interesses das elites, posto que forjavam relações idealmente mais abertas a partir de ocasiões em que se desenvolviam comportamentos civilizados, adequados às novas normas sociais (Melo, 2022a).

Mais à frente, já no início do século XX, o que antes era motivo de escândalo tornar-se-ia comum: atividades físicas com roupas curtas e idas à praia com trajes de banho transformaram homens musculosos e mulheres curvilíneas no padrão de beleza do corpo humano na época. Por conseguinte, as práticas esportivas começaram a ser consideradas sinônimo de manutenção da saúde, enquanto seus adeptos ganharam a fama de indivíduos higiênicos e de boa índole. Tais características foram fortemente relacionadas ao remo, que passou a ser parte de um estilo de vida associado às camadas médias e altas da sociedade oriundas da urbanização (Melo, 2022a). Engenheiros, médicos, militares de alta patente e empresários da indústria nacional estavam entre os seus principais adeptos e apoiadores (Melo, 2007).

O esporte moderno havia se constituído, antes de qualquer coisa, como uma atividade que visava à promoção dos bons costumes. A expressão máxima desses ideais repousava no amadorismo, um código de conduta oriundo dos valores britânicos em voga na época vitoriana.[8] Sendo assim, as práticas esportivas nos clubes mais renomados eram cheias de regras de etiqueta. Entre elas estava a proibição de receber qualquer tipo de remuneração pelos resultados obtidos, independentemente da situação. O esporte em si não deveria ser uma profissão e, sim, meio de sociabilidade de cavalheiros que buscavam, antes da vitória, a confraternização entre semelhantes.

Após as primeiras décadas do século XX, esse cenário passou por novas transformações e o profissionalismo no futebol, por exemplo, foi oficializado no ano de 1933 (Streapco, 2015). Trata-se de um momento em que o acesso às práticas esportivas deixa de ser um privilégio de determinados estratos da sociedade. As elites locais à frente dos clubes e entidades tradicionais continuariam visando à preservação do *status quo*, mas as competições já tinham o protagonismo de participantes com realidades bem distintas, sobretudo no esporte bretão.

Em confluência aos anseios nacionalistas da época, as práticas esportivas passaram a protagonizar certames internacionais de grande porte e repercussão, graças a um sentimento identitário de base territorial arqui-

---

[8] A época vitoriana ficou assim conhecida pelo reinado da rainha Vitória de Hanover, marcado por inúmeras transformações políticas, econômicas e culturais.

tetado por estadistas da época (Mascarenhas, 2009). São exemplos disso Adolf Hitler na Alemanha, Benito Mussolini na Itália e Getúlio Vargas no Brasil, os quais investiram no uso político do esporte para operar como um catalisador das massas. Assim, almejavam unificar a população em torno de um projeto de Estado-Nação em que as conquistas esportivas seriam motivo de orgulho e vitrines de sua superioridade frente ao restante do mundo.

Nas primeiras décadas do século XX, duas entidades influentes tomavam conta dos rumos do esporte brasileiro: o Comitê Olímpico Brasileiro (COB) e a Confederação Brasileira de Desportos (CBD). Fundadas, respectivamente, em 1914 e 1916, ambas rivalizaram para definir a composição da delegação nacional em diferentes edições dos Jogos Olímpicos (Melo, 2007). Apenas em 1936, a CBD foi definitivamente substituída pelo COB na representação do Comitê Olímpico Internacional (COI), o que deu início à difusão dos princípios do olimpismo no Brasil (Melo, 2007).

Porém isso não significa que os atritos envolvendo a CBD e o COB cessaram. A verdade é que a situação só foi controlada em 1941, período no qual Getúlio Vargas criou o Conselho Nacional de Desportos (CND), com o Decreto-Lei n.º 3.199. O CND representou uma importante transição na regulamentação do esporte brasileiro, que deixou de ser organizado de maneira integrada pela sociedade e passou a ser uma responsabilidade estatal (Bueno, 2008).

Com a centralização do esporte brasileiro, coube ao governo orientar, fiscalizar e incentivar as suas ações, competitivas ou não (Drumond, 2009). As divergências entre entidades, clubes e dirigentes foram abafadas, o que beneficiou o desenvolvimento dos nossos atletas e possibilitou avanços em diferentes modalidades. Delas, algumas já faziam parte da nossa identidade cultural, tais como o já mencionado futebol, que não apenas tornou-se lucrativo para os grandes clubes, como também foi explorado politicamente e passou a ser considerado uma oportunidade de ascensão social para as classes populares. Vale pontuar que não foram tempos nada pacíficos, afinal, preconceitos raciais e de gênero nortearam a conformação do campo esportivo no Brasil, além de outros conflitos segregadores que deixaram marcas duradouras no presente.

O "espírito" vinculado às práticas esportivas daquele momento nada tinha a ver com o que encontramos nos dias atuais, um cenário de espetacularização e transações que envolvem quantias extraordinárias de dinheiro. Tal fenômeno sociocultural, denominado esporte moderno, perdurou até a primeira metade do século XX, tendo sido paulatinamente substituído pelo esporte contemporâneo, de caráter mercantilizado e associado aos ideais de consumo, tecnologia, globalização, megaeventos, entre outros (Marques; Gutierrez; Almeida, 2008). Sendo assim, ao chegar da segunda metade do século XX, diversos fatores da sociedade passaram a influenciar o contexto e as estruturas de funcionamento do campo esportivo no Brasil, bem como o comportamento dos seus envolvidos, cenário que foge da temática explorada no presente livro.

1.2 DOS PRIMÓRDIOS DO TÊNIS DE MESA EUROPEU À FUNDAÇÃO DA ITTF

Entre os esportes modernos que desembarcaram em território nacional durante o início do século XX estava o tênis de mesa. Cabe dizer que por muito tempo o formato da modalidade adotado pelos paulistas e cariocas foi bem diferente do encontrado na Europa, continente em que o tênis de mesa nasceu, desenvolveu-se e foi institucionalizado. Mesmo que de maneira concisa, tomar conhecimento de como esse processo aconteceu em paralelo ao caso brasileiro possibilitará reflexões importantes. Diante disso, as próximas páginas são destinadas à história do tênis de mesa em seu continente de origem, num recorte que começa com a sua gênese e termina com a criação da entidade unificada que consolidou as suas regras mundo afora. Tal cenário servirá de "pano de fundo" ao conteúdo dos capítulos futuros.

Embora seja uma questão indefinida na literatura, é provável que o tênis de mesa descenda do *Royal Tennis*, praticado pela nobreza europeia desde o século XII. Esse primeiro jogo se desenvolveu em duas vertentes que guiaram os passos futuros de alguns esportes modernos: uma envolvia bater a bola contra paredes ou ao longo das linhas no chão, e a outra através de uma rede (Uzorinac, 2001).

Na Inglaterra, durante o último quartel do século XIX, popularizou-se em demasia a segunda vertente, cujo principal resultado foi a criação do tênis de campo, uma prática para ambientes abertos que demandava amplo espaço. Quando o inverno trazia consigo temperaturas frias, os britânicos recorriam às suas casas em busca de improvisos, tais como reproduzir o tênis de campo em uma mesa qualquer, com livros ou latas servindo de rede. Acredita-se que o mesmo formato também ganhou notoriedade graças ao exército colonial britânico instalado na Índia e na África do Sul, países de calor escaldante. Mal-acostumados ao clima, soldados posicionavam mesas debaixo das árvores e utilizavam o que tinham ao alcance, como caixas de charutos, para substituírem as raquetes, e rolhas de garrafas de vinho para substituírem as bolas (Marinovic; Iizuka; Nagaoka, 2006). Posteriormente, esses improvisos fizeram surgir o *Miniature Indoor Lawn Tennis Game*, novo jogo que originaria o tênis de mesa (Uzorinac, 2001).

Por volta de 1880, o *Miniature Indoor Lawn Tennis Game* foi desmembrado em jogos de diferentes versões, as quais tinham regras e equipamentos próprios. Segundo o pesquisador inglês Alan Duke, uma patente inglesa de Ralph Slazenger, n.º 3156, datada de 26 de junho de 1883, introduziu redes ideais para ambientes fechados, a serem fixadas por suportes em mesas de bilhar ou de jantar (ITTF, 2023).

Quanto às nomenclaturas, o icônico *Ping-Pong*, baseado na onomatopeia produzida pelo som da bola tocando na mesa e na raquete, foi mencionado pela primeira vez em canção de Harry Dacre, no ano de 1884, enquanto o *Table Tennis* (tênis de mesa) foi empregado pela primeira vez a uma patente de jogo pertencente a James Devonshire, em 1885 (ITTF, 2023).

As raquetes do novo jogo podiam ser de madeira, papelão e papel de vidro, revestidas com pergaminhos, lixa e tecido, enquanto as bolas, por sua vez, eram de cortiça ou de borracha preenchida por ar, o que produzia quiques irregulares de difícil devolução (Uzorinac, 2001). Isso mudou graças a James Gibb, um engenheiro inglês que enquanto viajava aos Estados Unidos na virada do século, descobriu as bolas de celuloide numa loja de brinquedos (Uzorinac, 2001). Logo após o incremento desse material, o jogo caiu na graça dos ingleses e começou a se espalhar por todo país, alcançando seu ápice entre os anos de 1899 e 1904.

Não demorou até que o novo formato tomasse conta da Europa, com diversas patentes sendo comercializadas pelos nomes de *Ping-Pong*, *Table Tennis*, *Whiff Waff*, *Parlor Tennis*, *Indoor Tennis*, *Pom-Pom*, *Pim-Pam*, *Netto*, *Clip-Clap*, *Tennis de Salon* e *Gossima* (ITTF, 2021). Esta última, de acordo com um anúncio resgatado pela revista *The Table Tennis Collector*, era praticada na mesa da sala de jantar, sem nada em sua superfície, com uma rede que podia medir de seis a oito polegadas (ITTF, 1993). As regras eram similares àquelas do seu precursor, o tênis de campo, com o mesmo sistema de contagem dos pontos: o primeiro ponto equivalia a 15, o segundo a 30, o terceiro a 40 e o quarto fechava o *game*.

Apesar das semelhanças entre as patentes, não havia um padrão estabelecido, pois as mesas também tinham diferentes tamanhos, as partidas diferentes contagens de 10 até 100 pontos, e os saques diferentes regras de execução, como a obrigatoriedade de um "quique" inicial na metade da mesa do sacador (sistema atual), ou diretamente na outra metade de encontro a um espaço limitado, porém com a obrigatoriedade de o sacador estar afastado da linha de fundo da mesa (Dacosta; Lamartine, 2006).

De acordo com a Federação Internacional de Tênis de Mesa (ITTF), o ano de 1901 foi um marco para a emergente prática esportiva, pois foram fundadas a Associação de Ping-Pong e a Associação de Tênis de Mesa, que seriam rivais pelos anos seguintes. Isso indica que gradualmente, os nomes *Ping-Pong* (patente registrada em 1900 por J. Jaques & Son, posteriormente comprada pela estadunidense Parker Brothers) e *Table Tennis* (tênis de mesa) foram aqueles que se sobressaíram aos demais citados anteriormente. Os jogadores de maior destaque nos primeiros anos do século XX eram os britânicos H. Bennet, E. Goods, P. Bromfield, E. Shires e A. Parker (Uzorinac, 2001). Também em 1901, o jogo teve o seu primeiro livro de técnicas e regras publicado, além de ter chegado à China, sua principal expoente nos dias atuais, mediante missões comerciais (ITTF, 2020).

Figura 1 – Ilustração do jornal *The Table-Tennis and Pastimes Pioneer*, sobre a chegada do jogo à Ásia, em 1902

Fonte: *The Table-Tennis and Pastimes Pioneer*, 15 de março de 1902

Pouco depois surgiram os primeiros jornais especializados, que compartilhavam semanalmente mais informações sobre a prática que vinha crescendo exponencialmente no Reino Unido. Em um deles, o jogo é considerado um "fruto" do novo século, elemento à altura dos demais esportes internacionais que tinham grande influência na construção dos Grandes Impérios.[9] O progresso do jogo, com dezenas de milhares de praticantes àquela altura, é evidenciado a partir de uma passagem sobre a cidade de Bristol, em que, para um grande número de pessoas, a única coisa que tornava a vida suportável era divertir-se com o *Ping-Pong* nos poucos momentos de lazer.[10]

A chegada do jogo aos demais países da Europa deu-se nesta ordem: em 1899, foi fundada a primeira associação na Alemanha; em 1902, já existia na Áustria uma entidade chamada *Wiener Tisch Tennis Verband*, localizada na cidade de Viena; também em 1902, o jogo chegou à Tchecoslováquia, cujo primeiro clube especializado a abrir as portas ficava na cidade de Praga; em 1903 há os primeiros registros do jogo na Suécia (Uzorinac, 2001). Nos anos iniciais do século XX, o jogo também foi introduzido nos Estados Unidos e no Japão, mas como ainda não havia uma padronização de regras ou equipamentos, demoraria a embalar nos dois países.

Um detalhe interessante, conforme registrou a revista *The Table Tennis Collector*, refere-se às empunhaduras, adotadas já em 1902: *backhand*, *spoon* e *forward*, que são antecessoras das empunhaduras *handshake* (clássica) e *penholder* (caneteira), adotadas nos dias atuais (ITTF, 1993). A partir de 1903 aparecem as primeiras informações a respeito da vestimenta ideal para a prática do jogo. Um texto publicado naquele ano aconselhava os homens a não utilizarem ternos e shorts rígidos, que poderiam dificultar a mobilidade durante as jogadas, enquanto para as mulheres a dica era evitar os vestidos de cetim branco (Uzorinac, 2001). No mesmo texto havia também as primeiras descrições sobre raquetes e fundamentos técnicos.

A partir de 1904, o surto de progresso do jogo começou a esfriar nos círculos britânicos (ITTF, 2020), mas seguia em alta nos países da Europa Central e Oriental. Até 1910, destacava-se a pioneira Áustria, que dispunha de diversos jogadores habilidosos, tais como Hartwich, Kaufmann e Lazlo (campeão austro-húngaro em 1907), e a jogadora T.

---

[9] The table-tennis and pastimes pioneer, 18 jan. 1902. Disponível em: https://www.ittf.com/wp-content/uploads/2018/03/18jan02.pdf. Acesso em: 27 dez. 2023.

[10] *Idem*.

Wildam, considerada a melhor do mundo na época (Uzorinac, 2001). Entretanto, com a deflagração da Primeira Guerra Mundial (1914-1918), o jogo sofreu uma queda de popularidade generalizada, situação que só se alterou depois do armistício.

Em 7 de novembro de 1921, graças aos senhores P. Bromfield, J. J. Payne e o influente Ivor Montagu,[11] a antiga Associação de Ping-Pong elegeu um novo corpo diretivo e retomou o processo de regulamentação do jogo na Inglaterra (TTE, 2022). Problemas com a nomenclatura *Ping-Pong*, até então uma patente comercial registrada de domínio estadunidense, fizeram com que a mesma entidade passasse a se chamar Associação de Tênis de Mesa, em 1922 (TTE, 2022). Foi a mudança que consolidou o título até hoje adotado, encerrando de uma vez por todas as divergências entre os diferentes formatos da prática. Dali em diante, o tênis de mesa virou um esporte de normas padronizadas, enquanto o *Ping-Pong* seguiu sendo uma patente de jogo.

Em janeiro de 1926, países que estavam alinhados com o desenvolvimento da modalidade, tais como Inglaterra, Áustria, Tchecoslováquia, Suécia, Hungria, Alemanha, Dinamarca, País de Gales e Índia (único país não europeu a marcar presença), reuniram-se para fundar a Federação Internacional de Tênis de Mesa, cuja presidência caberia meses depois a Ivor Montagu (Uzorinac, 2001), o grande responsável pelo renascimento do tênis de mesa inglês que, até então, tinha apenas 22 anos de idade. Em dezembro de 1926, na emblemática cidade de Londres, ocorreu um evento entre os países já mencionados que seria designado como o primeiro Campeonato Mundial de Tênis de Mesa.

Uma das tarefas iniciais da recém-fundada Federação Internacional de Tênis de Mesa era disseminar as regras padronizadas em diferentes países, restabelecendo também os contatos internacionais que haviam sido firmados no começo do século, por exemplo, com a Ásia. Da segunda metade da década em diante, o tênis de mesa consolidou-se um esporte sério e oficialmente regulamentado, praticado em mesas com 2,74 metros de comprimento, 1,525 metros de largura, 76 cm de altura, e raquetes de madeira pura ou revestidas por borracha granulada (Uzorinac, 2001), além de partidas disputadas em melhor de três ou cinco sets, com placares que iam até 21 pontos.

---

[11] Ivor Montagu era o terceiro filho do segundo Barão Swaythling, descendente de uma importante dinastia de banqueiros judeus e um dos homens mais ricos da Grã-Bretanha. Ao longo de sua vida envolveu-se exitosamente com o tênis de mesa e com a indústria cinematográfica, além de ter atuado politicamente a favor do comunismo. Nos anos 40, ele chegou a ser alistado como espião da inteligência militar soviética, sob a chancela de Joseph Stalin (Campbell, 2018).

Conforme dito anteriormente, muitas dessas características não condiziam com a prática existente no Brasil da época, país que viveu uma história à parte e somente com quase duas décadas de atraso tornou-se adepto do mesmo tênis de mesa jogado mundo afora. Em situação semelhante estavam outros países latino-americanos ou africanos, continentes nos quais a geografia era um grande empecilho para a inclusão da prática regulamentada durante a primeira metade do século XX.

1.3 A REPÚBLICA E A MODERNIZAÇÃO DAS DUAS METRÓPOLES

Eis o terceiro e último tema antes de mergulharmos de vez nos primórdios do tênis de mesa brasileiro: uma rápida passagem pelo país que estava prestes a concebê-lo. O período a ser explorado nas próximas páginas vai do último quartel do século XIX à primeira década do século XX, recorte em que dois acontecimentos são indispensáveis para compreendermos o contexto da época: a assinatura da Lei Áurea, em 1888, e um golpe de estado que instaurou a República, em 1889. O primeiro veio com atraso, afinal, nosso país foi vergonhosamente o último das Américas a abolir a escravatura. Já o segundo, em contraposição ao poder moderador do imperador, derrubou Dom Pedro II para instituir o federalismo.

Dois grupos com características bem diferentes foram os principais responsáveis pela queda do império: o Exército e as elites cafeeiras organizadas no Partido Republicano Paulista (Fausto, 2018). Em outras palavras, a insatisfação militar desde a Guerra do Paraguai e a propaganda republicana tiveram papel determinante para a mudança de regime. A materialização do feito, ocorrida no dia 15 de novembro, foi uma iniciativa do Exército muito influenciada pelo positivismo, corrente filosófica criada por Augusto Comte e difundida pelos mentores da Escola Militar da Praia Vermelha. Cabe destacar também outros fatores importantes, como o movimento abolicionista, a perda de popularidade em torno da figura apática de Dom Pedro II e a disputa entre a Igreja e o Estado (Fausto, 2018). Em meio às complexidades existentes nesse cenário, fato é que não houve uma resistência significativa ao golpe e o antigo monarca foi expulso às pressas do Brasil.

Com a proclamação da República, no entanto, o dia a dia da maioria dos cidadãos brasileiros continuou parecido aos tempos imperiais. Sem grandes convulsões, os "antigos e os novos Donos do Poder manteriam firmes as rédeas do mando" (Neves, 2022, p. 22), de tal maneira que os burocratas e a realeza da monarquia apenas deram lugar aos militares dos quartéis, sem que isso trouxesse reformas estruturais. Não houve, na prática, um exercício da cidadania que contemplasse as classes populares e garantisse direitos civis, políticos e sociais para todos, portanto essa parcela considerável da sociedade continuou tendo péssimas condições de vida, cabendo mencionar os antigos escravizados, largados à própria sorte sem nenhum tipo de amparo do novo regime. Ademais, o Brasil também seguiu apostando numa "vocação agrária", o que o mantinha atrasado industrialmente quando comparado aos países considerados desenvolvidos naquele momento.

A jovem República não demorou para produzir tensões que colocariam a sua sustentação em cheque, pois havia uma indefinição de rumos aliada à ausência de um desenho político nítido para a nova ordem instaurada (Neves, 2022). Algumas crises emblemáticas ocorreram num curto espaço de tempo, tais como a Primeira Revolta da Armada (1891), frente à tentativa golpista do presidente Marechal Deodoro da Fonseca, e a Segunda Revolta da Armada (1893), contrária ao presidente Marechal Floriano Peixoto, que conseguiu instaurar uma ditadura militar. Outros eventos foram até mesmo motivados por supostas conspirações monarquistas, como a chacina de 1897 no pequeno vilarejo de Canudos, localizado no interior da Bahia. Pouco depois desse triste episódio, ficou claro que não passara de uma covardia promovida pelo Estado brasileiro: o Exército exterminou sertanejos que nutriam simpatia pela utopia comunitária e sebastianista de Antônio Conselheiro.

Finda a República da Espada (1889-1894) e enfraquecidos pelos desgastes da época, chegou a vez dos militares serem afastados do poder, cujo marco deu-se na eleição dos presidentes civis Prudente de Morais, em 1894, e Campos Salles, em 1898. Esse último foi responsável por proporcionar uma complexa, mas estável, base social, que contribuiu para a manutenção da República (Neves, 2022). Instaurou-se a famigerada "política dos governadores", assegurando aos grupos regionais mais poderosos a representação parlamentar de cada estado (Fausto, 2018).

Influenciadas pelo positivismo, as elites dirigentes exacerbaram, desde a Proclamação da República, o desejo de modernizar o Brasil, que precisava espelhar-se em países europeus para alcançar a ordem e o progresso. Sobretudo após a virada do século, tal visão foi norteadora do período conhecido como a *belle époque* brasileira.[12] A sua gênese em território nacional advinha de significativas transformações na ordem mundial, impulsionadas pela ascensão do capitalismo industrial, e, logo, pelo surgimento de uma nova burguesia oriunda da cena urbana (Gonçalves, 2020). Buscava-se mostrar ao mundo que o Brasil também era uma nação avançada, isto é, civilizada e livre de enfermidades vinculadas à falta de higiene.

Um dos principais representantes desse período foi Rodrigues Alves, presidente eleito em 1902, que se debruçou sobre as correntes de pensamento higienistas. Alinhado a esses ideais estavam Pereira Passos, eleito prefeito do Rio de Janeiro no mesmo ano, e Antônio Prado, prefeito de São Paulo entre 1899 e 1911. Esses personagens empreenderam uma série de reformas urbanas e sanitaristas, impostas de cima para baixo, a fim de modernizar as capitais paulista e carioca, que deveriam assemelhar-se aos cartões postais de países como a França. Por conseguinte, para as nossas elites dominantes, o continente europeu era tido como um modelo universal de civilização e avanço, dotado de qualidades inatas, enquanto o Brasil, do outro lado da moeda, seria um país naturalmente atrasado e racialmente inferior.

No meio desse percurso estimulou-se a entrada de imigrantes para trabalharem na lavoura,[13] demanda necessária diante do *boom* cafeeiro e da abundância de terras ainda desocupadas, ofícios e espaços negados às pessoas negras recém-libertadas. Deve-se considerar que, segundo parte expressiva dos intelectuais da época, a mestiçagem era encarada como um sério problema na composição étnica da sociedade brasileira, que só poderia alcançar a ordem e o progresso com o embranquecimento da população. É por isso que, embora não fossem os preferidos dos fazendeiros do café, portugueses, italianos e espanhóis foram aqueles que mais desembarcaram em território nacional por motivos de conveniência. Sob influência da eugenia,[14] as elites dominantes esperavam que com a entrada desses

---

[12] Os governantes apostaram em reformas urbanas, visando sempre à modernização do espaço público. Foi um período marcado pela construção de cartões postais em sintonia à arquitetura europeia, tais como *boulevards* de inspiração parisiense. Havia uma grande preocupação com o saneamento básico e a energia elétrica, afinal, o intuito era tornar as capitais mais limpas e iluminadas, respectivamente.

[13] O período que foi de 1887 a 1910 ficou conhecido como "grande imigração", pois houve uma entrada massiva de imigrantes para cobrir a demanda de mão de obra barata, sobretudo nos cafezais paulistas. Os imigrantes preferidos eram os europeus, pois se acreditava que o branqueamento da população brasileira era necessário ao desenvolvimento nacional, algo que remetia ao darwinismo social.

[14] A eugenia nasceu na Inglaterra, no final do século XIX, e rapidamente tornou-se popular em outros lugares do mundo. Essa corrente de pensamento, adotada por médicos e estadistas brasileiros das mais variadas orientações ideológicas durante o início do século XX, utilizava argumentos pseudocientíficos para defender que

imigrantes europeus seria gestada uma nova "raça", mais adequada para livrar a nação do atraso em que se encontrava.

Mas para forjar um país à altura dos padrões desejados não bastava apenas uma "limpeza" racial; era preciso também uma "limpeza" cultural. Por essa razão, as elites dominantes buscaram importar ao território nacional costumes, hábitos, roupas e divertimentos do continente modelo para substituírem simbolicamente o passado colonial e rural do Brasil. Os endinheirados que aqui residiam retornavam de suas férias em países como França e Inglaterra, considerados sinônimos da civilização almejada, com novidades na bagagem e na memória. Ao imitarem e reproduzirem o que estava em voga por lá, transformavam a moda, assim como o teatro, a literatura, a música e os divertimentos dos grandes centros urbanos do nosso país.

Do mesmo modo, a influência europeia teve um papel essencial na introdução de novos meios de sociabilidade no Brasil e, consequentemente, na consolidação de muitos esportes que hoje encontram-se amplamente difundidos. Graças aos clubes, erguidos ou inspirados por imigrantes europeus e seus descendentes, muitas dessas práticas começaram a conquistar as elites brasileiras, que as consideravam passatempos refinados. Sendo assim, uma socialização típica dos estratos privilegiados podia ser experienciada tanto em cafés, teatros, cinemas e restaurantes quanto em agremiações esportivas, em que se tentava imitar uma atmosfera europeia (Júnior, 2013).

Embora no último quartel do século XIX os *sports* já fizessem parte do cotidiano de São Paulo e Rio de Janeiro, ninguém sabia ainda definir o que exatamente significava essa palavra de origem inglesa. Um exemplo notório era o turfe, cujas primeiras manifestações deram-se ainda na época do Império, sempre muito relacionadas aos interesses dos mais endinheirados. Eles viam nas arquibancadas dos hipódromos um ponto de encontro para ostentar roupas ou joias caras.

A título de curiosidade, antes mesmo do golpe de estado que instaurou a República, membros da família real compareciam abertamente em alguns eventos esportivos; por exemplo, a princesa Isabel e seu marido Conde d'Eu, que adoravam o clube Rio Cricket, destinado à elitizada prática de origem inglesa (Melo, 2007). Semelhantemente, em estágio

---

a combinação de características hereditárias de determinadas raças, tidas como superiores, eram desejáveis para alcançar o progresso das gerações futuras.

embrionário, outra modalidade que também iria se difundir entre as classes privilegiadas era o tênis de campo (conterrâneo do tênis de mesa). A cidade de Niterói, no Rio de Janeiro, teve a primeira quadra desse esporte construída ainda em 1889 (Gonçalves *et al.*, 2018). Poucos anos depois, em 1892, como era de se esperar, tal modalidade chegou ao São Paulo Athletic Club, agremiação do bairro do Bom Retiro composta majoritariamente por ingleses (Gonçalves *et al.*, 2018). Em ambos os estados, temos a vinculação direta do esporte à terra da rainha e seus praticantes: engenheiros, executivos e outros profissionais bem remunerados que vinham ao Brasil por conta do *boom* cafeeiro (Nicolini, 2001).

Poderiam ser discutidos outros casos, tais como a natação, o ciclismo ou o atletismo, mas o importante é notar que os esportes de maior prestígio na época operavam como símbolos de distinção social restritos às elites dominantes – os clubes esportivos ainda não eram acessíveis à maioria da população. É verdade que indivíduos de diferentes classes sociais podiam participar de alguns certames esportivos como espectadores ou como apostadores, mas nada que os misturasse às elites dominantes.[15] Soma-se a isso o fato de que algumas práticas corporais ligadas às classes mais pobres, tais como a capoeira, eram perseguidas e consideradas barbaridades.

Sendo assim, o período de renovação e efervescência cultural que estava em curso caracterizava-se pela euforia com que se buscavam novas maneiras de ocupar o tempo, priorizando um conjunto de regras de etiqueta importadas para os momentos de lazer. Diferentes práticas corporais começaram, então, a serem exaltadas como parte dos meios de sociabilidade almejados pelo projeto modernizador. Além de serem sinônimos de diversão e entretenimento para a sociedade da época, iriam incorporar paulatinamente outros sentidos durante a virada de século.

Conforme vimos, o esporte institucionalizado passou a relacionar-se à manutenção da saúde (Melo, 2007), tendo sido o remo aquele que mais rápido "abraçou" tal bandeira. Considerados terapêuticos pelos higienistas, os banhos de mar tiveram uma contribuição muito grande nesse processo, pois à medida que idas à praia deixaram de ser um tabu, a exposição corpórea foi aceita com maior naturalidade, bem como novos modelos de corpo tornaram-se padrões de beleza.

---

[15] No turfe, por exemplo, quem realmente conduzia os cavalos nos páreos eram os jóqueis, normalmente oriundos das classes populares (Melo, 2007).

Assim, o remo entra em cena como principal representante dos sentidos que ao esporte vinham sendo empregados: visava à distinção social e ao divertimento, mas também era uma atividade física que seria benéfica física e moralmente aos seus praticantes. São esportes com essas características que se destacariam com a modernização, enquanto, por outro lado, esportes que remetessem ao passado e a costumes inapropriados perderiam força – enfraquecido pelas novas tendências, o próprio turfe, que ocupava as páginas dos jornais ao final do século XIX e início do XX, teria cada vez menos adesão graças ao seu perfil rural e agrário.

1.4 O BRASIL CONHECE UM NOVO JOGO INGLÊS

São Paulo, diferente da capital da República, em meados do século XVIII era um estado provinciano nada badalado, ainda conhecido exclusivamente pelas assombrosas "bandeiras". Com poucos habitantes e sem grandes atrativos, caracterizava-se como um local de pouca importância aos interesses coloniais. Estagnado economicamente e sobrevivendo à base da subsistência, nada tinha a ver com a metrópole dos dias atuais.

Tudo mudou com a segunda metade do século XIX e a ascensão do café, que substituiria a cana-de-açúcar e tornar-se-ia o grande produto de exportação do país. A partir de então, os paulistas entraram em cena como protagonistas no processo de desenvolvimento nacional, apresentando um crescimento exponencial da mão de obra estrangeira no estado: a população de imigrantes foi de 75.030 em 1890, a 478.417 em 1900.[16] Apenas na capital paulista, durante o mesmo período, a população saltou de 64 mil habitantes para 239 mil, um aumento de 268% em dez anos (Fausto, 2018).

A expansão da economia cafeeira promoveu a modernização de São Paulo, em grande parte viabilizada pela entrada de capitais dos países industrializados – a predominância dos capitais britânicos é notável, pois 77% dos investimentos estrangeiros no Brasil eram oriundos da Inglaterra (Neto, 2022). Nesse sentido, a ascensão do café estimulou e foi estimulada pela construção de ferrovias, pela urbanização e pelo avanço industrial de São Paulo, processo intrinsecamente relacionado ao estabelecimento dos esportes modernos, que atendiam aos novos padrões de consumo e atividades do tempo livre das elites dirigentes.

---

[16] Informação disponível em: http://www.arquivoestado.sp.gov.br/imigracao/estatisticas.php. Acesso em: 10 ago. 2024.

No início do século XX, a capital paulista já era um grande centro receptor e distribuidor das novidades que chegavam do exterior, muitas delas embriões dos esportes modernos, cujos materiais de prática eram tidos como refinados produtos europeus e cuja demanda só crescia entre os mais endinheirados. Enquanto algumas seriam passageiras e com curta estadia em território nacional, outras cairiam permanentemente no gosto da população local.

Um dos divertimentos que veio para ficar foi o inglês *Ping-Pong*, cujo *status* era similar a um jogo de tabuleiro. Patenteada em 1900 por J. Jaques & Son e posteriormente comprada pela estadunidense Parker Brothers (ITTF, 2020), ainda que não fosse consensualmente reconhecida como um esporte, essa envolvente prática transformar-se-ia naquilo que hoje chamamos de tênis de mesa.

> É sabido quanto os ingleses tomam a sério os exercícios físicos e os jogos atléticos, e disso é exemplo o grande cricket match, travado em Melbourne entre ingleses e australianos, cujos resultados foram esperados em Londres com grande impaciência, tanta como se a sorte do Império dependesse daquela lide. Os telegramas do match enchem colunas e colunas dos jornais londrinos.
>
> Agora é um jornal inglês que diz que muitos personagens respeitáveis mostram-se grandemente indignados, por ter-se dado o nome sugestivo mas um tanto cômico de *Ping-Pong* a uma nova variedade do tênis que promete ser um jogo nacional sério. Os reclamantes preferem o nome de Table-Tennis.
>
> O nosso colega inglês em que publica esta notícia, observa acisadamente (sic) que *Ping-Pong* é um nome tão bom como outro qualquer, porque o novo jogo há de tornar-se forçosamente popular e tanto mais quanto é um tênis doméstico (Tribunal, 1902, p. 1).[17]

É provável que a coluna acima do *Commercio de São Paulo*, publicada em fevereiro de 1902, seja um dos primeiros registros sobre o formato embrionário do tênis de mesa em um jornal brasileiro. Gozando de alta popularidade pela Europa, o jogo chegaria oficialmente à cidade de São Paulo em abril de 1902,[18] tendo se consolidado prontamente a nomenclatura *Ping-Pong*.[19]

---

[17] TRIBUNAL do jury. **O Commercio de São Paulo**, São Paulo, p. 1, 15 fev. 1902.
[18] PING-PONG, Whiff-Whaff, Timo-Timo. Correio Paulistano, São Paulo, 28 de abril de 1902, p. 2.
[19] O nome *Ping-Pong*, com iniciais maiúsculas, designava uma patente de jogo/*sport* comercializada nos anos 1900 e 1910. Já o nome tênis de mesa, enquanto modalidade esportiva regulamentada, só passaria a ser

Há duas possibilidades mais prováveis para a origem do *Ping--Pong* em território nacional: 1) o simpático passatempo desembarcou primeiro na capital paulista, pelas mãos de brasileiros endinheirados que retornavam de estadias na Inglaterra; 2) ou pelas mãos de turistas e imigrantes desse país. Logo, conjuntos da patente com raquetes, bolinhas e suporte de redes passaram a ser importados da terra da rainha, que também era responsável por parcela significativa da entrada de mercadorias que abasteciam o mercado local de divertimentos.[20] Para adquiri-los, o único ponto de venda mencionado nos jornais era a Casa Fuchs, cujas propagandas diziam ser o primeiro importador do *Ping-Pong*, a melhor distração na casa das "mais distintas famílias e reuniões".[21] Desde a virada do século, tal estabelecimento, localizado no "coração da cidade", havia se notabilizado enquanto loja de objetos, equipamentos e vestimentas importadas, o que incluía também artigos esportivos (Franzini, 2010). Os interessados em conhecer os divertimentos mais populares do continente europeu encontravam em suas vitrines grande variedade, acessíveis, é claro, aos privilegiados que tivessem condições financeiras para comprá-los (Franzini, 2010).

Meses depois, uma coluna do jornal *O Estado de São Paulo*, assinada pelo pseudônimo Egas Muniz, traz mais informações sobre os significados incorporados pelo *Ping-Pong*, um "novo jogo da moda":

> O club internacional inaugurou em um dos seus salões o novo jogo do *Ping-Pong*, invenção inglesa que atualmente faz sucessos nos clubes aristocráticos de Londres, onde se disputam verdadeiros torneios com esse pudor esportivo característico da raça saxônica.
>
> Como o novo sport satisfaz plenamente a essa necessidade violenta do exercício physico, que tão acentuadamente se desenvolve entre os anglo-saxões, já se diz que foi por amor à hygiene que essas formosas inglesas, de olhos marinhos, abraçaram com furor, talvez mais ardente que os dos gentleman, a nova descoberta sportiva.
>
> [...]

---

adotado no Brasil a partir da década de 40.

[20] Em meados da segunda metade da década, a Grã-Bretanha era responsável por 24% das importações brasileiras (Daecto, 2002), de modo que os ingleses tinham grande influência nos divertimentos estrangeiros que aqui se popularizavam, tais como muitos dos esportes modernos.

[21] PING-PONG. **Correio Paulistano**, São Paulo, p. 3, 8 jun. 1902.

O *Ping-Pong* é o tênis de salão. E, sendo um jogo de destreza, nele as mulheres, inferiores no tênis, têm conseguido derrotar campeões laureados por muitas vitórias atléticas.

Ainda ha mezes, em Paris, o brassard de um campeonato foi conquistado por duas jovens: Ivonne e Marie Louise Pfeffel.

Em Paris, mau grado à repugnância implacável por tudo que aparece além da Mancha, o que por sua vez não impede aos clubman de adotarem a moda inglesa na própria toilette.

Mas Paris é a pátria do chic; se as francesas tão coquettes consagraram o *Ping-Pong*, isso vem significar que o novo sport impõe à mulher faceira o uso de uma camiseta elegante, o colarinho e a gravata de homem; que nesse jogo se podem e se devem fazer os mais lindos gestos do mundo, "curvas harmoniosas dos braços, colleios (sic) flexuosos de busto deixando entrever uma furtiva palpitação de seios, sob a tenuidade do estofo; que, enfim, o *Ping-Pong* serve de pretexto natural a encantadoras momices, a pequeninos gritos de surpresa, de fingido despeito ou de alegria maliciosa, segundo os lances do adversário.

E para os namorados? Adeus víspora em família; adeus valsas choradas ao piano, adeus dominó melancólico, palestra literária (se algum dia exististe), adeus!

O reinado é do *Ping-Pong*, que tão docemente facilita a aproximação dos que amam, favorecendo a intimidade de uma alegre camaradagem.

Os que jogam com verdadeira convicção, tanto se observam com a bola fascinadora, que nada vem do que se passa ao lado – pode o flirt abraçar-se na (indescritível) dos olhares.

E que novo encanto para quem sente a alma alvoraçada pelo frêmito do amor, poder trocar as primeiras promessas e selar os primeiros votos enquanto uma raquete impelle para outra raquette a bolinha branca de celulóide, mensageira inconsciente de dois corações que se oferecem...(O Novo, 1902, p. 2).[22]

A escrita, explicitamente sexista, oferece uma interpretação romantizada da prática, como se ela fosse ideal para "poder trocar as primeiras promessas e selar os primeiros votos" entre "dois corações que se oferecem". Buscava-se associar a prática do *Ping-Pong* aos espaços esportivos

---

[22] O NOVO jogo da moda. **O Estado de São Paulo**, São Paulo, p. 2, 7 jun. 1902.

considerados propícios para o flerte, a exemplo das pomposas competições de turfe e remo, em que homens e mulheres das elites visavam a formalização de matrimônios, muitas vezes arranjados por interesses particulares.

Em meio às frases anedóticas da coluna, alguns pontos interessam-nos para compreender como o *Ping-Pong* foi recebido pela sociedade paulista e a quais significados estava atrelado. Cabe destacar a exaltação do padrão europeu: segundo a coluna, o *sport* fazia sucesso nos clubes "aristocráticos" de Londres; já Paris, uma metrópole adepta da novidade, é citada como a "pátria do chic" para validar, ainda que indiretamente, o *Ping-Pong* em São Paulo.

Conforme vimos, Paris foi uma das capitais que representou com mais força o ideário de modernidade almejado pela elite brasileira, tornando-se essencial para entender os novos parâmetros da vida em sociedade no século XIX (Melo, 1999). Sendo assim, juntamente a Londres, essa localidade entrou no século XX como exemplo máximo de bons costumes. A sua vinculação ao *Ping-Pong* indica que o jogo carregava significados desejáveis à elite brasileira da época, os quais, consequentemente, eram propagados pelos meios de comunicação.

A associação do novo *sport* ao "pudor" característico da "raça anglo-saxônica" evidencia o pensamento eugenista cada vez mais defendido pelos intelectuais da época, afinal, a miscigenação do povo brasileiro era considerada uma das razões do atraso nacional. Há também uma forte presença do higienismo, ao insinuar que a "hygiene" seria a motivação das mulheres inglesas para adotarem a prática como uma resposta da "necessidade violenta do exercício physico".

Nota-se que as proximidades culturais com o tênis de campo, também de origem inglesa, explicam porque a participação das mulheres era inicialmente promovida no *Ping-Pong*, algo que dificilmente ocorria com outros esportes, considerados inapropriados ao sexo feminino. Ainda assim, tal flexibilização vinha acompanhada de uma série de demarcações e limitações, de modo que as mulheres estavam distantes de terem a mesma legitimidade dos homens no campo esportivo, universo tido como essencialmente masculino. Ademais, também há menções às vestimentas, posto que a "camiseta elegante" e o "colarinho e a gravata" eram os modelos ideais às mulheres e aos homens, respectivamente. Naquele momento, a moda já era claramente diferenciada entre os dois sexos, de tal modo que os registros sobre as roupas das mulheres esportistas sempre sublinhavam aspectos relacionados à beleza e à elegância (Soares, 2011).

Figura 2 – Desde o princípio, as disputas femininas foram incentivadas no país de origem da prática

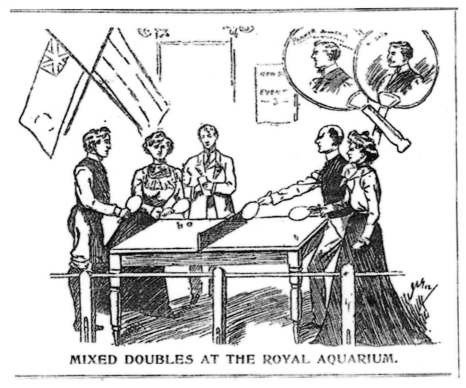

Fonte: *The Table-Tennis and Pastimes Pioneer*, 15 de fevereiro de 1902

Diante desses significados incorporados pelo *Ping-Pong*, é de se imaginar o perfil do Club Internacional, uma das primeiras agremiações da capital paulista a inaugurar uma mesa para a sua prática. Vejamos uma notícia da primeira metade da década que visa homenageá-lo pelo seu 19º aniversário:

> Fundado em 1884 pelo escol (sic) do nosso alto comércio, tendo à frente Antonio Luiz Tavore, Frederico Upton, Arthur Diederichsen, Alberto Borba e outros, quando São Paulo iniciava apenas o espantoso progresso que em poucos anos o transformou da velha cidade descrita pelo Sr. Vieira Bueno, na esplêndida capital, onde o estrangeiro culto se sente à vontade pelos confortos que a sua civilização oferece – o Club Internacional colocou-se na vanguarda de todas as iniciativas no sentido da nossa educação estética.

> Os seus salões tornaram-se o centro do pequeno núcleo de artistas que se foi formando no nosso meio. Neles se realizaram as primeiras soirées musicais, verdadeiramente artísticas, que São Paulo assistiu e saudoso recorda. Neles se fizeram ouvir pela primeira vez Maria Monteiro, Tilde Maragliano, Alexandre Levy, Antonietta Rudge, Leontina Kneese e, ainda agora, o seu aniversário é festejado com a estreia de uma criança genial – Magdalena Tagliaferro.
>
> [...] Não só à música tem o fidalgo Club dispensando confortante apoio, à pintura também lá encontrou caricioso agasalho, como atestam a decoração dos seus salões e os quadros que ornam as suas paredes.
>
> Ultimamente colocou-se o Internacional à frente de uma nova e não menos simpática cruzada, qual a de promover entre as famílias de seus associados o estreitamento de relações amistosas, de cujo fato tanto se ressente a nossa civilização, por meio de reuniões frequentes em seus salões e fora deles (Um Anniversario, 1903, p. 3).[23]

Trata-se, como é evidente, de um clube extremamente elitizado, frequentado pelo centro do *high-life* paulista.[24] Os seus fundadores e primeiros dirigentes não eram apenas homens do alto comércio e, sim, algumas das personalidades mais influentes política e economicamente no estado de São Paulo. Frederico Upton, por exemplo, era proprietário da Companhia Upton Importadora, especializada em importar manufaturas e máquinas de trabalho para a lavoura (Brasil, 1892). Já Arthur Diederichsen, da mesma árvore genealógica que José Bonifácio de Andrada e Silva, primeiro destacou-se na política pelo Partido Republicano Paulista (PRP), depois empenhou-se na ocupação do extremo oeste do estado de São Paulo, antecipando a chegada da ferrovia.[25]

O Club Internacional abrigava gente desse vulto, representantes das oligarquias paulistas e suas famílias privilegiadas. Como destaque da sua programação social figuravam os concertos de música clássica e de ópera, aulas de danças e tudo que houvesse de mais fino e erudito. Tanto era assim que a criança genial mencionada pelo texto, Magdalena Taglia-

---

[23] UM ANNIVERSARIO. **Correio Paulistano**, São Paulo, p. 3, 5 maio 1903.
[24] PING-PONG. **Correio Paulistano**, São Paulo, p. 3, 8 jun. 1902.
[25] A história de Arthur Diederichsen pode ser encontrada no acervo do Centro de Pesquisa e Documentação de História Contemporânea do Brasil. Disponível em: https://cpdoc.fgv.br/sites/default/files/verbetes/primeira-republica/DIEDERICHSEN,%20Artur%20de%20Aguiar.pdf. Acesso em: 15 jan. 2024.

ferro, era simplesmente uma das maiores pianistas do século XX.[26] Não à toa, naquele momento a convivência entre as famílias das elites locais em espaços públicos e privados da Pauliceia colaborou com a representação dos esportes e das artes enquanto atividades voltadas ao lazer, que eram associadas ao espetáculo e, por vezes, identificadas como manifestações culturais muito próximas (Júnior, 2013).

Pode-se inferir que a adesão ao *Ping-Pong* em um dos salões do Club Internacional foi motivada pelo desejo de promover "entre as famílias de seus associados o estreitamento de relações amistosas", um anseio de meios de sociabilidade modernos que abria portas às práticas esportivas em diversas agremiações semelhantes.

Da mesma forma que em São Paulo, os clubes da capital da República promoviam intervenções educacionais por meio de práticas corporais específicas, ou por meio de experiências sociais de convívio, tais como bailes, festas e campeonatos, que demandavam regras de comportamento na cena pública (Melo, 2022a). Naquele período, as elites cariocas projetavam uma utopia que visava transformar desde costumes e passatempos até a arquitetura da cena urbana, afinal, a cidade do Rio de Janeiro era considerada um espaço privilegiado, na medida em que "exercia um papel político e econômico preponderante, e catalisava as atenções representando o modelo almejado, produto final a ser obtido e espalhado por todo o país" (Herschmann; Lerner, 1993, p. 88). Influenciadas pelos ideais em voga na época, as elites cariocas evidentemente tinham com bons olhos divertimentos e práticas esportivas importadas, portanto dignas de um país que queria forjar-se moderno. Mas apesar do contexto favorável à chegada do *Ping-Pong* nos clubes elitizados da capital da República, surpreende o fato de que seus primeiros registros no estado remetem a uma cidade vizinha, localizada do outro lado da Baía de Guanabara.

Em setembro de 1902, o jornal *O Fluminense* anunciou a organização de um campeonato, o primeiro encontrado nas buscas deste livro, a ser realizado entre os sócios do Clube Internacional.[27] Embora tivesse o mesmo nome da pioneira de São Paulo, tratava-se de outra agremiação de caráter mais social, fundada pelas colônias estrangeiras do bairro de Santa Rosa, cidade de Niterói (Melo, 2020). O incentivo de certas práticas esportivas, sobretudo náuticas,

---

[26] Para mais informações sobre a trajetória da pianista Magdalena Tagliaferro, conferir a edição n.º 68 da *Revista Pesquisa da Fapesp*, publicada em 2001. Disponível em:<https://revistapesquisa.fapesp.br/magda-tagliaferro-2/>. Acesso em: 9 fev. 2024.

[27] CLUB Internacional. **Jornal O Fluminense**, Niterói, p. 1, 10 set. 1902.

foi uma marca dos prefeitos locais durante o começo do século XX, tendo como premissas a valorização da saúde, das questões higiênicas e dos novos padrões corporais (Melo, 2020). Sendo assim, ao passo em que a cidade de Niterói já cultivava uma cultura esportiva bastante desenvolvida e passava por um importante processo de reformas urbanas (Melo, 2022b), o *Ping-Pong* surge enquanto mais uma opção de divertimento e sociabilidade.

Do mesmo modo, campeonatos também começaram a ser organizados pela capital paulista, pois na primeira semana de 1903 estavam abertas as inscrições para o "concurso de *Ping-Pong*" do Clube Atlético Paulistano, cuja sede ficava na Rua Boa Vista, centro de São Paulo.[28] O diferencial era que já existia premiação para os vencedores daquela ocasião: um "objeto de arte". Pioneiro, o Clube Atlético Paulistano, fundado em 1900, tinha características que fugiam à regra da época: não era de origem alemã ou inglesa, como a maioria dos clubes no estado, mas de origem nacional (Nicolini, 2001). Pessoas exitosas nos campos econômico e político faziam parte de seu grupo social.

Ao longo de 1903, as notícias dos jornais evidenciam que o *Ping-Pong* continuou crescendo na capital paulista. Em agosto, houve um *match do* "apreciado *sport*" entre a turma do Mackenzie College contra a Associação Cristã de Moços, que jogava em casa e saiu vencedora.[29] Esse mesmo clube enfrentou, em outubro, o Sport Club Internacional, tendo sido derrotado por 200 a 188 pontos, e 200 a 176 pontos — apesar do nome semelhante às agremiações anteriormente mencionadas, o Sport Club Internacional traçou uma trajetória independente, com destaque para a manutenção de esportes modernos como o futebol e a esgrima.[30]

Trazendo a atenção de volta a Niterói, cabe salientar uma coluna do jornal O Fluminense, assinada pelo pseudônimo Zadig El-Kadimo e intitulada simplesmente como "O *Ping-Pong*":[31]

> – *Ping-Pong*!
>
> "Essas duas sílabas têm a ressonância de badaladas de sino grande.
>
> Entretanto elas servem hoje para designar um jogo inglês, espécie de tênis em miniatura.

---

[28] CLUB Athletico Paulistano. **O Estado de São Paulo**, São Paulo, p. 3, 3 jan. 1903.
[29] PING-PONG (Table-Tennis). **O Estado de São Paulo**, São Paulo, p. 4, 29 ago. 1903.
[30] PING-PONG. O Estado de São Paulo, São Paulo, 31 de outubro de 1903, p. 3.
[31] EL-KADIMO, Z. O ping-pong! **Jornal O Fluminense**, Niterói, p. 2, 28 out. 1903.

> Terminou o jantar; graves cavalheiros e grandes damas inglesas vestidas apropriadamente para um sarau se retiram por alguns instantes para o salão.
>
> Os criados desembaraçam a mesa sobre a qual se traça o *tênis*
>
> Uma rede de cerca de vinte centímetros de altura é estendida.
>
> Tudo está pronto.
>
> Distribuem-se aos convidados pequenas raquetes forradas de pergaminho.
>
> Começa a partida.
>
> As bolas de borracha foram substituídas por bolas de celulóide.
>
> – Ping! Um ruído seco. A bola foi lançada
>
> – Pong! Uma raqueta acaba de segurá-la na carreira com um som de pele de tambor.
>
> E isso dura horas
>
> De quando em quando quebra-se algum vaso ou fura-se algum quadro; mas a dona da casa abstém se de dar qualquer sinal de descontentamento.
>
> O seu salão ficaria deserto se ela não oferecesse mais a partida de tênis.
>
> Um campeonato de *Ping-Pong* foi utilmente organizado. Foi um sucesso sem precedentes.
>
> Damas e cavalheiros da melhor sociedade disputaram os louros da vitória, mais fáceis de conquistar nas mesas dos salões do que nos desfiladeiros da África do Sul.
>
> Fundou-se já uma sociedade de ping-ponguistas (sic). Os aderentes são cada vez mais numerosos e contam entre eles os maiores nomes do Reino Unido (El-Kadimo, 1903, p. 2).

O conteúdo da coluna informa inúmeras características de como a prática acontecia na sua terra-pátria durante o início do século XX. Temos a rede com 20 centímetros de tamanho, o uso de raquetes revestidas por pergaminhos e as bolas de celuloide (material que seria adotado para a fabricação de bolas oficiais da futura ITTF até 2014). O *Ping-Pong* era associado às classes abastadas da Inglaterra, as quais, depois do jantar, reuniam-se em seus salões de jogos para momentos de lazer. O uso do termo "criados", sendo esses responsáveis por preparar a mesa da prática aos cavalheiros e damas, salienta o elitismo que rondava a prática, apresentada aos leitores niteroienses como um hobby carregado de fetichismo.

É válido atentar-se à atuação dos jornais na promoção de modismos e peculiaridades acerca dos esportes, pois muitas vezes se estimulava uma linguagem específica para tratar dos seus acontecimentos (Melo, 1999). Nesse caso, o neologismo "ping-ponguistas" é a primeira criação legitimamente nacional que contribuiria para popularizar a prática.

Sem novas informações sobre Niterói, há indícios posteriores de que o *Ping-Pong* também havia desembarcado na capital da República durante o início do século XX. Um deles foi a publicação da *Revista da Semana* em novembro de 1906,[32] em que o jogo figurou como um cobiçado prêmio do "Terceiro Concurso Mensal de Suplemento do João Paulino", divulgado na seção infantil destinada à "meninada". Sendo essa uma das raras menções encontradas ao *Ping-Pong* nos periódicos cariocas, pode-se inferir que a sua adesão aos círculos esportivos da cidade do Rio de Janeiro foi menor em comparação à capital paulista.

Prova desse descompasso é que, em datas relativamente próximas, campeonatos para adultos eram organizados na cidade de São Paulo. Em 1905, por exemplo, foi fundado o Ping-Pong Club, provavelmente a primeira agremiação destinada exclusivamente à prática, sob a presidência de J. Cardoso de Menezes.[33] No ano seguinte, um campeonato individual foi organizado para os seus sócios, cujos resultados premiaram Fernando Guastini em 1º lugar, e Miguel Flexa Júnior em 2º lugar.[34]

A despeito dos diferentes níveis de popularidade do *Ping-Pong*, São Paulo, Niterói e Rio de Janeiro tinham um perfil parecido de adeptos dos esportes modernos em geral: membros das elites locais que buscavam passatempos diferenciados e associados à nova moda, cujo envolvimento era distintivo e, logo, marcava uma forma de poder se "mostrar" (Lucena, 2001). Estava em curso um esforço civilizador, ou seja, a tentativa de introduzir hábitos europeus no Brasil para substituir o seu passado agrário, rural e monarquista, tido como atrasado.

Dentro desse ambiente de transformação, é possível dizer que o *Ping-Pong* exercia a função das práticas "civilizadas", portanto educadas e educativas, de modo a romper com as práticas tradicionais que remetiam

---

[32] PAULO, João. Atenção, meninada! **Revista da Semana**, Rio de Janeiro, p. 9, 25 nov. 1906.
[33] PING-PONG Club. **O Estado de São Paulo**, São Paulo., p. 3, 12 ago. 1905.
[34] PING-PONG. **O Estado de São Paulo**, São Paulo, p. 2, 2 maio 1906.

ao primitivismo e à rudeza (Lucena, 2001). Noutras palavras, tratava-se de uma atividade física controlada, em que emoções e momentos de tensão necessários à psique humana eram vivenciados de maneira socialmente aceita. Os adeptos do *Ping-Pong* carregavam, em meio aos distintivos gestos e símbolos daquele embrionário esporte moderno, o *status* de civilizados, ainda que sob uma perspectiva exclusivamente eurocêntrica.

Em março de 1907, a recém-fundada Associação do Ping-Pong enfrentou e derrotou o Franciscano Ping-Pong Club na capital paulista. Novos formatos foram adotados, dessa vez com a disputa de três partidas e placar final de 100 pontos cada uma.[35] Como diferencial, a escolha do reconhecido *sportman*[36] Humberto Pulizzio para ser juiz deu o tom competitivo da ocasião. Dias depois, houve um *match* entre a Associação do Ping-Pong e o Sport Club Internacional.

Mesmo sem a presença de seu capitão, a Associação do Ping-Pong foi "brilhantemente" vencedora, conforme noticiou *O Estado de São Paulo*.[37] Foram disputadas duas partidas, uma com placar final apertado de 200 a 196, e a outra com 200 a 184. No que se refere aos jogadores, D'Aló, Cordeiro, Orlando (Sport Club Internacional) e os já mencionados Fernando Guastini e Miguel Flexa Júnior (agora representando a Associação do Ping-Pong) tiveram atuação destacada.

Nos anos seguintes, o Sport Club Internacional seguiu sendo igualmente importante na organização das primeiras atividades do *Ping-Pong* na cidade de São Paulo. Exemplo disso foi um campeonato individual para sócios ocorrido em 1909, cujos atrativos incluíam quatro valiosos prêmios.[38] O grande vencedor foi, outra vez, Fernando Guastini, um dos melhores jogadores da Pauliceia.

É de se estranhar a ausência de notícias que vinculassem o *Ping-Pong* ao São Paulo Athletic Club, conhecido como o clube dos ingleses no bairro do Bom Retiro. Por outro lado, nota-se como o Sport Club Internacional, de origem multicultural, aparece nos jornais enquanto um dos grandes incentivadores da prática. Destacam-se também os jovens descendentes da elite paulistana que estudavam no Mackenzie College, uma escola estadunidense pioneira no basquete que promovia amistosos de *Ping-*

---

[35] PING-PONG. **Correio Paulistano**, São Paulo, p. 4, 4 mar. 1907.
[36] O termo *sportman* era utilizado para designar todos aqueles que se envolviam com o esporte, fossem praticantes, dirigentes ou parte da assistência, posto que o termo "torcedor" ainda não existia (Melo, 2012).
[37] PING-PONG. **O Estado de São Paulo**, São Paulo, p. 3, 17 mar. 1907.
[38] PING-PONG Sport-Club. **O Estado de São Paulo**, São Paulo, p. 6, 29 out. 1909.

Pong. Os referidos clubes da capital paulista eram igualmente conhecidos por outros esportes que estavam há mais tempo no Brasil, como o remo (Nicolini, 2001).

Ainda que naquele momento a atividade física começasse a incorporar uma configuração moderna tida como benéfica à saúde, vale relembrar que o próprio significado da palavra esporte ainda era impreciso, pois a população geral não sabia de fato diferenciar as brincadeiras espontâneas das manifestações estruturadas e competitivas. Embora terminasse a década sendo mencionado nos jornais como um *sport*, aos moldes dos dias atuais, o *Ping-Pong* parecia mais com um jogo divertido do que com uma prática esportiva propriamente dita. Não havia uma regulamentação oficialmente aceita entre paulistas, niteroienses e cariocas, razão pela qual as regras variavam de acordo com a ocasião: o placar poderia terminar com 200 pontos, sendo esses divididos em quatro partidas de 50 pontos cada uma; ou com 300 pontos, divididos em três partidas de 100 pontos cada uma.

É claro que até as duas primeiras décadas do século XX, nem mesmo a Inglaterra, país de origem da prática, tinha um cenário bem-estruturado. Divergências entre as federações existentes por lá barravam a adoção de formalidades e elementos padronizados. Consequentemente, na ausência de referências externas, o *Ping-Pong* mantinha-se estacionado no Brasil sem uma regulamentação específica. Isso deu margens para ressignificações e até mesmo para a espontânea criação de algumas regras e modismos exclusivamente locais, que seriam mantidos pelas próximas décadas sem encontrar semelhança com o restante do mundo.[39]

Por fim, ao longo do período estudado (1902-1909), pode-se concluir que tanto em São Paulo quanto no Rio de Janeiro, eixos políticos e econômicos do país durante o período em questão, ocorria uma profunda alteração de hábitos e costumes, buscando-se adequar como podiam aos novos tempos (Franzini, 2003). As elites dirigentes almejavam uma veloz, elétrica e dinâmica vida moderna, características ideais para a aceitação e a difusão dos esportes modernos. Não à toa, a chegada do *Ping-Pong* ao Brasil foi expressão desse período, tendo como primeiros adeptos os membros das elites paulista, niteroiense e carioca, únicos cidadãos com

---

[39] A padronização e a regularização a nível nacional só se materializaram em 1942, quando paulistas e cariocas adotaram oficialmente as normas internacionais, deixando o *Ping-Pong* para trás e finalmente instituindo o tênis de mesa, em consonância com o formato da ITTF, entidade fundada em 1926.

acesso aos materiais importados (mesas, raquetes e bolinhas), ou com *status* para frequentarem os poucos lugares que dispunham disso. Ainda que simbolicamente, tais materiais eram similares a artigos de luxo, posto que carregavam um valor de prestígio social especial

    Por outro lado, as possibilidades de lazer que se apresentavam aos populares eram muito restritas, de tal modo que os jogos "finos" das elites paulista e carioca consistiam num universo lúdico à parte, exclusivo para pouquíssimas pessoas (Herschmann; Lerner, 1993). Nesse sentido, sem escapar dos muros de agremiações elitizadas, fosse na capital paulista, em Niterói ou na capital da República, o *Ping-Pong* era inviável à maioria da população brasileira, a qual, provavelmente, sequer sabia da sua existência na primeira década do século XX.

2

A TRANSIÇÃO GRADUAL DO JOGO PARA O SPORT (1910-1919)

De 1910 a 1919, o povo brasileiro continuou refém do mandonismo, com as classes subalternas sendo reprimidas pelas classes dominantes (Batalha, 2022). Um agravante foi a política dos governadores, responsável por implantar novas ferramentas de manutenção do poder: após o Pacto de Ouro Fino, chancelado pelo presidente Afonso Pena em 1913, intensificou-se a chamada "política do café com leite". Assim sendo, num jogo de cartas marcadas, paulistas e mineiros revezaram-se na presidência da República para beneficiar seus representantes nos anos seguintes. A exportação de café manteve-se como sustentáculo da economia nacional, de modo que o país acomodou-se sem grandes medidas para reverter as desigualdades regionais, ainda mais evidentes após o esfriamento do ciclo da borracha amazônica (Fausto, 2018).

O grande marco da época foi, sem dúvida, a Primeira Guerra Mundial, deflagrada com o assassinato do herdeiro do trono austro-húngaro, Francisco Ferdinando, em 1914. Motivado por nacionalismos exaltados e aspirações imperialistas de países europeus, o conflito bélico durou quatro anos e teve como saldo milhões de vidas perdidas, além de sérias crises socioeconômicas.

Em paralelo ao que ocorria além-mar, o Brasil também precisava lidar com as turbulências de seus próprios contornos geográficos. Durante e após a virada do século, insatisfeito com as péssimas condições encontradas nas cidades, o movimento operário dividiu-se em tendências anarquistas, socialistas e comunistas para reivindicar condições dignas de trabalho e reformas políticas – apenas os homens, brasileiros, maiores de 21 anos, alfabetizados e alistados como eleitores podiam votar na época (Batalha, 2022).

A Revolução Russa de 1917 inspirou uma parcela considerável do grupo em questão, sobretudo na capital paulista, o que resultou numa greve geral de adesão nacional durante o mesmo ano. Diversas greves motivadas pelas mesmas insatisfações, mas com menor adesão, ocorreram nos anos que se seguiram, como a Insurreição Anarquista de 1918, na cidade do Rio de Janeiro. A resposta veio com prisões arbitrárias, fechamento de associações, deportação dos estrangeiros e desterros para a Amazônia, medidas repressivas tomadas pelos poderes constituídos contra o movimento operário (Batalha, 2022).

Outra crise que marcou o período foi a da pandemia da gripe espanhola, doença que ceifou até mesmo a vida do já mencionado Rodrigues Alves, pouco depois de ter sido eleito pela segunda vez presidente da República. De infecção contagiosa e capaz de causar mortes em questão de dias, a gripe espanhola paralisou o Brasil no final de 1918, situação que só melhorou com a entrada de 1919 e a posterior adesão da população às medidas de prevenção e distanciamento social.

No que se refere ao campo esportivo, durante os anos 1910 aconteceram importantes avanços. Entre eles, vale destacar a integração do nosso país ao Comitê Olímpico Internacional, ocorrida em 1913 graças à negociação do barão Pierre de Coubertin com o embaixador do Brasil na Suíça, Raul Paranhos do Rio Branco (COI, 2021). Isso culminou nas criações dos já mencionados Comitê Olímpico Nacional (futuro Comitê Olímpico Brasileiro [COB]) em 1914, e da Confederação Brasileira de Desportos (CBD), em 1916. A motivação dos dirigentes envolvidos era integrar o Brasil no cenário internacional do emergente esporte moderno, além de coordenar as modalidades em voga na época para definir quem seriam nossos representantes mundo afora.

Vale ressaltar que apesar das boas intenções, nos anos seguintes as duas entidades travaram grandes disputas pelas vagas da delegação nacional nos Jogos Olímpicos. Por conta dos interesses divergentes, o COB só passaria a atuar ativamente nos rumos do olimpismo brasileiro a partir de 1935, de modo que coube à CBD tomar as decisões mais importantes antes disso (Melo, 2007).

Entre as tantas modalidades chegadas do exterior, o futebol era, de certo, aquela que mais havia crescido. A prova máxima disso foi a espantosa mobilização popular ocorrida durante o Campeonato Sul-Americano de 1919, quando o Brasil enfrentou na final o Uruguai, vencedor da edição anterior. Após um empate na partida decisiva, foi marcado um novo encontro entre os dois países, cujo palco seria o recém-inaugurado estádio do Fluminense F.C., localizado nas Laranjeiras, Rio de Janeiro (Franzini, 2003).

A torcida brasileira era tão numerosa que bondes lotados da companhia Light levaram populares das mais diversas ocupações para prestigiar o embate. Torcedores frenéticos e cheios de expectativas aglomeraram-se dentro e fora do estádio. Fosse nas arquibancadas ou nos arredores vizinhos, todos deram um jeito de, se não assistir, pelo menos escutar o que se dava na tão esperada final (Franzini, 2003).

O resultado de 1 a 0 a favor dos donos da casa consolidou o futebol uma paixão nacional que, ano após ano, década por década, reuniria mais e mais cidadãos em torno de sua prática. Nas palavras de Fabio Franzini (2009, p. 129), aquele Campeonato Sul-Americano trouxe à tona a capacidade de impacto do velho esporte bretão, que "unia o país e proporcionava uma vivida manifestação popular de orgulho patriótico".

Informação significativa é que dos onze integrantes da seleção brasileira de futebol em 1919, nove eram paulistas e apenas dois cariocas. Diante disso, é de se admitir que São Paulo já havia igualado ou até mesmo superado o Rio de Janeiro no protagonismo do velho esporte bretão. De fato, se compararmos os dois estados, veremos que a capital da República tinha, em 1919, 56 clubes registrados nas três principais ligas do futebol carioca, o que somava 1.192 jogadores oficialmente ativos (Castro, 2019). Enquanto isso, a capital paulista tinha a surpreendente marca de aproximadamente 15 mil esportistas filiados à Associação Paulista de Esportes Atléticos (Apea), dos quais a grande maioria atuava no futebol paulista. Para o historiador Nicolau Sevcenko, São Paulo já era, àquela altura, a maior potência desportiva da América Latina (Sevcenko, 1992).

Um diferencial do fim da década foi a participação de algumas autoridades na promoção da atividade física e, consequentemente, dos esportes. Tratava-se de uma crescente vontade da população e das elites locais de contarem com o apoio estatal, até então muito tímido, para o desenvolvimento do campo esportivo em território nacional. Quando governador, Washington Luís foi o personagem que melhor encabeçou esse movimento, visto que, ao assumir o papel de "grande patrono dos esportes" no estado de São Paulo, passou a patrocinar campeonatos e honrarias de diferentes modalidades, além de investir na educação física das escolas públicas (Sevcenko, 1992).

O formato embrionário do tênis de mesa teve São Paulo como protagonista do seu desenvolvimento ao longo da década, afinal seriam os paulistas os primeiros a organizar campeonatos e ligas amadoras. Um detalhe digno de registro é que a década em questão trouxe consigo uma nova identidade para a modalidade: antes uma patente de jogo, comercializada com o nome popularizado pela Parker Brothers (enquanto um substantivo próprio, o *Ping-Pong* tinha iniciais maiúsculas), agora passa a ser gradualmente reconhecida como *sport* segundo as concepções da época, portanto um substantivo comum (ping-pong, com iniciais minúsculas).[40] A sutil mudança dos jornais paulistas na maneira de retratá-la sugere um *status* de maior legitimidade, cabendo destacar que os materiais necessários para a prática de raquetes passariam a ser adquiridos com diversos fabricantes, inclusive de origem nacional (a única exceção seriam as bolas de celuloide).

2.1 AS PRIMEIRAS COMPETIÇÕES OFICIAIS EM SÃO PAULO

Em abril de 1910, a recém-fundada Liga Paulista de Ping-Pong havia aprovado estatutos e estava prestes a organizar o seu campeonato de estreia.[41] Tratava-se da primeira entidade regulamentadora da modalidade no país, cujos fundadores eram o São Paulo Football Club, a Associação Cristã de Moços, o Victoria Ideal Clube, o Sport Club Internacional, o Villa Buarque e o Victoria A.C.[42] Há pouquíssimas informações disponíveis sobre a época, mas sabe-se que os melhores jogadores do São Paulo Football Club eram Freitas, Leandro, Alayon, Perriller e Luciano; da Associação Cristã de Moços (clube influenciado por ideias e práticas estadunidenses) eram Silveira, Holland I, Jayme, Pacheco e Holland II; e do Victoria Ideal Clube eram Marcellino, Ovidio, Chancelli, Kern e Jerfert. Embora não haja registros nos jornais consultados sobre o desfecho do primeiro campeonato aberto disputado na cidade de São Paulo, tudo indica que o evento foi bem recebido pelos associados dos clubes participantes, pois algumas sedes onde ocorreram as partidas registraram assistência numerosa.[43]

A fundação de uma entidade regulamentadora do ping-pong, cheio de significados distintivos à época, pode ser considerada a materialização dos desejos das elites locais de absorver o "novo". Assim, a prática colaborava com a composição da imagem de uma classe dirigente focada no futuro, com o passar dos anos cada vez mais afastada dos meios de

---

[40] Embora algumas concepções modernas possam contestar o enquadramento do pingue-pongue no rol dos esportes propriamente ditos, este livro basear-se-á nas definições empregadas pelos jornais da época, os quais, a partir de então, passam a considerá-lo parte constitutiva do campo esportivo.

[41] LIGA Paulista de Ping-Pong. O Estado de São Paulo, 25 de abril de 1910, p. 4.

[42] PING-PONG. **O Estado de São Paulo**, São Paulo, p. 5, 30 abr. 1910.

[43] PING-PONG. **O Estado de São Paulo**, São Paulo, p. 6, 7 jun. 1910.

sociabilidade ligados ao modelo rural, identificado como tradicional (Schpun, 1999).

Em 1912, após assembleia geral, a Liga Paulista de Ping-Pong anunciou o resultado da eleição para o cargo de presidente, cujo escolhido foi Rufus Lane, do Mackenzie College, novo clube a integrá-la.[44] A equipe campeã naquele ano representava o Victoria Ideal Clube, enquanto nos anos seguintes, os títulos ficaram com o próprio Mackenzie College (1913) e com a Associação Cristã de Moços (1914 e 1915).[45] Apesar do início positivo, a Liga Paulista de Ping-Pong teve suas atividades descontinuadas ainda na primeira metade da década, tendo desaparecido dos jornais sem razões aparentes.

Conforme noticiou *O Estado de São Paulo*, antes mesmo do malogro da anterior, surgiu uma nova iniciativa para dirigir a modalidade na Pauliceia: a Confederação Paulista de Ping-Pong, fundada em 1914, com um perfil mais associado às classes médias. Entre as medidas adotadas pela entidade, cabe destacar a consolidação do formato de disputas com turmas de quatro a cinco jogadores, divididos por nível técnico. Enquanto o jogo das segundas, terceiras ou quartas turmas terminava com 100 pontos ou menos, o jogo das primeiras turmas, categoria principal, terminava com 200 pontos, divididos em dois tempos: 100 pontos corridos no primeiro e 100 pontos corridos no segundo, com um rápido intervalo entre eles para o descanso dos jogadores. Se o formato de turmas com quatro a cinco jogadores seria mantido nas décadas seguintes, o placar final e outras regras básicas sofreriam algumas variações.

Apesar de ter se mantido ativa antes disso, somente a partir de 1916 a Confederação Paulista de Ping-Pong angariou mais espaço nos jornais da época, tendo recebido pedidos de filiação da Associação Atlética de São Paulo, Consolação Ping-Pong Club, Ponte Grande e Grupo Ypiranguinha. Naquele ano foi realizado o seu 3º campeonato, decidido após um *match* entre as primeiras turmas do Consolação Ping Pong Club e do Clube Atlético Ypiranga. As escalações eram, respectivamente, Formoso, Nelson, Fernando (capitão), Américo e Gaia de um lado, contra Nascimento, Cardoso, Marques (capitão), Kauschuz e Júlio Costa do outro. O Clube Atlético Ypiranga terminou vencedor na ocasião e conquistou o seu primeiro título no ping-pong competitivo.

---

[44] LIGA Paulista de Ping-Pong (campeonato de 1912). **O Estado de São Paulo**, São Paulo, p. 3, 9 maio 1912.

[45] As informações sobre os vencedores da Liga Paulista de Ping-Pong foram reunidas no *Almanack Esportivo*, publicado anos mais tarde pelo jornalista Thomas Mazzoni. PINGUE-PONGUE. **A Gazeta**, São Paulo, p. 7, 14 fev. 1928.

A Confederação Paulista de Ping-Pong continuou crescendo em 1917, ano em que aceitou novos pedidos de filiação, dessa vez do Sport Club Germânia, do Touring F.C., da Legião do São Pedro, do Centro Operário Católico do Braz e do Grupo Ypiranguinha. Esses clubes somaram-se aos anteriores para a realização do 4º campeonato anual organizado pela entidade.[46] Entre todos, a "gloriosa e veterana" União Católica Santo Agostinho era a mais engajada, com sede na Rua Direita, bairro da Sé. Presença garantida nos campeonatos da Confederação Paulista de Ping-Pong, frequentemente abria as portas para amistosos e campeonatos internos, além de ser a única a convocar publicamente seus jogadores para treinamentos exclusivos.

Igualmente importante para o desenvolvimento da prática, destacava-se um dos fundadores da extinta Liga Paulista de Ping-Pong: o tradicional Clube Atlético Ypiranga, que, segundo *O Estado de São Paulo*, não abandonou o esporte, mesmo em suas fases mais decadentes.[47] A mesma notícia dizia que "o belo esporte de salão" já era cultivado em quase todas as associações esportivas e recreativas, assim como na casa de muitas famílias.[48] Não à toa, esperava-se que os pedidos de filiação à Confederação Paulista de Ping-Pong, única dirigente da modalidade naquele momento, continuassem crescendo aceleradamente.

O Club Atlético Ypiranga confirmou o favoritismo e sagrou-se bicampeão das primeiras turmas no 4º campeonato anual organizado pela Confederação Paulista de Ping-Pong. Dessa vez, representado pelos jogadores Cardoso (capitão), Angelo Bandeira, Eduardo Forléo e Formiga (que também era um renomado jogador de futebol), o Club Atlético Ypiranga foi premiado com a "taça Sudan" e "ricas medalhas de ouro".[49]

A partir de uma notícia sobre o episódio, é possível extrair alguns detalhes interessantes dos campeonatos promovidos pela Confederação Paulista de Ping-Pong: todas as partidas tinham um juiz escolhido com antecedência pelas equipes participantes, o qual realizava o *toss* para definir de quem seria o saque inicial e de qual lado cada equipe começaria; as partidas eram disputadas sempre à noite, por volta das 21h, após o horário de trabalho dos envolvidos; medalhas eram previamente colocadas como premiação das disputas, o que indicava seriedade cada vez maior em torno da prática. Sobre essas características, pode-se admitir que o ping-pong estava por superar o perfil de jogo e passatempo voltados ao

---

[46] CONFEDERAÇÃO Paulista de Ping-Pong. **O Estado de São Paulo**, São Paulo, p. 5, 21 mar. 1917.
[47] CONFEDERAÇÃO Paulista de Ping-Pong. **O Estado de São Paulo**, São Paulo, p. 7, 9 out. 1917.
[48] *Idem*.
[49] CONFEDERAÇÃO Paulista de Ping-Pong. **O Estado de São Paulo**, São Paulo, p. 9, 11 out. 1917.

divertimento, visto que, com normas subestruturadas, além de traços mais competitivos, esboçava certa padronização em São Paulo.

Devido à popularidade que vinha alcançando, a Confederação Paulista de Ping-Pong decidiu que em breve lançaria uma 2ª divisão destinada a clubes iniciantes na prática. Em 1918, o campeonato da entidade foi novamente conquistado pelo Clube Atlético Ypiranga, que reinou invicto durante três edições consecutivas.[50] Entretanto os planos futuros foram interrompidos naquele ano, quando as suas atividades desapareceram abruptamente dos jornais.[51] Novas informações só voltariam a ser divulgadas em março de 1919, sem especificar o motivo, dizendo que a Confederação Paulista de Ping-Pong retornaria após meses de hiato.

Tal sumiço pode estar relacionado ao alastramento da gripe espanhola, enfermidade responsável pela morte de milhares de pessoas em São Paulo. Como a comunidade médica temia que as atividades físicas em geral deixariam os indivíduos mais desprotegidos frente à epidemia em curso naquele momento, diversos clubes esportivos fecharam as portas por tempo indeterminado, medida que provavelmente prejudicou os campeonatos de ping-pong. Até que a gripe espanhola fosse controlada, algumas das poucas aparições da prática de raquetes nos jornais eram referentes a partidas amistosas entre clubes como o S. C. Corinthians, o Taveira Club, o Clube Atlético Ypiranga e a Associação Atlética ABC, enquanto a União Catholica Santo Agostinho, por sua vez, continuou convocando treinamentos obrigatórios em sua sede.

Apesar de ter reaparecido em 1919, a Confederação Paulista de Ping-Pong não obteve êxito em dirigir a prática após o fim da gripe espanhola. A entidade até propunha inovar com disputas individuais, mas pouco depois de divulgar as suas pretensões, fechou as portas em definitivo, caindo no esquecimento. Isso parece ter acontecido pela perda de engajamento dos clubes anteriormente filiados, que não se mobilizaram pelo retorno dos campeonatos anuais.

Outra entidade que tentou, mas não conseguiu estruturar a regulamentação da prática, foi a Associação Paulista de Ping-Pong, cujos filiados eram o Braz Club, Palestra Itália, Allumny, Victoria Ideal Club e G. D. Almeida Garret, e cujo perfil agregava número razoável de imigrantes italianos.[52] Embora tenha fixado uma taxa de inscrição dos futuros

---

[50] PINGUE-PONGUE. **A Gazeta**, São Paulo, p. 7, 14 fev. 1928.
[51] PING-PONG. **O Estado de São Paulo**, São Paulo, p. 6, 5 out. 1918.
[52] ASSOCIAÇÃO Paulista de Ping-Pong. **O Estado de São Paulo**, São Paulo, p. 6, 25 jun. 1916.

campeonatos, escolhido uma sede social oficial e eleito um presidente, a Associação Paulista de Ping-Pong figurou pouquíssimas vezes nos jornais, tendo fracassado em 1916, pouco tempo depois da sua fundação.

Cabe citar a Associação Atlética de São Paulo, fundada em 1914 graças ao empenho de figuras como Luiz de Araripe Sucupira. Esse jovem estudante e popular remador reuniu dissidentes do Clube de Regatas São Paulo apaixonados por esportes para erguer uma nova agremiação (Nicolini, 2001). Com o passar do tempo, a Associação Atlética de São Paulo tornou-se influente em natação, basquetebol, pugilismo, remo, esgrima, xadrez, voleibol e também no ping-pong, tendo protagonizado animadas partidas amistosas em suas dependências. Ademais, a prova de que o ping-pong de fato despertou e conquistou o interesse de parte dos *sportman* paulistas foi a fundação de agremiações com o objetivo exclusivo de promovê-lo. Para além da já mencionada Consolação Ping-Pong Club, esse também foi o caso do Urano Ping-Pong Club, localizado no bairro de Belenzinho, sob a presidência de Mário Gonçalves.

Partidas intermunicipais já eram disputadas, o que indica um espraiamento da modalidade para outras cidades além da capital paulista. Em Campinas, por exemplo, no ano de 1916, o Sport Club Luzitano era um dos destaques do interior. Àquela altura, tal cidade estava por trás da Liga Campineira de Ping-Pong, que dispunha de cerimônia de gala para premiar os campeões de seus torneios anuais, com apresentações musicais e festas dançantes. O processo de expansão da prática também abarcou a cidade de Botucatu, onde a Associação Esportiva era adepta do ping-pong em período próximo. Provavelmente, a chegada da prática a essas localidades interioranas deveu-se ao desenvolvimento da malha ferroviária, pois tal como ocorrera com o futebol (Almeida, 2015), as estradas de ferro possibilitaram a difusão de muitos esportes modernos que faziam sucesso na Pauliceia.

Algo a ser dito é que somente homens disputavam as partidas promovidas entre diferentes clubes, de modo que a participação feminina em campeonatos abertos não era sequer cogitada. As duas únicas referências encontradas sobre as mulheres datam de 1915, em circunstâncias fechadas e bem restritivas. A primeira delas ocorreu no mês de julho, na cidade de Santos, durante a comemoração do primeiro aniversário da A.A. Americana, aparentemente uma agremiação destinada ao público feminino. Segundo a notícia que detalhou a ocasião, os festejos realizados em sua "elegante sede" contaram com "amabilidades da diretoria", "distinção da assistência", "perfeitos serviços de buffet e buvette", além de partidas de "bax-ball" e ping-pong, consideradas a "nota chic" da ocasião.[53] Após os jogos, terminou vencedora nas disputas de ping-pong a Mlle. Erna Ross.

Já a segunda referência data do mês de setembro, quando houve uma reunião "íntima" da Associação Atlética São Paulo, localizada na Avenida Tiradentes, 284.[54] A programação diferenciada prometia entreter seu privilegiado público com *pillow fight* (guerra de travesseiros), *water polo*, *chasse au canard* (caça ao pato)[55] e ping-pong, cujas disputas ocorreriam entre turmas mistas de sócios e sócias.

Nota-se como, em ambos os casos, o ping-pong era um sinônimo de elegância às suas adeptas, que buscavam distinguir-se pelos passatempos em voga no exterior. Quanto menos competitivo o contexto, maior a chance de as mulheres tomarem parte, ocasiões valorizadas pelos próprios homens por caracterizarem momentos de lazer refinado, com sociabilidade restrita e equipamentos importados (Schpun, 1999). Não à toa, as palavras adotadas inspiraram-se nos vocabulários francês e inglês. O ping-pong cumpria, portanto, com o papel de reafirmar a classe das suas adeptas, isto é, um divertimento fino para as moças da elite, socialmente aceito apenas nessas ocasiões especiais. Por outro lado, quando se tratava das ocasiões que compreendiam mais regras, disciplina, treino e "espírito de competição", a divisão de papéis entre homens e mulheres era um imperativo (Schpun, 1999).

2.2 O PING-PONG CAMINHA A PASSOS CURTOS NO RIO DE JANEIRO...

Durante os primeiros decênios do século XX, a capital da República também passava por um intenso processo de urbanização, tendo em vista a tão almejada modernidade. Conforme aponta a historiadora Aira Bonfim (2023, p. 26), "a área urbanizada, central e litorânea carioca, tornava-se aos poucos uma região altamente atrativa", "contrastante com outras regiões da mesma cidade." A burguesia carioca ocupava, portanto, as avenidas e

---

[53] NOS SALÕES. **A Tribuna**, Santos, p. 3, 18 jul. 1915.
[54] ASSOCIAÇÃO Athletica São Paulo. **O Estado de São Paulo**, São Paulo,, p. 5, 12 set. 1915.
[55] Embora pareçam estranhas aos dias atuais, algumas dessas brincadeiras eram bem típicas dos ingleses. A "caça ao pato" provavelmente seguia os mesmos moldes da "caça a raposa", em que um cavalheiro interpretava o animal para divertir os participantes (Melo, 2015).

locais públicos localizados nesses endereços, ao passo em que fomentava um fervilhar de hábitos e atividades de lazer distintivas (Herschmann; Lerner, 1993). Buscava estar sempre atenta aos modismos em voga na época, ditando vestuários, costumes e divertimentos que deveriam substituir tudo aquilo associado aos tempos coloniais por novos meios de interação.

Nesse sentido, nota-se a configuração de uma sociabilidade pública, em que a burguesia carioca tende a se aproximar das práticas esportivas e de outros meios de entretenimento no Rio de Janeiro (Bonfim, 2023). O futebol, inicialmente elitizado, já começava a ser apropriado pelas camadas mais populares, enquanto outras manifestações esportivas ganham espaço no dia a dia da grande cidade, cada vez mais afeita à exposição corporal e aos meios de sociabilidade considerados saudáveis e higiênicos.

O ping-pong contempla timidamente o universo em questão, mas durante o segundo decênio, suas aparições em jornais cariocas seguiram ocorrendo com menor frequência e com uma abordagem diferente em relação aos jornais paulistas. Até crescia o número de interessados nele, porém seria preciso mais tempo para que integrasse os círculos esportivos enquanto uma modalidade séria, bem-estruturada e de maior adesão. Sendo assim, veremos nos parágrafos seguintes que lugar o ping-pong ocupou na capital da República dos anos 1910.

Há poucas informações sobre o início da década, de modo que foi possível recuar apenas até 1914, quando uma interessante notícia d'O *Paiz* citou o ping-pong como um dos atrativos do 14º aniversário do Clube Internacional de Regatas.[56] Na "linda festa" comemorativa que estava por acontecer, faziam parte da programação diversos "concursos esportivos", os quais, segundo o jornal, eram em sua maioria "de gênero cômico". O episódio em questão era um exemplo das recorrentes festas esportivas organizadas pelos clubes, tradicionais desde o final do século XIX e realizadas aos finais de semana, repletas de atividades lúdicas (Bonfim, 2023). Conforme o próprio nome, tais encontros tinham caráter festivo, em que o convívio entre semelhantes e a oportunidade de olharem e serem vistos fazia daquelas ocasiões propícias para uma sociedade que buscava novas formas de divertir-se.

A competição estava presente, mas mais importante do que isso eram os ganhos sociais, os significados distintivos por trás das festas esportivas, expressões da modernidade que se buscava forjar. Nesse sentido, a própria divisão das provas em disputa não se baseava estritamente nos méritos

---

[56] SPORT. **O Paiz**, Rio de Janeiro, p. 14, 16 set. 1914.

atléticos dos participantes; para além do sexo, idade, peso e coletivo ou individual, também existiam categorias para solteiros e casados, fantasiados com trajes peculiares ou não (Bonfim, 2023).

As festas esportivas tinham uma programação que durava o dia todo, com início pela manhã e muitas vezes estendendo-se até a noite, quando apresentações musicais, teatrais ou mesmo bailes consistiam em oportunidades diferenciadas de interação para os participantes (Bonfim, 2023). Entre os divertimentos previstos no 14º aniversário do Clube Internacional de Regatas constaram "corrida de apanhar batatas", "pintar o olho do porco", "briga de galos", "corrida à procura dos sapatos" e partidas de ping-pong com categorias destinadas a adultos e crianças, cujo placar final era de 30 pontos. Naquele momento as regras da prática de raquetes eram estipuladas livremente no Rio de Janeiro, a depender da ocasião, o que indica um nível de estruturação bem mais incipiente em comparação com outras modalidades.

Apesar de frequentes nas notícias dos jornais, raras eram as festas esportivas em que o ping-pong constava na programação. Foi possível encontrar apenas outros dois episódios semelhantes, tais como a organizada pelo Villa Isabel F.C., localizado no bairro de mesmo nome. Segundo a historiadora Aira Bonfim, a prática dividiu espaço com o pedestrianismo, concurso de *shoots*, salto em altura com vara, corrida de bicicletas, corridas de garrafas e corridas de três pernas, atividades que reuniram grande público no campo do Jardim Zoológico (Bonfim, 2023). Já o outro episódio, partiu do Cycle Club, valoroso grêmio criado por "amantes do pedal", que organizou a sua 2ª festa de aniversário, com campeonatos de ping-pong e damas como parte dos divertimentos.[57] O ping-pong, em segundo plano, era retratado como um jogo de salão de pouca importância frente à atração principal, nesse caso as provas de ciclismo.

O ping-pong também figurava com certa frequência como um passatempo infantil na seção de vendas e propagandas de entretenimento dos jornais cariocas. Em 1916, anúncios divulgavam o Bazar Parisiense, uma casa de brinquedos localizada na Rua da Carioca, bairro do Centro, que atendia a todos os gostos: velocípedes para meninos e meninas, patins e chupetas para bonecas, bolas de ping-pong, de tênis e de futebol, além de espadas e espingardas.[58] O Bazar alertava ao público para que não comprassem brinquedos sem primeiro visitar o seu estabelecimento, que dispunha dos melhores preços.

---

[57] CYCLE-CLUB. **O Imparcial**, Rio de Janeiro, p. 8, 9 out. 1917.
[58] BAZAR Parisiense. **Correio da Manhã**, Rio de Janeiro, p. 5, 24 dez. 1916.

É de se perceber que naturalmente um caráter lúdico rondava os esportes em geral, afinal eram tempos em que a tão mencionada palavra *sport* tinha uma definição imprecisa. A sociedade carioca da época, ainda carente de iniciativas que visavam ao divertimento, acompanhou e participou da construção de um campo esportivo atrelado à necessidade de preencher esse espaço (Melo, 2022a).

Não à toa, começaram a surgir inúmeros estabelecimentos para suprir as demandas de um mercado de entretenimentos e, também, de materiais propícios para a prática de modalidades mais bem-estruturadas, as quais, aos poucos, protagonizavam espetáculos com um caráter diferente das festas esportivas, sobretudo aos indivíduos que participavam das provas. No entanto, nenhum deles fazia menção ao ping-pong, provavelmente porque não havia mesmo uma procura significativa pela modalidade, que parece ter demorado mais tempo para se desvincular do caráter exclusivamente lúdico das gincanas realizadas pelas festas esportivas.

Nesse mesmo sentido, se havia um local que chamava a atenção pelo número de aparições nos jornais cariocas da época, esse era o Electro Ball Cinema. Tratava-se de uma casa de diversões, cuja descrição convidativa prometia atrações imperdíveis de "artística e abundante iluminação elétrica", além de banda de música militar, "exibições cinematográficas dos melhores fabricantes de filmes", damas, bilhar e, finalmente, o ping-pong.

Localizado na Rua Visconde do Rio Branco, região central da cidade do Rio de Janeiro, o Electro Ball Cinema funcionava a partir das 17h, estendendo-se pela noite.[59] O local era frequentado por um público exclusivo, que não estava interessado em envolver-se competitivamente com o ping-pong.

Já em uma matéria do *Auto-Propulsão*, destinada à inauguração da nova sede do Club Motocyclista Nacional, o ping-pong foi retratado como um dos "jogos e passatempos inofensivos" que faziam parte da programação do evento, cujo intuito era festejar o clube de motociclismo.[60] Sendo assim, o ping-pong destacava-se simbolicamente como divertimento, mas não despontava como atividade física benéfica aos seus praticantes nos círculos esportivos. Tinha um *status* inferior em comparação aos esportes mais populares da sociedade carioca, algo que o aproximava de

---

[59] ELECTRO-Ball-Cinema. **Palcos e Telas**, Rio de Janeiro, p. 13, 18 dez. 1919.
[60] A NOVA sede do C. M. N. **Auto-Propulsão**, Rio de Janeiro, p. 12, 1 fev. 1919.

um divertimento refinado, ideal para momentos descontraídos em que se visava à distinção social, mas que parecia não combinar com o vigor das competições esportivas mais sérias.

Pode-se dizer que o ping-pong remetia a significados semelhantes aos do iatismo, que não se destacava pela força física, mas pelo desenvolvimento da perícia, pelos gestos comedidos e por um maior exercício da inteligência, celebrados de maneira restrita enquanto diversão civilizada (Melo, 2022b). Guardadas as especificidades, o ping-pong ficaria, na maioria das vezes, relegado ao papel de coadjuvante dos encontros esportivos, uma espécie de agregado que não despertava a excitação dos *sportsman*.

Veremos adiante que os significados por trás do ping-pong praticado no Rio de Janeiro só mudariam em meados dos anos 1920, quando a prática ganhou uma entidade regulamentadora, ponto de partida para competições abertas. Antes disso, tentativas de superar o caráter exclusivamente lúdico que o rondava aconteceram, de maneira gradual, dentro de alguns dos principais clubes associativos do estado, ainda no final dos anos 1910. Tais pioneiros foram o Clube de Regatas Flamengo,[61] o Clube de Regatas Vasco da Gama[62] e o Botafogo Football Club,[63] fundados respectivamente em 1895, 1898 e 1904.

Os dois primeiros eram originalmente destinados ao remo, enquanto o terceiro destinava-se ao futebol. Todos eles notabilizar-se-iam mais tarde como referências do velho esporte bretão, mas sem deixar de lado outras práticas esportivas que começavam a integrar a sua programação. Foi assim que amistosos de ping-pong ocorreram esporadicamente nas dependências dos clubes, entre os quais destacava-se o C. R. Flamengo – em 1918, um dos seus campeonatos internos somou mais de 30 inscritos. Exemplos do tipo foram uma das raras menções encontradas sobre um evento competitivo de ping-pong no Rio de Janeiro.

Conclui-se que, ao final do segundo decênio, sem regras definidas e sem uma entidade para reunir adeptos e organizar campeonatos abertos, a estruturação do ping-pong carioca ainda estava em descompasso com o ping-pong paulista. Não foram encontrados registros de maiores interações entre dois ou mais clubes, o que indica que a modalidade mantinha-se confinada nas dependências das poucas agremiações que dispunham de

---

[61] PING-PONG no Flamengo. **O Imparcial**, Rio de Janeiro, p. 10, 12 ago. 1918.
[62] PING-PONG. **O Imparcial**, Rio de Janeiro, p. 6, 4 dez. 1918.
[63] BOTAFOGO F.C. **O Imparcial**, Rio de Janeiro, p. 8, 4 set. 1919.

salões com mesas. Era preciso superar a pecha de passatempo inofensivo, portanto um divertimento inocente, que reinava nos círculos esportivos da capital da República.

2.3 O DESCOMPASSO DO PING-PONG NAS CAPITAIS PAULISTA E CARIOCA

Entre 1910 e 1919, o ping-pong firmou-se em terras paulistas. É verdade que ainda não podia ser considerada uma modalidade popular, mas os seus adeptos multiplicaram-se ao longo dos anos, tendo conquistado clubes de diferentes origens. Além dos já mencionados, outros em que a prática já ocupava um espaço em suas respectivas programações sociais, ainda que secundário, eram: Tymbiras Club, Associação Gráfica de Desportos, Luso Brasileiro, Enotria F.C., Amigos Cordiais, Silvio Pellico, União Fluminense, Clube Atlético Avenida, Grupo Paulista, Florentia, Villa Buarque, São Paulo Railway, Luzitanos, Club Atlético Vicentino, Associação Atlética Nova York, Associação Atlética 5 de Outubro, Santo Alberto College, Minas Geraes F.C., Grupo "Manda e Não Pede", Rio Branco F.C., Campeões do Braz, Associação Atlética Orion e Legião de São Pedro.

Também havia aqueles de maior prestígio nos círculos esportivos, desde o tradicional alemão Sport Club Germânia (fundado em 1899, atual Esporte Clube Pinheiros), até os que há pouco tinham entrado em cena, como a Associação Atlética São Paulo (fundada em 1914). Cabe destacar que tais clubes, instalados respectivamente às margens dos rios Pinheiros e Tietê, foram importantes para a consolidação de diversos esportes modernos (Medeiros; Dalben; Soares, 2022), inclusive para a promoção de amistosos e treinamentos de ping-pong.

Os jornais dão a entender que ao final da década, o ping-pong continuava visto enquanto um modo de distinção social nos clubes frequentados pelas elites, mas também colecionava praticantes em alguns clubes de classe média. De modo geral, deixava de ser estritamente ligado aos mais endinheirados para também popularizar-se em clubes de perfis diversos, desde aqueles que já eram respeitados nos círculos esportivos da capital paulista até os pequenos que buscavam maior projeção. Desaparecia, portanto, o fantasma de outros esportes tipicamente ingleses, tais como o *cricket*, que dificultavam a participação direta dos paulistanos e não teriam projeção graças ao elitismo dos seus círculos (Melo; Gomes, 2019). Ademais, destacava-se o engajamento da comunidade italiana na tentativa de melhor organizar o ping-pong paulista, um fenômeno que ficaria ainda mais evidente na década seguinte.

A criação de pequenas agremiações específicas para a promoção do ping-pong paulista indica que os seus entusiastas prezavam pela autonomia do incipiente *sport* na terra da garoa. Era preciso buscar espaço para a prática de raquetes, cada vez mais reconhecida como parte do campo esportivo, e não apenas como um jogo exclusivamente voltado ao lúdico. O próximo e importante passo foi a união de forças que culminou em diferentes ligas, responsáveis por administrar o ping-pong e promover atividades organizadas em São Paulo.

Como vimos nas páginas anteriores, pelo menos três existiram nos anos 10: a Liga Paulista de Ping-Pong, a Associação Paulista de Ping-Pong e a Confederação Paulista de Ping-Pong. Dessas, a última foi a mais longeva e mais bem-sucedida no desenvolvimento da modalidade durante a década. Embora reivindicassem ser entidades estaduais, todas as atividades realizadas tinham caráter citadino, pois ocorriam majoritariamente nas regiões centrais, portanto urbanas. As cisões, de todo modo, dispersavam os clubes e barravam o crescimento do esporte por razões óbvias, afinal, coexistiam diferentes regulamentos, regras e campeonatos.

No que tange ao Rio de Janeiro, a situação era menos complexa, pois sequer existiam entidades para rivalizar. A conclusão a que chego é a mesma da década anterior: a prática de raquetes ainda não havia embalado na cena carioca. Diante da abordagem dos meios de comunicação, isso fica evidente, visto que a prática raramente figurava na seção temática de *sports*. As características do ping-pong, desde o princípio associadas à diversão e ao público infantil, dificultavam a sua adesão aos clubes associativos. Eles até promoviam partidas em eventos festivos, mas sem nenhum comprometimento para alavancar o seu desenvolvimento enquanto um esporte sério, com formato competitivo. Os campeonatos internos de maior destaque ocorreram, conforme vimos, nos tradicionais Clube de Regatas Flamengo, Clube de Regatas Vasco da Gama e Botafogo Football Club, onde o *status* do ping-pong era o de uma modalidade recreativa, pouco valorizada pelo quadro social de cada um.

Soma-se às diferentes formas de retratar o ping-pong nas notícias – ora como *sport* (SP), ora como uma despretensiosa brincadeira (RJ) – a sua frequência. Ao longo da década há menções nos jornais paulistas a mais de 30 clubes que já tinham turmas próprias. Em sentido oposto, nos jornais cariocas consultados foram encontrados menos de 10 clubes com alguma ligação à modalidade. Sendo assim, o ping-pong carioca assumiu o espaço de coadjuvante que o ping-pong paulista tentava driblar desde cedo. Se na capital da República ainda não havia campeonatos abertos e um formato de disputas competitivo, em São Paulo isso já havia se materializado no início da década.

Enquanto mostrava-se cada vez mais aceito como um *sport* competitivo em São Paulo, o ping-pong também continuava voltado ao lazer daqueles que buscavam distinguir-se com um passatempo refinado. Nesse sentido, em 1917 surgiram anúncios no jornal *A Gazeta* referentes à prática enquanto um atrativo do Café Guarany. Fundado em 1899, tratava-se de um estabelecimento requintado que havia se tornado conhecido por servir sopa e filé de tartaruga. Com o decorrer dos anos, especializou-se em sorvetes e aperitivos, passou por várias reformas e ganhou novo ambiente "nos altos". Além da alimentação e do ping-pong, o Café Guarany também oferecia aos seus clientes mesas de bilhar, xadrez e damas.

No Rio de Janeiro, do mesmo modo, temos propagandas do ping-pong em seções destinadas a estabelecimentos de entretenimento como o Electro Ball Cinema, mas com uma abordagem voltada ao lúdico. Em ambas as capitais, tratam-se de contextos em que pairavam significados semelhantes: um divertimento diferenciado, ideal para um público seleto que via no ping-pong um jogo da moda, distintivo socialmente, mas cujo *status* era inferior ao das práticas esportivas em voga naquele momento.

Vale ressaltar que em seus primeiros momentos no Brasil, os esportes modernos eram interpretados como uma diversão gratuita que deveria substituir os antigos jogos populares, considerados inapropriados (Melo, 2010). Isso mudou ao longo das décadas e muitos deles tornaram-se ferramentas de distinção social ou manutenção da saúde, ao passo que também tornaram-se sistematizados, com treinamentos e campeonatos oficiais. Se tal processo foi inicialmente incorporado pelo ping-pong paulista, na capital da República o ping-pong carioca permaneceu estático por mais de duas décadas: de 1902 a 1926, a prática não teve qualquer esboço de estruturação. Só a partir do período em questão, notáveis transformações estariam por vir, e da mesma forma como já havia acontecido em São Paulo, o ping-pong competitivo tornar-se-ia cada vez mais organizado no Rio de Janeiro.

2.4 HIPÓTESES E CONSIDERAÇÕES SOBRE O PING-PONG NO ESPORTE BRASILEIRO DURANTE O INÍCIO DO SÉCULO XX (1902 A 1919)

Praticado por "graves cavalheiros e grandes damas", o ping-pong foi recebido pela imprensa brasileira como um produto de lazer importado do exterior que representava simbolicamente a modernidade. Isso explica o entusiasmo dos seus primeiros anúncios nos jornais consultados: lances esteticamente moldados aos parâmetros da "melhor sociedade" faziam dele uma atração aos "maiores nomes do Reino Unido", algo que precisava ser imitado pelos mais endinheirados no começo do século XX. De fato, quando desembarcou no Brasil em 1902, o formato embrionário do tênis de mesa vivenciava uma espécie de surto não apenas na Inglaterra, como em muitos países do Império Britânico, locais em que já reunia dezenas de milhares de praticantes, espalhados por centenas de clubes de diferentes classes sociais, conforme destaca um jornal especializado da época.[64] Embora tenha passado por um momento de esfriamento na Inglaterra durante os anos subsequentes, continuou crescendo na Europa, sobretudo na parcela oriental do continente, fazendo-se muito presente na cena esportiva de países como a Hungria.

Apesar da boa recepção inicial da imprensa brasileira ao ping-pong, à medida que os anos passaram foi se desenhando um cenário cada vez menos propício para que a prática conquistasse a preferência dos clubes associativos. Não houve, tal como no continente modelo, um surto abrupto de adesão ao novo jogo. Ainda que estivesse presente em diferentes endereços ao final dos anos 1910, não era tratado como prioridade, mas como uma opção secundária pelos dirigentes esportivos.

Afinal, o que explica a sua baixa popularidade, sobretudo no Rio de Janeiro? Isso se deve, entre outras coisas, ao fato de que a chegada do *ping-pong* ao país coincidiu com um momento em que uma nova cultura física era forjada, portanto novas características começaram a ser valorizadas pelas elites dirigentes. Elas seguiam partindo do pressuposto que os esportes praticados pela população brasileira deveriam contribuir para o progresso do Brasil, uma nação tida como atrasada e cheia de vícios bárbaros. A reordenação das cidades demandou uma reordenação

---

[64] The table-tennis and pastimes pioneer, 18 de janeiro de 1902. Disponível em: https://www.ittf.com/wp-content/uploads/2018/03/18jan02.pdf. Acesso em: 27 dez. 2023.

de valores, em que o atraso e o tradicional divergiam do moderno, tão almejado pelos mais endinheirados (Herschmann; Lerner, 1993). Cada vez mais buscava-se, portanto, promover uma cultura física que tivesse significados atrelados à higiene e à saúde, o que inclui o mérito atlético de seus praticantes, sinônimo de uma sociedade forte e preparada aos desafios da modernidade, mas também ao contexto da Primeira Guerra Mundial. Tal papel caberia ao remo, que, em ascensão, reunia uma série de características condizentes com as expectativas das elites dirigentes. Segundo o pesquisador Victor de Melo (2001, p. 60), entre as suas qualidades estavam:

> [...] aeração (era disputado na praia, local arejado), ventilação (a praia é ventilada), iluminação (a praia é iluminada), limpeza (é disputado na água do mar), riqueza (as elites urbanas freqüentavam e aprovavam a prática), saúde (os remadores são fortes e musculosos), harmonia e coletividade (os remadores devem remar em conjunto; os clubes devem seguir as normas de Federações), organização e eficiência (os esforços dos clubes e Federações foram intensos nesse sentido), beleza (corpos belos, bonitas paisagens das praias), natureza (o remo é disputado no mar), humanidade (não mais cavalos como atletas, mas sim homens), desafio (é o homem que com seu próprio esforço faz mover o barco, desafiando os desconhecidos perigos do mar).

Tais características, exaltadas num momento de transformações socioculturais e socioeconômicas que pedia incessantemente por novos símbolos, eram uma resposta ao passado "atrasado" do Brasil. Vale citar os significados por trás do remo, um esporte que educava o músculo e a moral, destacando-se o vigor, a musculatura desenvolvida e a forma física exemplar dos seus atletas (Melo, 2010). Conforme vimos havia também: sob influência do pensamento eugenista, a expectativa de regeneração da "raça" a partir de novos padrões de beleza; sob influência do pensamento higienista, o incentivo às atividades no mar, consideradas terapêuticas e propícias aos papéis sociais esperados. Graças aos defensores dessas correntes, algumas práticas esportivas incorporaram novos benefícios e, por consequência, novos objetivos foram traçados. Nesse sentido, Victor de Melo (2001, p. 111) acrescenta:

Cada vez mais se fazem sentir necessárias e são entabuladas estratégias de controle corporal e de preparação de um "corpo saudável". Pode-se observar a criação dos métodos ginásticos e o aumento das preocupações com a educação física, já identificáveis na realidade europeia desde a transição dos séculos XVIII e XIX. Certamente isso tem relação com o pronunciado desenvolvimento científico, o aumento das compreensões acerca do funcionamento corporal e o exponenciar da ciência enquanto ditame fundamental no direcionar dos novos rumos sociais. O esporte, assim, passa a ser concebido como estratégia de formação corpórea; uma boa ferramenta para a preparação de corpos musculosos (que passaram a ser considerados padrões de saúde), bem como para a difusão desse modelo como um ideal a ser perseguido. Um novo "modus vivendi" (um novo conjunto de símbolos e comportamentos, uma nova cultura) estava sendo gestado e a prática esportiva nele se inseria.

Por outro lado, os aristocráticos e delicados lances do ping-pong, ainda encarado como um "inofensivo" jogo de salão por parte dos círculos esportivos, não pareciam a melhor escolha para propagar os ideais defendidos na época. As vestimentas esportivas são um indicador disso, pois naquele momento, "mais do que esconder, desejam mostrar, mais do que contar, desejam libertar" (Soares, 2011, p. 29). Sem remeter ao fenótipo heroico dos envolvidos nas regatas (ícones de força e coragem), os jogadores de ping-pong competiam com trajes formais, em ocasiões em que a exposição dos seus corpos não ocorria. Ademais, as características da prática e seus movimentos estavam mais próximas do comedimento, da precisão e da elegância, qualidades que não se traduziam explicitamente na "preparação de corpos musculosos", mas numa educação corporal de intensidade leve e distintiva. Sendo assim, segundo a visão das elites dirigentes, tínhamos de um lado um esporte (remo) cujas características eram consideradas necessárias ao progresso nacional, e do outro um esporte (ping-pong) que se desenhava propício a ocasiões lúdicas e restritivas, efetivo para a diferenciação social de uma minoria privilegiada.

Outra questão é que as provas de remo aconteciam em locais abertos e suscetíveis à interação entre indivíduos de diferentes classes sociais.[65] Qualquer curioso de plantão podia assisti-las, de modo que ao ter contato visual com as regatas, uma parcela significativa dos moradores das

---

[65] As primeiras regatas do Rio de Janeiro aconteciam no mar, enquanto em São Paulo rios e lagos eram o palco das disputas náuticas. Pessoas de todas as classes sociais aglomeravam-se nos arredores e tomavam conhecimento daquela modalidade.

capitais, inclusive de classes menos abastadas, tomava conhecimento do esporte, independentemente de serem praticantes ou não. Soma-se a isso o papel dos meios de comunicação, que promoviam o remo e faziam com que ele se tornasse um assunto regularmente discutido dentro e fora dos círculos esportivos. De modo similar, ainda que estivesse cada vez mais ligado a um Brasil antigo, rural e agrário (características rejeitadas pelas demandas modernizadoras do século XX), o turfe possibilitava, mediante compra de ingresso, a participação das camadas populares nas arquibancadas dos hipódromos e até mesmo na posição de jóquei (Melo, 2007).

Em contrapartida, os espaços onde a prática do ping-pong ocorria durante o início do século XX eram fechados e de difícil acesso à população geral, tendo como frequentadores associados de clubes particulares das classes mais abastadas e das classes médias. Sabe-se que dos mais tradicionais em São Paulo, o Clube Atlético Paulistano, o Sport Club Internacional e o Mackenzie College priorizavam determinados grupos raciais e sociais, ao ponto de serem estabelecidas cotas aos frequentadores culturalmente distintos (Nicolini, 2001).

No Rio de Janeiro, o princípio era o mesmo, afinal, desde as primeiras iniciativas para a construção do seu campo esportivo as camadas populares tiveram acesso negado aos clubes. Sendo assim, a prática ainda enfrentava resistências em ultrapassar os muros de certas agremiações restritivas, isto é, tinha dificuldades em democratizar-se. Até o final dos anos 1910, salvo exceções na cidade de São Paulo, adaptações que o tornassem mais acessível não ocorriam, de modo que o ping-pong organizado seguia favorecendo as pessoas letradas, que tinham maior acesso à informação e maior poder aquisitivo.[66] O problema não estava só no preço dos artigos esportivos, mas também na falta de familiaridade das classes menos abastadas com a prática e suas regras básicas.

Para melhor compreender a inacessibilidade do ping-pong, tomemos como segundo exemplo de comparação o futebol, que, apesar de suas primeiras manifestações igualmente elitizadas, seria incorporado pelas camadas populares com maior facilidade. A adesão do velho esporte bretão pelos estratos mais vulneráveis era viável por uma série de fatores, tais como bolas e traves criadas a partir de objetos descartáveis, ou, ainda, a

---

[66] Em 1920, 72,4% da população paulista era analfabeta (Ferreira; Carvalho, 2018), portanto provavelmente não tinha acesso às notícias do ping-pong publicadas em jornais. Sem frequentar os poucos clubes que dispunham de mesas, tal população tinha pela frente muitas barreiras até ter um contato inicial com a modalidade, o que se tornava algo improvável.

possibilidade de praticá-lo em espaços públicos dada a abundância de terrenos disponíveis. Essas adaptações, que se tornaram cada vez mais recorrentes com o passar dos anos, explicam, em parte, como o futebol ultrapassou os limites dos seletos clubes e colégios onde se instalou inicialmente, alastrando-se por redutos menos nobres, como fábricas, várzeas e subúrbios (Franzini, 2003).

Já o ping-pong, por outro lado, demandava uma pequena e frágil bola de celuloide, cuja especificidade comprometia qualquer tipo de improvisação. Sem os característicos quiques proporcionados por tal material, a prática perdia toda a sua jogabilidade.[67] Diante das circunstâncias, a insubstituível bola de celuloide era importada em pequena escala para abastecer apenas estabelecimentos como a Casa Fuchs, onde a clientela buscava símbolos de distinção social. Mesas e raquetes de madeira até podiam ser fabricadas nacionalmente, mas a demanda ainda era baixa para empreendimentos do tipo. Esse conjunto de condições materiais, imateriais e por vezes simbólicas, fazia do ping-pong pouco flexível, de adaptação ainda dificultada. Tratava-se de um esporte que continuava sendo discutido, apreciado, praticado e comercializado majoritariamente sob a métrica da exclusividade, portanto conhecido entre poucos das classes alta e média e desconhecido para a maioria da sociedade.

Por fim, um último fator que também pode ter sido um empecilho para maior adesão ao ping-pong era o clima da região sudeste, onde temperaturas elevadas são esperadas durante todo o ano. Tal perfil difere do clima europeu, em que as temperaturas permanecem consideravelmente mais baixas – não à toa, naquele continente o ping-pong popularizou-se justamente como uma alternativa em ambientes fechados que substituiria o tênis de campo, cuja adesão era dificultada durante o inverno inglês.

No Brasil, com a industrialização e o desejo cada vez mais evidente da população de ocupar o espaço público, as práticas esportivas *indoor* estavam em alta naquele momento, de tal modo que "banhar-se em praias, rios e piscinas, praticar remo e vela, andar de bicicleta, jogar tênis entre outras práticas começava a fazer parte da vida cotidiana daqueles e daquelas que viviam na cidade" (Soares, 2011, p. 58). O que os *sportman* queriam era deixar suas moradias durante a luz do dia para experienciar

---

[67] A bola de celuloide era, naquele momento, importada do exterior. O preço ainda era considerado alto, com uma baixa demanda dos brasileiros. Sendo assim, somente uma parcela muito específica da sociedade tinha acesso ao ping-pong.

as transformações em andamento na cena pública, prestigiar e participar dos esportes em que a exposição dos corpos era maior e mais valorizada, a socialização multiplicada e os esforços e méritos atléticos exaltados. Nada disso encontrava semelhança com as salas fechadas, afastadas e muitas vezes abafadas em que a prática do "aristocrático" ping-pong ocorria.

Diante das considerações citadas, qual o lugar ocupado pelo ping-pong no esporte brasileiro durante os primeiros decênios do século XX? Conclui-se que, sem ganhar a preferência dos clubes associativos, visto que não tinha as características desejadas pelas elites dirigentes e valorizadas pelos círculos esportivos, a modalidade não contava com a divulgação da imprensa e também enfrentava dificuldades para tornar-se mais acessível, de modo que não existia um ambiente favorável para popularizar-se nas mesmas proporções do remo e do futebol, por exemplo. Se esses esportes eram praticados a céu aberto e chamavam a atenção pela força física de seus praticantes, corajosos e viris, o ping-pong, em contrapartida, ainda era desconhecido e pouco associado à saúde. Portanto faltava-lhe qualidades que exaltassem os atributos físicos e fossem traduzidas em benefícios ao corpo de seus praticantes, tal como almejava os grupos mais influentes da sociedade.

Uma maior democratização do ping-pong só seria experienciada com a chegada dos anos 1920, período no qual a participação expressiva de um público tornaria o perfil de seus praticantes mais heterogêneo: imigrantes europeus e seus descendentes (portugueses, italianos e espanhóis), muitos dos quais eram trabalhadores das regiões centrais das grandes cidades. Além disso, foi a partir dos anos 1920 que os jornais começaram a fazer as primeiras referências ao ping-pong enquanto uma modalidade desejável à manutenção da saúde, algo que ocorria paralelamente a uma maior aceitação e um maior incentivo de sua prática nos clubes associativos.

Antes de avançarmos para o terceiro decênio, cabe destacar uma mudança gramatical. Enquanto o *Correio Paulistano* e os jornais cariocas continuavam utilizando "ping-pong" para se referirem à prática, *A Gazeta* e *O Estado de São Paulo* trouxeram à tona o nome pingue-pongue, adequado aos moldes da língua portuguesa. De acordo com as minhas buscas, ambas as formas continuaram em uso no decorrer dos anos 20, a depender do jornal. A mesma variação ocorreu com a palavra *sport*, gradualmente substituída pelo uso da palavra "esporte".

OS TEMPOS DE OURO DO PINGUE-PONGUE (1920-1929)

Os anos 1920 ocupam uma posição de destaque na história do Brasil, visto que foram marcados por transformações em diferentes esferas da sociedade, muitas das quais seguem reverberando até os dias atuais. O economista Rui Guilherme Granziera (1999, p. 135) resume bem o panorama daquela agitada década em nosso país:

> A sociedade tem base econômica e social agrária, mas o que fervilha é a vida urbana; na cidade existe um número significativo de indústrias, mas é o café que dita os rumos da política econômica; os serviços públicos multiplicam-se, mas na cidade, dificilmente chegando ao mundo rural; a política parece ser reservada aos profissionais liberais e aos militares, que são urbanos, mas o que o sistema eleitoral garante é a representatividade dos fazendeiros; a arte e o moderno insuflados da Europa também têm seu lugar na cidade – tangidos em geral pelos filhos dos ricos proprietários rurais –, mas a sociedade agrária é fechada e patrimonialista, aparentemente intangível por esse tipo de movimento.

Conforme explicitado, ao longo da década a política brasileira continuaria pautada na partilha de interesses entre paulistas e mineiros, que alternavam seus candidatos na presidência por meio de eleições fraudulentas. O grande protagonista dessa ordem seguia sendo o Partido Republicano Paulista (PRP), cujos interesses giravam em torno do café – apesar da diversificação de seu setor industrial, o Brasil ainda dependia diretamente do "ouro negro".

Um movimento que bateu de frente com as regalias e as injustiças da chamada República Velha foi o tenentismo, cuja primeira revolta deu-se em 1922, com o famigerado Levante do Forte de Copacabana. Encabeçado por figuras oficiais de nível intermediário do Exército, todos contrários à ordem oligárquica, o tenentismo também motivou uma rebelião em 1924, na capital paulista, quando tropas militares decidiram opor-se a Arthur Bernardes, líder do Poder Executivo. Já em 1925, o mesmo movimento teve continuidade com a criação da épica Coluna Prestes, que, liderada pelo "Cavaleiro da Esperança", Luís Carlos Prestes, percorreu o interior do Brasil influenciando outros setores da população urbana insatisfeitos com as elites dirigentes. Grosso modo, o tenentismo lutava por reformas políticas e justiça social, tendo reivindicado pautas como o voto secreto e a melhoria do ensino público.

Frente a esse cenário conturbado, Arthur Bernardes fez de seu mandato um verdadeiro ataque à democracia: o presidente optou pela via repressiva, instaurando o estado de sítio em diferentes momentos que, somados, totalizaram 42 meses, o mais longo da história do Brasil republicano (Júnior, 2020). Pautando-se no autoritarismo, também perseguiu opositores, criou campos de prisioneiros, centralizou ainda mais o poder e atacou ferozmente a imprensa de oposição (Júnior, 2020). O preço pago pelo tenentismo foram centenas de vidas e milhares de feridos, entretanto foi uma das forças essenciais para a Revolução de 30.

Antes desse marco histórico, importantes rupturas no pensamento dos intelectuais também dariam início a novas maneiras de se pensar o Brasil e seu futuro, com importante participação da classe artística. Foi por meio dessa onda de mudança que poetas, pintores, musicistas e escritores decidiram superar o parnasianismo e o simbolismo, tidos como ultrapassados, para criar um ousado movimento cultural. Interessado com as questões nacionais e almejando valorizar a identidade local, tratava-se do modernismo brasileiro.

Seu estopim foi a Semana da Arte Moderna, ocorrida em fevereiro de 1922, e fortemente influenciada pelas vanguardas europeias. Escandalosa à época, recebeu diversas críticas e não embalou de início, mas logo ganharia um importante significado para os círculos artísticos de todo o Brasil. Nomes que encabeçaram a primeira geração desse movimento cultural foram, para citar alguns, Oswald de Andrade e Mário de Andrade (apesar do sobrenome em comum, não tinham qualquer parentesco), Heitor Villa-Lobos, Anita Malfatti, Di Cavalcanti e Tarsila do Amaral.

Novas aspirações políticas, artísticas, urbanas e culturais eram sintomas daqueles tempos. Nesse sentido, se houve uma década que, como nunca na história, ficou marcada por consideráveis transformações na cena urbana das grandes metrópoles brasileiras, foi a de 1920. Um turbilhão de novidades chegou aos paulistas e aos cariocas nos "anos loucos",[68] de modo que a sociedade viu-se mais impactada pelo ímpeto do já mencionado desejo de modernização. Apesar de ditar os rumos das principais capitais brasileiras desde o último quartel do século XIX, a partir de 1920 tal aspiração tomou proporções inéditas. Sobre o período, diz Soares (2011, p. 36):

> A velocidade seduz e dita novos gestos e comportamentos em que carros disputam o espaço das ruas com carroças, cavalos, bondes e pedestres. Essas máquinas enchiam a cidade de barulho e de fumaça, mas, aos olhos da época, afirmavam os ares de uma metrópole. Parece que o espírito dos anos loucos invade corações e mentes e que hábitos europeus são mesmo incorporados por uma elite endinheirada que passa férias em Paris ou Londres e busca formas de convívio comuns a essas capitais europeias. São cafés, teatros, cinemas, restaurantes, saraus literários e audições musicais que encantam e se tornam uma necessidade.

O cidadão médio deu-se conta de que o seu entorno não era mais o mesmo, afinal, num curto período de tempo já era possível experienciar a multiplicação de bulevares, o erguimento dos primeiros arranha-céus, bem como o crescimento exponencial de automóveis circulando pelas ruas (Filho, 1999). Cabe destacar a difusão da energia elétrica e seus impactos na vida cotidiana da população, sobretudo em São Paulo: ferros para passar roupas, fogões, ventiladores de teto, refrigeradores, vitrolas, máquinas de calcular, caixas registradoras, datafones, lâmpadas sofisticadas e cinematógrafos eram algumas das inovações que contribuíam para a modernização dos costumes e para uma nova ordem cultural e técnica (Lorenzo, 1999).

Tudo isso ocorria em meio a um clima de crescente otimismo e euforia. O otimismo, estimulado pelo Carnaval de 1919, tinha como motivações o término da Primeira Guerra Mundial e da pandemia de gripe espanhola. Já a euforia era consequência dos adventos tecnológicos na indústria, no transporte, nas comunicações, no consumo e no lazer. Num curto período de tempo e sem qualquer planejamento prévio, a Pauliceia passava por um despreparado processo de metropolização, cujos reflexos chegavam a toda a cidade.

E quais eram as condições mais características dos novos tempos? A mesma resposta vale para as capitais paulista e carioca: o corpo humano

---

[68] A década de 1920 ficou conhecida como o período dos "anos loucos", assim chamados por conta das significativas transformações nos costumes, na moda, no entretenimento e na cultura da sociedade ocidental pós-guerra, sob forte influência dos Estados Unidos da América. Foi também um período de novas possibilidades de sociabilidade para as mulheres, que conquistaram diferentes espaços e adotaram novos comportamentos até então considerados inapropriados à figura feminina.

passava a ser considerado, assim como a sociedade, uma máquina passível de ser aperfeiçoada (Sevcenko, 1992). Desse modo, as práticas esportivas encaixaram-se perfeitamente às demandas da modernidade, pois um indivíduo adepto da educação física era um indivíduo moralmente superior e mais preparado para os desafios emergentes da época.

Finalmente, essa nova concepção acerca das práticas esportivas também gerou impactos culturais, de tal maneira que, naqueles anos 20, "o esporte se torna a moda e a moda adquire um acento desportivo" (Sevcenko, 1992; p. 49). Vestimentas atléticas passaram a ser bem-vistas, assim como as rotinas preenchidas por atividades físicas, transformadas em sinônimos de saúde. Os corpos, cada vez mais expostos, revelavam e afirmavam uma cultura física em ascensão, em que eram valorizadas cada vez mais as aparências nas exibições e nas performances atléticas, parte do imaginário das grandes cidades naquele momento (Soares, 2011).

A população em geral começou a consumir cada vez mais do esporte, nos jornais ou nas revistas especializadas que abriam as portas. Mas por trás disso havia algo muito mais profundo: a ideia de que essa tendência não contribuía apenas para o bem-estar de cada um dos envolvidos, mas também para o progresso de uma nação que buscava alinhar-se ao moderno. Em outras palavras, tinha-se que os mais preparados para lidar com os maquinismos da metropolização eram os adeptos da mentalidade esportiva, representados, sobretudo, pelos jovens.

Fosse na comida, na moda, no cinema, nos perfumes ou nas regras de etiqueta, o Rio de Janeiro ainda era fortemente influenciado por Paris, destino preferido dos cariocas endinheirados. Diversas palavras francesas foram incorporadas e adequadas à língua portuguesa, além de que a quase totalidade da burguesia sabia ler e escrever no idioma europeu (Castro, 2019). Não à toa, um dos esportes em alta na cidade seguia sendo o ciclismo (de origem francesa), que, embora não tivesse a mesma adesão do futebol, dispunha de certa popularidade entre as elites urbanas (Castro, 2019). O velho esporte bretão, por sua vez, gozava de um *status* diferenciado, pois já movia paixões em toda a cidade.

Claro que, contrariando a maré, havia exceções que enxergavam com maus olhos o crescimento do fenômeno esportivo, por exemplo, o conhecido romancista Lima Barreto. Mas àquela altura nada podia frear a mania que tomava as capitais paulista e carioca, em que homens e mulheres tinham seus estilos de vida fortemente influenciados pela atividade física e seus novos significados. Pode-se afirmar que as pessoas em geral mostravam-se mais afeitas aos passatempos atléticos, um sintoma oriundo da energia e da velocidade características daqueles "anos loucos".

Um acontecimento importante para o esporte brasileiro à época foi a estreia do nosso país nos Jogos Olímpicos, em 1920, na edição da Antuérpia, graças a um convite do COI enviado diretamente à CBD (Melo, 2007). A delegação nacional contou com 29 atletas, distribuídos entre as seguintes modalidades: natação, salto ornamental, remo, polo aquático e tiro, esta última responsável pela primeira medalha de ouro do Brasil (Melo, 2007). Nas edições seguintes do certame multiesportivo nosso país passaria por altos e baixos, visto que as dificuldades financeiras eram empecilhos para o envio de novos representantes.

Pelos parágrafos anteriores, conclui-se que a década de 1920 foi um período ímpar da nossa história, pois moldou as gerações futuras na política, nas artes, na moda, no lazer e em várias outras esferas da sociedade. Acelerou-se também o desenvolvimento do campo esportivo brasileiro, o que inclui a disseminação do pingue-pongue em São Paulo e no Rio de Janeiro. Afinal, o que foi a ascensão dessa modalidade senão um fruto da frenesi esportiva mencionada por Sevcenko? Com um cenário propício para tal, o pingue-pongue alcançaria novas camadas da população, entre elas, os operários. Também marcaria presença de maneira inédita entre as mulheres, ainda que com um atraso considerável em relação aos países europeus.

Por fim, cabe destacar que, se posteriormente o pingue-pongue era mais popular em São Paulo do que no Rio de Janeiro, isso mudaria com a chegada dos "anos loucos". A partir da segunda metade da década, a prática passaria por um crescimento exponencial na capital da República, de tal modo que as bolas de celuloide enfim cairiam na graça dos cariocas. Seria a Liga Carioca de Pingue-Pongue, pioneira no estado, a grande responsável por isso.

3.1 SÃO PAULO

Conforme vimos sobre a cidade de São Paulo, ao final dos anos 1910, jornais davam a entender que o pingue-pongue já era cultivado em muitas agremiações esportivas e recreativas, assim como em ambientes familiares. No entanto a prática ainda estava longe de firmar-se uma modalidade popular. Foi nos anos 1920, um momento de expansão e aceitação ainda mais significativa dos esportes em geral, que os clubes associativos tomaram para si a responsabilidade de promover uma cultura física (Medeiros; Dalben; Soares, 2022). Consequentemente, exemplos como o pingue-pongue encontraram um cenário propício para a sua adesão em diversos contextos que não apenas destinados às elites. O ganho de visibilidade e importância na capital paulista deve-se, também, a maior esclarecimento e aceitação de representações utilitárias, estas fomentadas por parte de médicos higienistas e educadores que pretendiam associar certas práticas esportivas a uma dimensão educativa (Medeiros; Dalben; Soares, 2022).

Não à toa, é nesse momento que vemos florescer o número de aparições do pingue-pongue competitivo e seus jogadores na imprensa, transformados em ídolos esportivos, bem como as primeiras associações da prática aos benefícios físicos e morais, traduzidos como sinônimos de uma saúde desejada à população brasileira. O papel dos periódicos foi determinante para conquistar a atenção do público leitor, pois eram veículos de informação que divulgavam e detalhavam o que ocorria antes, durante e após uma competição esportiva (Melo, 2022c).

Ao longo dos anos 1920, foi possível notar uma adesão cada vez mais significativa do pingue-pongue pelas classes populares. Isso aconteceu a partir da inclusão da modalidade nos pequenos clubes de bairros operários, processo influenciado pelos imigrantes europeus que moravam no centro da cidade. Nesse sentido, a democratização do pingue-pongue ocorreu gradualmente, à medida que novas agremiações abriram as portas ou diversificaram a sua programação esportiva, fazendo com que a modalidade, antes restrita a parcelas privilegiadas da sociedade, fosse cada vez mais apreciada por um público heterogêneo.

Entre as razões que propiciaram tal cenário cabe destacar a fabricação nacional dos materiais necessários para a sua prática, o que barateou os custos de manutenção nos clubes. Apenas uma sala modesta já poderia comportar mesas, portanto o pingue-pongue viraria um meio de sociabilidade acessível em comparação com o início do século XX, não apenas financeiramente, mas também simbolicamente, graças a um maior interesse e uma maior organização em torno da prática, e a uma maior disseminação de informações a seu respeito.

Ainda faltava uma entidade regulamentadora que conseguisse manter-se estável na promoção de campeonatos abertos, pois a Confederação

Paulista de Ping-Pong, ativa na década anterior, havia interrompido as suas atividades, muito provavelmente em decorrência da crise da gripe espanhola no ano de 1918. Cabe dizer que os demais esportes em alta na época tinham federações específicas ou estavam vinculados a entidades ecléticas, geralmente criadas a partir de agremiações de perfil socioeconômico semelhante, cujos interesses convergiam.

Entre todas as entidades em exercício naquele momento, a mais proeminente da capital paulista era a Associação Paulista de Esportes Atléticos (Apea), surgida em 1913 para dirigir o futebol, mas que mais tarde também agregaria o atletismo e o tênis de campo (Nicolini, 2001). O pingue-pongue foi um dos próximos a despertar o seu interesse no início dos anos 1920.

A Apea e outros tropeços na capital paulista...

Em junho de 1921, um novo evento esportivo ganhou as páginas dos jornais. Tratava-se do primeiro campeonato interclubes de pingue-pongue organizado pela Apea, cujos participantes eram os renomados S. C. Internacional, S. C. Sírio, Palestra Itália, Minas Geraes FC, Club Atlético Ypiranga, S. C. Corinthians, Associação Atlética Portuguesa, Mackenzie College, Sport Club Sírio e Associação Atlética São Bento – todos eram da primeira divisão da Apea e tinham um setor responsável pela modalidade em suas dependências.[69]

A comissão diretora do campeonato tinha sido definida da seguinte maneira: Sr. José de Castro Carvalho (A. A. São Bento) como presidente, Antenor C. Dias (Minas Geraes F.C.) como vice-presidente. Embora nem todos os mencionados se enquadrassem nesse perfil, é de se destacar que, fiel defensora dos princípios do amadorismo, a Apea tinha como característica o elitismo de alguns dos seus clubes.

Para além de uma resposta ao crescimento do número de adeptos do pingue-pongue, a inclusão dele no calendário de atividades da Apea também pode ser entendida como mais uma busca de sofisticação dos dirigentes esportivos, representantes das elites, que buscavam atualizar seus gostos e os esportes cultivados em suas agremiações, visando aos benefícios que deles poderiam extrair, como a distinção social e a busca da modernidade (Schpun, 1999).

Em uma das reuniões que convocava semanalmente, a comissão diretora do novo campeonato solicitou à Apea uma premiação de gala.

---

[69] CAMPEONATO da APEA. **O Estado de São Paulo**, São Paulo, p. 4, 22 jun. 1921.

Foi estabelecido que as equipes campeãs receberiam cinco medalhas de ouro para a primeira turma, cinco medalhas de prata para a segunda turma, além de taças transitórias. Na mesma notícia que divulgou essas informações, o pingue-pongue é mencionado como "um esporte de união, cultivado por uma boa parte dos clubes filiados" à Apea, o que reforçou a sua aceitação perante as alas esportivas mais tradicionais da cidade de São Paulo.[70]

Após o início das disputas, o campeonato de pingue-pongue da Apea teve ampla divulgação no jornal *O Estado de São Paulo*, tanto que em algumas ocasiões chegou a ocupar espaços inéditos na seção esportiva. Encerradas as disputas em dezembro de 1921, sagrou-se campeão absoluto o Clube Atlético Ypiranga,[71] representado pelos seguintes jogadores: Angelo Bandeira, Jurandyr Vianna, Eduardo Forleó, Julio Albizu e Vicente Albizu na primeira turma; e Ivo Simone, Julio Gracho, Manuel Vieira, Ubirajara Queiroz e Rodolpho Araujo na segunda turma.

A entrega dos prêmios ocorreu na sede do Clube Atlético Ypiranga, com a presença de membros da comissão diretora da Apea, grande número de associados e vários esportistas e/ou pessoas influentes, tais como Luiz de Araripe de Sucupira, já mencionado neste livro. Representando a Associação dos Cronistas Esportivos naquela ocasião, o emblemático remador era considerado um dos pilares do esporte brasileiro na época (Nicolini, 2001).

Após discursos acalorados de Elpídio de Paiva Azevedo (secretário do Clube Atlético Ypiranga) e do Sr. José de Castro Carvalho (presidente da comissão organizadora) na solenidade, a entrega das medalhas e da taça transitória aconteceu pelas mãos de F. de Lebre Mello, o presidente do Clube Atlético Ypiranga. Até então, a prática nunca havia conseguido tamanha projeção, tendo terminado o ano em evidência no alto escalão do esporte paulista.

Meses depois, graças ao sucesso do primeiro campeonato de pingue--pongue organizado pela Apea, uma segunda edição do evento já estava sendo discutida entre a comissão diretora. No mês de abril de 1922, a entidade convocou os filiados de todas as divisões para uma reunião, cujas principais deliberações seriam as estreias do Clube Atlético Paulistano, do Clube Antártica e do Touring F.C. no novo campeonato de pingue-pongue.

---

[70] CAMPEONATO da APEA. **O Estado de São Paulo**, São Paulo, p. 6, 3 jul. 1921.
[71] PINGUE-PONGUE. **O Estado de São Paulo**, São Paulo, p. 6, 3 dez. 1921.

A segunda edição do evento foi mais uma vez dominada pelo Clube Atlético Ypiranga, que terminou invicto na categoria principal e conquistou o seu quinto título de equipes. Embora as informações sobre esses episódios sejam escassas, posteriormente, o renomado jornalista Thomas Mazzoni publicou um *Almanack Esportivo* com curiosidades históricas sobre o pingue-pongue. A partir da sua pesquisa, tem-se que a Apea organizou o primeiro campeonato individual na cidade de São Paulo, cujo vencedor foi Julio Albizu, também do Clube Atlético Ypiranga.[72]

Apesar das perspectivas animadoras nos parágrafos anteriores, a estruturação do pingue-pongue pela Apea começou a declinar, até sumir definitivamente durante o segundo semestre de 1922. É possível especular algumas razões para esse desfecho, as quais provavelmente estiveram relacionadas a questões financeiras. Segundo o balanço oficial da Apea, que considerou as despesas dos meses de abril a dezembro de 1921, o campeonato interclubes de pingue-pongue custou apenas 183$000, bem menos do que o valor pago à Comissão de Tênis, cujo desembolso foi de 972$000.[73] O balanço oficial apontou que o pingue-pongue era, entre todos os gastos, um dos mais baratos. Ainda assim, deve-se levar em consideração que, se por um lado a prática demandava baixo investimento, por outro não gerava nenhum tipo de lucro. Os clubes e dirigentes endinheirados por trás da Apea provavelmente deixaram de enxergar vantagens que atendessem seus interesses e justificassem a organização de um campeonato chancelado pela entidade.

É preciso pontuar que a Apea canalizava suas energias no futebol, que naquele momento já era o centro das atenções nos círculos esportivos de todo o país, podendo ter ofuscado o protagonismo de outras modalidades de menor adesão. Basta considerar que as turmas de pingue-pongue eram, pelo menos parcialmente, formadas pelos mesmos indivíduos que entravam em campo nas disputas do futebol. O jogador Bianco Spartaco, do Palestra Itália, por exemplo, tinha um estilo próprio de atuar nas mesas, pois gostava de ficar "só na defensiva", postura semelhante à que adotava nos campos do esporte bretão.[74]

Tratava-se de um conhecido futebolista, iniciado na várzea, que tinha representado a seleção brasileira no Campeonato Sul-Americano de 1919

---

[72] PINGUE-PONGUE. **A Gazeta**, São Paulo, p. 7, 14 fev. 1928.
[73] PINGUE-PONGUE. **A Gazeta**, São Paulo, p. 2, 29 mar. 1922.
[74] CAMPEONATO da APEA. **O Estado de São Paulo**, São Paulo, p. 5, 9 ago. 1921.

(Streapco, 2015). Envolvido nas duas modalidades, é evidente que Bianco encarava o esporte bretão com mais seriedade do que o pingue-pongue, assim como a maioria dos clubes e esportistas vinculados à Apea naquele momento. Sendo assim, ainda que o pingue-pongue tenha continuado a movimentar treinamentos e amistosos internos, com o passar do tempo parece ter prevalecido nos clubes da entidade a imagem de um esporte de salão com caráter recreativo ao invés de competitivo. Não à toa, é daí que surgem os primeiros relatos de mesas compondo as áreas de concentração e lazer dos futebolistas

A Apea, entretanto, não foi a única tentativa de estruturar o pingue-pongue durante aquele momento. Também em 1922, uma nova Confederação Paulista de Pingue-Pongue, carregando o mesmo nome daquela desaparecida desde o final da década anterior, figurou nos jornais anunciando que iria organizar um campeonato de estreia. Cabe dizer que essa entidade tinha um perfil diferente da Apea, pois agrupava somente clubes ligados à Igreja Católica. Para aquela ocasião estavam confirmadas a. A. S. J., a União Católica Leão XIII, a Legião São Luiz Gonzaga e a União Católica Santo Agostinho. Este último clube, respeitado entre os adeptos da prática, confirmou o seu favoritismo e sagrou-se campeão na primeira turma, com os jogadores Andrade, Xavier, Rocha, Moreira e Pontes.[75] Na verdade, foi um debute efêmero da nova Confederação Paulista, visto que logo após a organização do referido campeonato, as suas atividades descontinuaram e nunca mais voltaram a figurar nos jornais.

Durante a primeira metade da década, a última iniciativa frustrada de criar uma entidade regulamentadora partiu da Associação Atlética Telephonica, localizada na Rua Líbero Badaró, distrito da Sé. Tal clube convidou publicamente a Associação dos Empregados do Commercio de São Paulo, a União dos Moços Católicos da Consolação, o Belo Horizonte F.C., a Associação Atlética Colombo, a União Católica Santo Agostinho, o Castellões F.C., o Itambé F.C., o Ourives e Affins, o Rio Branco F.C., a União C. Leão XIII, o E. C. Braz Corinthians, o Vila Buarque F.C., a. A. Cerqueira César, o Ceará F.C., o Imparcial F.C., o Fuxibus F.C. e o Touring F.C. para somarem forças na estruturação do pingue-pongue paulista.[76]

Além dessas, a Associação Atlética Telephonica estava aberta a conversar com qualquer outra agremiação que quisesse tomar parte no

---

[75] PINGUE-PONGUE. **O Estado de São Paulo**, São Paulo, p. 5, 15 ago. 1922.
[76] PINGUE-PONGUE. **O Estado de São Paulo**, São Paulo, p. 6, 6 abr. 1924.

empreendimento. Parecia promissor, afinal, se tudo funcionasse dentro dos conformes, seria o maior número de envolvidos em torno do pingue-pongue competitivo na cidade de São Paulo. Entretanto, ao que tudo indica, o empreendimento não vingou, pois a adesão foi menor do que a esperada.

Os tropeços não indicavam que o pingue-pongue paulista estava em baixa, muito pelo contrário. Fato é que com a entrada dos anos 1920, o processo de expansão da modalidade tornou-se mais visível do que nunca. Durante a nova década, o pingue-pongue seguia em evidência, de modo que os referidos empreendimentos em prol da sua regulamentação expressavam justamente o sucesso que vinha obtendo pelos círculos esportivos de São Paulo, algo que despertava o interesse dos seus velhos e novos adeptos em organizar campeonatos regidos por normas oficiais, com um corpo dirigente independente.

Ainda que uma entidade do tipo fosse fundada apenas na segunda metade da década, antes disso a prática já ganhava um protagonismo inédito em jornais de alta circulação, o que a tornava cada vez mais conhecida e discutida pela capital paulista. Em 1922, por exemplo, um amistoso entre o Clube Atlético Paulistano e o Sport Club Sírio prometia reunir um elevado número de espectadores. Segundo o *Estado de São Paulo*, tamanha era a expectativa para o episódio que a confortável sede do Sport Club Sírio, localizada no Jardim América, provavelmente não seria capaz de comportar todos os "admiradores" esperados para o amistoso.[77]

Outra forma de atestar o sucesso que o pingue-pongue vinha conquistando naquele momento foi por meio do comércio esportivo, pois tudo indica que havia crescido consideravelmente a demanda pelos equipamentos da prática. Diversos foram os anúncios de vendas que os colocavam em evidência no início da década, como se se tratassem dos principais artigos nas prateleiras das lojas esportivas. Em tempos em que o rádio e a televisão ainda não existiam, tais anúncios publicados em periódicos de alta circulação eram a forma mais eficaz de garantir a divulgação dos produtos à venda (MELO, 2022c). Por outro lado, a imprensa também se beneficiava com a promoção de modalidades como o pingue-pongue, pois via em sua disseminação uma oportunidade de ampliar o próprio mercado consumidor (Júnior, 2013).

Ainda em 1922, a Casa Esporte, autodenominada como o único estabelecimento do gênero na capital paulista, divulgou com exclusivi-

---

[77] PINGUE-PONGUE. **O Estado de São Paulo**, São Paulo, p. 6, 20 jan. 1922.

dade a venda de jogos completos de pingue-pongue, em caixas de vários tipos e a preços excepcionais.[78] Localizada próxima à Praça da República, no centro da cidade, a Casa Esporte parecia ter tanta procura que nos meses seguintes abriu uma filial no Largo do Paissandu, bem próxima à matriz. Em novembro, os anúncios continuaram, agora para dizer que o estabelecimento para "verdadeiros esportistas" também funcionava como uma fábrica de jogos de pingue-pongue.[79]

Não seria exagero levar o anúncio ao pé da letra, mas, afinal, quais equipamentos eram fabricados na Casa Esporte? Considerando que os jogos completos de pingue-pongue provavelmente consistiam em um par de raquetes, suporte com rede de tecido e bolas de celuloide, pode-se inferir que os dois primeiros equipamentos eram fabricados no local. Já o terceiro era certamente importado, visto que a indústria plástica sequer existia no Brasil daquela época. Uma das lojas a anunciá-lo com exclusividade era a Casa Mourão, localizada na Rua Santa Efigênia. Lá era vendida uma dúzia de bolas de celuloide da marca estrangeira "Match" por 12$000.[80]

Figura 3 – Anúncio da venda de bolas de ping-pong importadas, no início da década de 1920

Fonte: *A Gazeta*, 22 de março de 1923

Cabe dizer que tais lojas esportivas não detinham o monopólio dos equipamentos necessários à prática do pingue-pongue. Outros estabelecimentos despontavam com a venda de raquetes, suportes com redes, bolas e caixas com jogos completos, tais como o "Stadium Paulista", localizado na Rua Líbero Badaró, próximo ao Viaduto do Chá, e cujo diferencial era o desconto oferecido para os clubes.[81] Já a loja "Ao Esporte Nacional",

---

[78] Idem.
[79] CASA Esporte. **O Estado de São Paulo**, São Paulo, p. 5, 3 nov. 1922.
[80] PINGUE-PONGUE. **A Gazeta**, São Paulo, p. 4, 22 mar. 1923.
[81] PINGUE-PONGUE. **O Estado de São Paulo**, São Paulo, p. 8, 7 nov. 1922.

localizada na Rua São João, próxima ao Largo do Arouche, destacava em seus anúncios a chegada de bolas "opacas e lustrosas" das melhores marcas, as quais eram vendidas a preços vantajosos, sobretudo para os revendedores.[82] Todos esses estabelecimentos do comércio esportivo deram exclusividade à divulgação dos artigos de pingue-pongue. Isso sinaliza que naquele momento existia não apenas um mercado consumidor, mas também uma grande procura pela prática, já bastante popularizada pela zona central de São Paulo.

O pingue-pongue, enquanto um esporte em ascensão, que, todavia, não tinha consolidado uma entidade regulamentadora, enfrentava um problema: carecia de regras bem definidas, visto que as adotadas nas diferentes disputas da capital paulista ainda variavam de acordo com a ocasião. Quem melhor compreendeu isso foi Leopoldo Sant'Anna, um renomado cronista esportivo que dirigia a redação de *A Gazeta*. Carioca de nascimento, mas radicado em São Paulo, desde 1918 ele trabalhava no jornal, tendo sido uma das figuras mais importantes para a consolidação do futebol na imprensa da época (Toledo, 2012).[83]

Em 1922, Leopoldo lançou o livro *Regras do pingue-pongue*, que chegaria a diferentes estabelecimentos do comércio esportivo com um preço inicial de 1$500.[84] Não se sabe ao certo qual a origem das regras escolhidas pelo jornalista, pois elas eram diferentes daquelas em voga no exterior. De todo modo, ele esboçou uma padronização do jeito de se jogar o pingue-pongue. O feito foi tão significativo, que de 1922 em diante, as suas regras tornaram-se uma referência, tendo sido adotadas oficialmente por mais de uma década, inclusive em alguns clubes do Rio de Janeiro. As contribuições de Leopoldo Sant'Anna não parariam por aí, pois anos depois ele também lançaria revistas esportivas com ilustrações informativas do futebol, do pugilismo e, claro, do pingue-pongue, o que ampliava ainda mais a sua visibilidade.[85]

---

[82] PINGUE-PONGUE. **O Estado de São Paulo**, São Paulo, p. 11, 30 jan. 1924.

[83] Trabalhava na Gazeta desde que Cásper Líbero assumiu o jornal, em 1918. Leopoldo Santana era um ex-professor, autor de livros que abordavam sobretudo o futebol. Ele foi também um dos responsáveis pela primeira transmissão, por alto-falantes, de uma partida esportiva no Rio de Janeiro, a convite de Cásper Líbero. Disponível em: https://ludopedio.org.br/arquibancada/quem-e-salathiel-de-campos/. Acesso em: 10 ago. 2024.

[84] REGRAS de pingue-pongue. **A Gazeta**, São Paulo, p. 5, 27 set. 1922.

[85] REVISTA Esportiva. **O Estado de São Paulo**, São Paulo, p. 8, 6 nov. 1926.

Figura 4 – As regras escritas por Leopoldo Sant'Anna contribuíram com a padronização dos campeonatos de pingue-pongue na cidade de São Paulo

Fonte: *A Gazeta*, 27 de setembro de 1922

Cumpre acrescentar que *A Gazeta* cobria os acontecimentos de diversas modalidades em suas páginas, tentando ditar ou antecipar novos modismos a fim de formar uma assistência consumista (Toledo, 2012). Parece ter sido com esses objetivos que divulgou o pingue-pongue durante toda a década de 1920, tendo, inclusive, contribuído para a sua popularização, pois não se restringia a divulgar apenas os feitos dos clubes elitizados, mas também estampava os resultados oriundos dos pequenos clubes, muitos deles frequentados por operários e colônias de imigrantes, aproximando-se dos anseios populares. Dessa maneira, o jornal de Cásper Líbero virou uma das principais referências jornalísticas do pingue-pongue paulista, que terminaria a década de 1920 quebrando recordes de adeptos e dispondo de fãs numerosos que compunham as assistências dos campeonatos oficiais.

"Um verdadeiro treino para pulsos, braços e pernas"

Nos anos em que o pingue-pongue paulista ficou órfão de uma entidade regulamentadora, o seu protagonismo voltou-se às atividades organizadas de maneira isolada pelos próprios clubes. Exemplos dessas atividades eram os treinamentos semanais ou os campeonatos internos, nos quais as turmas participantes costumavam ser nomeadas de diferentes maneiras para tornar as disputas mais competitivas e criativas.

Normalmente, personalidades ou acontecimentos históricos eram homenageados. O Círculo C. Leão XIII, por exemplo, promoveu jogos entre os "Goitacás", "Tupinambás", "Guaicurus" e "Aimorés", nomes inspirados nas etnias indígenas do Brasil.[86] Já a União Católica Santo Agostinho optou por nomear as turmas de um dos seus campeonatos internos de "Humaitá", "Itororó", "Riachuelo" e "Tuiuti", batalhas decisivas na famigerada Guerra do Paraguai (1864-1870). Havia também os amistosos entre dois clubes, quando um deles visitava a sede social do outro para jogos com duração de um dia, no período da noite. O que facilitavam tais encontros era certamente a proximidade geográfica, de modo que havia disputas entre os clubes de um determinado bairro pela hegemonia da prática. Por consequência, estimulava-se também a rivalidade entre os campeões de cada bairro, alguns dos quais eram: Rio Branco F.C., campeão da Bela Vista; Palmeiras F.C., campeão da Consolação; Clube São Paulo, campeão do Bom Retiro; São Luiz P. P. C., campeão da Santa Cecília e S.C. Cerqueira César, campeão da vila de mesmo nome.[87]

Alguns clubes por trás dos treinamentos, campeonatos internos e amistosos eram conhecidos pela disposição com que estimulavam o pingue-pongue dentro de suas dependências. A diferença deles para a maioria dos outros clubes é que a prática não era mera figurante nas programações esportivas, mas uma atração respeitada. Exemplos disso são a já mencionada União Católica Santo Agostinho e o Clube Atlético Ypiranga, agremiações que, por conta do histórico vitorioso na cidade, carregavam uma excelente reputação: a primeira era tricampeã do campeonato organizado pela antiga Associação Paulista, enquanto a segunda era tricampeã do antigo campeonato organizado pela Confederação Paulista.[88] Com a entrada da segunda metade da década, outro clube que ganhou projeção foi a Associação dos Ourives e Affins, de "adestradas" e "valorosas" turmas nos meios do pingue-pongue, segundo uma notícia da época.[89]

---

[86] PINGUE-PONGUE. **O Estado de São Paulo**, São Paulo, p. 6, 24 out. 1920.
[87] PINGUE-PONGUE. **A Gazeta**, São Paulo, p. 3, 18 dez. 1923.
[88] PING-PONG. **O Correio Paulistano**, São Paulo, p. 4, 24 ago. 1923.
[89] PINGUE-PONGUE. **A Gazeta**, São Paulo, p. 6, 10 jun. 1925.

De modo geral, enquanto os treinamentos e os campeonatos internos faziam parte da rotina dos referidos clubes, os amistosos ocorriam pontualmente. Pode-se supor que os treinamentos consistiam em jogos livres ou exercícios de bate-bola simples, desenvolvidos à base do improviso. Alguns campeonatos internos, por sua vez, premiavam os vencedores com medalhas e contavam com a assistência dos associados. Já os amistosos tinham características que tornavam as disputas mais sérias, tais como a presença de árbitros e de uma enérgica plateia.

Cumpre destacar que as torcidas, cada vez mais assinaladas pelos jornais da época, indicam como as competições esportivas passavam a ter um lugar privilegiado nas sociabilidades urbanas, pois o palco das partidas de pingue-pongue era uma espécie de lugar de encontro, que atestava a identificação dos espectadores com o que se considerava moderno e empolgante (Soares, 2011). Nesse sentido, para além das disputas de identidades entre os bairros paulistas, os clubes engajados nos amistosos também enxergavam o pingue-pongue como um vínculo de aproximação entre os seus associados e os de agremiações de perfil socioeconômico semelhante.

A maioria dos amistosos eram marcados a partir de interesses comuns, pautados em menor ou maior escala pela classe social, pela origem étnica ou pela matriz religiosa. Nesse último caso, cabe dizer que foi a partir dos anos 1920 que o pingue-pongue começou a despertar maior interesse das agremiações ligadas às igrejas católicas na região central da cidade. Para além da União Católica Santo Agostinho, havia também a Turma da Sociedade Cristã de Moços, a Congregação de Santa Efigênia, a União de Moços Católicos do Brás e a União Infantil Santa Terezinha. Em geral, eram agremiações de jovens e adolescentes católicos, cujos amistosos foram divulgados com certa frequência nos jornais de grande circulação durante a segunda metade da década.[90] Tais iniciativas da Igreja consistiam em ações preventivas quanto aos hábitos e à moral dos seus seguidores, algo que se estendia sobremaneira às filiais frequentadas por operários, onde divertimentos educativos, como o próprio pingue-pongue, eram atividades disciplinadoras por estarem alinhadas à ordenação social vigente (Decca, 1987).

Cabe dizer que apesar de o pingue-pongue paulista ter ficado cinco anos (1922 a 1927) sem uma entidade regulamentadora ativa, alguns cam-

---

[90] JOGOS Anunciados. **O Estado de São Paulo**, São Paulo, p. 8, 6 fev. 1927.

peonatos interclubes foram realizados nesse meio-tempo. Tais episódios podem ser considerados expressões da sociedade da época, quando se multiplicavam os clubes em São Paulo, as instalações deles modernizavam-se e os torneios esportivos tornavam-se rotineiros, permitindo a difusão de práticas diversas aos locais apropriados (Schpun, 1999).

Os principais incentivadores de empreendimentos do tipo eram os jornais, que tinham o costume de patrocinar eventos esportivos. Nos momentos em que o pingue-pongue ficou sem o aparato burocrático de uma entidade regulamentadora, foi a imprensa a responsável pela organização dos campeonatos, desde a inscrição até a publicidade e a premiação – situação semelhante podia ser encontrada em outras modalidades, tais como a natação (Montenegro, 2021).

Sendo assim, graças ao notável desenvolvimento do pingue-pongue em São Paulo, o recém-fundado *Diário da Noite* decidiu promover um certame aberto em 1925, episódio que seria um dos mais interessantes daquela temporada. As partidas estavam programadas para acontecerem semanalmente, da seguinte maneira: as segundas e terceiras turmas jogariam às sextas-feiras, e as turmas principais jogariam às terças-feiras.[91] A grande novidade estava no formato das disputas, que teriam uma contagem inédita de até 250 pontos para as turmas principais – foi o placar mais longo já adotado até então. Além disso, cada agremiação deveria definir três pessoas para fiscalizarem as partidas e atuarem como juízes.

Os clubes inscritos da capital paulista foram a União Católica Santo Agostinho, o Touring F.C., a. A. Telefônica, a Aliança do Norte F.C., a Federação Espanhola, a Associação Ourives e Affins, o Rio Branco F.C. e a Associação dos Ex-alunos Salesianos de Dom Bosco. Eram clubes de diferentes bairros, todos com tradição no pingue-pongue e, portanto, com jogadores de nível técnico elevado.

Uma notícia d'*O Estado de São Paulo* sobre o campeonato fez questão de exaltar o sucesso alcançado pelo pingue-pongue na Pauliceia:

> Está tomando grande desenvolvimento, entre nós, o esporte de pingue-pongue, jogo de salão que encontra grande acolhida no seio das famílias, tanto nas grandes capitais, como em afastadas cidades do interior. Pouco dispendioso, ele é mantido nas sedes das sociedades esportivas, por modestas que sejam, e constitui o grande atrativo das mesmas.

---

[91] CAMPEONATO promovido pelo Diário da Tarde. **O Estado de São Paulo**, São Paulo, p. 7, 11 nov. 1925.

> Aliás, é ele de grande vantagem para a educação da vista, sendo um verdadeiro treino para pulsos, braços e pernas (Campeonato, 1925, p. 6).[92]

Percebe-se como havia algumas mudanças em curso nos significados que rondavam o pingue-pongue. Antes destinado a "graves cavalheiros e damas" da "melhor sociedade", temos agora indícios de que a prática tinha um perfil diversificado de adeptos. Além disso, cabe destacar a sua expansão em direção a diferentes contextos e localidades, pois o pingue-pongue já estava presente no "seio das famílias" do interior de São Paulo. Não se tratava mais de uma exclusividade dos clubes elitizados da capital paulista, mas de um esporte "pouco dispendioso", acessível a agremiações frequentadas pelas classes populares, especialmente em bairros operários.

Chama a atenção a sua vinculação inédita à promoção da saúde, posto que foi apresentado pela notícia como uma atividade física de benefícios à "vista", "pulsos, braços e pernas". Conforme vimos anteriormente, nas duas primeiras décadas em território nacional o pingue-pongue não remetia a esse perfil. A nova maneira de apresentá-lo indica que houve uma incorporação aos significados em alta naquele momento, diferentemente do que ocorrera com outros jogos que perderam embalo por serem considerados ultrapassados ou inadequados. Sendo assim, ao aproximar-se dos ideais defendidos pelo higienismo, o pingue-pongue ganhava um *status* que convergia com aquele dos esportes em voga na época. A valorização da saúde e da educação eram pilares necessários ao progresso racial e moral do "homem brasileiro", o que requeria atenção à cultura física propiciada pela prática de certos esportes (Franzini, 2003). Guardadas as proporções, esse lugar também seria paulatinamente ocupado pelo pingue-pongue no contexto da época.

Após o início das disputas, sobressaiu-se no campeonato organizado pelo *Diário da Noite* a "boa ordem" e a "camaradagem".[93] No que se refere ao desempenho dos jogadores participantes da turma principal, um deles destacou-se dos demais. Representando a Associação dos Ex-Alunos Salesianos de Dom Bosco, Attilio Faedo ficou em evidência depois de bater o próprio recorde: não se contentando com a soma anterior de 86 pontos, chegou à incrível marca de 99 pontos conquistados numa única

---

[92] O CAMPEONATO promovido pelo Diário da Noite. **O Estado de São Paulo**, São Paulo, p. 6, 10 nov. 1925.
[93] O CAMPEONATO do Diário da Noite. **O Estado de São Paulo**, São Paulo, p. 7, 12 mar. 1926.

partida.[94] O mais surpreendente é que Attilio Faedo, considerado na época um dos melhores nomes do pingue-pongue de São Paulo, conseguiu a proeza frente aos irmãos Julio e Vicente Albizu, conhecidos campeões que naquele momento representavam o clube Ourives e Affins – a título de curiosidade, o recordista era um excelente desenhista, tendo, inclusive, contribuído com ilustrações da modalidade na época.

Nota-se como as marcas pessoais dos jogadores de pingue-pongue passam a ser cada vez mais destacadas pelos noticiários esportivos, ao passo que cronômetros são gradualmente adotados para medir a duração dos pontos e das partidas. Trata-se, respectivamente, da busca por recordes e da quantificação, características atribuídas aos esportes modernos da época (Guttmann, 2004).

Apesar da atuação de Attilio Faedo, seus pontos não foram suficientes para que a Associação dos Ex-alunos Salesianos de Dom Bosco conquistasse o título. O que definia o resultado de um campeonato como esse era a combinação do desempenho apresentado pelos cinco integrantes de cada equipe participante, afinal, uma turma nivelada tecnicamente tinha vantagem frente àquelas que apostavam em performances individuais.

Dessa forma, o grande vencedor do evento promovido pelo jornal *Diário da Noite* foi a A.A. Telefônica, que, com atuação impecável, venceu todas as partidas disputadas.[95] Invicta, a turma principal da A.A. Telefônica tinha Loreto de Oliveira, Eduardo Forléo, Ernesto Capellano, Angelo Bandeira e Jurandyr Vianna como titulares, além de Armando Santoro como agregado em alguns jogos. Em solenidade de pompa, a eles foram entregues cinco medalhas de ouro e uma taça de posse transitória (dois anos), premiação que repercutiu positivamente na imprensa.

Nos anos seguintes, a *Folha da Noite* promoveu ainda um campeonato individual ao final de 1925, e um novo campeonato de equipes em 1927. O destaque desses episódios foi Jurandyr Vianna, que terminou campeão nas duas ocasiões, representando a Federação Hespanhola.[96] Sem uma entidade regulamentadora para o pingue-pongue paulista, os campeonatos do periódico em questão consistiram nos eventos de maior expressão daquele momento.

Outros clubes distribuídos pela cidade de São Paulo que, seguindo a tendência, integraram a prática às suas programações esportivas na

---

[94] PINGUE-PONGUE. **A Gazeta**, São Paulo, p. 7, 12 mar. 1926.
[95] PINGUE-PONGUE. **O Estado de São Paulo**, São Paulo, p. 6., 31 mar. 1926
[96] O VETERANO campeão Jurandyr Vianna faz annos amanhã. **A Gazeta**, São Paulo, p. 4, 6 jun. 1930.

época foram: Helvetia, São Paulo Alpargatas, Louça Esmaltada, Ceará F.C., Vila Buarque, Pauliceia F.C., Amigos da Mocidade, Flor Lusitana, Ponte Grande, Esporte Clube Carlos Gomes, Mappin Stores, Cerello, Centro Recreativo Piemonte, C. A. Tuyuty, Vila Maria Zélia, União Matarazzo F.C., Silva Telles F.C., Centro Político Industrial da Mooca, Sol Nascente, Barra Funda F.C., Clube Atlético Sul-Americano, G. E. R. Prada, Excelsior Clube, A. A. Anhanguera, Clube Atlético Triângulo Mineiro, Cruz e Avis, São Caetano Cycle Club, Voluntários da Pátria, Clube Democrático do Bom Retiro, Staindar Oil F.C., Ufa Clube, União Fluminense F.C., Banco Commercial, Galvão Bueno, Vital Brasil F.C., Avenida Clube, Ideal Americano F.C. e a Associação Portuguesa de Sports. Ao que se sabe, todos os referidos clubes dispunham de turmas masculinas de pingue-pongue, característica que seguia uma tendência da época. Esperava-se que o jovem da Pauliceia estivesse atualizado sobre a cena esportiva, participando dos acontecimentos organizados nos estádios e clubes associativos, bem como se preocupando com a sua forma física, demanda social que se exprimia com a prática de diferentes modalidades (Schpun, 1999). O futebol era, evidentemente, a primeira opção da maioria, mas também havia espaço para esportes como o pingue-pongue.

À medida que se tornava mais conhecido, discutido e apreciado, inclusive pelos meios de imprensa, é perceptível como a prática crescia exponencialmente pela capital paulista. No meio desse caminho, novos clubes abriram as portas para se dedicarem especialmente às suas competições. Esse foi o caso do Bloco dos Batutas Pingue Pongue Clube, do Luiz XV Pingue-Pongue, do Clube de Pingue-Pongue Juca Pato, do Clube Raquete de Ouro, do P. P. C. Santa Maria, do Guanabara P. P. C., do P. P. C. Santa Terezinha e do Pensão Palmeira Pingue-Pongue Clube. Como disse o jornal *A Gazeta* no final da década, "o elegante esporte da bolinha branca" continuava em franco progresso, com "clubes que surgem, campeões que aparecem".[97]

Por fim, para além dos contornos da capital paulista, cabe destacar outras localidades do estado de São Paulo que também estavam engajadas com o pingue-pongue. Um dos exemplos mais prósperos e tradicionais é a cidade de Santos, litoral paulista. Desde o final do século XIX e início do século XX, o privilegiado porto local recebeu imigrantes das mais diversas origens que vinham ao Brasil para trabalhar. Com isso, a cidade de

---

[97] PINGUE-PONGUE. **A Gazeta**, São Paulo, p. 7, 1 fev. 1929.

Santos foi a porta de entrada de grande parte das inovações importadas do exterior, mantendo-se antenada com as transformações culturais que irradiavam da capital.

Segundo o pesquisador Marco Bettine de Almeida (2015, p. 10), a história da capital paulista ao final do século XIX e início do século XX está diretamente relacionada ao Porto de Santos:

> A comercialização, a necessidade dos insumos para o plantio e a rede de comércio colateral [do café] trouxe grande dinamicidade à capital, e a cidade de Santos se tornou o principal porto da América Latina. Em 1876, a inauguração da São Paulo Railway, estrada de ferro que ligava Jundiaí a Santos, proporcionou uma concomitante modificação socioeconômica na região, que transformou São Paulo em local apropriado para a prática esportiva. Surgia um verdadeiro local de encontros, onde a elite consolidava seus negócios e iniciava um processo de migração das suas moradias para o centro financeiro; a mão-de-obra nacional, que não fora captada pela lavoura, buscou emprego na dinâmica metrópole; a presença dos imigrantes, que chegaram a representar no início do século XX, metade da população da cidade, auxiliou a trazer novas técnicas na lavoura e na indústria.

É provável que o pingue-pongue tenha movimentado partidas em Santos desde o início do século XX. Já os seus primeiros registros de campeonatos internos enquanto um esporte racionalizado a nível regional datam de meados dos anos 1910. Um dos seus maiores incentivadores foi o Santos Futebol Clube, que, fundado em 1912 por três esportistas da cidade, notabilizou-se pelo futebol. Conforme atestam as notícias da época, tal clube promoveu diversas disputas da prática a partir de 1916.[98] Poucos anos depois, anúncios de bolas de pingue-pongue à venda cresceram significativamente, o que indica que a modalidade não apenas ganhava novos adeptos no litoral paulista, como também já movimentava um mercado consumidor.[99] Com a entrada dos anos 1920, o Palestra Itália de Santos, fundado a partir de ítalo-brasileiros, também mantinha certa frequência de amistosos internos.[100]

Naturalmente, confrontos intermunicipais com clubes da capital paulista foram viabilizados por clubes litorâneos, tais como o Syria F.C.,

---

[98] PING-PONG. **A Tribuna**, Santos, p. 4, 15 out. 1916.
[99] BOLAS de ping-pong. **A Tribuna**, Santos, p. 6, 27 abr. 1919.
[100] PING-PONG. **A Tribuna**, Santos, p. 6, 22 jul. 1920.

localizado na região central da cidade.[101] Algum tempo depois, a Sociedade Cristã de Moços de Santos recebeu em sua sede social os quadros do Rio Branco F.C.[102] e da União Floresta,[103] igualmente vindos da Pauliceia. A propósito, o Departamento de Educação Física da Sociedade Cristã de Moços de Santos patrocinava diversos eventos relacionados ao pingue-pongue, como seus campeonatos internos, em que as turmas participantes não mediam esforços para conquistar as medalhas em disputa.[104]

A partir da segunda metade da década, com o pingue-pongue cada vez mais difundido em Santos, começou a surgir a demanda por uma entidade regulamentadora que organizasse campeonatos abertos e tratasse com seriedade os interesses da prática. Sendo assim, em 1926 foi fundada a Liga Santista de Pingue-Pongue, que reuniu 12 agremiações: Congregação Mariana de Santos, S. P. Railway, A. A. Americana, Gymnasio Santista, Sociedade Italiana de Beneficência, Brasil F.C., Espanha F.C., Clube Atlético Santista, C. C. S. F. Constructora, C. A. Luzitano e Palestra Itália de Santos.

Entre as determinações da Liga Santista, cabe ressaltar aspectos sobre as normas de comportamento dos torcedores, algo que não era tão enfatizado na Pauliceia.[105] Segundo a entidade, durante a disputa de uma partida, a assistência deveria portar-se adequadamente, sem "algazarra, conversa e barulho", ou qualquer outra coisa que pudesse perturbar a boa ordem. A Liga Santista também estipulava ser "terminantemente proibido dirigir indiretas aos jogadores ou ao juiz", assim como qualquer "manifestação hostil", sob o risco de expulsão do recinto.

Ao que indicam as notícias, havia um número considerável de amantes do pingue-pongue na cidade litorânea. A redação d'*A Tribuna*, por exemplo, estava convicta de que o confronto entre a Congregação Mariana de Santos e o S. P. Railway lotaria de tal modo que o local do embate ficaria pequeno para comportar os espectadores esperados.[106] Infelizmente não foi possível encontrar mais informações sobre o vencedor dessa e de outras partidas do campeonato organizado pela Liga Santista, mas sabe-se que tal entidade continuou ativa até o início dos anos 1930.

---

[101] PINGUE-PONGUE. **A Tribuna**, Santos, p. 4, 17 nov. 1923.
[102] PINGUE-PONGUE. **A Tribuna**, Santos, p. 3, 11 out. 1924.
[103] SOCIEDADE Christã de Moços de Santos contra União Floresta, da Capital. **A Tribuna**, Santos, p. 3, 17 jan. 1924.
[104] PINGUE-PONGUE. **A Tribuna**, Santos, p. 3, 1 jan. 1925.
[105] A LIGA Santista de Pingue-Pongue. **A Tribuna**, Santos, p. 3, 21 jul. 1926.
[106] CAMPEONATO Santista. **A Tribuna**, Santos, p. 3, 15 set. 1926.

Também tem-se conhecimento de episódios interessantes ocorridos em 1927. Naquele ano houve um desafio intermunicipal entre Antonio Macedo, da capital paulista, e Paulo Annibal, tido como o melhor jogador santista da época.[107] O embate individual, sediado na cidade litorânea, terminou com uma virada que deu a vitória para Antonio Macedo sobre o anfitrião por 200 a 181. Em período próximo, a Federação Espanhola da capital paulista também enfrentou em dois turnos, de ida e volta, um selecionado santista na disputa da "Taça Metro Goldwyn-Meyer".[108] O evento, promovido pela Liga Santista de Pingue-Pongue e patrocinado pelo vespertino *Folha da Noite*, terminou com duas vitórias da Federação Espanhola.

Em menor escala, outras cidades dispunham de clubes com turmas de pingue-pongue. A sua difusão por essas localidades era consequência do contexto da época, em que uma estrutura interligada entre a densidade populacional, os investimentos na área do café, o crescimento das lavouras, a inovação dos transportes, o povoamento das cidades e a circulação de pessoas e ideias fizeram surgir uma cultura esportiva europeia em regiões afastadas da capital paulista (Almeida, 2015).

Sendo assim, não tão longe dali, ocorriam amistosos em clubes de Barueri[109] e de Jundiaí, na qual os duplistas Passos e Halim eram destaques do pingue-pongue local.[110] Deslocando-se um pouco mais, a aproximadamente 85 km da capital, alguns clubes de Campinas seguiam ativos com a prática, tendo, inclusive, realizado amistosos intermunicipais com o Brasil F.C. de Santos.[111]

Por fim, antes de avançarmos é imprescindível citar a região que hoje conhecemos como ABC Paulista, visto que algumas de suas localidades consolidaram-se verdadeiros celeiros de campeões nacionais e internacionais com o passar das décadas. Os primórdios dessa história remetem a 1927, no município de São Bernardo do Campo, quando foi fundada a Liga de Amadores de Pingue-Pongue.[112] Sua primeira diretoria teve Luciano Ragot como presidente, Cosme Miguel dos Santos como secretário e Sylvério Manille como tesoureiro. Já o campeonato de estreia da entidade regulamentadora foi vencido pelo Esporte Clube Flor do Mar naquele mesmo ano.

---

[107] PINGUE-PONGUE. **O Estado de São Paulo**, São Paulo, p. 10, 19 mar. 1927.
[108] JOGO Intermunicipal entre S. Paulo e Santos. **A Gazeta**, São Paulo, p. 11, 24 maio 1930.
[109] LIGA Santista de Pingue-Pongue. **A Gazeta**, São Paulo, p. 6, 20 jul 1929.
[110] PINGUE-PONGUE. **A Gazeta**, São Paulo, p. 7, 20 abr. 1929.
[111] PINGUE-PONGUE. **A Gazeta**, São Paulo, p. 7, 7 jun. 1929.
[112] PINGUE-PONGUE. **A Gazeta**, São Paulo, p. 7, 14 mar. 1929.

A título de curiosidade, a cidade de São Caetano do Sul tinha o *status* de Distrito de Paz na época, de modo que só viria a conseguir sua autonomia no ano de 1948. Algumas de suas agremiações também eram filiadas à Liga de Amadores, tais como o Raquete Club, que disputou partidas amistosas com o União Comercial,[113] a União Juvenil Santa Teresinha[114] e outros clubes da capital paulista.

A Liga Paulista de Pingue-Pongue

Em São Paulo, o acontecimento mais importante da década para o pingue-pongue foi a fundação de uma entidade regulamentadora que, diferentemente das anteriores, conseguiria se manter estável por tempo suficiente para liderar grandes avanços. O que motivou isso foi um desentendimento às vésperas do campeonato de equipes promovido pelo P. P. C. Independência, em 1927 – conforme vimos, desde 1922 as atividades do pingue-pongue competitivo foram organizadas exclusivamente por clubes ou por jornais de grande circulação. O episódio em questão contou com a participação do Clube Atlético Columbia, da Palmeiras F.C., do E. C. Sírio, da A. E. Comércio, do Circulo Israellita, do Imperial Clube, do Touring F.C., do Imparcial F.C., da Associação do Ex-Alunos Salesianos de Dom Bosco e do Centro Político Industrial da Mooca.

Tudo seguia dentro dos conformes antes do início das disputas, até que o P. P. C. Independência divulgou a sua lista de jogadores para a categoria principal. Segundo as notícias da época, tem-se que a agremiação organizadora havia realizado a inscrição de dois nomes conhecidos dos círculos esportivos que, por determinação do regulamento divulgado anteriormente, não poderiam atuar na mesma equipe.[115] O desrespeito a essa norma gerou uma grande revolta entre os demais participantes, sobretudo no ítalo-paulistano Lido Piccinini, que percorreu as sedes dos clubes mencionados acima para convencê-los a não disputar o campeonato do P. P. C. Independência. Como resultado, o evento não foi adiante e o destino do dinheiro arrecadado com as inscrições foi motivo de controvérsias.

Dias depois, um grupo de jogadores do E. C. Sírio, insatisfeitos com os rumos da prática de raquetes, articularam-se com outros clubes da

---

[113] LIGA Paulista de Pingue-Pongue. O Estado de São Paulo, São Paulo, 29 de janeiro de 1928, p. 8.
[114] PINGUE-PONGUE. O Estado de São Paulo, São Paulo, 6 de março de 1928, p. 9.
[115] INAUGURAÇÃO da Liga Paulista de Pingue-Pongue. **A Gazeta**, São Paulo, p. 6, 27 dez. 1927.

cidade de São Paulo e fundaram a Liga Paulista de Pingue-Pongue. Sobre a iniciativa, *A Gazeta* opinou:

> É outra tentativa, como se vê, pois várias já tivemos, mas, infelizmente, se efêmera duração. A Liga que vem de surgir – disseram-nos estimados moços sírios – foi devida a desinteligência surgida no campeonato que o Independência pretendeu levar a efeito há bem pouco tempo. Os dez grêmios que deixaram o certame em vista, por motivos de conhecimento público, congregaram-se e, em boa hora, organizaram a entidade que vem de surgir. [...] Se não fora a tal desinteligência continuaria, talvez, o nosso pingue-pongue sem uma direção segura, sem uma orientação que o viesse colocar no posto de destaque que lhe compete no esporte de nossa terra (Pingue-pongue, 1927, p. 7).[116]

Surgida em dezembro de 1927, com sede na Sé, zona central da cidade, a Liga Paulista de Pingue-Pongue reuniu número significativo de adeptos da modalidade.[117] A sua diretoria ficou inicialmente composta por J. Faria de Oliveira (presidente), David Goldenberg (vice-presidente), Bruno Ricci (1º tesoureiro), Luiz Boggia (2º tesoureiro), Herminio Faria (1º secretário) e Lido Piccinini (2º secretário) nos demais cargos, sendo este último um conhecido nome do pingue-pongue na Pauliceia.[118] Cabe pontuar, a fim de evitar confusões, que a nóvel Liga Paulista de Pingue-Pongue não tinha vínculos com a entidade de mesmo nome que existiu no começo dos anos 1910. Enquanto a primeira tinha um perfil estritamente elitizado, a segunda agrupava também estratos médios e populares dos bairros industriais. Seus clubes fundadores eram o S. C. Sírio, Imparcial F.C., Ex-Alunos da Associação Dom Bosco, A. E. Commercio, Centro Político e Industrial da Mooca, Touring F.C., C. A. Columbia, Palmeiras F. C., Imperial Club e Circulo Israelita.[119]

Um mês após abrir as portas, a Liga Paulista já estava pronta para organizar o seu campeonato de estreia em janeiro de 1928. A diretoria deliberou que poderiam participar do evento apenas a primeira, a segunda e a terceira turmas dos 10 clubes fundadores daquela entidade. As inscrições eram gratuitas por tempo limitado, mas em caso de perda do prazo havia uma taxa de 5$000. As regras utilizadas seriam as de

---

[116] PINGUE-PONGUE. **A Gazeta**, São Paulo, p. 7, 29 dez. 1927.
[117] Idem.
[118] PINGUE-PONGUE. **A Gazeta**, São Paulo, p. 7, 2 jan. 1928.
[119] LIGA Paulista de Pingue-Pongue. **Correio Paulistano**, São Paulo, p. 8, 22 jan. 1928.

Leopoldo Sant'Anna, criadas em 1922. Os vencedores seriam premiados com medalhas, enquanto as partidas adotariam o seguinte formato: quatro jogadores por turma, sendo o placar final proporcional ao nível técnico (100 pontos para a terceira turma, 150 pontos para a segunda turma e 200 pontos para a primeira turma). As partidas da primeira turma começavam às 22h, portanto aquelas com placares disputados podiam estender-se à madrugada.

Entre outras normas, para cada confronto haveria um único juiz, escolhido no dia pelos próprios capitães dos clubes. A tabela ocorreria em dois turnos e os donos da casa tinham a obrigatoriedade de fornecer as bolas. Também constava no regulamento que alguns jogadores estavam proibidos de participar do campeonato se estivessem inscritos nas mesmas equipes. Esse era o caso dos "conhecidos campeões" Jurandyr Vianna, Lido Piccinini, Dante, Macedo, Paulo, Vicente, Julio, Bellinati, Angelo Bandeira, Ernesto Capellano, Silva, Ivo, Loreto de Oliveira e Armando Santoro, que deveriam estar distribuídos em diferentes clubes para equilibrar as partidas.

Iniciado o campeonato das primeiras turmas (categoria principal), o primeiro turno terminou em março, com o S. C. Sírio invicto, na ponta de cima da tabela, após derrotar os outros nove clubes filiados à Liga Paulista.[120] Sem mais informações encontradas nos jornais, sabe-se apenas que o segundo turno chegou ao fim no mês de junho, com uma reviravolta surpreendente do Imparcial F.C., que derrotou o líder anterior e sagrou-se campeão do campeonato de estreia da Liga Paulista.[121]

O próximo passo da nova entidade foi organizar um campeonato individual, agora com premiação de medalhas até o 7º lugar, além de um sistema de disputa que tinha fase de grupos e confrontos diretos entre os primeiros colocados de cada um deles.[122] Houve também outras alterações em comparação com o formato do campeonato de equipes, tais como a redução do placar para 50 pontos corridos nos jogos preliminares e 100 pontos nas provas finais.

O valor de inscrição para jogadores de clubes filiados à Liga Paulista continuou sendo 5$000, mas também existia a possibilidade de jogadores externos participarem pelo dobro do valor. As partidas ocorriam simultaneamente durante a semana, de modo que os clubes que estivessem

---

[120] LIGA Paulista de Pingue-Pongue. **O Estado de São Paulo**, São Paulo, p. 12, 25 mar. 1928.
[121] LIGA Paulista de Pingue-Pongue. **O Estado de São Paulo**, São Paulo, p. 10, 17 jun. 1928.
[122] JOGOS Annunciados. **O Estado de São Paulo**, São Paulo, p. 9, 8 ago. 1928.

jogando em casa eram responsáveis por enviar em até 48 horas um boletim de resultados para a diretoria da Liga Paulista, caso contrário uma multa de 10$000 seria cobrada.

O campeão paulista individual de 1928 foi Vicente Albizu, o irmão mais novo de Julio Albizu. Ambos estavam por trás de importantes feitos para o pingue-pongue de São Paulo. Não à toa, as notícias faziam questão de mencioná-los com estima: enquanto Julio era considerado o primeiro da família a vencer um campeonato individual na cidade, Vicente daria continuidade ao legado do irmão e seria um dos principais nomes da modalidade por mais de uma década.

O título de Vicente Albizu veio após ele derrotar Attilio Faedo por um placar de 100 a 67, terminando em terceiro e quarto lugares, respectivamente, os jogadores Armando Dizioli e Dante Barreta.[123] Foi uma disputa caseira, pois os dois finalistas representaram o clube Ourives e Affins naquela ocasião. A vitória tranquila de Vicente Albizu deveu-se ao seu estilo de jogo defensivo, que inutilizou taticamente os ataques de Attilio Faedo, descrito pelos jornais como um jogador de bolas rápidas e violentas, nem sempre efetivas. O resultado reforça um lema que continua sendo perfeitamente aplicável ao tênis de mesa contemporâneo: a força não decide uma partida e, sim, a estratégia e a paciência. *A Gazeta* resumiu bem a principal qualidade de um bom jogador de pingue-pongue ao dizer que o êxito na modalidade dependia de muito treino, mas também de muita calma.[124]

Com a entrada, em 1929, a Liga Paulista passou por uma mudança na diretoria, que agora teria Gastão da Silva Souza como presidente e Oswaldo Guaraná como vice-presidente.[125] As deliberações da nova diretoria instituíram uma cobrança anual de 50$000 para cada clube filiado à entidade, além um campeonato de duplas, cuja taxa de inscrição seria de 10$000 para os jogadores participantes. Cabe destacar que alguns dos primeiros clubes a organizarem eventos nesse formato foram o Independência Pingue-Pongue Clube e o Esporte Clube Camerino.[126] A inspiração provavelmente vinha do *table-tennis* praticado na Europa, onde húngaros, ingleses e austríacos figuravam como os favoritos nas disputas interna-

---

[123] LIGA Paulista de Pingue-Pongue. **O Estado de São Paulo**, São Paulo, p. 16, 21 dez. 1928.
[124] PINGUE-PONGUE. **A Gazeta**, São Paulo, p. 7, 1 fev. 1928.
[125] LIGA Paulista de Pingue-Pongue. **O Estado de São Paulo**, São Paulo, p. 7, 2 jan. 1929.
[126] PINGUE-PONGUE. **A Gazeta**, São Paulo, p. 7, 9 fev. 1928.

cionais da década. O campeonato de duplas da Liga Paulista de Pingue-Pongue terminou no mês de abril de 1929, tendo sido vencido por Luis Laurelli e Antonio Martins, que representaram o clube Castellões F.C.[127]

Enfim, o último episódio protagonizado pela Liga Paulista naquele ano foi a realização do seu segundo campeonato de equipes, formato que era o mais apreciado entre os associados dos clubes. Esperava-se muito equilíbrio nas disputas, pois nenhuma das turmas tinha superioridade numérica de campeões. Esses, ao contrário, estavam distribuídos por todos os clubes concorrentes. Os melhores jogadores da capital paulista transitavam regularmente por diferentes agremiações, a depender da temporada, da conveniência e do prestígio social daqueles que os convidavam, algo recorrente também no futebol (Streapco, 2015).

O campeonato de equipes de 1929 foi disputado pelos clubes G. E. R Prada, Touring F.C., E. C. Sírio, Grêmio Luzitano, Castellões F.C., União Católica Santo Agostinho, Imparcial F.C. e Ourives e Affins.[128] No mês de outubro, o resultado final veio à tona: após a brilhante campanha de Paulo, Waldemar, Saverio, Guelfo e Raphael Morales, o G. E. R. Prada, localizado em Belém (atual bairro de Belenzinho), sagrou-se campeão paulista.[129] Raphael Morales foi considerado o melhor jogador do evento, provavelmente porque somou a maior pontuação da temporada. De fato, ele seria pelos próximos anos o nome de maior evidência da Liga Paulista.

Diante dos acontecimentos descritos até aqui, conclui-se que o pingue-pongue paulista terminou a década da melhor maneira possível. Uma notícia do jornal *A Gazeta* reforçava isso ao dizer que não havia nenhum clube em São Paulo sem a presença de ao menos uma mesa para o deleite de seus associados.[130] Também buscava-se exaltar os méritos da nova entidade regulamentadora, considerada indispensável para que a prática pudesse ocupar o lugar que merecia no esporte da Pauliceia.

Na mesma linha do editorial anterior, segundo o jornal *O Estado de São Paulo*, o progresso devia-se ao trabalho da Liga Paulista que, desde a sua fundação, muito havia feito para a difusão do pingue-pongue entre os círculos esportivos daquela cidade.[131] Destaca-se a boa organização

---

[127] PINGUE-PONGUE. **O Estado de São Paulo**, São Paulo, p. 14, 27 abr. 1929.
[128] PINGUE-PONGUE. **O Estado de São Paulo**, São Paulo, p. 16, 11 jun. 1929.
[129] LIGA Paulista de Pingue-Pongue. **O Estado de São Paulo**, São Paulo, p. 12, 19 out. 1929.
[130] O QUE se fala... **A Gazeta**, São Paulo, p. 11, 2 fev. 1929.
[131] LIGA Paulista de Pingue-Pongue. **O Estado de São Paulo**, São Paulo, p. 12, 17 nov. 1929.

dos campeonatos interclubes realizados nos dois anos de atividade da entidade regulamentadora, a primeira a conseguir promover eventos de três categorias diferentes: individual, equipes e duplas, todas adotando as regras de Leopoldo Sant'Anna. A Liga Paulista demonstrava ter encontrado um padrão de disputas com formato e tabelas que funcionavam bem.

Pode-se dizer que esse cenário era consequência de um esboço de esportivização do pingue-pongue na capital paulista, expressão cunhada pelos sociólogos Norbert Elias e Eric Dunning para referirem-se ao processo de transição de jogos e passatempos ao enquadramento dos esportes modernos. Segundo eles, a codificação, as regras e os estatutos escritos, bem como a regulamentação, divulgação de tabela de jogos e uniformidade da prática eram parâmetros para designar tal processo (Elias; Dunning, 1992).

3.2 RIO DE JANEIRO

No Rio de Janeiro, o pingue-pongue foi alçado a um novo patamar durante os anos 1920, pois passou a dividir a seção esportiva dos jornais de alta circulação com os já populares turfe, futebol, remo, ciclismo, atletismo, boxe, natação e outros. Isso foi se tornando uma demanda natural do público esportivo, afinal, o número de clubes que promoviam a sua prática começou a crescer consideravelmente.

Neste tópico abordarei como se deu essa trajetória de importantes progressos para o pingue-pongue carioca, que ganhou um novo tratamento pelos meios de comunicação e, por consequência, novos significados no imaginário da sociedade local. Grosso modo, teve início na capital da República um esboço do mesmo processo de estruturação ocorrido anteriormente em São Paulo.

Um dos primeiros avanços experienciados pelo pingue-pongue carioca naqueles anos 1920 foi a consolidação de premiações para os vencedores dos campeonatos internos. Com isso, os clubes não apenas criaram um espírito competitivo entre os seus associados, como também motivaram-nos a um maior engajamento com a prática, cada vez mais levada a sério pelas respectivas diretorias. Vale ressaltar que não havia nenhum tipo de retorno financeiro nessas ocasiões, pois reinavam os princípios do amadorismo, segundo o qual os esportes deveriam ser cultivados para fins exclusivamente educativos.

As premiações do pingue-pongue serviam, portanto, para reconhecer simbolicamente os méritos atléticos e morais dos amadores de melhor desempenho. Em 1923, por exemplo, um dos clubes cariocas a colocar medalhas de ouro, prata e bronze em disputa foi o São Paulo Rio F. C., localizado no bairro de Catumbi, cuja atuação em prol do *sport* de bolinha branca" seria significativa pelo resto da década.[132]

Campeonatos internos individuais passaram a ser promovidos com maior frequência a partir de 1924, como o do Independência F.C, que durou mais de três meses. Os resultados finais consagraram Raul Lima como o grande campeão, um hábil jogador que por diversas vezes figurava nos noticiários esportivos. O restante da classificação ficou assim: 2º lugar – Alfredo Maciel, 3º lugar – Fernando Maciel, 4º lugar – Antonio Laert e 5º lugar – Juvenal Rodrigues.

Com a chegada de 1925, um novo meio de comunicação abriria as portas no Rio de Janeiro: o jornal *O Globo*, de viés conservador, que seria o principal divulgador do pingue-pongue naquele ano. Clubes como o Guanabara F. C.,[133] o Reserva Naval,[134] o S.C. Botafogo[135] e o S.C. Mangueira[136] ganhavam espaço em suas páginas com campeonatos e amistosos de premiações pomposas, tais como medalhas douradas, medalhas de prata, alfinetes de gravatas e *chatelaines* folheadas a ouro.[137]

É válido mencionar que naquele ano as deliberações da Associação Brasileira de Cronistas Esportivos já recomendavam a conversão do léxico esportivo por meio do aportuguesamento de termos ingleses utilizados nos periódicos (Hollanda, 2012). O termo pingue-pongue é, portanto, cada vez mais recorrente enquanto designação oficial da modalidade na capital da República.

Paulatinamente, as disputas de equipes passariam a ser divididas por nível técnico. Tal formato, que também já era popular entre os paulistas desde a década passada, tornou-se comum entre os cariocas. Assim, havia vagas para um número maior de interessados em participar, desde os mais

---

[132] S. PAULO Rio F.C. **Correio da Manhã**, Rio de Janeiro, p. 7, 25 out. 1923.
[133] NO PING-PONG. **O Globo**, Rio de Janeiro, p. 5, 8 ago. 1925.
[134] O QUE vae pelo Club Reserva Naval. **O Globo**, Rio de Janeiro, p. 6, 10 ago. 1925.
[135] PING-PONG. **O Globo**, Rio de Janeiro, p. 7, 15 ago. 1926.
[136] PING-PONG. **O Globo**, Rio de Janeiro, p. 7, 27 ago. 1927.
[137] A *chatelaine* é um gancho decorativo ou fecho usado na cintura com uma série de correntes suspensas. Cada corrente é montada com apêndices domésticos úteis, como tesouras, dedais, relógios, chaves, vinagrete e selos domésticos.

experientes (primeira turma) até os iniciantes (terceira turma e, em alguns casos, quarta turma). No que se refere ao placar, ainda não havia um consenso na cidade do Rio de Janeiro. Podiam ser pontuações de 50, 100, 150 a 200 pontos, além de algumas inovações pouco usuais, como partidas cronometradas, em que o marcador final seria definido em um tempo fixo e preestabelecido. Um dos clubes por trás desse formato era o Carioca F.C., cujo campeonato individual reuniu, em outubro de 1925, "grande número de concorrentes escalados e de muitos interessados", segundo *O Globo*.[138] Todas as partidas contaram com a supervisão de um juiz e de um cronometrista.

Dentro da rotina de amistosos, um episódio curioso ocorreu em encontro do S. C. Mangueira contra o Barroso F.C. Este derrotou o primeiro com vantagem de sobra nas três turmas disputadas. Entretanto, ao que parece, o Barroso F.C. misturou jogadores de diferentes níveis técnicos em cada turma, tendo, inclusive, colocado o seu melhor nome para jogar partidas com os iniciantes do clube adversário.[139] Tal atitude, que desnivelava as disputas e as tornavam injustas, foi divulgada nas páginas do jornal *O Globo* com tom de repreensão, pois feria o princípio da igualdade de chances das partidas, tão preconizado pelo amadorismo. Nesses casos, a imprensa não mais se restringia a um aspecto meramente informativo, tornando-se cada vez mais opinativa a respeito dos acontecimentos de uma modalidade esportiva (Melo, 2022c).

Ainda em 1925, o evento de maior divulgação do pingue-pongue foi um confronto marcado para o mês de outubro, na sede do clube de Catumbi, entre o Helios A. C. e o São Paulo Rio F.C. Num primeiro momento parecia ser mais um amistoso qualquer, porém com o passar dos dias as notícias tornaram-se entusiásticas e cheias de detalhes. Aos vencedores da ocasião seriam entregues medalhas, expostas nas vitrines da casa Vieira Machado, à Rua do Ouvidor. Juízes dos clubes Lapa F.C. e Cantuaria, além de um marcador de pontos, o Sr. Ernesto Mattos Filho, haviam sido chamados para conduzir a disputa com rigor. O jornal *O Globo* também fez interessantes registros ao anunciar, com altas expectativas, a chegada do confronto entre o Helios A. C. e o São Paulo – Rio F. C.: "Aguardemos, pois, o dia das sensacionais partidas do lindo *sport*, que é o tênis de mesa, que será disputado entre os mais fortes cultores que existem nesta capital".[140]

---

[138] INICIOU-SE, hontem, o campeonato interno do Carioca F.C. **O Globo**, Rio de Janeiro, p. 5, 7 out. 1925.
[139] PING-PONG. **O Globo**, Rio de Janeiro, p. 5, 22 set. 1925.
[140] PING-PONG. **O Globo**, Rio de Janeiro, p. 5, 13 out. 1925.

Nota-se como, despretensiosamente, a modalidade é chamada pela primeira vez pelo nome que viria a se tornar oficial apenas em 1942, e que até então soava como uma mera e ocasional palavra composta, criada para apelidar o pingue-pongue.

Nos dias que se seguiram, declarações exageradas continuavam divulgando esse que, provavelmente, foi o evento de pingue-pongue mais badalado do ano:

> Dizer-se o que será esse prélio é coisa humanamente impossível. Afirmar qual será o vencedor, é tarefa difícil, absurda mesmo. Helios ou São Paulo – Rio possuem turmas adestradíssimas (sic), compostas de ping-pong players completos e em perfeita forma; ambos são constituídos por equipes verdadeiramente formidáveis; são adversários dignos um do outro. O cuidadoso preparo, os constantes treinos em que ambos se têm empregado desde o dia em que a partida foi anunciada, não deixam dúvida alguma sobre o interesse, o carinho, a dedicação com que esses dois grêmios cultivam tão fidalgo esporte. O Helios A. C. não tem poupado esforços no sentido de que tão almejada festa esportiva-social seja coroada do mais absoluto êxito (O Próximo, 1925, p. 5).[141]

Quando, enfim, chegou o dia do Helios A.C. e do São Paulo – Rio F.C. se enfrentarem, pouco foi dito sobre o decorrer das partidas. Sabe-se que os clubes contaram, respectivamente, com os jogadores Marinho, Sobrinho, Zezé e Balthar, contra Lobo, Poly, Amadeu e Romero. Sem mencionar nenhum placar, *O Globo* noticiou um empate entre a primeira e a segunda turmas, portanto um novo encontro seria marcado futuramente para resolver a questão.[142] Nas semanas que se seguiram não houve informações sobre o desfecho do confronto, que provavelmente permaneceu em aberto.

O importante aqui é atentar-se aos elogios utilizados no discurso do jornal: não havia dúvidas de que o "lindo" ou "fidalgo" esporte despertava o interesse, o carinho e a dedicação dos dois clubes envolvidos na disputa. Adjetivos bem diferentes daqueles empregados na década anterior, quando o pingue-pongue era tido como um "inofensivo" passatempo, mero figurante na cena nos eventos esportivos. Mais do que isso, aos "ping-pong players" não faltaram referências positivas, afinal, "com-

---

[141] O PRÓXIMO encontro entre as turmas do Helios A.C. e do São Paulo Rio F.C. **O Globo**, Rio de Janeiro, p. 5, 14 out. 1925.

[142] PING-PONG. **O Globo**, Rio de Janeiro, p. 7, 4 nov. 1925.

pletos e em perfeita forma", tinham não apenas as suas qualidades morais valorizadas, mas também as físicas, ainda que implicitamente. Eram os reflexos da "febre esportiva" que dominava a capital da República, cujo salto qualitativo e quantitativo deu-se após o término da Primeira Guerra Mundial, período no qual diversos clubes e práticas esportivas vicejavam como resposta à busca incessante da população pelas modernas formas de vida saudável (Sevcenko, 1998).

Conclui-se que durante a primeira metade dos anos 1920, o pingue-pongue carioca seguiu um padrão de organização de campeonatos similar ao adotado em São Paulo, isto é, disputas internas com início no período da noite, assistência com entrada franca dos associados aficionados ao pingue-pongue, divisão das turmas por nível técnico, além de premiações.

Houve também as primeiras notícias que o associaram à boa saúde, detalhe ímpar para compreender a sua aceitação nos círculos esportivos. Faltava, entretanto, a organização de campeonatos abertos com a participação de diferentes clubes. Salvo raras exceções de curta duração, tal formato ainda não era comum no Rio de Janeiro. Seria preciso a criação de uma entidade regulamentadora na segunda metade da década para aglutinar os interessados em empreender algo do tipo.

A Liga Carioca de Pingue-Pongue

A partir de 1926, o pingue-pongue, que crescia dispersamente pelo Rio de Janeiro, daria um importante passo para o seu desenvolvimento. Foi no mês de outubro daquele ano que os clubes Americano F. C., Independência F. C., Grêmio 11 de Junho e Associação Ideal de Sports de Mesa fundaram a Liga Carioca de Pingue-Pongue, cuja sede oficial encontrava-se no bairro boêmio de Vila Isabel. A entidade, pioneira no ramo, buscava regulamentar a prática e instituir um formato padronizado de campeonatos.

Sua primeira diretoria ficou assim composta: presidente, Sr. Waldemar F. Cocchiarale, da Associação Ideal de Sports de Mesa; vice-presidente, o notório jogador Sr. Raul Lima, do Independência F.C.; secretário, o Sr. Carlos de Almeida. Constava nas resoluções da Liga Carioca os valores requeridos para integrá-la, que eram uma taxa única e sem mensalidade de 20$000 para a filiação dos clubes, e 1$000 para a inscrição de cada jogador.[143]

---

[143] FUNDOU-SE a Liga Carioca de Ping-Pong. **O Globo**, Rio de Janeiro, p. 7, 13 out. 1926.

Fato é que a fundação de uma entidade regulamentadora no Rio de Janeiro seria essencial para dar maior visibilidade ao "sport de bolinha branca", que teria pela primeira vez um estatuto para nortear, com regras delimitadas, competições mais abrangentes. Tal como experienciado anteriormente em São Paulo, tratava-se de um esboço de burocratização da modalidade na capital da República, ainda que em âmbito regional – a título de curiosidade, se comparados com a Liga Paulista, os valores de filiação e inscrição da Liga Carioca eram mais baratos na época.

Em novembro ocorreu o Torneio Initium, primeiro campeonato da Liga Carioca, com a presença dos clubes Ubá Pingue-Pongue Club, Barroso F.C., Associação Ideal Sports de Mesa, Grupo de Amadores, Verdun F.C., Independência F.C., Americano F.C. e Grêmio 11 de Junho. Este último foi escolhido para sediar o campeonato no "amplo e confortável salão" de sua sede social, localizada na Rua 24 de Maio, bairro do Méier.[144] Com início das partidas às 20h15, o Torneio Initium foi pensado para ter curta duração, isto é, começar e terminar na mesma noite. Provavelmente, já era quase de madrugada quando se sagrou campeão o Americano F.C., depois de derrotar na final o Ubá Ping-Pong Club por 50 a 42.[145]

O primeiro colocado contou com Aranha, Elmano, Seabra e Betinho, enquanto o segundo colocado teve Guaracy, Francisco, José e João no elenco. Segundo o jornal *O Globo*, foi uma "luta verdadeiramente titânica" para se conquistar as medalhas de prata e de bronze que estavam em disputa. O vice-presidente da Liga Carioca e adepto conhecido do pingue-pongue, Raul Lima, prestou agradecimentos a todos os participantes e parabenizou os vencedores.

Em 1927, uma das novidades implementadas pela entidade foram os treinamentos fechados para os seus melhores jogadores, divididos pelas Zonas Sul e Norte da cidade do Rio de Janeiro.[146] Os treinos da Zona Sul eram na sede do São Paulo – Rio F.C., em Catumbi, enquanto os treinos da Zona Norte eram na sede do Americano F.C., localizado no Riachuelo. Eventualmente, o presidente da Liga Carioca, Waldemar Cochiaralle, visitava os dois lugares a partir das 20h30 para acompanhar o rendimento dos jogadores. Aqueles que tivessem má conduta, isto é, faltassem regularmente nos treinamentos, podiam ser afastados ou punidos segundo o estatuto da entidade.[147]

---

[144] O TORNEIO initium da Liga Carioca de Ping-Pong. **O Globo**, Rio de Janeiro, p. 7, 16 nov. 1926.
[145] O AMERICANO levanta o torneio initium da Liga Carioca. **O Globo**, Rio de Janeiro, p. 7, 20 nov. 1926.
[146] OS TREINOS dos scratches da Liga Carioca. **O Globo**, Rio de Janeiro, p. 7, 13 set. 1927.
[147] LIGA Carioca de Ping-Pong. **Correio da Manhã**, Rio de Janeiro, p. 9, 4 jan. 1928.

Passados dois anos da sua fundação, a Liga Carioca de Pingue-Pongue dava sinais de que havia progredido enquanto regulamentadora da modalidade. Para o jornal *O Globo*, "o entusiasmo pelo esporte de mesa" era notório, pois já se achavam oito clubes filiados à entidade na cidade: com a saída de alguns dos fundadores, a Liga Carioca contava com a Associação Ideal Sports de Mesa, Sul-América F.C., São Paulo – Rio F.C., Grajaú Tênis Clube, Ateneu Luso Carioca, S. C. Jaborandy e Guerra Junqueiro A. C. naquele momento.[148]

Ainda que não haja mais informações sobre os resultados dos campeonatos, as notícias subentendem que eles ocorreram normalmente durante a segunda metade da década. As premiações estavam mais incrementadas, pois podiam ser desde diplomas honoríficos e medalhas de ouro até taças para os primeiros colocados nas disputas por equipes. Já a taxa de filiação de clubes e jogadores, dado o sucesso obtido pela Liga Carioca em tão pouco tempo, havia dobrado de 20$000 para 40$000, e de 1$000 para 2$000, respectivamente. Acrescentava-se, para além disso, uma mensalidade de 10$000 para cada clube enquanto estivesse filiado.

Entre os avanços materializados pela Liga Carioca, destaco aqui a padronização de campeonatos na cidade do Rio de Janeiro, premiações cada vez mais pomposas, treinamentos levados a sério e carteirinhas com registro para cada jogador filiado. Num período próximo dali, tal entidade viabilizou ainda o primeiro intercâmbio com São Paulo, fazendo com que a histórica rivalidade entre paulistas e cariocas, tão presente no futebol, chegasse também ao esporte de bolinha branca.

É interessante ater-se ao endereço dos clubes que estiveram por trás da fundação da Liga Carioca, pois tal entidade não abrigava agremiações concentradas em único ponto da cidade. Tinha, na verdade, um alcance que ia da região central até bairros considerados suburbanos à época. Tanto era assim que por conta da distância geográfica, as suas atividades precisavam ocorrer separadamente: conforme vimos, os treinamentos eram divididos entre as Zonas Sul e Norte. Na época, à porção sul da cidade do Rio de Janeiro já começava a ser atribuído o papel de residência das elites, com esforços públicos e privados para reforçar o seu caráter turístico, enquanto a porção norte configurava-se residência das camadas populares e local privilegiado para instalação fabril (Albernaz; Mattoso, 2019).

Nesse sentido, a Liga Carioca, empenhada em promover o pingue-pongue na capital da República, conseguiu congregar clubes de

---

[148] AS INSCRIPÇÕES para a Liga de Ping-Pong. **O Globo**, Rio de Janeiro, p. 7, 24 mar. 1928.

bairros distintos em torno de uma mesma entidade, algo que ampliava o seu alcance e diversificava o perfil dos adeptos da modalidade. Sobre os envolvidos nas atividades da entidade regulamentadora, para citar alguns, sabe-se que: o Americano F.C. ficava no Riachuelo; o Grêmio 11 de Junho ficava no Méier; o Independência F.C. ficava em Vila Isabel; o Grajaú Tênis Clube ficava em Grajaú; o São Paulo – Rio FC ficava em Catumbi; e o Barroso F.C. ficava na Gamboa.

As primeiras agremiações a cultivar o pingue-pongue nos bairros suburbanos eram ligadas às elites locais e depois às classes médias. Ao atuarem em prol da entidade regulamentadora, nota-se como a prática também fez parte do processo de construção da identidade suburbana enquanto meio de sociabilidade dos clubes esportivos, algo que ficará ainda mais evidente durante os anos 1930.[149] Nesse sentido, o pingue-pongue e outras iniciativas de lazer podem ser consideradas expressões dos desejos, interesses e necessidades dos diversos grupos sociais ali presentes, portanto produtos e produtoras do espaço urbano (Silva; Melo, 2021).

Além da Liga Carioca, outras entidades tentaram organizar campeonatos abertos naquele período, tais como a Associação Metropolitana de Esportes Atléticos (Amea).[150] Surgida a partir da união de clubes elitizados, a Amea tinha a regulamentação do futebol como foco principal, mas também abarcava com menor disposição o atletismo, o voleibol, o basquetebol, o tênis e o pingue-pongue. Da mesma forma como ocorreu com a Associação Paulista de Esportes Atléticos (Apea) em São Paulo, os demais esportes terrestres seriam abafados pelo protagonismo do ludopédio. Como consequência, sem gerar lucros, os campeonatos abertos da prática de raquetes não vingaram. Alguns clubes da Amea continuaram cultivando-a em suas dependências, fosse no grupo de escoteiros, fosse nos treinamentos e amistosos internos, mas sem nenhum envolvimento com a Liga Carioca, que tinha um perfil mais associado às classes médias.

Alguns clubes onde o pingue-pongue era praticado em larga escala conseguiram, esses sim, organizar campeonatos abertos bem-sucedidos em paralelo à Liga Carioca. Um exemplo foi o Marqueza F.C., descrito

---

[149] Cabe ressaltar que a localização geográfica não é suficiente para precisar o que são e eram os subúrbios cariocas, pois trata-se de uma noção móvel. Com isso, entende-se que a cidade é uma estrutura viva e cambiante, em que certos bairros passaram a ser considerados suburbanos com o tempo, enquanto outros deixaram de ser (Melo, 2022a). Embora fossem muitas vezes considerados um sinônimo de periferia, a definição dos subúrbios cariocas sofreu e continua sofrendo influência de aspectos políticos, econômicos e culturais (Melo, 2022a).
[150] PING-PONG. **O Globo**, Rio de Janeiro, p. 7, 9 nov. 1926.

como um "pequenino" do bairro das Laranjeiras, que ficou conhecido por sediar festivais de pingue-pongue entre 1927 e 1928. O diferencial daqueles episódios é que convidados de grande relevo estiveram presentes, tais como o C. R. Flamengo, Clube Ginástico Português, C. R. Vasco da Gama, América F.C. e A. A. Portuguesa.[151] A Marqueza F.C. chegou a conseguir o apoio da Liga Brasileira de Desportos, entidade fundada em 1921 que operava como uma espécie de subliga da Amea.

Diante do sucesso dos festivais empreendidos, *O Correio da Manhã* reconheceu em uma de suas notícias que o "elegante esporte da bolinha branca" havia conquistado de vez a simpatia de todos os *clubmans* do Rio de Janeiro, podendo ser, inclusive, o seu divertimento favorito naquele momento.[152] Estava em curso, segundo o periódico, um "surto maravilhoso de progresso" do pingue-pongue carioca, agora praticado pelos pequenos e grandes clubes.[153]

Os empreendimentos do Marqueza F.C., entretanto, não duraram muito tempo, tendo desaparecido dos jornais ao final de 1928. A partir de então passa-se a se destacar cada vez mais o Clube Ginástico Português, veterano da Rua Buenos Aires. Foi essa agremiação que logrou mais sucesso na organização de inúmeros campeonatos abertos, os quais seguiram acontecendo a todo vapor durante a primeira metade da década de 1930.

Por fim, é de se destacar também os adeptos do pingue-pongue que se encontravam fora da cidade do Rio de Janeiro. Um exemplo era o Ararigbóia F.C., localizado em Niterói, capital do estado na época. Tal agremiação, surgida a partir de divergências entre antigos sócios do Guarany F.C., outro clube local, conquistou bons resultados no futebol durante a década de 1910 (Melo, 2020). Conhecido pela numerosa assistência presente nos amistosos locais, o Ararigbóia F.C. promovia badaladas disputas de pingue-pongue que podiam durar até altas horas, às vezes com biscoitos e vinhos para a integração dos presentes.[154] Seus melhores jogadores eram, ao final da década de 1920, Adinar e Silva, Rubem Diniz, Ary Monteiro e Eloy.[155] De modo geral, o pingue-pongue já era praticado em outras agremiações de Niterói, mas a sua estruturação só ocorreria por lá a partir da década de 1930.

---

[151] A REUNIÃO sportiva promovida pelo Marqueza F.C. **Correio da Manhã**, Rio de Janeiro, p. 9, 4 out. 1928.
[152] A PRÓXIMA festa do Marqueza F.C. **Correio da manhã**, Rio de Janeiro, p. 10, 14 set. 1928.
[153] *Idem.*
[154] PING-PONG. **O Globo**, Rio de Janeiro, p. 7, 9 nov. 1926.
[155] PING-PONG. **O Globo**, Rio de Janeiro, p. 8, 22 nov. 1929.

Enfim, a prática conquista os cariocas

Ano a ano tornava-se mais evidente a cultura esportiva em curso no Rio de Janeiro. Segundo o historiador Nicolau Sevcenko (1998, p. 451), havia um sentimento generalizado de valorização da "ética do ativismo, da ideia de que é na ação e no engajamento corporal que se concentra a plena realização do destino humano". Em paralelo à industrialização e às grandes transformações econômicas e sociais, as quais alteravam profundamente a feição da cidade, emergiam os esportes como parte substancial desse processo. Eram meios de aprimorar a saúde, de embelezar os corpos, de conferir aos seus adeptos a potência que o novo ritmo da metrópole demandava.

O pingue-pongue, evidentemente, não esteve à margem do que acontecia. Conforme vimos, cresceu consideravelmente, de tal maneira que durante a segunda metade da década de 1920, já se encontrava difundido por inúmeros pontos da cidade do Rio de Janeiro. Dezenas de clubes promoviam treinamentos e amistosos da prática, elemento de grande adesão em suas respectivas programações sociais, fossem os mais endinheirados, os de classe média ou os mais modestos.

Em Botafogo, por exemplo, o Clube Atlético Palmeiras organizava torneios internos para o seu quadro associativo, formado pelas mais "distintas" famílias das redondezas.[156] Foi também em Botafogo que um grupo de rapazes amantes do esporte fundou o Pátria Ping-Pong Club, com sede na Rua Voluntários da Pátria.[157] O jornal *O Globo* foi escolhido como órgão de imprensa oficial da agremiação, sendo ela composta pelos jogadores Pinheiro, Sampaio, Ludovico, Aldo, Solon, Saraiva, Anthero, Paulo, Donga, Waldyr e Santos.

O S.C. Curupaiti, com treinos todas as terças e sextas-feiras, ficava no Catete, mesmos arredores da sede do governo federal à época. O clube, ativo na promoção do pingue-pongue, estava entre os mais vitoriosos das disputas promovidas pela capital da República. Um dos seus melhores jogadores naquela segunda metade da década foi o gaúcho Luiz Fróes, cuja habilidade havia sido premiada com uma medalha pelo tesoureiro do clube após pontuar 111 vezes em uma única partida.[158] Considerando que as turmas eram formadas por quatro jogadores e que o placar final

---

[156] O PALMEIRAS vai realizar um torneio interno. **O Globo**, Rio de Janeiro, p. 7, 21 abr. 1926.
[157] ACHA-SE fundado o Pátria Ping-Pong Club. **O Globo**, Rio de Janeiro, p. 7, 15 maio 1926.
[158] "CANHOTO", player do S. C. Curupaity, vae receber uma medalha. **O Globo**, Rio de Janeiro, p. 7, 15 dez. 1926.

era de 200 pontos, o desempenho de Luiz Fróes foi um feito notável. Ao lado de Caveirinha, Neco e Waldemar, mais tarde ele defenderia as cores do Sport Club Antártica, pioneiro da prática no bairro do Riachuelo.[159]

Nota-se como o processo de esportivização já mencionado anteriormente chegava também ao Rio de Janeiro, cabendo destacar o registro dos *records* e marcas alcançadas pelos praticantes. Outro sociólogo que sublinhou essas características dos esportes modernos foi Pierre Bourdieu (p. 13, 1978), segundo o qual a "maximização da eficácia específica (medida em 'vitórias', 'títulos' ou 'records')" estava relacionada ao desenvolvimento de uma indústria do espetáculo esportivo, algo que paulatinamente passava a ser visto no pingue-pongue carioca.

Entre outros endereços que são dignos de registro, destaca-se a Tijuca. Durante a segunda metade do século XIX, tal localidade teve como principais manifestações esportivas os páreos de cavalos. Com a entrada do século XX, as suas lideranças políticas passaram a apoiar cada vez mais iniciativas de urbanização em substituição às feições agrárias, visando a um maior diálogo simbólico e material com o Centro e a Zona Sul do Rio de Janeiro (Silva; Melo, 2021). Assim, ganharam espaço modalidades como o futebol e, a partir da segunda metade da década de 1920, o pingue-pongue, cultivado em agremiações como o C. Haddock Lobo[160] e o Tijuca Tênis Clube,[161] que divulgavam nos jornais treinamentos e partidas amistosas. Sobre o segundo, fundado em 1915 por membros das elites locais, era um dos principais mentores do tênis carioca, além de ter uma vida esportiva (voleibol, atletismo e basquetebol eram outras modalidades promovidas internamente) e social agitada (Silva; Melo, 2021).

Também cabe pontuar a manutenção do pingue-pongue em São Cristóvão, onde determinados clubes organizavam festas esportivas para os "amantéticos" da bolinha branca.[162] A prática passa a ser considerada uma das atrações principais desse tipo de programação, cenário bem diferente do encontrado na década anterior, quando figurava como um divertimento secundário. Já em Copacabana e Ipanema, bairros de maior poder aquisitivo da população, escoteiros de diferentes agremiações encaravam a modalidade como parte das suas rotinas de preparação física.[163]

---

[159] PING-PONG. **O Globo**, Rio de Janeiro, p. 3, 3 dez. 1929.
[160] PING-PONG. **O Globo**, Rio de Janeiro, p. 7, 11 jun. 1926.
[161] OS DEZ annos de existencia do Tijuca Tênis Club. **Correio da Manhã**, Rio de Janeiro, p. 8, 11 jun. 1925.
[162] A GRANDE do C. São Cristóvão. **O Globo**, Rio de Janeiro, p. 7, 30 nov. 1929.
[163] O GLOBO entre os escoteiros. **O Globo**, Rio de Janeiro, p. 7, 17 ago. 1927.

E por falar em escoteiros, esse grupo adotou enfaticamente o pingue-pongue durante a segunda metade da década. Jovens das classes média e alta, com idades entre 11 e 18 anos, eram incentivados a ingressar no escotismo por razões muito semelhantes às que incentivavam a prática esportiva: a formação de uma juventude preparada física e moralmente para conduzir a nação ao progresso, algo difundido especialmente após a Primeira Guerra Mundial (Sevcenko, 1998).

Conforme já vimos anteriormente, em meio a tensões internas e externas, existia nos anos 1920 uma preocupação com o futuro, o qual, segundo personalidades respeitáveis do calibre de Olavo Bilac, demandava corpos fortes e saudáveis, prontos para atitudes cívicas (Herold; Melo, 2017). Sendo assim, para além de outras atividades educativas, diversas modalidades faziam parte da programação dos jovens escoteiros, sobretudo daqueles que integravam clubes esportivos, como o Fluminense Futebol Clube, fundado em 1916 por cidadãos influentes na política e na economia nacionais (Herold; Melo, 2017).

Foi sob a organização da Federação Escoteira do Brasil (FEB) que diferentes campeonatos de pingue-pongue ocorreram naquele momento, com as categorias individual e equipes. Entre setembro e novembro de 1928, um deles foi disputado nas dependências do Fluminense F.C. e do C. R. Flamengo, tendo participado também outras destacadas agremiações, como o Botafogo F.C., o América F.C., o C.R. Vasco da Gama e o Lycée Français.[164] Ao final do campeonato, sagrou-se campeão absoluto das duas categorias o C. R. Flamengo, cujos jovens jogadores foram saudados pelo presidente da FEB, o Sr. Azambuja Soares, em clima comemorativo com comes e bebes.[165]

A atenção que deve ser dada à união entre o pingue-pongue e o escotismo está, justamente, nos significados por trás disso. Considerando a importância desses grupos, comprometidos com a instrução de jovens que deveriam preparar-se para defender a pátria, há de se inferir que o pingue-pongue passava a ter um papel desejável para as elites dirigentes da década em questão. Se antes tratava-se de um jogo distintivo para momentos de descontração, os jornais dão a entender que agora a sua prática tem parte das características necessárias para lapidar física e moralmente a juventude nacional. Nesse sentido, outras notícias confirmam que ao pingue-pongue estavam sendo empregados novos significados no

---

[164] O GLOBO entre os escoteiros. **O Globo**, Rio de Janeiro, p. 7, 28 set. 1928.
[165] VENCERAM o campeonato de ping-pong os escoteiros do C. R. Flamengo. **O Globo**, Rio de Janeiro, p. 6, 19 nov. 1928.

Rio de Janeiro, os quais, alinhados aos anseios da época, possibilitaram maior protagonismo nos meios de comunicação.

Em abril de 1927, por exemplo, acompanhando o sucesso crescente da modalidade, o jornal *O Brasil* decidiu disponibilizar espaço exclusivo à sua divulgação. Em notícia daquele mês, um cronista reconheceu que tendo em vista o incremento do pingue-pongue entre os principais clubes da capital[166], em breve seria criada uma nova seção específica e ampliada para atender ao seu público. No dia seguinte, mais informações: as notícias da modalidade ficariam a cargo de pessoas competentes, bem conhecidas no meio esportivo, portanto os clubes poderiam enviar notas todos os dias úteis, até as 18h, para serem publicadas nas páginas do jornal.[167] Trata-se de um sinal claro da guinada que o pingue-pongue vivenciava na capital da República. Ganhando novos clubes e, consequentemente, novos adeptos de diferentes perfis, os meios de comunicação da época adequavam-se às demandas dos círculos esportivos e conferiam maior visibilidade à modalidade.

O bom momento na capital da República fez surgir notícias com diferentes abordagens sobre o pingue-pongue, algumas, inclusive, tratando de acontecimentos do exterior. Dizia-se, por exemplo, que a sua prática havia ressurgido de modo auspicioso na Inglaterra, graças a George Lascelles. Em 1927, esse jovem príncipe, filho mais velho da princesa Mary (viscondessa Lascelles e única filha do Rei Jorge V), adquiriu os apetrechos do esporte que, segundo *O Globo*, por muito tempo havia sido o divertimento predileto da família real.[168] Conforme visto anteriormente, as elites brasileiras certamente eram influenciadas por modismos do tipo, posto que a maioria de seus membros buscava imitar os passatempos em voga na Terra da Rainha, considerados sinônimos de modernidade e civilidade. Cabe recordar que a Inglaterra estava em outro patamar de desenvolvimento e popularidade da modalidade: reunia dezenas de milhares de adeptos do *table tennis*, enquanto no Brasil eram algumas centenas de adeptos do pingue-pongue.[169]

O pingue-pongue também começou a figurar em espaços que pouco tinham relação com o noticiário esportivo. Numa anedota do jornal *A Noite*, a modalidade é mencionada, ainda que indiretamente, como parte do enredo. Sob o título "Macario, o distraído", vejamos:

---

[166] PING-PONG. **O Brasil**, Rio de Janeiro, p. 6, 22 abr. 1927.
[167] PING-PONG. **O Brasil**, Rio de Janeiro, p. 6, 23 abr. 1927.
[168] PING-PONG. **O Globo**, Rio de Janeiro, p. 7, 16 ago. 1927.
[169] *Ibidem*.

> Macario é distraído. É muito distraído. Nesse sentido, há dele histórias notáveis. Esta, por exemplo. Certa vez, Macario estava à porta do Pingue-Pongue Club, quando um amigo que se aproximou lhe disse:
>
> – oh! Não imagina que susto levei agora! Ali está gravemente ferido, na esquina, um homem que pensei que era você!
>
> – como ele é?
>
> – gordo e forte como você!
>
> – esta de roupa branca?
>
> – sim.
>
> – com sapatos "tango"?
>
> – sim.
>
> – tem certeza disso?
>
> – sim.
>
> – ah! então, não era eu (Macario, 1927, p. 6).[170]

Apesar da breve passagem de caráter anedótico, a menção do pingue-pongue em exemplos do tipo apenas reforça que o seu ganho de popularidade era percebido pelos meios de comunicação. Assim, tornava-se reconhecido como parte da cena cotidiana carioca, figurando em espaços do jornal que não eram pensados apenas aos *sportman*, mas a todos os tipos de leitores.

Oras, diante de tudo que vimos até aqui, podemos dizer que o pingue-pongue carioca chegava ao final dos anos 1920 vivendo seu auge. Nada mais elucidativo do que uma notícia na seção temática de *sports* do *Correio da Manhã*, a qual dava o veredicto sobre a prática:

> O elegante *sport* da bolinha branca conquistou de vez as simpatias de todos os *clubmans* do Rio de Janeiro, empolgando-os de tal forma, que podemos afirmar sem vacilar, ser esse, atualmente, o seu divertimento favorito. Praticado até bem pouco tempo somente pelos pequenos clubes, que formaram mesmo diversas agremiações que superintendem campeonatos normalmente disputados, o pingue-pongue conseguiu penetrar nos denominados grandes clubes os

---

[170] MACARIO, o distrahido. **A Noite**, Rio de Janeiro, p. 6, 7 dez. 1927.

quais disputam hoje o belo torneio em boa hora instituído pelo Clube Ginástico Portugues (A Próxima, 1928, p. 10).[171]

O "elegante *sport*" praticado por "*clubmans*" tinha o reconhecimento de um dos jornais mais lidos da época, no qual as pequenas bolas de celuloide eram tidas como divertimento favorito da sociedade carioca. De fato, para além das já mencionadas, diversas eram as agremiações espalhadas pela capital da República que passaram a promover treinamentos, amistosos e campeonatos internos naquele momento. Alguns exemplos foram: União da Aliança, Clube Internacional de Cyclista, Riachuelo F.C., Ramalho A.C., Clube de Natação e Regatas, Santa Heloisa F.C., Villegaignon F.C., S.C. Paramount, Ypiranga A.C., C.A. Palmeiras, Clube de Peteca Canto do Rio, Combinado Juventude Israelita, Associação Cristã de Moços, S.C. Jardim, S.C. Tira Teima, Amantes da Arte Club, Luis de Camões F.C., Banda União Portuguesa, Jardim F.C., Oriente Atlético Club, Paula Mattos A.C., Gávea Sport Club, C.R. Braz de Pinna, Grajaú Tênis Club, S.C. Lisboa, Lisboa e Rio, Natação e Regatas, Coimbra F.C., Combinado Santa Rosa, S.C. Boêmios, Arpoador F.C., C.R. Jardinense, Indiano F.C. e Combinado do Ping-Pong Hipotecário.

Tratava-se mesmo de um surto de popularidade da modalidade que, quem diria, uma década antes encontrava-se esquecida e desvalorizada pelos círculos esportivos da capital da República. Durante os anos 1920, o cenário era definitivamente outro, de tal modo que as notícias divulgadas por jornais de alta circulação não deixavam dúvidas: enfim, o pingue-pongue havia conquistado a simpatia dos cariocas.

Atesta-se como a modalidade conquistava seu espaço nos salões de jogos, senão como atração principal da programação esportiva, ao menos como um divertimento que tinha adeptos consideráveis. Cabe ressaltar que tal como em São Paulo, todas as atividades do pingue-pongue no Rio de Janeiro dependiam exclusivamente da iniciativa privada. Ainda assim, conforme registraram os jornais, clubes dos mais variados perfis socioeconômicos já eram adeptos da modalidade. Estava em curso um processo de democratização do pingue-pongue, gradualmente instalado nos pequenos clubes e praticado pelas camadas populares.

Uma notícia do jornal *O Globo*, publicada na seção de temas gerais, sugere que o pingue-pongue já era inclusive conhecido e praticado, com muitos limites, por pessoas em situação de vulnerabilidade social. Intitulada "Os horrores e os encantos da miséria", a matéria escrita por Wal-

---

[171] A PRÓXIMA festa do Marqueza F.C. **Correio da Manhã**, Rio de Janeiro, p. 10, 14 set. 1928.

ter Prestes descreve as visitas que ele fez ao cortiço da travessa Navarro (Catumbi, cidade do Rio de Janeiro), cujo intuito era captar momentos do dia a dia de seus humildes moradores. Diz o jornalista:

> Quase todas as histórias que ouvi dos meus companheiros de cortiço foram dolorosas. Às vezes, quando palestrávamos num grupo, as narrativas se prolongavam por horas e horas. Todos faziam questão de comunicar as suas mágoas. Vivíamos unidos, solidários uns com os outros, a nos ajudarmos mutuamente.
>
> Só uma vez presenciei uma cena desagradável. Foi quando uns rapazes quebraram, com uma bola de futebol, uma vidraça da estalagem vizinha. Houve discussão forte, troca de palavrões, mas tudo acabou bem. Depois disso, deixaram de parte o futebol e começaram a jogar "ping-pong", no terreiro. Como a mesa de que dispunham era pequena, acrescentaram-lhe (sic), suspensa por uns tijolos, a velha e furada caixa d'água, que atualmente serve de depósito de lixo para todos os moradores da casa.
>
> As imundícies ficavam a descoberto, atraindo as moscas; mas nunca ninguém dava importância àquilo (Prestes, 1928, p. 2).[172]

De acordo com o texto, os jovens flagrados por Walter Prestes recorreram à improvisações para jogar pingue-pongue. O relato não dá detalhes sobre as raquetes ou bolinhas de celuloide, mas tijolos serviram de apoio para uma mesa pequena, enquanto a "velha e furada" caixa d'água serviu como rede. Isso evidencia a dificuldade encontrada pelas pessoas em situação de vulnerabilidade social para praticarem certas modalidades, mesmo aquelas consideradas mais acessíveis para os padrões da época, como já era o caso do pingue-pongue.

Rodeados pelas tristes "imundícies descobertas", os jovens em questão desenvolveram uma maneira de se divertir com o que tinham ao seu alcance – tal relato não deve ser romantizado, pois o que ocorreu no cortiço da travessa Navarro não foi um "encanto" da miséria, mas, sim, um ato de resistência daqueles que, até os dias atuais, permanecem desassistidos. Trata-se de um indício de como, possivelmente, o pingue-pongue já integrava o imaginário coletivo dos cortiços, dada a sua popularidade na segunda metade dos anos 1920.

---

[172] PRESTES, W. Os horrores e os encantos da miséria. **O Globo**, Rio de Janeiro, p. 2, 31 jan. 1928.

3.3 O PRIMEIRO CONFRONTO INTERESTADUAL

Em dezembro de 1927, a Liga Carioca de Pingue-Pongue voltou a figurar com destaque nas páginas dos jornais. Estavam convocados para comparecerem à sua sede, no bairro de Vila Isabel, os seguintes jogadores: Dwalter da Silva, Eugenio Pizzotti, Nelson Soares, Guilherme Ferreira, Lauro Ganine, Carlos Neinusier, Amadeu Garritano, Joaquim Lima, José da Silva Rondão, Guracy Potiguara, João Kall, Raul Lima, Attila de Carvalho, Rubens Martins, Waldemar Caetano, Walter Leitao, Mauricio Junior, Colosso Minotte Junior, Portuguez e Alvaro Leal. O motivo da convocação era uma seletiva, a fim de serem organizados *scratchs* para enfrentar São Paulo, num encontro inédito que aconteceria em breve.

Embora pareça mais atual do que nunca, a rivalidade entre paulistas e cariocas já era facilmente identificável no Brasil agitado dos anos 20. Para entender as suas primeiras manifestações no campo esportivo, cabe mencionar novamente o futebol. Como os dois estados em questão eram os mais desenvolvidos no velho esporte bretão, reuniam os melhores clubes e disputavam sempre as primeiras colocações das competições oficiais, naturalmente criou-se uma concorrência em torno de interesses e disputas de poder (Franzini, 2010). Somam-se a isso atritos que muitas vezes extrapolavam as linhas do gramado, ganhando contornos ideológicos: parte da intelectualidade da época passou a enxergar São Paulo como um exemplo de crescimento e industrialização, enquanto o Rio de Janeiro ficou associado a um passado atrasado, algo que não se queria para o país (Franzini, 2010). Assim sendo, cariocas e paulistas disputavam o posto de maior referência nacional em diferentes esferas, fosse na política, fosse nos esportes.

Em janeiro de 1928, foi confirmado oficialmente o "Grande Interestadual" de pingue-pongue entre Rio de Janeiro e São Paulo, a ser promovido em dois turnos, ou seja, ida e volta. O primeiro embate aconteceria no "esplêndido" salão da Banda Portugal, localizado na praça Onze de Junho, capital da República. A equipe da casa tinha, na primeira turma, Guilherme Ferreira (capitão), Nelson Soares, Carlos Menusier, Eugenio Pizzotti, Dwalter da Silva e Attila de Carvalho (reserva). Já a primeira turma dos paulistas era formada por Lido Piccinini (capitão), Norberto Bastos, Antonio Martin, Luiz Laurelli, Mario Paciullo e Basillo Bainy (reserva).

Embora muitos desses nomes tivessem ascendência italiana, a equipe paulista fazia parte de um combinado do Sport Club Sírio, fundado em

1917 por jovens sírio-libaneses que tinham como esporte predominante o futebol (Nicolini, 2001). O evento, patrocinado pela Liga Carioca de Pingue-Pongue e pela Casa Fuchs de São Paulo (a mesma que esteve por trás do primeiro anúncio do *Ping-Pong* em 1902), oferecia uma "custosa taça" para a equipe vencedora. A prova principal, disputada entre as primeiras turmas de ambos os estados, seria decidida em 200 pontos.

Ao desembarcarem no estado vizinho, os visitantes foram muito bem recebidos. Consta na programação divulgada pelos jornais que estava previsto um passeio pelos principais pontos turísticos da capital da República, com visita à sede da Liga Carioca e a alguns dos clubes filiados.[173] Contrastando com a rivalidade que a imprensa tentava fomentar, o clima entre os adversários parecia cortês, afinal, todos demonstravam animação com a primeira excursão interestadual da prática. Corroborando isso, Angelo Bandeira, um dos jogadores que esteve por trás da fundação da Liga Paulista de Pingue-Pongue, enviou a seguinte saudação às equipes que disputariam o confronto: "Aos valorosos amadores de pingue-pongue envio, por intermédio da delegação paulista, fraternal saudação, augurando-lhes auspicioso êxito na competição interestadual a que vão se empenhar".[174]

Uma semana depois, o resultado chegou aos leitores do *Correio da Manhã*. Segundo a notícia, apesar da "chuva copiosa", esteve presente um público considerável.[175] Após as honrarias, saudações e discursos do Dr. Waldemar Cochiaralle (presidente da Liga Carioca), o embate das equipes principais terminou da seguinte maneira: com 100 pontos contra 91 na primeira metade e 200 pontos contra 183 na segunda metade, os paulistas do Sport Club Sírio levaram a melhor no jogo de ida. Ao final, os vencedores foram premiados com cinco medalhas de ouro e um artístico cartão de prata, ao passo que a "custosa taça" da Casa Fuchs só poderia ser entregue após o jogo de volta, ainda sem data definida até aquele momento.

A notícia elogiou a participação dos paulistas Mario, Antonio Martin e Norberto, e dos cariocas Nelson, Guilherme e Carlos, mas salientou que os primeiros jogaram apoiando as mãos nas mesas e os segundos não.[176] Percebe-se que a prática tinha diferenças regionais, mas na ausência de

---

[173] O INTERESTADUAL de amanhã Rio-São Paulo. **O Globo**, Rio de Janeiro, p. 7, 27 jan. 1928.
[174] UMA SAUDAÇÃO aos jogadores cariocas. **O Globo**, Rio de Janeiro, p. 7, 28 jan. 1928.
[175] O INTERESTADUAL do sabbado último. **Correio da Manhã**, Rio de Janeiro, p. 10, 2 fev. 1928.
[176] *Idem.*

regras padronizadas a nível nacional não convinha ao árbitro presente aprovar ou desaprovar os gestos descritos.

O acontecimento marca o jogo de ida do primeiro embate oficial entre São Paulo e Rio de Janeiro, idealizado pela Liga Carioca de Pingue-Pongue, organização pioneira daquele estado. A partir dos comentários positivos do *Correio da Manhã*, que mencionam a presença de um público considerável para prestigiar o evento, assistir às jogadas e aplaudir seus conterrâneos, é possível constatar que já havia em torno do pingue-pongue uma atmosfera de entretenimento diferente da década anterior, pois não se tratava mais de um jogo que divertia/envolvia apenas os seus participantes. Eventos como o campeonato interestadual assumiram dimensão central na vida urbana, congregando também árbitros, torcedores, premiações, reconhecimento na imprensa e emoções coletivamente expressas, tudo parte de um processo de difusão das práticas esportivas em geral (Schpun, 1999).

Enfim, no dia 24 de agosto de 1928, representantes da Liga Carioca viajaram a São Paulo para enfrentar o Sport Club Sírio, naquele que seria o jogo de volta do "Grande Interestadual" patrocinado pela Casa Fuchs. A programação tinha também um amistoso com a Liga Santista de Pingue-Pongue, o que indica maior integração regional entre os dirigentes da modalidade. Ao anunciar o embate, o jornal *A Noite* esperava um resultado disputado, posto que o conjunto da Liga Carioca de Pingue-Pongue, composto de "hábeis jogadores", mediria forças com um selecionado de "igual quilate".

E, de fato, tratou-se de uma peleja muito disputada, decidida apenas no último ponto. Relatos posteriores indicam que o placar terminou em 200 a 199 para os jogadores da capital da República, que levaram a melhor na tão esperada revanche.[177] O responsável pelo tento decisivo foi Eugênio Pizzotti, na época jogador da A. A. Portuguesa. Uma semana depois, nova notícia do *Correio da Manhã* anunciou o retorno da equipe carioca. Convocava-se um chá da tarde, apenas para os "íntimos", com o intuito de festejar as duas "retumbantes" vitórias frente aos paulistas (primeiro contra a Liga Santista de Pingue-Pongue, depois contra o combinado do Sport Club Sírio).[178]

Orgulhosa de sua campanha fora de casa, a Liga Carioca de Pingue-Pongue lançou, em suas resoluções, um voto de louvor aos valoro-

---

[177] TENNIS de mesa. **Jornal dos Sports**, Rio de Janeiro, p. 2, 11 jun. 1946.
[178] LIGA Carioca de Ping-Pong. **Correio da Manhã**, Rio de Janeiro, p. 10, 1 set. 1928.

sos Nelson Soares, Octavio Faria, Eugenio Pizzotti, João Alberto Lopes, Guilherme Ferreira e Dwalter Silva pela brilhante vitória representando o Rio de Janeiro no litoral e na capital de São Paulo.[179]

Cabe pontuar que dadas as notícias da época, tanto em jornais cariocas quanto paulistas, entende-se que nenhuma das equipes levantou a taça, pois a proposta da Casa Fuchs era premiar aquela que vencesse os jogos de ida e volta. Desse modo, o primeiro clássico interestadual da história terminou empatado em 1 a 1.

3.4 AS MULHERES ENTRAM EM CENA

Desde a chegada da modalidade no Brasil até o início dos anos 1920, as disputas noticiadas nos jornais, fossem amistosos internos ou campeonatos interclubes, tinham a participação exclusiva de homens. Conforme já foi mencionado anteriormente neste livro, as únicas referências encontradas sobre as mulheres datam de 1915, primeiro numa festa elegante da A.A. Americana, depois numa confraternização "íntima" de casais da Associação Atlética São Paulo. Àquela altura, o envolvimento feminino com atividades físicas só era visto com bons olhos nos clubes elitizados, como uma forma de socialização da elite paulistana. Exemplo disso eram os tradicionais *five o'clock teas* e *gardens parties* do Clube Atlético Paulistano, em que homens e mulheres praticavam juntos tênis, croque, diabolo, pingue-pongue, pelota e peteca (Mathias, 2011). Acreditava-se que tais eventos seriam benéficos para as famílias e especialmente para a educação física das "moças", que contribuiriam para tornar as atividades esportivas menos "embrutecedoras" (Brandão, 2000).

A inexpressiva participação das mulheres no pingue-pongue da época não era um episódio isolado, mas fruto de toda uma estrutura de legitimação e dominação simbólica dos homens nos esportes em geral. A origem disso remete aos Jogos Olímpicos da Antiguidade (de 776 a.C. ao século IV d.C.), período no qual apenas homens podiam participar dos espetáculos promovidos para homenagear os deuses gregos. As mulheres, por sua vez, não eram associadas a velocidade, força e competitividade, qualidades exaltadas pela sociedade da época (Ribeiro *et al.*, 2013).

O pensamento comum naqueles tempos remotos era o de que atividades físicas em excesso poderiam "masculinizar" o sexo feminino,

---

[179] RESOLUÇÕES da Liga Carioca de Ping-Pong. **O Globo**, Rio de Janeiro, p. 6, 3 set. 1928.

além de prejudicar a sua principal função social: a maternidade. Assim, enquanto homens eram reconhecidos pelo seu desempenho atlético, porte físico e coragem, as mulheres eram respeitadas pelo vigor dos filhos que geravam e educavam, recatadas em seus lares (Ribeiro *et al.*, 2013).

Após centenas de anos, já em meados do século XIX, a tradição voltou a ser defendida pelos entusiastas do emergente esporte moderno, cujo desfecho seria a consolidação de uma instituição sexista, com normas diferentes aos gêneros. Em suma, construções sociais ditavam (e ainda ditam) o que era adequado aos moldes de masculinidade e feminilidade no campo esportivo. Nada mais ilustrativo para atestar isso do que a primeira edição dos Jogos Olímpicos da Modernidade, em 1896, quando apenas homens estiveram presentes como atletas. O seu idealizador, Pierre de Coubertin, defendia abertamente que as mulheres, consideradas frágeis e delicadas, poderiam participar do evento apenas para premiar ou coroar os vencedores. Por trás dos bastidores, a verdade é que elas já praticavam ativamente algumas modalidades, mas eram silenciadas e desprovidas de qualquer prestígio.

Pouco a pouco o higienismo ganhava mais adesão ao redor do mundo, sobretudo na Europa, continente que muito influenciaria o Brasil. Tal doutrina, baseada nos cuidados com a saúde, substituiu velhas crenças e passou a flexibilizar para as mulheres certas atividades físicas, as quais, segundo os médicos da época, podiam trazer melhores condições orgânicas para conceber seres sadios e embelezar o formato de seus corpos (Goellner, 2005b).

Entre os esportes em que elas tornaram-se socialmente aceitas já no início do século XX cabe citar a esgrima, o hipismo e o tiro ao alvo. Esses eram vistos em território nacional como educativos às moças das elites, além de serem incentivados para a aquisição de habilidades necessárias aos papéis sociais da figura feminina (Melo, 2007).

Consequentemente, a prática esportiva, o cuidado com a aparência, o desnudamento do corpo e o uso de artifícios estéticos eram gradualmente identificados como impulsionadores da modernização da mulher e da sua autoafirmação na sociedade (Goellner, 2006). Isso não significa, no entanto, que os preconceitos foram deixados de lado. Estava em curso uma mudança na maneira de interpretar o envolvimento das mulheres com o esporte: antes perigoso à forma anatômica de seus corpos, agora, em casos específicos, poderia agregar qualidades físicas e morais.

Nota-se que tais ideias não estavam bem esclarecidas, razão pela qual interpretações ambíguas eram frequentes. Para as mulheres, tudo variava de acordo com a ocasião: o determinismo biológico regulava a prática de atividades com altas demandas de força, assim como a classe social ditava quais comportamentos eram aceitáveis ou não. Grosso modo, continuava sendo um escândalo para a sociedade que elas praticassem esportes "agressivos" e com contato físico, entretanto tornava-se bem vista a sua adesão aos esportes considerados "leves" e reservados às classes abastadas. Sobre a época, diz a pesquisadora Silvana Goellner (2005b, p. 149):

> Se por um lado, havia a crítica à indolência, à falta de exercícios físicos, ao excesso de roupas, ao confinamento no lar, por outro, ampliavam-se as restrições a uma efetiva inserção feminina em diferentes espaços públicos o que, de certa maneira, cerceava alguns possíveis atrevimentos. [...] Território permeado por ambigüidades, o mundo esportivo, simultaneamente, fascinava e desassossegava homens e mulheres, tanto porque contestava os discursos legitimadores dos limites e condutas próprias de cada sexo, como porque, através de seus rituais, fazia vibrar a tensão entre a liberação e o controle de emoções e, também, de representações de masculinidade e feminilidade.

Ainda nesse sentido, um trecho do "Reparo do Dia", coluna publicada diariamente na seção esportiva do jornal *O Globo*, elucida como a opinião pública encarava o envolvimento das mulheres com determinadas modalidades, ora bem visto, ora tido como atividade violenta e contrária a uma suposta natureza feminina:

> Aqueles, de alma, coração e de espírito, que se curvam diante da mulher, como obra suprema da criação, como o tipo perfeito da delicadeza e da bondade, aqueles que respeitam a pureza da mulher-donzela, beleza moral da mulher-esposa e a grandiosidade incomparável da mulher-mãe; aqueles que vêem na fragilidade física do sexo feminino a sua maior força para as conquistas salutares da família; aqueles que não negam à mulher o seu papel intelectual na sociedade, nem a querem, tão pouco, como uma inutilidade na colaboração dos que lutam na vida, mas respeitam a sua incapacidade para as operosidades musculares excessivas, que a natureza lhe impede, não podem ter senão um sentimento de profunda tristeza, um desalento condoído, vendo a exposição

> que se fez em praça pública, de donzelas inexperientes e mal conduzidas, a tomarem atitudes inadequadas ao seu sexo, para jogarem o futebol, com entradas pagas e, portanto, sujeitas à crítica irreverente e aos dichotes grosseiros de quantos, esquecidos de suas famílias, de suas irmãs, acharam do bom humor tripudiar sobre a fraqueza dos que não souberam repelir convites desastrados e interesseiros. Sempre fomos grandes partidários da educação física da mulher, sempre a incitamos à prática dos esportes. Mas, se o tênis, elegante, distinto e moderado, lhe cai como uma luva, o futebol é-lhe aviltamento físico e moral; físico, porque a obriga a posições inconvenientes, a excessos incompatíveis com as suas forças, a violências indignas da delicadeza que a natureza lhe deu; moral, porque o seu recato lhe impede exibições que podem chegar a ser despudoradas, porque a sua natural candura não deve permitir a violência dos choques e porque a modéstia é incompatível com as explosões das massas insaciáveis, onde há viciados e corrompidos (Reparos, 1929, p. 7).[180]

Ao analisar o discurso de um jornal, deve-se ter em mente que estamos tratando de uma produção de uma determinada época, no interior de uma sociedade, em um contexto histórico a ser compreendido (Barros, 2023). Apesar de explicitamente sexista, o que pode soar absurdo nos dias atuais, o "Reparo do Dia" não refletia uma opinião individual e, sim, teorias pseudocientíficas que tinham a chancela da comunidade acadêmica em nosso país. Nota-se que esportes como o tênis de campo, considerado "elegante" e "distinto", eram incentivados às mulheres por possuir significados aristocráticos em que a aprovação de laços mais igualitários entre homens e mulheres brasileiras dava-se pela identificação com a elegância das elites europeias, além da possibilidade de ser jogado com graciosidade, sem prejudicar a feminilidade de suas adeptas (Goellner, 2005b). Sendo assim, a participação das mulheres em alguns esportes também era facilitada por motivações de ordem cultural, como nos "jogos atléticos" e "corridas a pé" (primórdios do atletismo), ou no cricket, todos implementados em território nacional por clubes ingleses (Melo, 2007).

O pingue-pongue tinha tudo para seguir o mesmo percurso dos seus conterrâneos, afinal, também era um esporte de origem inglesa considerado refinado, sem contato físico e com características comedidas

---
[180] REPAROS do dia. **O Globo**, Rio de Janeiro, p. 7, 30 maio 1929.

que se enquadravam bem aos padrões socialmente aceitos para o público feminino. O cenário dos anos 20 mostrava-se propício à sua popularização, não apenas entre os homens, conforme ocorria desde o início do século, mas também entre as mulheres.

Considerando que nos espaços públicos as atividades esportivas limitavam a participação feminina, restavam os espaços associativos, embora isso favorecesse apenas a quem tinha acesso aos clubes (Rubio, 2011). Consequentemente, ainda que as mulheres continuassem excluídas das competições oficiais, as pertencentes às elites foram as primeiras a conseguirem protagonismo no pingue-pongue dos espaços associativos.

Na capital paulista é provável que o primeiro clube a promover o pingue-pongue feminino foi o São Paulo Tennis Club, localizado no bairro da Liberdade. Sabe-se que em outubro de 1920, Alba Pereira dos Santos, Nair Ribeiro, Lucia Silveira Campos, Sarah Ribeiro, Dora Silveira Campos e Marina Ribeiro da Cruz disputaram um campeonato da agremiação.[181] Com os parágrafos anteriores, não surpreende que o São Paulo Tennis Club, como sugere o nome, era destinado principalmente ao cultivo do tênis de campo, esporte difundido em território nacional pelos ingleses.

Conforme vimos, tais características explicam por si só o seu pioneirismo em flexibilizar e até mesmo promover disputas abertas a ambos os sexos: mulheres praticando atividades físicas eram bem-vistas em clubes e associações particulares fundadas e frequentadas por imigrantes ou descendentes de imigrantes, advindos de países em que categorias femininas já eram comuns há tempos (Rubio, 2011), tais como a Inglaterra; além disso, o tênis de campo tinha como particularidade a tradição em manter uma intensa participação de mulheres (Melo, 2021), condição que certamente influenciou o caso do pingue-pongue.

No mês de outubro de 1923, temos a participação de turmas com dois jogadores cada em nova edição do campeonato interno: Diná Pirajá e Henrique Bastos, Nair Paes de Barros e Nelson Crus, Nenen Moreira Dias e Vicente Cipullo, Alcyra Campos Salles e Herminio Faria, Maria Emilia e Francisco Glycerio Netto.[182] Percebe-se como as disputas mistas já ocorriam naturalmente no São Paulo Tennis Club, algo que, embora fosse restrito a um determinado quadro social, representava um avanço ao pingue-pongue da capital paulista.

---

[181] S. PAULO Tennis. **O Estado de São Paulo**, São Paulo, p. 6, 10 out. 1920.
[182] PINGUE-PONGUE. **O Estado de São Paulo**, São Paulo, p. 6, 18 out. 1923.

No entanto tais circunstâncias eram uma resposta às aspirações do conjunto do grupo, flexibilizadas mais por um desejo de reforçar a imagem de partilha, vivenciada de maneira agradável para regularizar os contatos entre os sexos do que por um desejo de inclusão generalizada (Schpun, 1999). Não à toa, no caso do tênis de campo, por exemplo, a participação feminina nas competições também provocava certo incômodo, expresso em manifestações de misoginia, cada vez que as mulheres tinham mais protagonismo em atividades antes restritas aos homens (Schpun, 1999).

Durante os anos que se seguiram, novas notícias mostram que o São Paulo Tennis Club continuou, de maneira isolada, a promover campeonatos internos com turmas que tinham mulheres em sua composição. Ao que parece, não havia mesmo qualquer argumento prático para separá-las das disputas com os homens, afinal, em alguns casos suas pontuações eram inclusive superiores. Em abril de 1925, sem perder o costume, o São Paulo Tennis Club promoveu mais um embate entre os seus associados. Com a presença de muitos cavalheiros "acompanhados de suas exmas", a final daquela ocasião foi decidida entre as turmas "Branca" e "Violeta". Esta última saiu vencedora com um placar acirrado de apenas seis pontos de diferença. Apesar da derrota, a notícia exalta a jogadora Neném Moreira, artilheira da equipe "Branca", tendo marcado 58 pontos, seguida do Sr. Eduardo de Mello, com 57 pontos.[183] Ainda que o pingue-pongue fosse uma prática em que nem sempre sobressaía-se a força física dos seus adeptos, era do sexo considerado "frágil" a principal jogadora de uma equipe formada por homens e mulheres, situação que colocava em cheque a suposta "natureza feminina" de incompatibilidades com a competição esportiva.

Também em 1925, outras novidades partiriam novamente do São Paulo Tennis Club, pois algumas mulheres da agremiação já enfrentavam homens de outra agremiação.[184] Refiro-me a Olga Mercado e Nair Mesquita, que encararam de igual para igual, em setembro daquele ano, a equipe estritamente masculina do Clube das Perdizes. Parece que as iniciativas do São Paulo Tennis Club motivaram seus adversários a seguirem pelo mesmo caminho de promoção do pingue-pongue feminino, pois pouco mais de um ano depois, em outubro de 1926, o Clube das Perdizes também escalou mulheres para uma nova partida entre ambos, novidade divul-

---

[183] S. PAULO Tennis. **O Estado de São Paulo**, São Paulo, p. 6, 28 abr. 1925.

[184] S. PAULO Tennis vs Club das Perdizes. **O Estado de São Paulo**, São Paulo, p. 8, 30 set. 1925.

gada com entusiasmo pelo jornal *O Estado de São Paulo*.[185] Foi o primeiro amistoso oficial entre duas turmas femininas de clubes diferentes, o que despertou grande interesse dos seus respectivos associados. Nessa ocasião histórica, as jogadoras Maria Rego Freitas, Selma Rego Freitas e Zoé de Paula Lima do Clube das Perdizes foram superadas por Aleyra Campos Salles, Cilinha Bastos e Nair de Mesquita do São Paulo Tennis Club.

Vale ressaltar que apesar de romperem com alguns tabus acerca dos sexos, os dois clubes eram extremamente elitizados, visto que não participavam de campeonatos abertos e buscavam sempre promover encontros entre pessoas de um mesmo grupo socioeconômico. A diferenciação social continuava sendo a tônica daquele início de século XX, de modo que os referidos clubes preferiam não se envolver nas partidas oficiais da Liga Paulista e da Associação Paulista, ambas entidades regulamentadoras do pingue-pongue.[186] Eram tempos em que o amadorismo – um código de conduta oriundo dos valores britânicos em voga na época vitoriana – significava a expressão máxima dos bons costumes. Sendo assim, as práticas esportivas nos clubes mais endinheirados eram cheias de regras de etiqueta.

O esporte em si não deveria ser encarado como uma profissão que gerasse qualquer tipo de retorno financeiro, mas como divertimento de cavalheiros e damas que buscavam, antes da vitória, a confraternização entre semelhantes e o reconhecimento social. Nesse sentido, as mulheres urbanas socialmente aceitas no campo esportivo tinham em comum a postura atlética, os corpos esbeltos, a pele branca e sem muitas marcas do sol, além da prática de atividades físicas nas horas de lazer, em que os principais objetivos eram estéticos (Toffoli; Arruda, 2011).

Buscando passatempos diferenciados e associados à nova moda, cujo envolvimento era distintivo e, portanto, marcava uma forma de poder se "mostrar" (Lucena, 2001), as jogadoras de pingue-pongue tinham intenções bem claras: afirmar sua superioridade de classe por meio dos elegantes e educativos gestos reproduzidos naquela modalidade que, graças à influência da Europa, tinha um *status* civilizador. Ademais, diante da inexistência de políticas públicas que promovessem a inclusão feminina

---

[185] JOGOS Realizados. **O Estado de São Paulo**, São Paulo, p. 10, 2 out. 1926.

[186] Os jornais da época sugerem que a Liga Paulista de Pingue-Pongue e a Associação Paulista de Pingue-Pongue eram entidades que rivalizavam na regulamentação da prática em São Paulo. O perfil de seus filiados era distinto dos clubes elitizados que promoviam disputas femininas, posto que agregava desde a classe média até as classes populares, representadas pelos operários.

nos esportes em geral, as próprias famílias apoiavam atividades como o pingue-pongue, pois acreditavam que elas seriam benéficas ao desenvolvimento pessoal das jovens abastadas (Rubio; Veloso, 2019). Outra motivação poderia ser os cuidados com a aparência física delas exigidos, motivo de flexibilização nas disputas internas de pingue-pongue em alguns clubes específicos (Schpun, 1999).

A despeito dos episódios mencionados anteriormente, ainda faltava o principal: uma competição destinada exclusivamente às mulheres, tal qual sempre ocorria com os homens desde a chegada do pingue-pongue a São Paulo. Em setembro de 1927, quem organizou algo do tipo foi o Imperial Club, responsável por promover, segundo as minhas buscas, o primeiro torneio de duplas para mulheres, cuja primeira partida foi disputada entre Olga Faria e Yolanda contra Esther Mendes e Esther Wendel.[187] Sem fugir à regra da época, a agremiação, localizada no bairro da Liberdade, era classificada como uma sociedade distinta, formada por elementos de valor segundo uma notícia da época.[188]

Com o passar do tempo, o São Paulo Tennis Club continuou como principal responsável por trás das disputas de pingue-pongue feminino. Em 1929, por exemplo, reuniu as jogadoras Denguinha Dias, Dinah Costa, Maria Alice, Yolanda Bosisio, Olga Mercado, Brasilia Sampaio, Corina Aguiar e Bemvinda Costa para enfrentar a turma do Club Conceição, formada por Iracema, Teteca, Beth, Amalia, Mathilde, Isa e Olga. Segundo notícia da época, o São Paulo Tennis Club tinha uma das mais fortes turmas de mulheres, talvez a "melhor de todos os clubes da cidade".[189] É provável que isso fosse mesmo verdade, afinal, tratava-se da agremiação que mais promovia treinamentos e amistosos femininos, além de recorrentes disputas mistas que enriqueciam as experiências dentro das mesas.

Os acontecimentos descritos até aqui apontam que as mulheres do pingue-pongue paulista haviam superado importantes obstáculos no decorrer dos anos 20: jogadoras de clubes elitizados participaram ativamente de campeonatos internos com outros homens, além de terem seus feitos repercutidos em jornais de alta circulação. No entanto, tal como no tênis de campo, em que disputas femininas ocorriam em proporção quase igual às disputas masculinas, inclusive com ambos os sexos competindo

---

[187] IMPERIAL Club. **O Estado de São Paulo**, São Paulo, p. 9, 21 set. 1927.
[188] PINGUE-PONGUE. **A Gazeta**, São Paulo, p. 7, 18 out. 1927.
[189] PINGUE-PONGUE. **O Estado de São Paulo**, São Paulo, p. 12, 8 dez. 1929.

em conjunto, deve-se considerar que a presença das mulheres nesses contextos estabelecia limites de desempenho e enquadramentos delimitados pelo universo esportivo, essencialmente gerido por homens (Melo, 2022b).

No que se refere ao Rio de Janeiro, são raras as referências encontradas sobre a participação feminina no pingue-pongue. Em 1925, uma das poucas notícias que mencionou timidamente o assunto tratava da partida de desempate entre o Helios e o São Paulo Rio, equipes compostas de "ping-pong players completos e em perfeita forma", "adversários dignos um do outro".[190] Faz-se menção à ilustre Sta. Maria José Coimbra, torcedora de honra do Helios – carinhosamente apelidada de "Zezé", ela foi convidada para ser madrinha das duas turmas envolvidas na ocasião.

Esse tipo de episódio era recorrente na época, quando as mulheres costumavam figurar como participantes passivas dos espetáculos esportivos, tendo como função social a de embelezar ou entreter o espetáculo (Melo, 2022b). Conforme vimos, elas eram bem vistas e até incentivadas a marcar presença enquanto torcedoras que, do lado de fora das mesas, apoiavam emocionalmente as disputas entre os homens.

Somente em 1927 há indícios de que algumas mulheres praticavam o pingue-pongue no Rio de Janeiro. Nesse ano, o diretor esportivo do Atlântico Sport Club convidou publicamente todos os associados a tomarem parte nos treinamentos intensivos da prática. O diferencial é que lá existia uma "turma de moças", formada pelas jogadoras Odilla, Odete e Constancinha.[191] Não encontrei nenhuma outra menção desse tipo nos jornais consultados, mas pode-se imaginar que mulheres de outros clubes associativos também praticavam o pingue-pongue, especialmente por trás dos bastidores.

Claro que nada do que foi mencionado neste capítulo resultou de um processo desinteressado. Não se trata de um espaço que aos poucos era cedido e, sim, conquistado à custa de negociações e reivindicações. Tais avanços, presentes no campo esportivo e em diversos setores da sociedade, também tinham relação com os sintomas do pós-guerra (1914-1919), quando, em suma, as mulheres adentraram como nunca na esfera pública.

Soma-se a isso o agitado contexto social da capital paulista: estava em curso um desenvolvimento industrial inédito, o advento de novas tecnologias, a urbanização das cidades e a chegada da mão de obra imigrante, sintomas

---

[190] O PRÓXIMO encontro entre as turmas do Helios A.C. e os do São Paulo Rio F.C. **O Globo**, Rio de Janeiro, p. 5, 14 out. 1925.
[191] O QUE vae pelo Atlantico Sport Club, **O Globo**, Rio de Janeiro, p. 7, 19 abr. 1927.

de um incessante desejo de modernização, cujas características abriam caminho a novas possibilidades para as mulheres, ainda que com muitos limites. Antes tidas como única e exclusivamente responsáveis pelas ocupações do lar, agora embarcavam nos "anos loucos" para acessarem novas profissões, novas maneiras de se vestir e portar e, porque não, novos divertimentos e meios de sociabilidade. Sobre a participação feminina na cena esportiva da época, bem como seus significados e desdobramentos, completa Soares (2011, p. 35):

> Essas práticas podem ser compreendidas como expressão da lenta modernização da sociedade, acentuada nos anos de 1920, período em que se observa uma ampla aceitação e mesmo adesão aos exercícios físicos e ao esporte. A elegância requerida para a prática dos exercícios físicos, esportivos e um certo consumo de uma moda esportiva tanto para praticantes quanto para espectadores tem nessa década uma certa referência. A educação do corpo passa pela prática de exercícios físicos, de esporte, passa pela busca de divertimentos sadios, de lazeres ativos que têm a cidade como palco. Passa também pelo surgimento de outra sensibilidade, aquela mesma que vai sublinhar o sentimento de conforto, associá-lo às roupas e, mais especificamente, aos exercícios físicos e ao esporte.

Apesar de importantes, a verdade é que mesmo com essas conquistas, a sociedade seguia profundamente distante de qualquer princípio de equidade, especialmente na esfera esportiva. Apenas algumas das mais endinheiradas conseguiam praticar o pingue-pongue nos clubes elitizados, e somente elas teriam seus feitos divulgados publicamente. Ainda assim, nenhuma mulher paulista ou carioca podia participar dos embates oficiais promovidos pelas entidades regulamentadoras da época, algo que contrariava a própria ITTF (Federação Internacional de Tênis de Mesa), que, desde a organização de seu primeiro campeonato mundial, sempre promoveu categorias femininas.

3.5 AS RAÍZES ESTRANGEIRAS DO PINGUE-PONGUE COMPETITIVO NAS DUAS METRÓPOLES

Um tema essencial para compreender a história do esporte brasileiro é a imigração, afinal, o nosso campo esportivo foi, ao longo do tempo, consideravelmente influenciado por pessoas de diferentes nacionalidades. Nesse sentido, para melhor compreender as raízes do pingue-pongue em nosso país, faz-se necessário uma breve passagem sobre a origem estrangeira de clubes, dirigentes e jogadores que estiveram por trás da sua estruturação, tanto em São Paulo quanto no Rio de Janeiro.

É preciso ponderar que durante o início do século XX, muitos esportes foram incorporados com exclusividade pelas elites dirigentes, mas gradualmente passaram a ser utilizados como meios de sociabilidade que expressavam identidades entre diferentes estratos socioeconômicos da sociedade. Os imigrantes são um dos protagonistas desse processo de democratização dos esportes, pois, especialmente nas capitais, cada vez mais cosmopolitas, com hábitos e atividades de lazer importadas, impulsionaram a criação de clubes associativos e o uso cada vez mais informal das ruas e dos espaços vazios (Guedes; Zieff; Negreiros, 2006).

O leitor ou a leitora já devem ter percebido que muitos nomes e sobrenomes envolvidos nas disputas do pingue-pongue eram italianos, espanhóis ou portugueses. Direta ou indiretamente, os dois primeiros foram importantes para o desenvolvimento e para a popularização da prática em São Paulo, enquanto os últimos o foram no Rio de Janeiro, algo que se acentuou durante os anos 1920. Antes de investigarmos como isso se deu, acredito ser importante introduzir contextualmente os fenômenos migratórios ocorridos a partir da segunda metade do século XIX até o início do século XX, que englobam diferentes nacionalidades.

Eram tempos em que a expansão do capitalismo impactava diretamente na economia mundial, gerando crises internas, tanto aos países ricos quanto aos países pobres. Tal cenário resultou num deslocamento de pessoas, sozinhas ou em família, de seus lugares de origem, para se aventurarem no Novo Mundo. Entre as motivações desse cenário ressalto que a Europa enfrentava profundas instabilidades socioeconômicas, em grande parte geradas pelo exacerbado crescimento demográfico que, junto aos avanços tecnológicos nas áreas de produção e com o desenvolvimento de meios de transporte mais eficientes, fez surgir um excedente de força de trabalho à disposição do mercado (Soares *et al.*, 2011).

Deve-se destacar também que o continente europeu havia passado por um processo de substituição do modo de vida camponês por outro pautado na produção como fonte de capital, ao passo que o Novo Mundo especializou-se ainda mais no comércio exterior de commodities, erguido sob as égides da escravidão e cujo avanço demandava a exploração de novas terras (Gonçalves, 2020).

Sendo assim, devido à instabilidade socioeconômica de seus países de origem, aliada ao excedente populacional, imigrantes europeus buscaram destinos que precisavam de mão de obra para o trabalho agrícola, ou que precisavam de proprietários para ocuparem suas terras. Por meio de acordos diplomáticos e políticas de subsídios dos governos locais, incontáveis embarcações cruzaram o Atlântico no período.

No caso do Brasil, após o demorado processo de abolição da escravatura iniciado com a Lei Eusébio de Queirós (1850) e concluído, em teoria, com a Lei Áurea (1888), o emprego de uma mão de obra de origem europeia foi priorizado em detrimento dos antigos escravizados de origem africana, tidos como indesejáveis ao projeto racial e moral da nação. Teorias eugenistas sustentavam que o progresso só seria concretizado com um embranquecimento da população, portanto os europeus rapidamente viraram uma opção para os empregadores paulistas e cariocas.

Dado o cenário propício para tal, dezenas de milhares deles seguiram o fluxo e desembarcaram em território nacional, sobretudo no estado de São Paulo, onde as lavouras cafeeiras encontravam-se em ascensão. O deslocamento desses imigrantes, em sua maioria oriundos do Sul da Europa, deu-se a partir da segunda metade do século XIX, intensificando-se no caso brasileiro com as medidas abolicionistas e perdurando com certa regularidade até as primeiras décadas do século XX. Pouco mudou com a virada de século, visto que, apesar dos altos e baixos, o modelo econômico da recém-proclamada República continuou dependente da imigração.

Dos imigrantes europeus que mais viajaram a São Paulo entre 1882 e 1929, cabe destacar aqueles de origem italiana (929.933 pessoas), portuguesa (384.852 pessoas) e espanhola (380.195 pessoas). A chegada dessas populações foi tão significativa que, por volta de 1920, 35% dos habitantes da capital paulista haviam nascido no exterior (Alvim, 1998). À medida que a industrialização ganhava força, parte significativa dos imigrantes deslocou-se às áreas urbanas em busca de novos empregos, afinal, os tratamentos recebidos na lavoura deixavam a desejar em muitos sentidos. Sobre isso, diz Fornaletto (2011, p. 3):

> Os imigrantes tornaram-se então itinerantes à procura da autonomia em suas vidas, e a opção pelas cidades definiu a luta, em termos de sobrevivência, pois representava o fim do isolamento, dos maus-tratos físicos e morais aos quais estavam submetidos nas fazendas de café, ou mesmo no

país de origem. Participantes da constituição de um mercado interno de consumo que abriu novas oportunidades tanto para os detentores dos capitais gerados pelo café, quanto para indivíduos dotados de habilidades artesanais, as cidades conheceram um crescimento populacional e um acentuado processo de urbanização.

Com o passar dos anos, imigrantes europeus e seus descendentes tornaram-se personagens participativos nos diversos setores da sociedade paulista, o que também incluía o campo esportivo. Dezenas de clubes abriram as portas para reunir os seus compatriotas em torno de atividades culturais e meios de sociabilidade, tais como o próprio pingue-pongue. É impossível precisar quando, mas em meados dos anos 1920, o esporte de bolinha branca conquistou vários desses lugares, frequentados majoritariamente por italianos e espanhóis. Sobre a influência desses imigrantes em São Paulo, vale ressaltar que:

> [...] inicialmente minoria, transformaram-se em maioria na cidade. Para viver em São Paulo, nessa época, era preciso conhecer um pouco da língua italiana e do castelhano. Tratava-se de uma cidade em que a reformulação urbana provocava destruições e remodelações posteriores, em uma velocidade nunca imaginada por seus antigos moradores. Velocidade também foi a mola que impulsionou as atividades industriais. Ao mesmo tempo, a cidade passou a viver novas formas de lazer com vista a satisfazer a população em um espaço urbano que, a cada dia, torna-se ainda mais cosmopolita. Os hábitos trazidos de outros países, como por exemplo, a prática de esportes consubstanciou-se na formação de clubes esportivos, além da informalidade das ruas e espaços vazios. Surgiram, dessa forma, inúmeras modalidades de esportes que, após breve período de adaptação, tornaram-se moda e passaram a ser largamente apreciadas pela população, seja como praticantes ou meros assistentes (Guedes; Zieff; Negreiros, 2006, p. 197).

Feita essa introdução, as próximas páginas abordarão o caso dos imigrantes italianos e espanhóis em São Paulo, posto que foram, lado a lado, protagonistas do pingue-pongue competitivo durante os anos 1920. Com isso, serão evidenciados clubes, dirigentes e jogadores dessa origem que contribuíram para a estruturação da modalidade, ocupando posições de destaque nas entidades regulamentadoras, além de somarem numerosos adeptos nos endereços em que a prática mais se difundiu durante aquele período – notadamente em bairros operários, nos quais o associativismo das classes trabalhadoras fez surgir uma gama diversificada de sociedades recreativas, carnavalescas, mutualistas, culturais, educativas, políticas e, claro, esportivas (Batalha, 2022).

Italianos no pingue-pongue paulista

Os italianos representavam a maior parcela de imigrantes em São Paulo. Entre 1870 a 1920, 70% de todas as pessoas dessa origem que chegaram ao Brasil escolheram o estado como destino (Soares *et al.*, 2011). Sobre as especificidades desses imigrantes, sabe-se que a posse de terra era um desejo mais presente entre os vênetos, enquanto um considerável número de peninsulares, sobretudo meridionais, ambicionavam viver em áreas urbanas (Alvim, 1999). Apesar de terem sido contratados para o trabalho na lavoura, alguns terminavam nas fábricas como operários, outros tentavam a sorte no comércio, mas fato é que muitos deles estabeleceram-se na capital paulista, onde constituíram um mercado consumidor significativo à disposição das elites dirigentes (Soares *et al.*, 2011).

Ao se estabelecerem na Pauliceia, apesar das diferenças regionais entre si – afinal, a Itália foi unificada apenas em 1870 –, italianos e seus descendentes uniram forças para (re)criar algumas referências capazes de sustentar a sua memória coletiva, ocorrida:

> [...] através de um conjunto variado de práticas, como escolas, festas, homenagens e atividades de lazer em geral, usualmente cimentadas sob o sentimento pátrio, ofereceram, num primeiro momento, mesmo com os imigrantes se encontrando fragmentados em diversos níveis sociais, uma união que aparecia como necessidade para fazer frente às condições adversas da sociedade de adoção. As associações de socorro mútuo analisadas situaram-se dentro do processo de desenvolvimento dos núcleos urbanos formados no decorrer da economia cafeeira, com vistas a consolidar um conjunto de estratégias em resposta às diversas contingências produzidas naquele contexto. Aliás, estratégia é a expressão adequada para situar as variadas ações dessas organizações, pois se o assistencialismo significou a construção dos meios práticos para o provisionamento da existência de uma população fronteiriça, imigrante,

> as ações em favor do desenvolvimento de um sentimento identitário igualmente lançaram mão de tantos outros mecanismos de sobrevivência no interior da sociedade de adoção (Furlanetto, 2011, p. 2).

Vale dizer que associações do tipo não eram desconhecidas entre aqueles advindos da península itálica, pois desde o fim do século XIX já tinham uma rede de ajuda mútua que envolvia manifestações culturais, artísticas e práticas recreativas (Silva, 2013). Com o passar do tempo, tais imigrantes e seus descendentes tornaram-se influentes em diversos setores da sociedade. Para além de desenvolverem e implementarem o associativismo, protagonizaram movimentos sociais e foram mediadores e agentes culturais (Moura, 2016).

Em uma velocidade jamais imaginada pelos antigos moradores de São Paulo, tamanho foi o impacto gerado pela comunidade italiana que o conhecimento da sua língua passou a ser necessário para as relações sociais e comerciais da cidade (Guedes; Zieff; Negreiros, 2006). No que se refere ao campo esportivo, fundaram inúmeros clubes com o objetivo de reunir os seus compatriotas em torno de atividades físicas e meios de sociabilidade, tais como o futebol. Por outro lado, modalidades pouco discutidas na literatura também conquistaram a preferência dos italianos e seus descendentes, tais como o pingue-pongue.

Ao recuarmos no tempo, tem-se que o primeiro clube de origem italiana a interessar-se pelo pingue-pongue parece ter sido o Palestra Itália, cuja fundação deu-se em 1914, graças à vinda dos times de futebol Pro Vercelli e Torino a São Paulo. Esses disputaram partidas que motivaram a comunidade italiana a criar uma agremiação com identidade própria no esporte bretão. Foi assim que cerca de 46 pessoas, em sua maioria compatriotas, reuniram-se no extinto salão Alhambra, próximo à Praça da Sé, para fundar uma nova sociedade esportiva, recreativa e dramática de italianos e seus descendentes (Cervo, 2012).

Apesar de ter como prioridade o desenvolvimento do futebol, o Palestra Itália também tinha a finalidade de promover outras modalidades. Em 1916, por exemplo, uniu-se ao Braz Club, Allumny, Victoria Ideal Club e G. D. Almeida Garret para tentar fundar uma nova entidade regulamentadora do pingue-pongue na capital paulista.[192] Embora tenham fixado uma taxa de inscrição, escolhido uma sede social oficial e

---

[192] ASSOCIAÇÃO Paulista de Ping-Pong. **O Estado de São Paulo**, São Paulo, p. 6, 25 jun. 1916.

eleito uma diretoria, o objetivo dos clubes envolvidos não se concretizou e nenhum campeonato foi organizado. Cabe destacar que o palestrino Alessandro Grazzini tinha sido escolhido para ocupar a vice-presidência, o que indica o interesse de seu clube em engajar-se na estruturação do pingue-pongue. A entidade regulamentadora não vingou, mas o Palestra Itália continuou promovendo amistosos internos e atividades recreativas em torno da prática.

Outros clubes de composição étnica semelhante abriram as portas por influência do Pro Vercelli e do Torino. Esse foi o caso do Touring F.C., que tinha entre seus fundadores diversas pessoas com nomes e sobrenomes italianos (Streapco, 2015). Tal como o Palestra Itália, o Touring F.C., originalmente dedicado ao futebol, também iria interessar-se pelo pingue-pongue, marcando presença em diferentes iniciativas de estruturação da modalidade. Um exemplo foi a sua filiação à Confederação Paulista de Pingue-Pongue em 1917, entidade que teve suas atividades interrompidas antes da virada da década.

Posteriormente, o tradicional Esperia, fundado em 1899 graças aos esforços de sete jovens imigrantes italianos (Nicolini, 2001), também incluiu o pingue-pongue em sua programação social. Desde pelo menos 1922, já ocorriam em suas dependências amistosos internos, tais como entre as turmas "Perseo", dos jogadores Vallati (capitão), Satira, Consiglio, Attadia e Delfo Nucci, contra "Spica", dos jogadores Chiocca, Marchetti, Pacicco, Pironnet e Clemente.[193] Diferentemente dos demais mencionados, o Esperia não tomou parte nas iniciativas de estruturação da prática.

Na ausência de muitas referências internas, a solução para os imigrantes que chegavam a São Paulo era construir mecanismos de encontros com o país de origem ao mesmo tempo em que se misturava o anseio de um Brasil rumo ao futuro (Guedes; Zieff; Negreiros, 2006). Foi assim que italianos e seus descendentes fundaram clubes como o Castellões F.C., para rivalizar no cenário esportivo paulistano. Nesse sentido, ainda que tal comunidade reproduzisse preconceitos contra determinadas etnias e parcelas da sociedade, com o passar dos anos contribuíram para a diversificação da fisionomia da cidade, reforçando a classe média e criando uma das facetas da identidade paulistana do século XX (Streapco, 2015).

---

[193] CLUB Esperia. **O Estado de São Paulo**, São Paulo, p. 4, 16 mar. 1922.

Isso era perceptível quanto às práticas esportivas, inclusive no caso do pingue-pongue.

Embora tivesse como atração principal o futebol, o Castellões F.C. ganhou fama na prática de raquetes. Localizado na Avenida Rangel Pestana, por lá reuniam-se com frequência astros do pingue-pongue local para treinamentos, amistosos e diversas partidas oficiais. O clube de classe média era um dos símbolos da identidade italiana no bairro industrial do Brás, tanto que inspirou o nome da tradicional pizzaria Castelões, em funcionamento até os dias atuais na Rua Jairo Góis (Diaféria, 2002).

De acordo com o *Correio Paulistano*, alguns de seus jogadores de pingue-pongue contavam com grande número de admiradores, tendo mobilizado animadas disputas para os moradores do bairro.[194] No que se refere ao seu desempenho, um título relevante para a trajetória do Castellões foi a conquista do campeonato de duplas da Liga Paulista de Pingue-Pongue, ocorrida no mês de abril de 1929, com Luis Laurelli e Antonio Martin.[195] Cabe destacar que antes desse acontecimento, uma das agremiações que também organizava eventos no formato de duplas era o Esporte Clube Camerino, o qual, segundo o nome, provavelmente também tinha origem italiana.[196]

Lido Piccinini, um brasileiro de ascendência italiana que se destacou pela atuação em prol da prática, merece uma menção honrosa. Ele foi um dos fundadores da Liga Paulista, entidade na qual ocuparia o cargo de secretário e diretor técnico mais tarde. Em dezembro de 1932, também seria eleito presidente do Castellões F.C., o que estimulou ainda mais o apoio do clube ao pingue-pongue.[197]

Segundo o jornal *Correio de São Paulo*, tratava-se de um personagem de relevo do esporte local, afinal carregava em seu histórico passagens pelo futebol do São Bento e do S. C. Corinthians Paulista, além de uma trajetória exitosa pelo pingue-pongue do E.C. Sírio e da A.A. São Jorge antes de ingressar no Castellões F.C.[198] Apesar das aventuras no ludopédio,

---

[194] PING-PONG. **Correio Paulistano**, São Paulo, p. 5, 17 jul. 1926.
[195] LIGA Paulista de Pingue-Pongue. **O Estado de São Paulo**, São Paulo, p. 14, 27 abr. 1929.
[196] PINGUE-PONGUE. **A Gazeta**, São Paulo, p. 7, 9 fev. 1928.
[197] O CONHECIDO esportista, Lido Piccinini, foi eleito Presidente do Castellões F.C. **Correio de São Paulo**, São Paulo, p. 5, 16 dez. 1932.
[198] *Idem.*

foi na modalidade de raquetes que Lido Piccinini ficou conhecido como jogador e dirigente exemplar.

Figura 5 – Retrato do jovem esportista Lido Piccinini, presidente do Castellões F.C. durante o início da década de 1930

Fonte: *Correio de São Paulo*, 16 de dezembro de 1932.

Embora nem sempre relacionados a agremiações dessa origem, ao final dos anos 1920 diversos jogadores com sobrenomes italianos figuraram com destaque nos campeonatos da Liga Paulista. Attilio Faedo, por exemplo, foi vice-campeão individual em 1928, enquanto Armando Dizioli ocupou a terceira colocação.[199]

Ademais, outros clubes de origem italiana distribuídos pela cidade de São Paulo seguiram a tendência e integraram o pingue-pongue às suas programações esportivas. Tratava-se de agremiações de menor expressão, como o Cerello, o Centro Recreativo Piemonte e a União Matarazzo F.C. A título de curiosidade, na cidade de Santos, litoral paulista, imigrantes italianos e seus descendentes também contribuíram com os primeiros

---
[199] PINGUE-PONGUE. **O Estado de São Paulo**, São Paulo, p. 16, 21 dez. 1928.

campeonatos oficiais. Em 1926, foi fundada a Liga Santista de Pingue-Pongue, que reuniu duas influentes agremiações dessa origem: a Sociedade Italiana de Beneficência e o Palestra Itália de Santos.[200]

Antes de avançarmos, cumpre dizer que muitos imigrantes que aportaram no Brasil ao final do século XIX e início do século XX não se identificavam como italianos e, sim, como calabreses, vênetos, napolitanos, entre outras regiões de origem. Assim, foi com o contato com brasileiros e outras nacionalidades que eles se descobriram italianos (Streapco, 2015). À medida que o tempo passava, cada vez mais se distanciavam da Itália, aderindo à língua portuguesa já na primeira geração, assimilando-se à sociedade local e, portanto, fazendo surgir os ítalo-paulistas, uma nova forma de ser paulistana que muito influenciaria nos traços da cidade de São Paulo (Streapco, 2015). Conforme vimos nas páginas anteriores, o pingue-pongue não esteve à margem dessas influências; pelo contrário, foi moldado pelos clubes, dirigentes e jogadores mencionados.

Espanhóis no pingue-pongue paulista

A imigração espanhola ocorreu tardiamente se comparada à italiana, tendo seu auge no início do século XX. O fator preponderante por trás do fenômeno parece ter sido uma crise de subsistência que recaiu drasticamente ao campesinato, gerando falta de trabalho continuada, baixos salários e condições desfavoráveis do sistema tributário com relação ao pequeno proprietário (Cánovas, 2005). Consequentemente, a fome e a situação de miséria somaram-se ao contexto conturbado das guerras coloniais perpetradas pela Espanha, fazendo emergir um sentimento de descrença nas famílias camponesas. Foi com a motivação de uma vida melhor que parte dessas famílias migrou para o estado de São Paulo, muitas delas beneficiadas com o subsídio do transporte, concedido pelo governo paulista.

Com o passar dos anos, dezenas de milhares de imigrantes espanhóis e seus descendentes, embora originalmente alocados nas fazendas cafeeiras, estabeleceram-se na capital paulista, sobretudo na Mooca, Brás, Belenzinho e Bom Retiro, típicos bairros operários do começo do século XX, onde, além das grandes fábricas, também terminaram trabalhando com o comércio, fosse em cafés, hotéis, bares, restaurantes, secos e molhados etc. (Maciel; Antonacci, 2012). O desaparecimento de seus traços culturais

---

[200] A LIGA Santista de Pingue-Pongue. **A Tribuna**, Santos, p. 3, 21 jul. 1926.

nos dias de hoje pode ser explicado pela maior tendência à integração, pois rapidamente fundiram-se à sociedade local por meio de casamentos fora da colônia, "aportuguesamento" dos nomes da família, bem como pelas diferenças regionais oriundas do país de origem, motivo de fragmentação entre seus núcleos (Martins, 1989).

Apesar de muito significativa em termos numéricos, a trajetória dos espanhóis em São Paulo e sua influência em certas práticas esportivas ainda são assuntos pouco pesquisados. Fato é que essa parcela de imigrantes ergueu clubes e associações relevantes para a popularização do pingue-pongue durante a década de 1920. Um exemplo foi a Federação Espanhola, localizada na Rua do Gasômetro, bairro do Brás, fundada em 1916 (Maciel; Antonacci, 2012). Tal agremiação esteve por trás de interessantes iniciativas da prática, cabendo destacar uma partida intermunicipal bastante divulgada à época, contra o Clube Espanha, de Santos.[201] Muitos imigrantes oriundos de Gibraltar desembarcaram no porto dessa cidade (Martins, 1989), bem como outros contingentes que ali se estabeleceram por conta da construção e expansão das obras do cais local (Vieira, 2010).

O referido episódio envolvendo os dois clubes ocorreu em 1926, no litoral paulista, e colocou em disputa objetos de arte feitos de bronze e outras premiações valiosas. Não obstante, prevaleceu um clima de confraternização entre as famílias espanholas presentes, tendo como desfecho um piquenique à beira-mar com todos os participantes. O pingue-pongue foi, nesse sentido, a grande atração de um evento que visava integrar as colônias espanholas de São Paulo e de Santos.

Ainda em 1926, a Federação Espanhola organizou um festival de pingue-pongue com os clubes Extra Círculo Espanhol e Ourives e Affins na capital paulista,[202] ambos igualmente fundados por espanhóis e seus descendentes. O evento teve patrocínio do jornal *Diário da Noite* e contou com a presença de jogadores renomados, como Angelo Bandeira e Attilio Faedo, além de premiação de diversas taças e medalhas especiais. Ao fim das partidas, uma festa dançante animou a noite das pessoas presentes, o que denota a utilização da prática enquanto meio de sociabilidade pela comunidade hispânica de São Paulo. É de se sublinhar que alguns jogadores envolvidos nessas disputas tinham ascendência italiana, os quais poderiam ser convidados de honra de

---

[201] JOGO Intermunicipal. **O Estado de São Paulo**, São Paulo, p. 7, 7 set. 1926.
[202] PINGUE-PONGUE. **O Estado de São Paulo**, São Paulo, p. 8, 30 out. 1926.

certos eventos organizados pelos clubes espanhóis. A Federação Espanhola continuou promovendo amistosos e participando de campeonatos até o final da década, quando já tinha como quadro principal Sanchez, Tiscar, Emilio, Partido e Blanco, uma equipe formada exclusivamente pelos seus associados.

Outro exemplo de clube dessa origem foi o Grêmio Dramático Recreativo Cervantes, dedicado inicialmente ao teatro. Assim como a Federação Espanhola, tinha em seu repertório esforços de formação política, bem como encenações de operetas e melodramas (Maciel; Antonacci, 2012). Também localizado no bairro do Brás, coração operário da capital paulista, o Grêmio Dramático Recreativo Cervantes tinha turmas da prática que viriam a se destacar nos campeonatos da década de 1930, organizados pela Liga Paulista de Pingue-Pongue. Com o tempo, essa entidade notabilizou-se por arregimentar não apenas imigrantes italianos, mas também espanhóis, cabendo destacar ainda o Grupo Dramático Hispano-Americano, fundado em 1930, que também disputaria os torneios oficiais da cidade.

Fora dos clubes de colônia, diferentes jogadores galgaram posições de destaque no pingue-pongue competitivo da capital paulista. Exemplos notórios são os irmãos Albizu e Raphael Morales. Conforme indicam seus sobrenomes, eram ou imigrantes espanhóis estabelecidos ainda jovens em São Paulo, ou descendentes já nascidos em nosso país.

Julio Albizu, o irmão mais velho de Vicente Albizu, atuou na prática por poucos anos, mas ficou conhecido por vencer um dos primeiros campeonatos oficiais da cidade na categoria individual – embora não tenha encontrado registros da época, diversos relatos posteriores confirmam esse acontecimento.[203] Já o irmão mais novo teria uma longa trajetória no pingue-pongue competitivo, que se estenderia à década de 1930. Por mais de dez anos ele representou diferentes clubes e disputou inúmeras competições estaduais e interestaduais, tendo sido um dos jogadores mais vitoriosos da época.

O posto de maior destaque, entretanto, pertence indubitavelmente a Raphael Morales, que tornou-se conhecido no G. E. R. Prada, clube do bairro de Belenzinho. O referido jogador conquistou diversos títulos individuais nos campeonatos paulistas, mantendo-se invicto durante o final

---

[203] A fonte mais confiável é o *Almanack Esportivo*, de autoria de Thomas Mazzoni, segundo o qual Julio Albizu venceu também um campeonato individual de 1924, na cidade de São Paulo. PINGUE-PONGUE. **A Gazeta**, São Paulo, p. 8, 14 fev. 1928.

da década de 1920 e início da de 1930. A sua surpreendente trajetória será abordada com mais detalhes em capítulos posteriores.

É importante reforçar as transformações em curso no perfil dos praticantes de pingue-pongue em São Paulo. Se até os anos 1910 a modalidade seguia com dificuldades em libertar-se da exclusividade das elites, nos anos 1920 seus adeptos tornaram-se mais heterogêneos, com uma relevância cada vez maior dos imigrantes italianos e espanhóis. Isso se expressa na trajetória da Liga Paulista, cuja maioria dos filiados estavam nos bairros operários. Ou seja, muitas disputas de pingue-pongue passaram a ser protagonizadas pelos trabalhadores das fábricas da capital paulista. É muito difícil precisar quais trabalhadores eram esses, se do alto ou do baixo escalão, mas sabe-se que até o início da década de 1930, a linha divisória entre um operariado industrial relativamente bem remunerado e o proletariado urbano da cidade era tênue (Decca, 1987).

Embora houvesse uma grande vantagem por parte dos primeiros no que se refere à qualidade da profissão, os seus salários eram semelhantes aos dos segundos. Por mais que diversas experiências de ofícios e de relações de trabalho coexistissem, as quais passavam pelo artesão independente, pelo trabalhador doméstico que produzia para um empregador, pelo empregado em uma pequena oficina e pelo operário industrial, fato é que havia um universo de manifestações culturais e associativas às classes trabalhadoras (Batalha, 2000). Tais associações multiplicaram-se rapidamente na capital paulista, sobretudo aquelas interessadas na prática esportiva. Foi nesse contexto que o pingue-pongue passou por um processo de democratização, estando mais acessível à classe trabalhadora, antes impedida de acessar os espaços da modalidade.

Conforme mencionado anteriormente, uma das razões por trás dessa flexibilização foi a fabricação nacional de alguns materiais necessários para a sua prática. Se antes mesas e raquetes de pingue-pongue eram produtos dotados de um certo prestígio social, nos anos 1920 perderam tal significado e tornaram-se mercadorias comuns, passíveis de serem adquiridas em marcenarias com preços regulares, o que possibilitou a sua manutenção nos clubes de instalações modestas. Soma-se a isso a diferente abordagem dos jornais da época, que passaram a associar o pingue-pongue à saúde e às aspirações de então. Assim, a modalidade alcança um índice de popularidade inédito em São Paulo, consolidando-se um esporte desejável e mobilizando eventos com grandes assistências, que repercutiam no dia a dia da capital paulista.

Antes de avançarmos, um breve adendo: as transformações comentadas neste tópico não significam que o pingue-pongue havia se desprendido completamente do elitismo. Ao mesmo tempo em que notícias divulgavam partidas protagonizadas pelos bairros operários, parte da imprensa ainda o classificava como um esporte aristocrático, de salão, em que o cavalheirismo e a educação deveriam primar. Portanto, pode-se dizer que o pingue-pongue, tal como muitos outros esportes praticados na época, seguia sendo incentivado em certos contextos para realçar a sofisticação das elites, bem como para reforçar laços sociais entre iguais (Schpun, 1999). Ou seja, a prática ainda era utilizada por uma minoria privilegiada como modo de distinção social.

A grande diferença é que cada vez mais as agremiações endinheiradas passariam a cultivar o pingue-pongue em encontros fechados e/ou exclusivos, enquanto agremiações das classes populares passariam a disputar os campeonatos oficiais. Esse processo de conquista do universo competitivo da modalidade por um grupo social e afastamento do outro ficará mais evidente no início da década de 1930, mas já na década de 1920 era possível encontrar indícios do que estava por vir, especialmente após a descontinuidade dos campeonatos chancelados pela Apea.

Portugueses no pingue-pongue carioca

Chegou o momento de debruçarmo-nos sobre o Rio de Janeiro, onde estava localizada a capital da República. Sem dúvidas, os estrangeiros mais participativos no pingue-pongue carioca foram os portugueses, cujo processo de imigração remete aos primórdios do Brasil, a colônia mais próspera da América Lusitana.

Desde o dia 22 de abril de 1500, data do suposto descobrimento do Brasil, até a sua Independência em 1822, fomos uma terra colonizada e, portanto, substancialmente influenciada pelos portugueses que aqui se estabeleceram. Sabe-se que as pessoas dessa origem e seus descendentes compunham a maior parte da população branca em nosso país durante os séculos XVI, XVII e XVIII, e que elas estavam distribuídas em diferentes segmentos da capital da República (Barbosa, 2003). Os portugueses podiam ser trabalhadores humildes, comerciantes e colonos, além de representarem quase toda a elite local até o início do século XIX.

A partir de 1850, a imigração portuguesa foi impulsionada em nosso país para suprir as demandas surgidas com a Lei Eusébio de Queirós, que aboliu o tráfico negreiro. Com a chegada do século XX, o fluxo de entrada desses imigrantes manteve-se expressivo: somente entre 1908 a 1920, 420.596 portugueses aportaram em nossas terras (Pereira, 1981), isso sem mencionar aqueles que viajavam clandestinamente ou que por outras razões não entravam nos registros oficiais. No que se refere especificamente ao Rio de Janeiro, tem-se que, durante os primeiros trinta anos de República, esse foi o destino preferido de um grande contingente da mesma nacionalidade: o número de imigrantes portugueses na capital cresceu de 106.461 em 1890 para 172.338 em 1920 (Oliveira, 2009).

Diferentemente de outros grupos do Sul da Europa que se firmavam em maior escala no trabalho agrícola, os imigrantes portugueses estavam mais suscetíveis às oportunidades dos centros urbanos (Barbosa, 2003). Aqueles que conseguiram êxito financeiro viraram donos de comércios locais e deram oportunidade de trabalho aos seus conterrâneos. Por outro lado, durante o final do século XIX e início do século XX, parcela considerável dos imigrantes portugueses encontrava-se na pobreza.

Nesse mesmo período houve uma recriação do antilusitanismo – mistura de preconceitos contra as pessoas de nacionalidade portuguesa – similar ao experienciado anteriormente nas batalhas de Independência do Brasil. Sendo assim, da mesma forma como ocorrera com outros grupos de estrangeiros, é importante pontuar que imigrantes portugueses também tiveram dificuldades de aceitação em território nacional.

Não espero de maneira alguma romantizar ou minimizar séculos de exploração e usurpação operadas por um país europeu sobre uma colônia latino-americana, mas fato é que, apesar de todo o histórico problemático, os imigrantes portugueses foram aqueles que mais deixaram marcas na língua do povo, na culinária, na arte e no comércio urbano brasileiros, para citar alguns exemplos.

Durante o final do século XIX e início do século XX, participaram de novas e remodeladas intervenções culturais, fazendo-se presentes com muita originalidade no dia a dia carioca. À vista disso, ergueram gloriosas agremiações, que eternizaram seus legados no cenário esportivo nacional, tais como o C. R. Vasco da Gama. Surgido em 1898, a partir de uma reunião realizada na Sociedade Dramática Filhos de Talma, tal clube ficava localizado no bairro da Saúde e tinha em sua composição original imigrantes portugueses e luso-descendentes (Melo, 2015). Para além do remo, desde 1915 já dispunha de equipes de futebol, participando ativamente dos campeonatos sediados no Rio de Janeiro, além de outras modalidades secundárias que, pouco a pouco, caíram na graça de seus sócios.

Conforme vimos em capítulos passados, o pingue-pongue do C. R. Vasco da Gama entrou em cena alguns anos depois com diretoria própria e amistosos internos, mas há poucas informações disponíveis sobre a década seguinte. Sabe-se apenas que, em 1924, sua equipe era composta pelos jogadores Adão, Luzitano, Carvajal e Lopes (Vinhas; Azevedo, 2006).

Entre os demais clubes de origem lusitana que se dedicavam à prática, cabe citar a Associação Atlética Portuguesa, fundada no ano de 1924 e localizada no centro da cidade do Rio de Janeiro. Tal agremiação participou de um festival de pingue-pongue "revestido de brilhantismo" em 1927, em que também estiveram presentes o Amantes da Arte Club, o Aliança Clube, o Lusitano Clube, o Salão Mundial F.C., o Jardim F.C. e o Lusitano F.C.

Depois de várias derrotas consecutivas em encontros anteriores, a Associação Atlética Portuguesa sagrou-se campeã ao vencer, pela primeira vez, o Lusitano F.C., por 200 a 184 pontos na grande final. A estrela do confronto foi, segundo o jornal *A Noite*, o jogador Carlos, apelidado de "rei da raquete" depois de ter pontuado 65 vezes em favor da Associação Atlética Portuguesa.[204] Dali em diante, tal agremiação continuaria sendo, até a primeira metade dos anos 1930, uma das mais respeitadas no pingue-pongue carioca.

Graças ao seu potencial, o pingue-pongue também foi essencial para alavancar o Ateneu Luso Carioca, clube de raízes portuguesas que estava à beira de uma crise financeira em 1928. Visando melhor engajar seus associados, tal agremiação fundou uma sede esportiva própria, que teria a prática como principal destaque. Segundo notícia da época, em pouco tempo o pingue-pongue já era uma modalidade que brilhava com "intenso fulgor" nas dependências do Ateneu Luso Carioca.[205] A sua primeira turma filiou-se à Liga Carioca de Pingue-Pongue e venceu o Torneio Initium, que abria a temporada dessa entidade.[206] Na ocasião, os jogadores do Ateneu Luso Carioca derrotaram os jogadores da Associação Ideal Sports de Mesa para assegurarem o título.

---

[204] O QUE foi o Festival de Ping-Pong do Luzitano F. Club. **A Noite**, Rio de Janeiro, p. 7, 10 out. 1927.
[205] EVITANDO a crise, o Atheneu Luzo Carioca, criou a secção desportiva. **O Jornal**, Rio de Janeiro, p. 6, 29 mar. 1928.
[206] A LIGA Carioca de Ping-Pong fez entrega dos prêmios aos vencedores do initium. **O Globo**, Rio de Janeiro, p. 7, 27 abr. 1928.

Já o Ateneu Sport Club sediou um festival de pingue-pongue ao final da década, em que se esperava "uma grande concorrência dos adeptos da bolinha branca".[207] Estiveram presentes as seguintes agremiações: Sul America F.C., Rezende F.C., Mém de Sá F.C., Combinado Julio Furtado, C. Bohemios, Sport Club Antarctica, Soberano F.C., S.C. Lisboa Rio, Combinado Rio Branco e a já mencionada Associação Atlética Portuguesa. Os resultados do festival não foram encontrados nas buscas realizadas, mas é de se destacar a presença considerável de agremiações de origem lusitana reunidas em torno do pingue-pongue.

Sobre todos esses clubes de raízes portuguesas localizados na região central da cidade, pode-se dizer que a modalidade consolidou-se um apreciado meio de sociabilidade para os seus frequentadores. Além disso, também operou como ferramenta de integração e aproximação entre portugueses e seus descendentes, ocasiões em que os campeonatos de pingue-pongue não eram meras disputas esportivas, mas também confraternizações das colônias lusitanas. Pode-se dizer, portanto, que existia uma relação entre essa parcela da população ativa nos círculos esportivos e o desenvolvimento da prática, alavancado pelo engajamento de clubes como a Associação Atlética Portuguesa na capital da República. O maior exemplo disso, no entanto, foi o Clube Ginástico Português, para o qual reservei os próximos parágrafos.

O Clube Ginástico Português tinha sede na Rua do Hospício (mais tarde viria a ser a Rua Buenos Aires), próxima ao emblemático Campo de Santana (Melo, 2015). Fundado ainda em 1868, durante o reinado de Dom Pedro II, tratava-se de uma sociedade recreativa de comerciantes portugueses que ficou conhecida por desenvolver as seguintes atividades: aulas de ginástica, esgrima e música; saraus e bailes; reuniões cotidianas na sede; passeios campestres (Melo; Peres, 2014).

Agremiações do tipo podem ser compreendidas como estratégias de afirmação e conformação da comunidade lusitana, que visavam celebrar a relação com a pátria distante e estreitar relações com a sociedade brasileira (Melo; Peres, 2014). Apesar de ter sido idealizada por dois irmãos ligados ao comércio, João e Antônio, da família José Ferreira da Costa, é improvável que o Clube Ginástico Português tivesse uma origem popular, pois a sua programação social não condizia com a realidade da maioria dos cariocas naquele momento. Não à toa, a agremiação

---

[207] O FESTIVAL de ping pong do S. Christovão. **Diário Carioca**, Rio de Janeiro, p. 8, 28 nov. 1929.

recebia frequentemente visitas de personalidades ilustres da colônia portuguesa no Rio de Janeiro e também no Brasil, tendo, inclusive, integrado o mundo *fashionable* da Corte Imperial durante o último quartel do século XIX (Melo; Peres, 2014).

Após uma breve contextualização sobre os primórdios do Clube Ginástico Português, pulemos para o período que nos interessa. Já nos anos 1920, abolida a escravatura e proclamada a República, a agremiação continuou sendo uma referência para os portugueses e seus descendentes que residiam no Rio de Janeiro. Muitas de suas noites dançantes, isto é, pomposas festas que se estendiam à madrugada, eram divulgadas com entusiasmo pelos principais jornais cariocas da época. A partir de 1928, entretanto, o Clube Ginástico Português também ganharia projeção por organizar campeonatos de pingue-pongue, que reuniam agremiações de "grande conceito esportivo e social".[208] O primeiro desses a ser divulgado naquele ano foi um Torneio Initium, evento de curta duração que pretendia abrir o seu calendário. Além dos donos da casa, agremiações de diferentes localidades confirmaram presença, tais como o C.R. Vasco da Gama, o São Cristóvão A.C., o América F.C., o C. R. Flamengo, o Orpheão Portugal e o Tijuca Tênis Clube. As regras a serem adotadas ficaram a cargo do Sr. Joaquim Alves Martins, notável incentivador do pingue-pongue.

Conforme conta o jornal *A Noite*, era de se esperar grande adesão dos *sportsmans* cariocas na ocasião, além de uma "interessante torcida feminina" que lá estaria para "incentivar os amadores que defendem o seu clube".[209] Alguns dos principais jogadores confirmados eram: Lopes, Guilherme, Lima, Pindoba, Lobo, Carlos, Zeca, Candinho, Fiuza, Pedro, Raul Lima, Gilberto, Daby, Olavo, Doca, Oswaldinho, e muitos outros considerados astros de primeira grandeza. Destaco aqui o último deles, visto que se tratava de um bem-sucedido futebolista da cena carioca. Apelidado de "príncipe" pelos torcedores mais fanáticos, Oswaldinho foi um ídolo do América F.C. na década de 20.

Tal exemplo encontra semelhança com o que também ocorria em São Paulo, onde alguns *sportsmans* que participavam das disputas de pingue-pongue eram mais conhecidos pelo desempenho no futebol. Tudo leva a crer que, naturalmente, o velho esporte bretão constituía a verdadeira

---

[208] O TORNEIO initium em 30 do corrente. **A Noite**, Rio de Janeiro, p. 7, 9 ago. 1928.
[209] PING-PONG. **A Noite**, Rio de Janeiro, p. 7, 23 ago. 1928.

prioridade dos jogadores nessa situação, enquanto o pingue-pongue era um passatempo secundário.

As disputas do Torneio Initium, marcadas para começar e terminar na noite do dia 30 de agosto, parecem não ter decepcionado o público presente. Embora as partidas tenham ocorrido "em clima de franca camaradagem", houve numerosa assistência dos espectadores, que "não se cansaram de aplaudir os seus prediletos".[210] Sagrou-se campeão o América F.C., cuja equipe tinha os jogadores Baby, Atilla, Zeca e Carlos Manuzier (este último foi o artilheiro com 70 pontos conquistados). Ao que parece, Oswaldinho não competiu pelo time principal.

O Torneio Initium atingiu o objetivo de ser convidativo e operar como cartão de visitas à Taça Clube Ginástico Português, campeonato de maior duração que seria promovido pela mesma agremiação. Após dezenas de confrontos entre setembro e dezembro de 1928, o evento do pingue-pongue carioca mais divulgado naquele ano coroou os donos da casa, cuja equipe tinha Manoel Joaquim de Oliveira, Candido Costa, Joaquim Alves Martins, Joaquim de Lima e Agenor Ignacio – este último acumulou 695 pontos marcados ao longo do campeonato, o maior número entre todos os participantes. Para terminarem vencedores, os jogadores do Clube Ginástico Português tiveram que derrotar outro lusitano: a grande final foi disputada com o C. R. Vasco da Gama de Alberto Lopes, Danilo Neves, José de Almeida, Vasco de Carvalho e Luis Antonio.

Com o passar dos anos, o Clube Ginástico Português continuaria a ser um dos principais responsáveis pelo desenvolvimento do pingue-pongue no Rio de Janeiro. Agremiação respeitada pelos círculos esportivos da capital da República, seus campeonatos eram amplamente divulgados pelos jornais de alta circulação. Com isso, pode-se dizer que entre o final da década de 1920 e início da década de 1930, o Clube Ginástico Português consolidou-se o expoente máximo da colônia lusitana no pingue-pongue carioca.

Japoneses no pingue-pongue paulista

O estabelecimento de imigrantes japoneses e seus descendentes em território nacional também deixou, como todos sabemos, importantes legados em inúmeras esferas da nossa sociedade, inclusive no campo

---

[210] O TORNEIO initium do Gymnastico. **A Noite**, Rio de Janeiro, p. 7, 1 set. 1928.

esportivo. Tratando-se do tênis de mesa (sucessor do pingue-pongue), estrangeiros dessa origem fizeram da modalidade um meio de sociabilidade para momentos de lazer e diversão, cultivado desde a primeira metade do século XX até os dias de hoje com as novas gerações. Consequentemente, tinham e continuam a ter um papel central na promoção e no desenvolvimento do tênis de mesa, visto que muitos atletas brasileiros com destaque internacional carregam sobrenomes nipônicos e, não à toa, conheceram a modalidade em clubes erguidos justamente pelos seus antepassados.

Atentemo-nos a alguns dados: segundo o *Guia do Tênis de Mesa*, publicado pela CBTM, desde 1988, ano de estreia da modalidade em Jogos Olímpicos, 18 atletas brasileiros disputaram a competição como titulares, dos quais 13 eram descendentes de japoneses (72,2%); desde 1983, ano de estreia da modalidade em Jogos Pan-Americanos, 26 atletas brasileiros conquistaram medalhas, dos quais 17 eram descendentes de japoneses (65,3%) (CBTM, 2021).

Nas próximas páginas, antes de explorarmos exclusivamente as origens do pingue-pongue entre os nipo-brasileiros, cabe uma breve contextualização histórica de como a relação Brasil-Japão começou. Para tanto, direcionamo-nos à segunda metade do século XIX, quando o país asiático pôs fim ao Xogunato Tokugawa e deu início à Era Meiji (1868-1912), cuja principal transformação foi a centralização do poder.[211]

O imperador, que antes atuava como um mero figurante, passou a cuidar da administração pública, e o Estado tornou-se o principal responsável pelo desenvolvimento do país. Havia um grande desafio pela frente, pois naquele momento o Japão encontrava-se extremamente empobrecido e atrasado industrialmente. Para reverter esse cenário, foram firmados diversos acordos comerciais com as nações europeias e americanas, o que impulsionou uma acelerada modernização (Cornejo; Yumi, 2008). Consequentemente, com o controle da natalidade deixado de lado, a explosão demográfica obrigou camponeses a buscarem novas ocupações nas áreas urbanizadas. Embora o Império do Sol Nascente passasse por um período crucial de crescimento econômico, o excesso de mão de obra tomou proporções incontroláveis e o desemprego assolou a população.

---

[211] Entre 1600 e 1867, o Xogunato Tokugawa foi um regime caracterizado pelo total isolamento do arquipélago em relação ao restante do mundo. Tratava-se de uma espécie de feudalismo incorporado ao *bushido* (código de conduta dos samurais), no qual os japoneses viviam em pequenas vilas descentralizadas, autossustentáveis e geridas à base da agricultura (Cornejo; Yumi, 2008).

A solução para os problemas foi a imigração, que teve início já em 1868, no Havaí e na Ilha de Guam (Lesser, 2014). Posteriormente, os Estados Unidos tornaram-se o destino preferido dos japoneses, até que, por conta da concorrência trabalhista, eles passaram a ser vistos como indesejáveis e tiveram sua entrada restringida. O Brasil, como uma alternativa, veio à tona no final do século XIX, estreitando suas relações com o país asiático em 1895 após assinar o Tratado de Amizade, Comércio e Navegação (Lesser, 2014).

Por conta das péssimas condições encontradas em nosso país, o governo italiano proibiu o transporte subsidiado de seus cidadãos ao Brasil (Cornejo; Yumi, 2008). Tal acontecimento foi determinante para os desdobramentos futuros, pois sem essa importantíssima mão de obra os fazendeiros paulistas vislumbraram nos japoneses trabalhadores supostamente dóceis e disciplinados, ideais para o cultivo do café (Takeuchi, 2016).

Logo, com motivações que visavam beneficiar ambos os lados, o vapor Kasato Maru atracou no Porto de Santos em 1908, trazendo as primeiras famílias do Império do Sol Nascente. Assim foi dada a largada de um fenômeno que cessaria apenas em meados da década de 1980 – aproximadamente 200 mil imigrantes cruzaram o globo terrestre nesse período, de modo que, hoje, o Brasil é o país de maior população nikkey (imigrantes japoneses e seus descendentes) fora do arquipélago asiático.

Inicialmente, as primeiras famílias fixaram-se no interior paulista para o trabalho com a agricultura. Almejavam regressar futuramente ao Japão, portanto tinha como característica marcante a preocupação com a educação de seus filhos, estimulada não apenas pela construção de escolas próprias, como também a partir de confraternizações típicas, tais como o gakuseikai (teatro dos estudantes) e o undokai (gincana escolar) (Suzuki; Miranda, 2008).

Embora a maioria dos japoneses tenha vindo inicialmente ao Brasil para trabalhar em fazendas, já nas décadas de 1920 e 1930, muitas famílias ascenderam economicamente ou não se identificaram com as condições do campo, migrando e se estabelecendo na região metropolitana de São Paulo, que funcionou como polo de atração para toda a colônia (Demartini, 2012). Na capital paulista, à medida que os nipônicos davam-se conta de que o sonho de enriquecer e voltar ao Japão estava cada vez mais distante do prometido pelas propagandas de imigração, o consolo estava em adaptar-se à nova terra.

Seguia sendo necessário preservar as tradições, tão caras aos seus conterrâneos, para se sentirem o mais próximo possível da cultura de seu país de origem. Foi assim que núcleos e associações de imigrantes japoneses e seus descendentes foram fundados, com atividades que incluíam aulas da língua materna, incentivo às práticas culturais (cultivo de Bonsai e aulas de Ikebana, por exemplo), às artes marciais (judô e kendô, por exemplo), às ginásticas e aos demais esportes originários ou populares no Japão (Suzuki; Miranda, 2008).

Nas regiões interioranas do estado de São Paulo, a maioria dos jovens imigrantes que terminavam o curso primário não tinha condições financeiras para dar continuidade aos estudos, portanto representavam uma força de trabalho importante para a colônia japonesa. Um dos poucos espaços onde poderiam ampliar seus conhecimentos e aprofundar sua cultura era na Seinen-kai (Associação Juvenil ou, como é mais comumente traduzido, Associação de Moços), entidades regionais responsáveis pela divulgação e pela promoção de muitas práticas esportivas entre a juventude (Kiyotani; Yamashiro, 1992).

Com objetivos semelhantes fundou-se a Associação dos Moços Japoneses na capital paulista, em 1916 (NDL, 2009), onde o pingue-pongue fez parte da programação social. Isso pode ser comprovado a partir de uma notícia do *Correio Paulistano*, publicada em 1927, segundo a qual ocorreu um amistoso da modalidade entre as turmas do renomado Sport Club Internacional e da Associação dos Moços Japoneses.[212]

É interessante pontuar que o amistoso aconteceu em um período em que o número de imigrantes japoneses desembarcando em São Paulo aumentava consideravelmente. Se durante a década anterior 27.114 nipônicos cruzaram o oceano em busca de melhores condições de vida, durante os anos 1920 foram 57.164 (Gonçalves, 2020). O aumento deu-se, entre outras razões, por conta de uma política de imigração dos Estados Unidos, adotada em 1924, que proibiu definitivamente os nipônicos de entrarem no país norte-americano (Lesser, 2014). Naturalmente, à medida que a colônia japonesa tornava-se mais numerosa, novos clubes associativos dessa origem abriam as portas em São Paulo.

Não está ao alcance deste livro apontar quem eram os envolvidos e qual era a dimensão ocupada pelo pingue-pongue na Associação dos Moços Japoneses de São Paulo. Essa agremiação existia há mais de uma

---

[212] PING-PONG. **Correio Paulistano**, São Paulo, p. 6, 12 ago. 1927.

década, mas os registros nos jornais consultados eram raros, o que dificulta maiores aprofundamentos. De todo modo, o amistoso divulgado pelo *Correio Paulistano* confirma que a prática já era cultivada na colônia japonesa muito antes do que sugerem os documentos oficiais, baseados estritamente em relatos de memorialistas. Cabe acrescentar que o amistoso da Associação dos Moços Japoneses também coincide com o período em que o número de adeptos do tênis de mesa crescia ano a ano no Japão, inclusive entre as mulheres e os estudantes (JTTA, 2023).

Por mais que não houvesse um padrão de regras definidas, diferentes clubes, universidades, escolas técnicas e escolas secundárias eram adeptos da modalidade no país asiático. Pelo menos três entidades regulamentadoras tentaram estruturar o tênis de mesa ao mesmo tempo, até que, em 1927, foi oficialmente adicionado aos eventos abertos dos 8º Jogos Olímpicos do Extremo Oriente, um precursor dos Jogos Asiáticos (JTTA, 2023). Com o tênis de mesa em voga na terra de origem, os frequentadores da Associação dos Moços Japoneses de São Paulo encontravam no pingue-pongue um meio de sociabilidade desejável, dadas as similaridades entre as duas práticas.[213]

Outras informações podem sugerir que a presença de nipônicos adeptos do pingue-pongue não se limitava à capital paulista. Para a cidade do Rio de Janeiro migraram diversas famílias que, encerrados os contratos com os fazendeiros de São Paulo, buscavam melhores oportunidades de trabalho (Neto, 2015). Há indícios de que o esporte de raquetes também já era conhecido entre a pequena colônia japonesa por lá estabelecida. Pelo menos é o que notícias curiosas do jornal *Correio da Manhã*, publicadas em 1928, dão a entender. Vejamos um trecho de uma delas:

> Tivéssemos nós técnicos que os procurasse aperfeiçoar [jogadores cariocas], enriquecendo-os com os múltiplos truques e profundos conhecimentos tão familiares aos japoneses – mestres inocentes, verdadeiros reis do Pingue-Pongue – não poderíamos fazer figura ainda mais brilhante? (Considerações, 1928, p. 10).[214]

---

[213] Há diversas teorias sobre o tema, mas o tênis de mesa provavelmente foi introduzido no Japão em 1902, pelas mãos de Tsuboi Gendo, professor da Escola Normal Superior de Tóquio, após retornar de uma turnê sobre educação física na Europa (JTTA, 2023). Baseando-se no que viu durante a sua viagem ao exterior, Gendo criou uma rede, raquete e bola, além de um livro de regras que deram início ao processo de difusão da modalidade no país asiático (JTTA, 2023). Cumpre acrescentar que o tênis de mesa já era reconhecido no Japão ao final dos anos 1920, mas aquilo que os nipônicos e seus descendentes praticavam no Brasil ainda era o pingue-pongue.

[214] CONSIDERAÇÕES. **Correio da Manhã**, Rio de Janeiro, p. 10, 9 out. 1928.

Faz-se menção à qualidade técnica dos jogadores japoneses, como se eles tivessem "profundos conhecimentos". Apenas alguns dias depois, o mesmo periódico afirmou que o pingue-pongue, em alta no Rio de Janeiro, era um "apreciado esporte japonês".[215] É preciso destacar, entretanto, que àquela altura o Japão sequer tinha participado de alguma competição continental. Sua estreia no Campeonato Mundial de Tênis de Mesa só aconteceria em 1952, ano em que o Ocidente conheceu pela primeira vez os jogadores japoneses após um deles conquistar o título individual masculino (ITTF, 2023).[216] Assim, o país asiático só viria a tornar-se uma referência no tema décadas mais tarde, de tal maneira que os métodos adotados no ensino-treino da prática de raquetes permaneciam misteriosos ao Ocidente por conta da distância geográfica, do idioma, da ausência de intercâmbios esportivos e da falta de correspondência entre jogadores, treinadores e dirigentes.

Frente a esse contexto, como o jornalista do *Correio da Manhã* tinha tanta propriedade para falar dos nipônicos, ainda sem repertório no cenário internacional? Provavelmente foi a partir do contato com os próprios imigrantes que ele passou a considerá-los "mestres" e "verdadeiros reis" nas mesas – é possível que parte da pequena colônia japonesa estabelecida no Rio de Janeiro já conhecia o esporte de raquetes por influência da terra natal.

Ao final dos anos 1920, uma nova agremiação de origem nipônica começou a figurar nos jornais paulistas. Tratava-se do Clube Atlético Mikado, cuja escolha do nome fazia homenagem à maneira sagrada de referir-se ao imperador do Japão. Sabe-se que uma das suas principais atrações eram o beisebol e o futebol, dispondo de um campo próprio para enfrentar outros clubes paulistanos. Já a sua sede social ficava na Rua Conde de Sarzedas, bairro da Liberdade, localidade que começou a ser habitada por imigrantes japoneses ainda nas primeiras décadas do século XX, quando surgem pequenos negócios, como pensões e restaurantes especializados, geridos por essa parcela de moradores (Fantin, 2013). Gradualmente, a Rua Conde de Sarzedas e seus arredores passaram a concentrar número significativo de nipônicos, que facilitavam a fixação de outros empregando pessoas

---

[215] PING-PONG. **Correio da Manhã**, Rio de Janeiro, p. 10, 14 set. 1928.
[216] O primeiro asiático a conquistar um título mundial foi o japonês Hiroji Satoh, em 1952. Na ocasião, ele utilizava uma raquete coberta com esponja grossa, diferente do padrão adotado até então. O material, desconhecido pelos europeus, causou espanto e mostrou-se extremamente efetivo para a prática do tênis de mesa, tanto que posteriormente passou a ser adotado pelos demais países (Gayner, 2008). Foi somente naquele ano que foi fundada também a Federação Asiática, vinculada à ITTF (Federação Internacional de Tênis de Mesa (TTF, 2023).

da mesma nacionalidade. Clubes associativos também desempenharam papel importante na organização da colônia e contribuíram para acentuar a concentração dos nikkeis por lá (Fantin, 2013).

O C. A. Mikado ficou conhecido na capital paulista por conta de sua origem, tanto que recebia um tratamento distintivo da imprensa. O jornal *A Gazeta*, por exemplo, chamava a sua equipe de futebol de "turma dos amarelos", uma clara referência à etnia asiática dos seus jogadores. Em outro episódio, com tom jocoso, dizia que os rapazes do Juvenil Liberdade – clube localizado nas redondezas do bairro – queriam provar aos representantes do C. A. Mikado que o futebol era diferente do jiu-jitsu, uma modalidade de luta difundida no Brasil graças à colônia japonesa.[217]

A agremiação, presidida por um homem chamado Tanoko, buscava preservar as tradições da terra de origem, realizando festividades típicas do "Império do Sol Nascente", com "finas mesas de manjus", um doce cozido no vapor de origem japonesa.[218] Apesar disso, diferentemente de outros clubes da colônia japonesa, mostrava-se aberta a associados de diferentes etnias e nacionalidades, os quais compunham parte considerável de suas equipes esportivas. Isso se deve ao fato de que os imigrantes japoneses estavam suscetíveis a uma maior integração na capital paulista, mesmo porque muitos conviviam com os brasileiros em suas ocupações urbanas.

Em 1929, começam a surgir notícias de amistosos de pingue-pongue protagonizados pelo C. A. Mikado, como contra a Portuguesa de Esportes,[219] o Botafogo F.C.[220] e o C. A. Republicano.[221] Nessas ocasiões são mencionados apenas jogadores com nomes ocidentais. Após a virada da década, a prática continuou sendo cultivada em suas dependências, agora localizadas em uma nova sede social, na Rua Teixeira de Leite, também no bairro da Liberdade.[222]

3.6 UM PANORAMA DO PINGUE-PONGUE BRASILEIRO

Conforme vimos no início deste capítulo, durante os anos 1920, os eventos esportivos tornaram-se elementos constitutivos da vida urbana, de tal maneira que seus códigos passaram a fazer parte do cotidiano das

---

[217] PINGUE-PONGUE. **A Gazeta**, São Paulo, p. 7, 18 jan. 1929.
[218] A GAZETA Esportiva na várzea. **Gazeta Esportiva**, São Paulo, p. 10, 19 nov. 1931.
[219] PINGUE-PONGUE. **A Gazeta**, São Paulo, p. 9, 4 jul. 1929.
[220] C. A. MIKADO x Botafogo F.C. **A Gazeta**, São Paulo, p. 14, 22 jul. 1929.
[221] PINGUE-PONGUE. **A Gazeta**, São Paulo, p. 7, 5 set. 1929.
[222] PINGUE-PONGUE. **A Gazeta**, São Paulo, p. 9, 24 maio 1933.

cidades, fosse no envolvimento direto com uma determinada modalidade ou mesmo como forma de diversão para o público espectador (Soares, 2011). No meio desse processo, ascendem diversos esportes, entre os quais o pingue-pongue, que atingiu o seu ápice de popularidade, tanto em São Paulo quanto no Rio de Janeiro. Visando a uma melhor compreensão da prática enquanto fenômeno sociocultural naquele momento, reservei este trecho do livro para expor algumas curiosidades, pontuar questões importantes e traçar comparações que possam esclarecer as dúvidas surgidas no leitor ou na leitora até aqui. Nesse sentido, as páginas seguintes abordarão detalhadamente os seguintes temas: a) os clubes associativos; b) a dinâmica do pingue-pongue brasileiro; c) as diferenças entre São Paulo e Rio de Janeiro; d) as diferenças entre o pingue-brasileiro e o tênis de mesa institucionalizado; e) o tênis de mesa moderno versus o tênis de mesa contemporâneo.

a) Os clubes associativos

A década de 1920 foi um período em que era "recarregando as energias, tonificando os nervos, exercitando os músculos, estimulando os sentidos, excitando o espírito" que o cidadão comum se preparava para a semana vindoura (Sevcenko, 1992, p. 43). Nesse sentido, somada às demais transformações socioculturais em curso na época, a popularização de práticas esportivas alterou profundamente a dinâmica das capitais paulista e carioca, cujo estilo de vida foi remodelado das mais variadas formas. Para citar alguns exemplos, surgiram novos padrões de mercado de consumo, de estética, de imprensa, de meios de sociabilidade, de entretenimento, de comportamento, de vocabulário e até mesmo do jeito de se vestir. Por trás disso, os clubes associativos exerciam importante papel ao promover animadas competições, cada vez mais lotadas de torcedores e portanto associadas ao sentido de espetáculo. O centro das atenções nesses casos era indiscutivelmente o futebol, que àquela altura já se constituía um símbolo de brasilidade capaz de impactar toda a nação, conforme evidenciado após o título sul-americano de 1919 (Franzini, 2003).

Já o pingue-pongue, diferentemente do que se pode imaginar nos dias atuais, alcançou posições privilegiadas na cena esportiva daqueles tempos. Segundo um cronista da época, embora fosse considerado um "esporte de salão", a prática terminava a década tendo ultrapassado o número de apreciadores do ciclismo em São Paulo, o que faz crer que, de fato, tratava-se de uma modalidade com uma adesão considerável.[223] Não à toa, já marcava presença em quase todos os clubes associativos de caráter poliesportivo, desde os mais endinheirados até os mais simples.

Havia os clubes tradicionais, frequentados pelas elites dirigentes que primavam pela distinção social e manutenção da saúde a partir da prática esportiva. Muitos deles foram pioneiros na estruturação dos esportes modernos em São Paulo, inclusive na organização dos primeiros campeonatos de pingue-pongue. Isso se deu nos anos iniciais do século XX, porém, com a chegada da década 1920, tais agremiações já haviam relegado a prática a uma posição secundária, mantida recreativamente em suas dependências. Um exemplo disso era o Clube Atlético Paulistano, que promovia partidas internas sem se envolver com o pingue-pongue competitivo das entidades regulamentadoras.

Com perfil similar de associados, também havia agremiações destinadas originalmente ao tênis. Por ser considerada educativa, de características leves, elegantes, higiênicas e distintivas, a prática do pingue-pongue era incentivada com treinamentos e campeonatos internos para homens e mulheres. No Rio de Janeiro, o Tijuca Tênis Clube era um exemplo desse tipo, jamais aderindo ao futebol justamente por conta do perfil que desejava adotar (Silva; Melo, 2021). Já na capital paulista, esse foi o caso do São Paulo Tennis Club, do Clube das Perdizes e do Imperial Club, agremiações pioneiras em introduzir disputas femininas justamente por influência do tênis (Almeida; Yokota, 2022).

Os clubes de classe média que dispunham de programação social poliesportiva representavam parcela significativa dos adeptos do pingue-pongue competitivo. Frequentemente promoviam treinamentos e competições internas, além de terem representantes em cargos das entidades regulamentadoras da época. Salvo exceções, apesar de galgar posições de destaque no pingue-pongue, essa modalidade não era a prioridade das suas respectivas diretorias. Também figuravam nos jornais por conta de outras modalidades, sobretudo o futebol, que reunia maior número de adeptos.

Outro grupo que marcou presença na rotina de treinamentos e amistosos de pingue-pongue foi aquele composto por clubes ligados à Igreja Católica, às instituições de ensino ou ao escotismo. Apesar dos diferentes perfis socioeconômicos envolvidos, tinham em comum a preponderante participação de jovens em suas atividades, bem como a utilização da

---

[223] S. PAULO Tennis. O Estado de São Paulo, São Paulo, 3 de dezembro de 1929, p. 11.

prática esportiva para fins utilitaristas, sob influência do pensamento higienista. Em São Paulo, esse era o caso da União Católica Santo Agostinho, a União de Moços Católicos do Brás, da União Infantil Santa Terezinha e da Associação dos Ex-Alunos Salesianos de Dom Bosco. No Rio de Janeiro, destacavam-se os grupos de escoteiros do Fluminense F.C. e da FEB (Federação Escoteira do Brasil).

Menos expressivos, diversos clubes foram fundados para dedicarem-se com exclusividade ao pingue-pongue, normalmente distinguidos pelas iniciais P. P. C. (Pingue-Pongue Clube), mas que não tinham projeção e muito menos os incentivos financeiros necessários para manter as portas abertas por muito tempo. Em São Paulo, exemplos foram o Bloco dos Batutas Pingue-Pongue Clube, o Luiz XV Pingue-Pongue, o Clube de Pingue-Pongue Juca Pato, o Clube Raquete de Ouro, o P. P. C. Santa Maria, o Guanabara P. P. C., o P. P. C. Santa Terezinha e o Pensão Palmeira Pingue-Pongue Clube. No Rio de Janeiro, embora o pingue-pongue não tenha sido a única modalidade de sua programação social, destaca-se a Associação Ideal de Sports de Mesa, onde era tratado com certa prioridade pela diretoria.

Por fim, havia os clubes modestos, erguidos e frequentados pela classe trabalhadora. Eram aqueles que mais se multiplicavam apesar das dificuldades em se estabelecer no cenário esportivo: podiam ser desde pequenas agremiações bairristas até as ligadas às fábricas ou a outros estabelecimentos comerciais. Tal grupo de clubes era muito heterogêneo, pois abrangia desde operários de diferentes nacionalidades até os trabalhadores das mais variadas ocupações urbanas, distribuídos por diversos pontos das duas capitais.

O pingue-pongue conquistou definitivamente esse contexto a partir da década de 1920, quando a modalidade consolidou-se uma opção acessível para o lazer. Em São Paulo, um exemplo elucidativo disso foi o Santa Marina Football Club, fundado em 1913, no bairro Água Branca, próximo à Barra Funda, por operários da vidraçaria Santa Marina (Oliveira, 2021). Os fundadores moravam em vilas operárias situadas ao lado da fábrica, tendo preservado um caráter amador em suas atividades poliesportivas. Entre elas estava o pingue-pongue, que protagonizou uma série de partidas amistosas durante a década de 1920. Gradualmente, clubes com o mesmo perfil incluíram o pingue-pongue em suas programações sociais, sendo que aqueles localizados nas regiões centrais passaram a ingressar também nos campeonatos oficiais da cidade.

Sobre a estrutura de funcionamento da maioria dos clubes mencionados, tem-se que cada modalidade esportiva tinha um diretor, indicado para organizar a sua prática dentro da sede social. O diretor tinha a função de levantar um balanço anual de gastos, com informes e rendimentos da modalidade esportiva, para depois repassá-lo ao setor responsável pelo financeiro. Os clubes mantinham-se financeiramente graças à mensalidade dos seus associados, à arrecadação com a sua programação social (o que incluía as modalidades esportivas) ou às doações das fábricas e de empresários interessados em enaltecer o quadro esportivo de seus empreendimentos. Durante os anos 1920, investimentos públicos não eram tão comuns e só costumavam ocorrer quando personalidades ilustres tinham envolvimentos prévios com os clubes esportivos ou através de concessões que cediam terrenos para a construção de campos de futebol (Negreiros, 2019).

Para compreender o lugar ocupado pelo pingue-pongue dentro dos clubes, tomemos como exemplo os balanços de receita e despesa do Fluminense F.C., agremiação elitizada do Rio de Janeiro. Segundo o relatório de gastos do seu setor esportivo, divulgado pelo Conselho Deliberativo do tricolor, em 1928 o futebol gerou uma receita de 445:585$010 e uma despesa de 331:410$670, tendo sido o único esporte lucrativo daquele ano.[224] Por outro lado, o tênis gerou receita de 41:643$300 e despesa de 52:918$680, a piscina gerou receita de 3:837$400 e despesa de 4:974$800, o basquetebol gerou receita de 1:651$400 e despesa de 9:863$400 e o voleibol gerou receita de 42$000 e despesa de 2:862$200. O pingue-pongue aparece no relatório juntamente ao bilhar e ao xadrez, sendo que os três juntos somaram despesas de 1:826$200. Não há informações sobre como tal valor foi distribuído entre as modalidades, mas consta que "o *sport* da bolinha branca" foi o único que não gerou sequer 1$ (um cruzeiro) de receita para o Fluminense F.C.

No geral, ao considerar todos os gastos com o setor esportivo, o tricolor terminou o ano de 1928 com um déficit de 60:428$010. Nada disso parecia motivo de preocupação na época, muito pelo contrário. Segundo uma notícia do jornal *O Globo*, as despesas elevadas eram uma prova de que a diretoria do clube compreendia nitidamente os "fins da sociedade", não tendo medido sacrifícios para "atender condignamente a todos os

---

[224] REPARO do dia. O Globo, Rio de Janeiro, 14 de maio de 1929, p. 7.

esportes que superintende".[225] Evidencia-se os valores da elite carioca, que apostava nos esportes em geral como um aspecto modernizador da sociedade, cujos fins eram utilizá-los para elevar a moralidade, além de educar e fortalecer os corpos de seus praticantes. Investimentos nesse sentido eram, portanto, atitudes nobres.[226]

 O caso do Fluminense F.C. era parecido ao que ocorria proporcionalmente com outros clubes de perfil semelhante: agremiações elitizadas que não se interessavam pelo pingue-pongue competitivo por visarem ao lucro, algo inviável nessa modalidade. Por outro lado, embora não gerasse receita, o pingue-pongue era considerado barato em comparação a outros esportes, além de exigir um espaço menor para a realização das partidas. Os principais custos para mantê-lo consistiam na manutenção do pequeno salão, além da reposição esporádica de materiais, como as bolas de celulóide. Com isso, também ganhava a preferência dos clubes de classe média e dos clubes mais modestos, que não estavam aptos a concorrer com os gigantes do ludopédio, mas viam no pingue-pongue uma oportunidade de alcançar posições de destaque nos círculos esportivos e na imprensa. Não à toa, o pingue-pongue era cultivado recreativa e ocasionalmente nas agremiações elitizadas, enquanto nos demais clubes podia figurar como uma grande atração da programação social, além de ser promovido com fins competitivos em vista dos campeonatos oficiais das entidades regulamentadoras.

 Em outubro de 1927, a redação do jornal *A Gazeta* elogiou a turma de pingue-pongue do Imperial F.C., visto que, ao contrário do que se notava em outras agremiações paulistanas, ele competia oficialmente apenas com nomes da casa. Tratava-se de uma exceção à parte, pois os melhores jogadores transitavam regularmente por diferentes clubes, às vezes em períodos bem próximos. Isso significa que os jogadores tinham um passe livre e que os clubes mais vitoriosos da prática não contavam com o seu quadro de associados nas principais disputas, mas com jogadores emprestados ou convidados de outras agremiações.

 Cabe dizer que não eram apenas os resultados que importavam aos clubes, mas também a conduta dos jogadores. Visando a uma boa performance e, consequentemente, reconhecimento na cena esportiva, aqueles que tinham elevado nível técnico e, ainda por cima, tinham a fama de disciplinados,

---

[225] *Ibidem.*
[226] A título de curiosidade, segundo a mesma notícia, o Fluminense F.C. tinha na data do relatório 3.137 sócios efetivos e mais 325 honorários, beneméritos e escoteiros.

eram os mais requisitados por contribuírem com uma imagem positiva às agremiações da época. Ademais, o trânsito entre os clubes também poderia ser motivado pela simpatia dos próprios jogadores com as agremiações.

No que se refere à relação entre os melhores jogadores de pingue-pongue e os seus respectivos clubes, será que existia algum tipo de contrato? Seguramente não. Nem mesmo no futebol esse tipo de negociação ocorria abertamente, pois os códigos do amadorismo ainda ditavam as regras no campo esportivo. Os embates sobre uma suposta profissionalização aconteciam por trás dos bastidores, mas a contratação de jogadores de futebol mediante salários só seria legalizada em 1933 (Streapco, 2015). No caso do pingue-pongue, isso não era sequer uma questão a ser discutida, pois tratava-se de uma modalidade esportiva que dependia da boa vontade dos dirigentes e dos jogadores envolvidos. Portanto salários ou prêmios em dinheiro por bons resultados eram temas distantes, algo inimaginável para a prática de raquetes.

Segundo uma notícia publicada pelo jornal *A Gazeta*, por exemplo, o "esporte da bolinha branca" não dava margens para "extravagâncias financeiras", posto que não havia renda de espécie alguma por trás das suas atividades.[227] No máximo, podia-se sugerir que alguns jogadores recebiam bonificações ou vantagens por parte das agremiações, tais como isenção de mensalidades, embora não haja registros que confirmem essa hipótese até então.

b) A dinâmica do pingue-pongue brasileiro

Conforme vimos, o pingue-pongue movimentava treinamentos, amistosos, campeonatos internos e campeonatos interclubes. As disputas ocorriam pela noite e quase sempre durante a semana, pois aos sábados e domingos a prioridade dos círculos esportivos era o futebol. Tratava-se, portanto, de uma modalidade praticada após o expediente do trabalho e cujas partidas podiam estender-se até altas horas. Os confrontos mais recorrentes aconteciam entre clubes de um mesmo bairro ou de localidades vizinhas, combinados graças à procura dos próprios jogadores ou a partir de propagandas pagas nos jornais. Era comum a publicação de curtos verbetes em que se dizia "Convites para jogar", com endereço e telefone das agremiações interessadas em encontrar oponentes. Já os confrontos

---

[227] O PRÓXIMO campeonato individual vem empolgando centenas de pingue-ponguistas. A Gazeta, São Paulo, 15 de dezembro de 1931, p. 11.

intermunicipais ou interestaduais eram exceções, visto que tinham duração prolongada e podiam ocorrer aos finais de semana, afinal, os jogadores visitantes viajavam de trem para enfrentar os seus adversários fora de casa.

Na maioria das competições, fossem oficiais ou não, havia categorias para todos os níveis técnicos, de modo que, separando os iniciantes dos mais experientes, qualquer associado do sexo masculino poderia participar das disputas. As mulheres, excluídas das ocasiões competitivas, eram abertamente aceitas no campo esportivo apenas quando cumpriam o papel de "enfeitar" as fileiras desses encontros (Soares, 2011).

Os treinamentos de pingue-pongue nos clubes, embora fossem assim chamados, não eram sistematizados e tampouco tinham algum embasamento científico. Consistiam basicamente em jogos livres e em exercícios arcaicos de repetição, situações em que o aprendizado era empírico. Em países da Europa é provável que já existisse um embrionário padrão de treinamento esportivo para a prática, mas os nossos jogadores não tinham a menor ideia do que ocorria por lá. Naturalmente, surgia de maneira espontânea a necessidade de maior especialização dos envolvidos com o pingue-pongue brasileiro, característica comum aos esportes modernos da época (Guttmann, 2004).

Em 1928, o *Correio da Manhã* deu um recado sério sobre isso aos entusiastas da modalidade no Rio de Janeiro.[228] Sob o título de "Considerações", o jornal dizia ser necessário preparar "mentores esportivos" que observassem com atenção as possibilidades de cada amador, além de cobrar treinamentos direcionados aos pingue-pongue *players*. Por fim, sugeria também que "um simples bate-bola" não seria o suficiente para colher resultados, pois a "inteligência", a "ligeireza" e a "vivacidade", características necessárias aos adeptos do pingue-pongue, precisavam ser trabalhadas com o auxílio de "técnicos" que avaliassem, corrigissem e aconselhassem as jogadas. A demanda por indivíduos do tipo deve ter sido motivada pela realidade de outras modalidades mais populares na época, as quais já tinham treinadores específicos que apostavam em suas experiências subjetivas.

Ainda nesse sentido, uma interessante propaganda da época divulgou um estabelecimento chamado Academia de Pingue-Pongue, sendo ela mantida pelo professor I. Cabessa e localizada no já mencionado Café

---

[228] CONSIDERAÇÕES. Correio da Manhã, Rio de Janeiro, 9 de outubro de 1928, p. 10.

Guarany da Rua 15 de Novembro.[229] Sem mais informações sobre outros nomes ocupando a mesma função, é de se supor que I. Cabessa tenha sido uma das primeiras pessoas a dar aulas de pingue-pongue em São Paulo.

O Café Guarany, cabe destacar, era uma referência boêmia da capital paulista, frequentado por estudantes, jornalistas, intelectuais e escritores do calibre de Monteiro Lobato. Com uma dinâmica diferente da encontrada nos clubes associativos, o funcionamento da Academia de Pingue-Pongue em suas dependências sugere que a prática agradava aos endinheirados da capital paulista. Nesse caso, o pingue-pongue era uma atividade física descontraída para os frequentadores do Café Guarany, que não estavam interessados em disputar campeonatos e, sim, em aperfeiçoarem-se num passatempo descolado.

Figura 6 – Anúncio de aulas de pingue-pongue com o professor I. Cabessa, no Café Guarany.

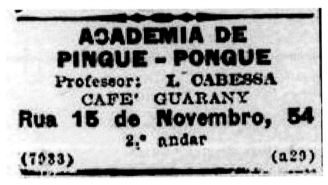

Fonte: *A Gazeta*, 29 de novembro de 1922

Apesar do caso isolado mencionado, sabe-se que a maioria dos adeptos do pingue-pongue eram de classe média ou das classes populares. Desse modo, diferentemente de outros esportes ingleses que se mantiveram elitizados, a modalidade já havia rompido com a barreira do exclusivismo. A adesão ao pingue-pongue no interior dos clubes associativos frequentados por operários foi essencial para tal processo de democratização.

Em São Paulo, bairros industriais e populares como o Brás e a Mooca, localizados próximos aos principais rios e linhas de trem da cidade, com numerosos terrenos baixos e planos ao longo dos cursos d'água (Fontes,

---

[229] ACADEMIA de pingue-pongue. A Gazeta, São Paulo, 29 de novembro de 1922, p. 8.

2021), abrigaram diversos clubes que tinham ou tiveram por um período de tempo turmas de pingue-pongue.[230] É certo que adaptações nas mesas e raquetes tenham favorecido tal processo, pois tais itens de prática já eram fabricados nacionalmente, sob encomenda, em marcenarias. A maior prova disso consiste no fato de que as mesas de pingue-pongue tinham medidas diferentes da Federação Internacional de Tênis de Mesa (ITTF) — o comprimento diferia em 26 cm, algo que influenciava muito as características do jogo.

Em suma, se as mesas utilizadas pelos brasileiros fossem importadas, a origem delas certamente seria europeia ou estadunidense, portanto suas medidas deveriam estar em conformidade com a ITTF. Ademais, as raquetes empunhadas pelos nossos jogadores tinham cabos pequenos (empunhadura caneta) e eram de madeira pura, enquanto as raquetes em voga no exterior tinham um cabo maior (empunhadura clássica), revestimento granulado e medidas padronizadas (Uzorinac, 2001). A fabricação de raquetes de madeira pura era uma tarefa simples para lojas de marcenaria das capitais paulista e carioca, barateando o custo do equipamento, que tinha razoável durabilidade.

Mas e as bolas, fabricadas a partir do celulóide e cujas características barravam qualquer tipo de improvisação? Não é possível imaginar que tal item fosse fabricado no Brasil, visto que, àquela altura, uma indústria plástica sequer existia por aqui. A hipótese mais aceitável é a seguinte: com o crescimento do pingue-pongue nas capitais paulista e carioca, a demanda pelas bolas de celulóide aumentou e as importações tornaram-se mais recorrentes, enquanto os preços externos baixaram com a variedade de novos fabricantes. Além disso, não havia uma preocupação com as suas especificidades (dimensões, peso, qualidade do produto etc.), portanto as marcas importadas não eram as melhores do mercado. Com mais bolas de celulóide abastecendo diferentes estabelecimentos do comércio esportivo a preços acessíveis, o pingue-pongue rapidamente infiltrou-se em clubes e agremiações de diferentes perfis socioeconômicos. Não se tratava mais de um passatempo caro e restrito aos capitais econômico, cultural, social e simbólico daqueles que frequentavam espaços elitizados, mas de uma modalidade esportiva que também se viabilizava às classes médias e populares.

---

[230] Conforme vimos ao longo deste livro, diversos clubes de futebol que disputavam competições estaduais também tinham ou tiveram por um período de tempo turmas de pingue-pongue. Alguns exemplos eram o Castellões F.C. e o Clube Atlético Ypiranga, e até mesmo clubes renomados, como o S.C. Corinthians e o São Paulo F.C.

c) As diferenças nas regras de São Paulo e Rio de Janeiro

É importante ressaltar que o pingue-pongue ainda tinha regras diferentes em São Paulo e no Rio de Janeiro. Os jogadores de ambas as capitais só tomaram conhecimento disso após o primeiro confronto interestadual, realizado em 1928. Uma dessas diferenças era que alguns paulistas jogavam apoiando as mãos na mesa, postura reprovada pelos cariocas. Naquele mesmo ano, o jornal *O Globo* divulgou a organização de um campeonato de escoteiros da Federação Escoteira do Brasil (FEB), que adotaria um sistema de regras mistas, isto é, com adaptações dos estilos paulista e carioca.[231]

A partir da notícia tem-se conhecimento de outras informações, tais como: a) era de comum acordo que o saque deveria ser baixo e devagar, no centro da mesa, assim como a devolução. Isso significa que o jogo só ficaria livre, com a possibilidade de lances ofensivos, a partir da terceira rebatida; b) o sacador tinha a vantagem de tomar a iniciativa do ataque; c) os saques julgados pelo árbitro como "violentos" ou com efeitos, bem como as devoluções, eram anulados e o ponto deveria voltar ao início. Segundo a mesma notícia, estava proibida a "deixada à paulista", jogada que consistia em recepcionar o saque do adversário com uma devolução curta, isto é, com a bola próxima à rede do sacador. Nesses casos, os paulistas poderiam inviabilizar o ataque de terceira bola do adversário com bolas lentas, porém curtas, o que tampouco era permitido entre os cariocas.

As normas adotadas no campeonato de escoteiros da FEB também trouxeram à tona que as mesas utilizadas por cariocas e paulistas poderiam ter diferentes medidas, a depender da ocasião. No campeonato de escoteiros da FEB estipulava-se 3 m de comprimento, 1,5 m de largura e 83 cm de altura. Por outro lado, em data muito próxima, as medidas oficiais da Liga Paulista de Pingue-Pongue eram de no máximo 3 m e no mínimo 2,90 m de comprimento, no máximo 1,5 m e no mínimo 1,45 m de largura, além de no máximo 77 cm e no mínimo 76 cm de altura – nota-se como, no primeiro exemplo, as mesas eram mais altas.

É provável que durante os confrontos interestaduais entre São Paulo e Rio de Janeiro, diferenças do tipo passaram a ser discutidas previamente para não impactar as disputas, mas nem sempre seria possível driblar a ausência de uma regulamentação a nível nacional. De todo modo, as medidas adotadas no campeonato de escoteiros da FEB corroboram a tese

---

[231] O GLOBO entre os escoteiros. O Globo, Rio de Janeiro, 29 de setembro de 1928, p. 7.

de que as mesas não eram fabricadas em escala, mas sob encomenda, em marcenarias. Como não havia um padrão definido entre todos os clubes e agremiações que cultivavam o pingue-pongue, às vezes as mesas podiam ter diferentes alturas e pequenas variações de comprimento e largura por conta de sua fabricação personalizada.

d) As diferenças entre o pingue-pongue brasileiro e o tênis de mesa institucionalizado

A partir das informações levantadas nos parágrafos anteriores, conclui-se que o pingue-pongue brasileiro sofria variações regionais, pois não existia uma padronização das regras e das medidas da mesa. Com o passar do tempo, os confrontos interestaduais e o intercâmbio esportivo intensificaram-se entre paulistas e cariocas, fazendo com que as principais entidades regulamentadoras adotassem um sistema de regras misto, gradativamente reproduzido por alguns clubes dos dois estados. Ainda assim, é importante dizer que o pingue-pongue brasileiro era bem diferente do tênis de mesa dirigido pela ITTF, entidade que, surgida em 1926, sob presidência de Ivor Montagu, institucionalizou normas e características que passaram a ser adotadas por diversos países europeus. Destaco quatro fatores em que o pingue-pongue brasileiro diferia do tênis de mesa institucionalizado: a mesa, o saque, a contagem dos pontos e as raquetes

Conforme vimos, as mesas utilizadas no pingue-pongue brasileiro eram fabricadas nacionalmente, com dimensões diferentes das estipuladas pela ITTF. Segundo as regras do primeiro Campeonato Mundial de Tênis de Mesa organizado pela entidade, as medidas oficiais deveriam ser de 2,74 m de comprimento, 1,52 m de largura e 0,76 m de altura (ITTF, 2023). Em comparação com as mesas utilizadas pela Liga Paulista de Pingue-Pongue, o comprimento é cerca de 26 cm menor e a largura é de 2 a 7 cm maior, diferenças que poderiam influenciar diretamente na experiência dos jogadores. Ademais, as normas da ITTF eram muito mais inflexíveis: a mesa deveria ser feita de madeira sólida e dura de 1 polegada para possibilitar um salto uniforme de não menos de 8 polegadas e não mais de 10 polegadas quando a bola era atirada a uma altura de 12 polegadas; linhas na cor branca demarcavam as extremidades e o centro do equipamento; a superfície superior da mesa deveria ter uma cor escura, de modo que não houvesse reflexos atrapalhando a plena visualização da bola.

Sobre a superfície das mesas utilizadas no pingue-pongue brasileiro, há indícios de que elas tinham marcações circulares em cada lado do equipamento, nos quais o saque e a devolução deveriam ocorrer para validar o início de um ponto. Curiosamente, regras similares às nossas também eram adotadas do outro lado do mundo: em alguns lugares do Japão, entre 1920 e 1934, o saque e a devolução não poderiam ser agressivos e deveriam ser efetuados no centro da mesa, sendo que em ambos os casos não era permitido imprimir rotação à bola (Sakakibara, 2010).

Mas qual a origem dessas especificações adotadas por aqui e no país asiático? Certamente trata-se de alguma variação da prática anterior à padronização das regras pela ITTF. O que sustenta isso é que desde 1902 já havia reclamações entre os britânicos sobre as dificuldades de rebater um saque ou uma devolução agressiva, sugerindo a adoção de regras que limitassem esses fundamentos. O periódico londrino *The Table-Tennis and Pastimes Pioneer*, por exemplo, destaca em uma de suas publicações semanais o desejo generalizado de alteração das normas sobre o saque, pois os pontos estavam acabando muito rápido devido à desvantagem gerada pela execução agressiva do fundamento.[232] Sobre isso, deve-se considerar que durante a execução do saque a bola era projetada para o alto e após um quique direto na mesa, era rebatida para o outro lado. Jogadores altos levavam muita vantagem, pois poderiam golpear a bola acima do nível da rede. Grosso modo, no início do século XX, o saque já iniciava o ponto com a mesma velocidade e a mesma eficiência que um *smash* sem direção preestabelecida, tornando as devoluções praticamente impossíveis.

Segundo o mesmo periódico, destaca-se ainda que o *table-tennis* deveria seguir os passos do tênis de grama, no qual a quadra tinha marcações próprias para a execução do fundamento.[233] Com o passar dos anos, as regras foram revistas e muitas adaptações circularam pelo continente europeu, que posteriormente influenciaram a prática em lugares como o Brasil e o Japão. Após a fundação da ITTF e a padronização da modalidade, nem todos os países adotaram prontamente as novas especificações – o Brasil só o fez a partir de 1940, enquanto o Japão em 1934 (Sakakibara, 2010).

---

[232] *The Table-Tennis and Pastimes Pioneer*, 1 de março de 1902. Disponível em: https://www.ittf.com/wp-content/uploads/2018/03/1mar02.pdf. Acesso em: 26 fev. 2023.

[233] *Ibidem*.

Quanto ao formato e à pontuação adotados nas disputas, também havia diferenças marcantes entre o tênis de mesa institucionalizado e o pingue-pongue brasileiro. Para a ITTF, uma partida era vencida pelo jogador/dupla que ganhasse três sets primeiros, sendo cada um deles finalizado em 21 pontos (ITTF, 2023). Além disso, o sistema de equipes consistia em partidas separadas, com três jogadores, de modo que um deles só entrava em quadra quando terminava definitivamente o confronto de seu companheiro. Já no Brasil, os placares podiam ser de 50 a 100 pontos para disputas individuais e de duplas, enquanto a categoria de equipes terminava em 200 pontos corridos na primeira turma (nível técnico elevado), que tinha até cinco jogadores. Além disso, os jogadores de cada equipe seguiam uma ordem preestabelecida para revezar entre si: o revezamento acontecia após a perda de um ponto, de modo que aquele que marcasse mais pontos consecutivos ficava por mais tempo na mesa.

Finalmente, um fator que merece atenção especial é a raquete. Os jogadores brasileiros utilizavam equipamentos arcaicos que limitavam os seus repertórios técnico e tático: em território nacional, reinavam as pequenas raquetes de madeira pura. Prova disso foi a visita, em 1929, de um alemão chamado Máximo Cristal, que derrotou os melhores jogadores paulistas empunhando uma raquete granulada (CBTM, 2023). Tal revestimento de borracha com pequenos pinos externos já era comum nos círculos modernos do tênis de mesa institucionalizado, entretanto tratava-se de uma experiência inédita para o pingue-pongue brasileiro. Apesar de os nossos jogadores terem sido superados com facilidade por Máximo Cristal, salvo exceções, eles não aderiram à novidade do exterior naquele momento.

Diante de tantas diferenças, é possível constatar que o pingue-pongue praticado no Brasil tinha características exclusivas, algumas das quais eram adaptações feitas pelos seus primeiros adeptos. Com o passar do tempo, tais características foram disseminadas e passaram a ser reproduzidas pelos clubes associativos, com as já mencionadas variações regionais. Tratava-se, portanto, do pingue-pongue brasileiro, cujas especificidades – sistema de disputas, regras adotadas, materiais de prática e a dinâmica envolvendo os jogadores e os espaços esportivos – não encontravam semelhança com o tênis de mesa institucionalizado.

Um jeito interessante de notar como a prática foi apropriada e, em seguida, remodelada pelos brasileiros, são as novas palavras que compunham o vocabulário dos seus adeptos. "Pingue-ponguistas", "pingue-pongue players", "meios pingue-ponguísticos", "festa pingue-ponguística", "amantes da bolinha branca", eram exemplos de neologismos cada vez mais característicos e difundidos pelos meios de comunicação, que evidenciavam a existência de uma cultura própria à prática em território nacional.

Pode-se argumentar que era muito cedo para o Brasil seguir os passos da ITTF na segunda metade dos anos 1920, afinal, a nova entidade abrangia países majoritariamente europeus. Mas fato é que os jogadores e dirigentes do pingue-pongue brasileiro, sobretudo paulistas, não quiseram adequar-se ao padrão mundial da época por opção própria. Em novembro de 1928, a Liga Paulista de Pingue-Pongue recebeu um convite público da ITTF para tomar parte no Campeonato Mundial de Tênis de Mesa, que seria realizado em janeiro de 1929, na cidade de Budapeste, Hungria.[234]

A entidade internacional já havia consolidado a nomenclatura *table-tennis*, mas o jornal *O Estado de São Paulo* ignorou propositalmente a palavra, como se não houvesse diferenças entre a prática estrangeira e o pingue-pongue brasileiro. Tudo indica que o convite ou foi negado ou não pôde materializar-se por uma série de possíveis empecilhos, visto que nenhuma discussão foi para frente e nenhum representante do nosso país viajou a Budapeste. Em data próxima, o isolamento da prática em território nacional foi lamentado pelo jornal *A Gazeta*, segundo o qual a ausência naquela competição era uma oportunidade desperdiçada de mostrar a habilidade dos jogadores brasileiros ao restante do mundo.[235]

Conclui-se que o pingue-pongue praticado em nosso país foi o resultado da incorporação, da ressignificação e da remodelação de regras e sistemas de disputa que caíram em desuso ou foram superados pelo continente europeu com o passar dos anos. Não foi possível acompanhar as transformações em curso no cenário internacional por conta do isolamento do Brasil durante o processo de regulamentação do tênis de mesa (a distância geográfica era um grande problema), bem como por conta da relutância de jogadores e dirigentes locais, favoráveis à preservação de uma prática de raquetes com características próprias.

e) Tênis de mesa *old school* versus o tênis de mesa contemporâneo

Neste último tópico proponho fazer uma breve comparação entre o tênis de mesa institucionalizado nos anos 1920 e o tênis de mesa dos dias atuais. Pode-se dizer que se trata de dois formatos diferentes da prática: o

---

[234] LIGA Paulista de Pingue-Pongue. O Estado de São Paulo, São Paulo, 25 de novembro de 1928, p. 11.
[235] PINGUE-PONGUE. A Gazeta, São Paulo, 4 de março de 1929, p. 12.

formato *old school* versus o formato contemporâneo. Ao apontar algumas características que sofreram grandes transformações nos últimos cem anos, espero propiciar ao leitor informações e curiosidades que enriqueçam a sua compreensão sobre o desenvolvimento da modalidade.

Nas primeiras décadas do século passado, por mais que houvesse a borracha granulada dos europeus, sabe-se que a rotação imprimida na bola era consideravelmente menor do que no presente, portanto tinha uma importância limitada naquele momento. Com o passar do tempo isso mudou, pois graças à evolução tecnológica que impulsionou o aperfeiçoamento das raquetes e da borracha, os efeitos (*spins*) tornaram-se decisivos e passaram a nortear as jogadas do tênis de mesa contemporâneo. Parte das diferenças técnicas (1), táticas (2) e estéticas (3) entre o formato *old school* e o atual estão relacionadas a isso:

1. No tocante aos aspectos técnicos, as principais transformações situam-se na amplitude dos movimentos. De 1926 em diante, os adeptos do recém-institucionalizado tênis de mesa mal dobravam os joelhos para golpear a bola, o que reforça a impressão de um jogo aristocrático em que se intercalava velocidade e precisão com graciosidade e refinamento. Também é de se notar, ao assistir raras filmagens da época, que os adeptos do *"sport de bolinha branca"* utilizavam uma rotação muito menor do quadril ao realizarem ataques de *forehand*, de modo que a força concentrava-se nos braços. No tênis de mesa contemporâneo, por sua vez, a potência de um *forehand* bem executado depende de uma maior amplitude de movimento de outras partes do corpo humano, tais como a transferência de peso entre as pernas. Outro exemplo disso está na flexão de punho da mão dominante, cada vez mais acentuada com o passar das décadas, até virar detalhe fundamental para a execução dos ataques de *backhand* nos dias atuais. Essas questões estão relacionadas aos efeitos envolvidos nas jogadas, posto que demandam maior esforço físico para serem devolvidos eficazmente.

2. Já no que se refere aos aspectos táticos do passado, nota-se que os saques eram majoritariamente longos e com uma variação pequena de efeito, de modo que se apostava apenas na velocidade e no local de execução. Consequentemente, os jogadores não exploravam bolas curtas da mesma forma como nos dias

atuais, o que deixava as partidas mais fluidas. Um fator interessante encontra-se na dinâmica dos lances, pois os estilos de jogo eram, nos anos 1920, menos delimitados em comparação ao tênis de mesa contemporâneo. A mescla de ataque e defesa acontecia com frequência, isto é, um mesmo jogador poderia adotar posturas completamente diferentes durante a disputa dos pontos. Entretanto, sempre que um lado optava por pressionar o adversário, o outro optava pela defesa, e assim sucessivamente (a defesa consiste num fundamento conhecido como *chop*, similar ao *slice* do tênis de quadra). No tênis de mesa contemporâneo, por sua vez, fundamentos técnicos de contra-ataque são recorrentes, bem como situações em que ambos os jogadores estão desferindo golpes ofensivos a médias distâncias da mesa. Tudo isso se resume às seguintes conclusões: antes sempre se mantinha a dinâmica de ataque versus defesa, intercalados durante um mesmo ponto (a maioria dos jogadores eram atacantes e defensivos em medidas similares); no presente momento, a dinâmica mais comum é a de ataque versus ataque.

3. Por fim, os aspectos visuais. Em suas primeiras décadas de vida, o tênis de mesa promovia partidas com trocas de bolas mais duradouras, marcadas por batidas secas e poucos erros de recepção do saque. Dada a menor quantidade de efeitos e fundamentos técnicos na época, o jogo era mais simples e seu nível de dificuldade menor. Algumas partidas poderiam levar horas para terminar, o que era cansativo para a plateia. Por outro lado, embora fossem lentos em comparação aos dias atuais, os lances eram de maneira geral mais envolventes e categóricos, além de mais fáceis de serem compreendidos. Poucos conhecimentos prévios eram necessários para o entendimento do esporte, diferentemente do tênis de mesa contemporâneo, em que os efeitos imprimidos à bola são mais comprometedores e, ainda assim, passam despercebidos ao público não familiarizado.

Uma última curiosidade refere-se à vestimenta adotada pelos praticantes do *"sport* de bolinha branca". Nas disputas da ITTF, em que se buscava preservar a imagem de esporte aristocrático e de salão, os jogadores trajavam roupas de caráter formal que nada remetem aos shorts curtos e camisetas de poliéster comuns nos dias atuais. A partir de uma notícia do *Correio da Manhã*, tem-se conhecimento do que ocorria no caso do pingue-pongue brasileiro.

Trata-se de um convite formal do C. R. Flamengo para enfrentar o C. R. Vasco da Gama, na sede do rubro-negro, localizada na Rua Santa Luzia, 248. A diretoria da casa solicitou aos seus jogadores que trouxessem o uniforme completo: camisa do clube (manga comprida) e calça preta.[236] Sobre isso, ressalto que mesmo no tênis de campo as calças compridas eram as únicas aceitas para a sua prática, de tal maneira que o shorts só viria a substituí-las na década seguinte (Soares, 2011). O mesmo serve para as camisetas de manga comprida, que, paulatinamente, perderiam centímetros de pano com o passar dos anos, mas ainda assim preservando medidas diferentes daquelas a que estamos habituados no presente. Certamente, se pedíssemos a um adepto do tênis de mesa contemporâneo para tentar praticar o esporte com as mesmas roupas de algodão utilizadas cem anos atrás, ele encontraria um enorme desafio pela frente, visto que sua mobilidade seria muito prejudicada.

Hoje, à luz dos avanços tecnológicos que caracterizam os nossos tempos, borracha sofisticada e esponja colorida revestem uma raquete de madeira que pode levar em sua composição até mesmo fibras de carbono. A variedade de materiais ampliou a especificidade dos estilos de jogo e abriu margem para lances cheios de efeitos, com velocidades surpreendentes.

Na minha humilde opinião, o esporte tornou-se mais complexo e, ao mesmo tempo, encantador. Há quem discorde disso, razão pela qual passado quase um século de 1926 para cá, ainda há competições inspiradas nos primórdios da ITTF: saudosistas mantêm viva a tradição nos Estados Unidos (país onde há a categoria *hardbat* em torneios de grande visibilidade, como o U.S. Open) e na Inglaterra (país onde há a organização do World Championship of Ping Pong), cujas regras e materiais utilizados remetem ao primeiro formato da prática institucionalizada.

---

[236] PING-PONG. Correio da Manhã, Rio de Janeiro, 27 de setembro de 1928, p. 9.

4

DA ASCENSÃO AO ESFRIAMENTO DO PINGUE-PONGUE COMPETITIVO (1930-1939)

A partir da virada da década, tem-se início uma das fases mais icônicas da história nacional, marcada pelo governo de Getúlio Vargas, um gaúcho que descendia de estancieiros influentes da cidade de São Borja. Ocorre que o então presidente da República, Washington Luís, rompeu com a política do café com leite e indicou o conservador Júlio Prestes, também do Partido Republicano Paulista, para sucedê-lo nas eleições de 1930. O candidato que representava a manutenção do modo de governança terminou vencedor em meio às fraudes existentes no processo eleitoral da época.

Do lado derrotado estavam as oligarquias de Minas Gerais, Paraíba e Rio Grande do Sul, além dos tenentes, que há anos vinham denunciando e combatendo os privilégios das elites cafeeiras de São Paulo. Como consequência de uma série de articulações perpetradas por esses grupos políticos nas eleições de 1930, um movimento que nutria profundo descontentamento pela realidade política da Primeira República ganhou força, tendo articulado um golpe de estado (Drumond, 2009).

Sem possibilidade de resistir frente aos revoltosos, no mês de outubro daquele ano o parlamento foi dissolvido e Washington Luís terminou deposto antes de deixar o cargo – ele foi substituído posteriormente por Vargas, que liderou um governo provisório até 1934. Durante esse período, as elites cafeeiras perderam grande parte do protagonismo dos anos anteriores e o Estado passou a orientar a vida no país de forma mais acentuada, lançando as bases de um nacionalismo que abrangia desde a política até a cultura (Franzini, 2003).

Vargas não entrou para a história à toa. Por bem ou por mal, é inegável que o político gaúcho, de perfil taciturno, frio e calculista, soube forjar uma imagem positiva perante o povo brasileiro (Ferreira, 2011). Durante o governo provisório, ele criou os ministérios do Trabalho e da Educação e Saúde (1930), conferindo ao Estado a responsabilidade inédita desses setores. Além disso, também expandiu a legislação trabalhista e criou o Código Eleitoral (1932), que tornou o voto secreto e deu às mulheres o direito de participarem do rito democrático.

De características centralizadoras, o governo provisório de Vargas precisou conter a insatisfação de diversos setores, tais como as já mencionadas elites cafeeiras de São Paulo, contrárias aos novos rumos do país. Embora o político gaúcho tenha convocado eleições para a assembleia constituinte em fevereiro de 1932, no mês de julho daquele ano estourou a Revolução Constitucionalista, um conflito armado em que os paulistas terminaram derrotados. Posteriormente, essa conjuntura resultou na promulgação da Constituição Brasileira de 1934 e na eleição indireta de Vargas, que passou a comandar um governo constitucional a partir de então.

Dali em diante, o contexto interno torna-se cada vez mais conturbado. Dois grupos de espectros políticos distintos passaram a antagonizar com os interesses de Vargas: primeiro os comunistas, liderados por Luís Carlos Prestes, que pregava uma revolução aos moldes bolcheviques para livrar o Brasil das oligarquias e suas práticas parasitárias; depois os integralistas, do movimento ultranacionalista liderado por Plínio Salgado, que defendia valores cristãos e tinha inspiração fascista. Com o tempo, esses dois grupos tentaram derrubar o governo: em 1935, ocorreu a Intentona Comunista, fracassada pela baixa adesão das camadas populares; em 1938, foi a vez da Intentona Integralista, igualmente contida pelas forças do Exército.

Diante das constantes ameaças ao seu poder, Vargas declarou estado de Guerra em 1935 e decretou uma nova lei de Segurança Nacional, segundo a qual os órgãos de repressão poderiam perseguir, prender, torturar e assassinar muitos de seus opositores, sobretudo os comunistas. Em 1937, eles já haviam sido suprimidos pelo governo, mas Vargas temia pelas próximas eleições livres, marcadas para 1938. Surge, então, um novo pretexto para o político continuar no poder: o Plano Cohen, um documento falso que continha uma suposta conspiração comunista. Hoje sabe-se que tal documento nunca existiu, tendo sido uma obra dos próprios integralistas, utilizada maquiavelicamente por Vargas para alardear a população.

O anticomunismo ganhou força outra vez e Vargas, surfando na onda desse suposto risco à integridade nacional, liderou um golpe em 1937, fechando o Congresso Nacional e instaurando a ditadura do Estado Novo com o apoio do Exército. Uma nova Constituição Brasileira é redigida, dessa vez conferindo poderes absolutos ao presidente da República, que passa a governar de maneira autoritária.

A justiça eleitoral foi extinguida, os partidos políticos abolidos e as eleições livres suspensas por tempo indeterminado. A censura foi institucionalizada, os meios de comunicação tomados pela ditadura e uma forte propaganda de viés nacionalista e culto ao líder passou a bombardear a população brasileira, sobretudo pelo rádio, já amplamente difundido à época.

Dado o cenário internacional, com a ascensão de regimes autoritários e a iminência de um novo conflito de proporção global, o militarismo foi o modelo adotado para moldar a sociedade no Estado Novo, ganhando contornos pedagógicos. Ainda nesse sentido, o higienismo enquanto questão social tornou-se um imperativo, passando a intervir cada vez mais nos campos da saúde e da educação para o alcance do progresso da nação (Júnior; Garcia, 2011).

Soma-se a isso a ebulição dos debates sobre a eugenia, o que motivou maior organização e sistematização da educação física de modo geral, que foi incluída em instituições de ensino com o propósito de promover a regeneração racial da juventude brasileira – durante o Estado Novo, a Educação Física e Cívica tornam-se obrigatórias em todas as escolas primárias e secundárias (Hoche, 2017).

As práticas esportivas não ficaram de fora desse processo, tendo sido utilizadas por Vargas não apenas para unificar a nação, como também para discipliná-la corporalmente. O futebol e o samba, ambos populares entre as classes populares, são promovidos enquanto parte da identidade nacional, símbolos do que era ser "brasileiro" (Drumond, 2009).

A proximidade do povo e sua identificação com a nação era o fim almejado pelo uso do esporte no projeto varguista, ainda que uma legislação específica para cuidar do tema fosse instituída apenas na década seguinte. Uma novidade foi a profissionalização do futebol em 1933, que geraria conflitos cada vez mais acentuados entre entidades como a Confederação Brasileira de Desportos (CBD) e a Federação Brasileira de Futebol (FBF) para definir os selecionados nacionais. É de se destacar também o surgimento de novos dirigentes esportivos, tais como Luiz Aranha, irmão de Oswaldo Aranha, o ministro da Justiça, Fazenda e Relações Exteriores de Vargas, do qual era amigo próximo (Ribeiro; Souza, 2021).

No início, o cenário parecia favorável ao desenvolvimento do pingue-pongue nas capitais paulista e carioca, posto que a década anterior havia sido aquela de maiores avanços. Novas manifestações foram registradas pelos jornais e graças à influência do higienismo e aos anseios do Estado de disciplinar o ordenamento social, a prática começou a compor parte das aulas de Educação Física em algumas instituições de ensino. Ademais, durante a primeira metade da década, o pingue-pongue parecia rumar no caminho certo, com competições interestaduais ganhando espaço nos noticiários esportivos e o número de adeptos em ascensão. Entretanto, sem uma regulamentação a nível nacional e cada vez mais dissociado dos interesses das elites dirigentes, até quando seria possível manter esse ritmo de crescimento nas duas maiores metrópoles do Brasil? Veremos a seguir...

4.1 ENTRE RIVALIDADES E POLÊMICAS, FLORESCE O PINGUE-PONGUE PAULISTA

A partir dos anos 1930, a presença do pingue-pongue tornou-se cada vez mais comum em setores diversificados da sociedade, tendo conquistado espaço em escolas, em universidades e em novas agremiações recreativas e clubes esportivos, fossem esses elitizados ou populares, dos mais variados perfis. Além disso, também estava em curso um processo de expansão da modalidade entre diferentes cidades do estado de São Paulo.

A sua crescente popularidade deve-se ao fato de o pingue-pongue ser considerado de fácil implementação, posto que demandava pouco espaço e não era custoso em comparação a outras práticas esportivas. Ademais, tinha características que dificilmente geravam reprovações ou contraindicações, pelo contrário, tratava-se de uma modalidade de simples entendimento, cujo formato era agradável a diferentes contextos, além de ser considerada uma prática esportiva higiênica, portanto compatível ao pensamento hegemônico da época.

Pode-se tirar de todos esses apontamentos a seguinte conclusão: o pingue-pongue paulista definitivamente estava em seu auge no início da década. Ninguém melhor do que um dos principais expoentes da prática para expressar a situação daquele momento. Refiro-me a Vicente Albizu, conhecido jogador, que desde 1918 acompanhava de perto e até mesmo protagonizava os grandes avanços do pingue-pongue paulista. Aficionado que era, vejamos o que ele disse sobre o momento:

> [...] não me recordo de outra época em que o pingue-pongue estivesse tão popularizado como atualmente. O esporte da bolinha branca de maneira surpreendente. Atingiu um notável grau de progresso, ocupando entre todos os esportes que se praticam em São Paulo destacado lugar. Um dos fatores principais do seu progresso é sem dúvida alguma a existência de duas entidades dirigentes desse esporte nesta capital.
>
> Ambas são otimamente constituídas e tem à sua frente esportistas batalhadores, que não poupam esforços e até sacrifícios para a difusão do pingue pongue em são paulo, apesar dos escassos recursos com que contam para manter as entidades que dirigem, e que se limitam às modestas taxas de filiações (sic) dos clubes e inscrições de jogadores. Essa renda mal dá para a confecção dos prêmios. Como se vê, o pingue-pongue exige dos que se interessam pela sua difusão uma grande dose de boa vontade.
>
> [...] O pingue-pongue triunfou definitivamente em São paulo, necessitando somente que os seus mentores saibam consolidar esse triunfo, evitando o mau elemento, que não tardará a aparecer, pronto a tirar qualquer partido da sua popularidade (Pingue-Pongue, 1930, p. 11).[237]

Figura 7 – Um dos raros registros de Vicente Albizu

Fonte: *A Gazeta*, 27 de outubro de 1933

---
[237] PINGUE-PONGUE. **A Gazeta**, São Paulo, p. 11, 25 nov. 1930.

Cabe destacar em seu relato uma novidade nos círculos esportivos da Pauliceia: havia agora duas entidades regulamentadoras responsáveis pela modalidade: a Liga Paulista de Pingue-Pongue, fundada em dezembro de 1927, e a Associação Paulista de Pingue-Pongue, fundada em novembro de 1929 (CBTM, 2009). Ambas mantiveram-se muito ativas durante os primeiros anos da década de 1930, porém sem quaisquer vínculos entre si, com campeonatos independentes e tabelas separadas. A razão é simples: a Associação surgiu a partir de dissidentes da Liga, algo comum se considerarmos o contexto da época, marcado por uma série de disputas pela hegemonia da popularização e profissionalização dos esportes modernos (Júnior, 2013).[238]

Mas afinal, duas entidades regulamentadoras prejudicariam a modalidade? Conforme *A Gazeta* publicou em uma de suas colunas na seção esportiva, havia quem pensasse que sim. Tais pessoas temiam que ambas, por terem as suas desavenças, atrasariam a "boa marcha que o elegante esporte de bolinha branca" vinha seguindo na capital paulista.[239] De fato, a relação entre as duas entidades regulamentadoras nunca deixou de ser conturbada, sem qualquer tipo de aproximação enquanto operavam paralelamente. Diante disso, antes de uma passagem mais detalhada sobre as duas entidades na primeira metade da década de 1930, vamos pontuar o que esteve por trás da referida cisão na Liga.

Tudo começou quando o alemão Máximo Cristal, adepto do tênis de mesa institucionalizado, viajou a São Paulo, e nas horas vagas de sua estadia disputou algumas partidas com os locais. Máximo Cristal empunhava uma raquete revestida por borracha, combinação desconhecida até então na Pauliceia, onde reinava o pingue-pongue brasileiro (Vinhas; Azevedo, 2006). Graças ao seu material, derrotou todos os paulistas que enfrentou, inclusive a equipe do Ourives e Affins, considerada a mais forte da Liga. A partir de então, as raquetes revestidas por borracha passaram a ser utilizadas por alguns elementos isolados, mas longe de tornarem-se uma unanimidade.

Apesar de representar um avanço, posto que as raquetes revestidas por borracha eram comuns na Europa, continente onde o tênis de mesa encontrava-se amplamente difundido e bem-estruturado, a maioria

---

[238] Somente no futebol, por exemplo, houve cinco entidades diferentes até a década de 1940: Liga Paulista de Football, Associação Paulista de Esportes Atléticos, Liga de Amadores de Futebol, Liga Paulista de Futebol e Liga de Football do Estado de São Paulo (Nicolini, 2001).

[239] ASSOCIAÇÃO Paulista de Pingue-Pongue. **A Gazeta**, São Paulo, p. 7, 9 jan. 1930.

dos clubes filiados à Liga adotou uma postura contrária à adesão do novo material. Para solucionar definitivamente a questão, a entidade regulamentadora convocou uma Assembleia Geral, com a presença de representantes dos clubes filiados.[240]

Após uma votação expressiva, as raquetes revestidas por borracha foram abolidas da Liga sob alegação de que elas não traziam nenhuma vantagem para o pingue-pongue brasileiro, além de serem menos efetivas do que as raquetes de madeira pura, tradicionalmente utilizadas na Pauliceia. A decisão foi completamente equivocada, de modo que, por teimosia dos jogadores, clubes e dirigentes de São Paulo, a prática cultivada em território nacional manteve-se atrasada frente ao tênis de mesa regulamentado pela ITTF. Além disso, o impacto da borracha nas características do jogo era visível, visto que o seu implemento gerava uma qualidade ímpar: os *spins* (efeitos) ocasionados pela fricção da superfície da raquete com a bola. Tal característica transformou paulatinamente o tênis de mesa institucionalizado pela ITTF, que passou a exigir cada vez mais habilidades físicas (Uzorinac, 2001).

Aos presentes naquela Assembleia Geral restava, no entanto, decidir se a borracha seria permitida ou não em um campeonato da Liga que estava bem próximo de acontecer e cujo regulamento já havia sido publicado e as inscrições encerradas. Enquanto alguns clubes compreenderam a situação e aceitaram que as novas resoluções passassem a valer apenas depois do referido campeonato, o representante do Ourives e Affins mostrou-se intransigente quanto à tolerância do novo material. Compartilhando uma opinião semelhante, um representante da União Católica Santo Agostinho o apoiou. Embora, no final das contas, a proibição imediata das borrachas tenha sido acatada na Assembleia Geral, isso não foi o suficiente para evitar que tanto o Ourives e Affins quanto a União Católica Santo Agostinho pedissem desfiliação à Liga.

Tal decisão parece ter sido motivada também por desentendimentos entre os jogadores Lido Piccinini, Dante, Sanchez e Armando Diziolli com Santoro, Miguel Maenza, Guimarães e Amaral. Enquanto o primeiro grupo ficou ao lado da entidade regulamentadora, o segundo, insatisfeito, decidiu afastar-se para fundar a Associação. Dali em diante, os dissidentes tornaram-se rivais da Liga, algo que ficaria cada vez mais evidente pelo teor das futuras notícias publicadas na época.

---

[240] A ASSEMBLÉA geral da Liga Paulista de Pingue-Pongue. **A Gazeta**, São Paulo, p. 15, 10 fev. 1930.

Houve quem tivesse o pedido de filiação negado por uma entidade logo após ter deixado a outra, atitude considerada afrontosa. Também era expressamente proibido que jogadores, uma vez filiados, disputassem campeonatos externos, isto é, organizados pela concorrente.[241] Nesses casos, as punições poderiam ser desde multas até expulsões. Nos primeiros meses de 1930, diversos jogadores, como Guilherme Colucci e Antonio Macedo, desrespeitaram tal norma, tendo sido advertidos pela conduta. Já Armando Diziolli, embora recebesse incontáveis propostas para migrar à Liga, manteve-se fiel à Associação e foi considerado um exemplo de disciplina por uma notícia da época.[242]

Naquele momento, alguns clubes da Liga Paulista eram: o Castellões F.C. (Brás); o E.C. Cama Patente (Lapa); o G.E.R. Prada (Belenzinho); o São Paulo P.P.C. (Luz); o Metrópole Clube (Sé); e o Club Homs na Rua Florêncio de Abreu (atual Centro Histórico de São Paulo). Já os primeiros clubes a filiarem-se à Associação Paulista foram: o Ourives e Affins (Sé); a Associação Portuguesa de Esportes (Largo São Francisco); a União Católica Santo Agostinho (Sé); o Matarazzo (Bela Vista); o Gabriel D'annunzio (Bela Vista); o Guanabara (Vila Mariana) e o Florianópolis (Vila Mariana). Nota-se como os filiados à Liga estavam espalhados pelas zonas central, leste e oeste de São Paulo, enquanto os primeiros filiados à Associação estavam concentrados na zona central.

Por fim, cabe dizer que cada entidade regulamentadora contaria com o apoio de um órgão oficial de imprensa, que seria responsável pela divulgação das suas atividades e pela manutenção de sua imagem perante o público leitor. Desde o início do jornalismo esportivo, as relações entre os periódicos e as entidades regulamentadoras tinham sido benéficas para ambas as partes: os primeiros conseguiam benefícios diretos (ganhos financeiros com a venda de exemplares ou com a comercialização de espaços publicitários) e indiretos (reconhecimento por parte de membros das elites que frequentavam as agremiações e eventos esportivos); os segundos ganhavam visibilidade a partir da promoção das suas atividades, tais como treinamentos, campeonatos e premiações, o que contribuía também para a popularização de jogadores e clubes (Melo, 2022c).

Nesse sentido, o *Correio de São Paulo* virou correspondente e defensor dos interesses da Liga, enquanto *A Gazeta* o fez para a Associação. Cro-

---

[241] PINGUE-PONGUE. **A Gazeta**, São Paulo, p. 9, 21 mar. 1930.
[242] *Idem.*

nistas dos dois periódicos seriam responsáveis por insuflar ainda mais as divergências entre as duas entidades regulamentadoras.

A Liga Paulista de Pingue-Pongue

Começaremos falando da Liga Paulista, que, conforme vimos, prosperou na Pauliceia durante a segunda metade dos anos 1920. O seu campeonato individual seguia sendo dividido por nível técnico nas disputas masculinas. Todos os jogadores inscritos enfrentavam-se, de modo que, ao término da tabela, aquele com mais vitórias sagrava-se campeão. Por essa razão, o título podia ser decidido antecipadamente.

Em fevereiro de 1930, Raphael Morales foi o grande vencedor da primeira categoria, seguido de nomes como Antonio Martin, Dario Farnochia e Waldemar dos Santos nas demais colocações.[243] A campanha do novo campeão tinha sido arrebatadora, visto que venceu dezenas de partidas sem ser derrotado uma única vez. O desempenho surpreendeu, afinal, o seu envolvimento com a modalidade era recente.

Raphael Morales começou a praticar o pingue-pongue em 1928, ainda bem jovem, no extinto bloco carnavalesco e esportivo "Meu coração é teu", do qual era fundador.[244] De lá transferiu-se ao G.E.R. Prada, clube do bairro de Belenzinho, no qual faria fama e seria por diversas vezes homenageado. Com apenas dois anos de experiência, ele já havia conquistado também o título por equipes da Liga Paulista.

Findo o campeonato individual, a Liga Paulista resolveu promover, em março de 1930, um novo certame no formato de duplas.[245] O seu regulamento divulgado pelo jornal *O Estado de São Paulo* dizia que as partidas seriam disputadas em um único turno, não sendo permitido que duplas ou jogadores mudassem de clube no decorrer da tabela. Quanto à contagem dos placares, era de 150 pontos para a primeira turma, 120 para a segunda turma e 100 pontos para a terceira turma. Se uma dupla estivesse ausente na hora do jogo, seu clube de filiação deveria pagar uma multa no valor de 2$000 por cada jogador. Já a taxa de inscrição era de 5$000 para cada jogador. A premiação consistia em taças transitórias oferecidas pela Liga Paulista, além de medalhas de ouro (primeiro lugar), prata (segundo lugar) e bronze (terceiro lugar).

---

[243] OS NOVOS campeões paulistas de pingue-pongue. **A Gazeta**, São Paulo, p. 11, 27 fev. 1930.
[244] *Idem.*
[245] PINGUE-PONGUE. **O Estado de São Paulo**, São Paulo, p. 10, 23 mar. 1930.

Por conta de seu elevado nível técnico, alguns jogadores já estavam classificados automaticamente para a primeira categoria do campeonato de duplas, restando apenas definir seus parceiros. Eram eles: Vicente Albizu, Raphael Morales, Dario Fornacchia, Luiz Laurelli, Antonio Martin, Antonio Macedo, Guilherme Collucci, Dante Barretta, Attilio Faedo e Jurandyr Vianna. Tidos como os melhores "pingue-ponguistas" da capital, constituíam a força máxima da Liga Paulista. Alguns eram craques de longa data, com destaque para o já mencionado Vicente Albizu, presente nas notícias dos jornais desde os primeiros passos da Liga Paulista, ainda na década anterior.[246]

O jornal *O Estado de São Paulo*[247] divulgou com entusiasmo o andamento do campeonato de duplas organizado pela Liga Paulista em 1930. Segundo uma notícia da época, expectativas haviam sido superadas, pois 80 duplas (160 jogadores) estavam inscritas. Até aquele momento tratava-se do primeiro evento relacionado ao pingue-pongue com tamanha adesão de participantes. O início das disputas tinha data marcada para o mês de abril, mas a duração prometia ser longa, afinal, para comportar o número elevado de concorrentes seria preciso colocar em prática dezenas de partidas semanais, distribuídas entre as sedes oficiais dos clubes filiados à Liga Paulista.

Depois de sete meses de encontros acirrados, o resultado veio à tona no final de novembro, consagrando Luis Laurelli e Antonio Martin os vencedores. A dupla de jogadores, que já havia sido campeã em 1929, repetiu o feito, dessa vez representando o E. C. Cama Patente, e foi mais uma vez premiada com medalhas de ouro, entregues nos salões do Grêmio Almeida Garret. Outras duplas com atuação destacada naquela ocasião foram Lido Piccinini e Dante Barretta, do Castellões F.C.; Raphael Morales e Saverio Colloca, do G.E.R. Prada; e Antonio Macedo e Guilherme Colluci, do Clube São Paulo Pingue-Pongue. Nomes que, como o leitor ou a leitora já devem ter percebido, eram figurinhas carimbadas nas notícias dos jornais, sempre transitando entre diferentes agremiações.

Naquele ano de 1930, para além do desempenho dos jogadores nas competições oficiais, houve outros registros sobre acontecimentos significativos da história da modalidade. O primeiro deles está relacionado à confecção de um novo livro de regras, com autoria de Leopoldo Sant'anna. O redator chefe d'*A Gazeta*, que já havia prestado tal contribuição quase

---

[246] Vicente Albizu afastou-se da entidade ainda no início dos anos 30, vinculando-se à Associação Paulista.
[247] CAMPEONATO de duplas da cidade. **O Estado de São Paulo**, São Paulo, p. 10, 13 abr. 1930.

uma década antes, reconheceu a necessidade de atualizar as normas que norteavam a Liga Paulista e iniciou os trabalhos necessários para viabilizar tal empreendimento.[248] Entretanto, quando restavam os últimos preparativos para a impressão do material, Leopoldo Sant'anna foi surpreendido ao tomar conhecimento da existência das regras internacionais, o que o levou a suspender a sua confecção.[249]

Provavelmente, a descoberta deu-se graças à viagem do inglês Fred Perry ao Brasil, figura de muito prestígio naquele momento: um ano antes, ele havia conquistado o título mundial de tênis de mesa em Budapeste (Uzorinac, 2001). Durante a sua estadia em 1930, Fred Perry visitou a redação d'*A Gazeta* e fez demonstrações da modalidade regulamentada pela ITTF, tendo derrotado facilmente todos os adversários que enfrentou. Foi a primeira vez que um jogador com tamanhas credenciais no tênis de mesa esteve em território nacional, o que certamente atraiu para si muitas curiosidades.

Pode-se sugerir que um manual das regras internacionais tenha chegado a Leopoldo Sant'anna pelas mãos do esportista e que ele desistiu da tarefa de traduzi-lo do inglês para o português, conforme sustenta uma notícia d'*A Gazeta*.[250] Após a suspensão da confecção do novo livro, sabe-se apenas que a Liga Paulista, sabendo da sua existência, ignorou as normas do tênis de mesa e continuou adotando o formato do pingue-pongue brasileiro.

Naquele ano também foi criado o "marcador paulista", um relógio movido a eletricidade, cujo maquinismo era composto de metal branco oxidado.[251] A engenhoca dispunha de quatro ponteiros, sendo dois pequenos que marcavam a cada 50 pontos, e dois maiores que marcavam um ponto por vez. Além disso, campainhas elétricas produziam sons e lâmpadas acendiam prolongadamente para evitar quaisquer dúvidas a respeito da lisura da arbitragem.

O seu criador foi José Noto, um admirador do pingue-pongue que trabalhava numa relojoaria. Apesar de barulhento, o marcador paulista foi aprovado pela entidade regulamentadora, posto que parecia ser uma alternativa eficaz à marcação antiga, quando a contagem dos pontos era registrada com giz num quadro negro.[252]

---

[248] RAQUETADAS pingue-ponguisticas. **A Gazeta**, São Paulo, p. 13, 20 jun. 1930.
[249] PINGUE-PONGUE. **A Gazeta**, São Paulo, p. 7, 16 out. 1930.
[250] *Idem.*
[251] "O MARCADOR paulista" foi officializado pela L. P. P. P. **A Gazeta**, São Paulo, p. 11, 24 set. 1930.
[252] *Idem.*

Figura 8 – O tal "marcador paulista", criado por José Noto

Fonte: *A Gazeta*, 24 de setembro de 1930

Entre retrocessos e avanços, a Liga Paulista seguiu em plena atividade com a entrada de 1931, tendo promovido novas disputas nas categorias individual e por equipes, com um número de inscritos que oscilava entre 150 a 250 jogadores a depender do formato. Crescia o número de filiados à entidade regulamentadora, que já compreendia mais de 20 clubes, ultrapassando bastante a marca de 10 clubes comemorada anos antes.

Diferentes campeonatos eram divulgados pelo *Correio de São Paulo*, jornal que se tornou correspondente oficial da Liga Paulista após seu rompimento com *A Gazeta*. Ia se constituindo um grupo de fiéis torcedores e entusiastas do pingue-pongue, algo que fica evidente com uma notícia sobre o campeonato de duplas promovido em 1932:

> A dupla do Cervantes, formada pelos campeoníssimos Antonio Martin e José Colloca, dois veteranos da velha guarda, depois do fracasso da noitada inicial, em que foram facilmente por Tavares e Oswaldo, reabilitou-se de uma forma extraordinária, vencendo na rodada seguinte

a dupla Lavieri e Recupero de uma maneira convincente. Este triunfo, obtido sobre dois campeões da nova geração, de maior destaque na Pauliceia, atualmente em grande evidência, foi estupendo. O encontro da terceira noitada, na sede do Ítalo-Brasileiro, foi iniciado muito tarde, e isto em virtude da grande massa de torcedores que se comprimia em redor da mesa, não permitindo o início da partida. Com a intervenção do comissário do distrito, a muito custo conseguiu aquela autoridade fazer com que uns milhares de pessoas abandonassem o recinto e assistissem a luta pelo lado de fora do formidável estadio pingue-ponguistico (sic) do Craib. A peleja correspondeu à expectativa. O jogo foi suspenso várias vezes pelo representante da L.P.P.P. a fim de acalmar os partidários dos disputantes, que não se continham quando seus campeões prediletos obtinham o ponto com cortada rocambolesca. A peleja terminou sob grandes aplausos e com a justa e merecida vitória de Martin e Colloca, pela contagem de 150 a 136. Os vencedores, após o jogo, foram carregados em triunfo pela avenida Rangel Pestana, até a sede do Cervantes, pela compacta massa de povo. Os dois campeões tiveram que comparecer várias vezes à sacada para satisfazer a vontade de seus torcedores que enchiam completamente o largo da concórdia. O veterano Antonio Martin foi obrigado a pronunciar um discurso, findo o qual os manifestantes se retiraram para os seus lares. Eram 4 horas da madrugada (Campeonato, 1932, p. 5).[253]

O trecho da notícia demonstra o potencial de mobilização popular do pingue-pongue nos anos 1930, um esporte capaz de reunir uma "massa de povo" em torno dos jogadores vitoriosos. Nesse caso, Antonio Martin e José Colloca, agora representando o Grêmio Dramático Recreativo Cervantes, foram carregados como verdadeiros heróis pela Avenida Rangel Pestana. Em troca do apoio, os manifestantes esperavam apenas um discurso de seus ídolos, e na expectativa disso encheram o Largo da Concórdia – antigo palco de greves anarquistas que naquele momento tornara-se um ponto de encontro para os transeuntes da Penha e de Belém. Segundo a notícia, eram milhares de espectadores que em muito superam os números dos dias atuais nas competições estaduais.

O cenário da partida entre Martin e Colloca versus Lavieri e Recupero, bem como o da festa "pingue-ponguística" ocorrida após o término da

---
[253] CAMPEONATO oficial de pingue-pongue da cidade. **Correio de São Paulo**, São Paulo, p. 5, 22 dez. 1932.

disputa, foi o Brás. Tal endereço, juntamente ao Bom Retiro, Penha, Belém, Belenzinho e outros já familiarizados com o pingue-pongue competitivo, era um bairro operário, habitado por imigrantes e filhos de imigrantes, sobretudo italianos e espanhóis, que trabalhavam nas fábricas da capital paulista e dificilmente conseguiam ascender socialmente.

Ao longo da década de 1920 e início da de 1930, esses bairros operários mantiveram muitas de suas características iniciais, compartilhando, para além da composição estrangeira, as mazelas da falta de planejamento urbano, o que dava origem a ruas inteiras de casas feitas em série, habitações pobres e/ou coletivas, pequenas oficinas, pequenas ou grandes fábricas, pequeno comércio, além de sistema deficiente de água e esgotos (Decca, 1987).

Diante dessas circunstâncias, entre os milhares de torcedores entusiasmados com o desfecho da partida, bem como entre os jogadores que protagonizaram o espetáculo, é certo que esteve representada a classe trabalhadora. Se considerarmos que a inscrição dos campeonatos da Liga custava 5$000, enquanto o salário médio de um operário não especializado em São Paulo era de 200$000 (Decca, 1987), pode-se dizer que a participação da "massa de povo" no pingue-pongue competitivo nunca estivera tão acessível, embora ainda pudesse ser dificultada por uma série de razões. Cruzando as características dos clubes envolvidos com a notícia do *Correio de São Paulo*, tem-se que essa parcela da população já conhecia e acompanhava o pingue-pongue competitivo de perto.

A paixão em torno do pingue-pongue, pela primeira vez capaz de reunir tanta gente na madrugada paulistana, pode ser justificada pelas raízes dos jogadores, cujas agremiações expressavam identidades étnicas. Um aspecto presente na vida dos imigrantes europeus em geral era a competição, de modo que parte considerável deles acreditava representar um grupo superior aos demais, algo que se estendia à cena esportiva (Lesser, 2014).

Se no bairro do Brás o futebol era motivo de provocações e rivalidades entre italianos e espanhóis (Diaféria, 2002), não seria exagero imaginar que cenários parecidos também estivessem presentes em outras modalidades. É possível que o espírito preponderante no episódio do Ítalo-brasileiro contra o G. D. R. Cervantes tenha sido forjado pela origem dos envolvidos, de maneira que estava em jogo a bandeira da Itália versus a da Espanha.

Em 1933, algo que iria impulsionar ainda mais o ganho de popularidade da Liga Paulista seria a anexação do seu campeonato pela Apea.[254] Isso ocorreu após um longo período de hiato dessa entidade com o pingue-pongue, posto que uma década atrás havia desistido de dirigi-lo. A reaproximação era sinal do prestígio que a modalidade detinha nos novos tempos e suas consequências prometiam ser muito benéficas à Liga Paulista, pois conferiam às suas competições um *status* de representante oficial do pingue-pongue em São Paulo. Como consequência, nesse mesmo ano de 1933, o número de filiados da Liga Paulista saltou para 35: Castellões F.C., Metrópole Clube, P. P. C. Independência, E. C. Cama Patente, Club São Paulo Pingue-Pongue, Associação São Paulo Alpargatas, Imparcial F.C., G. E. R. Prada, Grêmio Almeida Garret, Club Homs, Touring F.C., C. A. Radium, Sociedade Gabriel D'Annunzio, A. A. 5 de Outubro, CRA Ítalo-brasileiro, Lira da Mooca P.P.C., C. E. Paulista de Aniagens, Circulo Italiano Cario del Prete, Bloco Esportivo Bandeirantes, Clube Atlético Juventus, A. A. São Silvestre, São Cristóvão F.C., King F.C., Eden Clube, Centro Gaúcho, Rodhia de São Bernardo do Campo, G. E. R. Mousselline, Palestra Itália, A. A. São Bento, Associação Portuguesa de Esportes, C. E. Orion, E. C. Sírio, Associação Gráfica de Esportes, Grupo Dramático Hispano-Americano, Piratininga e G. D. R. Cervantes. E se aumentava o número de participantes nos campeonatos e o de clubes filiados à Liga Paulista, aumentava também o valor das inscrições. Para o campeonato de equipes de 1933, o valor havia dobrado em comparação a 1930, passando de 5$000 para e 10$000, o que provavelmente esteve relacionado à sua vinculação a Apea.

Muitos clubes filiados à divisão profissional da Apea decidiram tomar parte na Liga Paulista, tais como o Palestra Itália, hoje conhecido como Sociedade Esportiva Palmeiras. A sua equipe principal na prática de raquetes contava com os jogadores Geraldo Pisani, Laurelli, Dario, Magini e Soares.[255] Pouco depois de retornar ao pingue-pongue competitivo, o clube de origem italiana seria campeão paulista de futebol, modalidade que tinha maior adesão em suas dependências.

Embalada com a chancela de oficialidade obtida pela Apea, a Liga Paulista queria ir além. Buscou, ainda no começo daquele ano de 1933, aproximar-se também da Confederação Brasileira de Desportos (CBD).

---

[254] VÁRIAS do esporte. **Correio de São Paulo**, São Paulo, p. 6, 21 jan. 1933.
[255] NOS DOMÍNIOS do pingue-pongue oficial. **Correio de São Paulo**, São Paulo, p. 5, 16 maio 1933.

Segundo *O Globo*, a Liga Paulista tentava pela segunda vez filiar-se à principal entidade dirigente do esporte nacional, pedido formalizado em meio a uma excursão interestadual entre São Paulo e Rio de Janeiro, realizada na capital federal.[256] Tal como na primeira vez, a tentativa de integrar a CBD foi barrada, pois o pingue-pongue brasileiro não atendia às exigências da entidade dirigente.

De todos os clubes mencionados nos parágrafos anteriores, a grande sensação do momento era o King F. C., que tinha aproximadamente duzentos associados e também cultivava o futebol.[257] Localizado na Rua 15 de Novembro, bairro da Sé, tornou-se famoso no pingue-pongue por duas razões: em 1933, foi o único clube a retornar invicto de disputas interestaduais contra os selecionados do Rio de Janeiro, além de também ter sido campeão da categoria principal do campeonato de equipes organizado pela Liga Paulista.[258] Esses feitos foram materializados por Antonio Martin, João Solé, Navarro, Herminio Prieto e José Colloca, uma equipe formada apenas por jogadores com sobrenomes espanhóis.

A Liga Paulista convidou os campeões para o requintado Café Guarany, ponto conhecido da Pauliceia e tradicional simpatizante do pingue-pongue, onde um jantar e uma premiação seriam oferecidos com cobertura da imprensa.[259] Lá, os jogadores do King F.C. tiveram um menu preparado especialmente para eles, com "maionese de peixe à Prieto", "canja à Martins", "frango à Navarro", "filé com *petit-pois* à Solé" e "sobremesa de frutas à Colloca". Havia ainda vinhos, licores, águas da mesa e café. Depois do jantar, as comemorações estenderam-se a uma festa dançante na sede social do King F.C. e só terminaram por volta de 5h da madrugada.

Um detalhe curioso é que esteve presente nessa ocasião um representante d'*A Gazeta*, que, àquela altura, havia rompido com a Liga Paulista e virado a maior propagandista da sua grande rival, a Associação Paulista. Tal representante foi bem recebido e "cumulado de gentilezas", como aponta o próprio jornal.[260]

---

[256] A LIGA Paulista de Ping-Pong pede filiação à C.B.D. **O Globo**, Rio de Janeiro, p. 7, 16 fev. 1933.
[257] O EXITO sensacional da noitada pingue-ponguistica de hontem no República-Patinação. **A Gazeta**, São Paulo, p. 9, 8 jul. 1932.
[258] LIGA Paulista de Pingue-Pongue. **Correio de São Paulo**, São Paulo, p. 7, 28 jul. 1933.
[259] PINGUE-PONGUE. **A Gazeta**, São Paulo, p. 9, 25 jul. 1933.
[260] *Idem*.

Chamo a atenção para esse detalhe, pois poucas semanas depois começou a circular pelos meios esportivos que a Liga Paulista estava bem próxima de fechar as portas. Sem mencionar nome algum, uma nova notícia d'*A Gazeta* indica que a entidade regulamentadora havia perdido um importante clube para a sua grande rival.[261] Com a desfiliação desse aliado, diversos outros que também sustentavam as suas atividades desistiram de tomar parte no novo campeonato de 1933.

A perda em questão foi a saída do King F.C., que vivia excelente fase naquele momento. Antes mesmo do ano terminar, o boato mostrou-se verdadeiro e a Liga Paulista, que parecia estar em pujança após a chancela da Apea, desapareceu dos jornais. Embora não tenha encontrado mais informações sobre todas as motivações por trás desse duro desfecho, sabe-se que no mês de julho daquele ano uma Assembleia Geral Extraordinária foi convocada para tratar da vacância de cargos,[262] provavelmente *abandonados* por representantes dos clubes que haviam migrado para a entidade concorrente. Em agosto, uma notícia d'*A Gazeta* dizia que confrontos entre jogadores da Liga Paulista e da Associação Paulista, antes proibidos, passaram a acontecer frequentemente em ocasiões informais.[263]

A rivalidade intensificou-se entre os dirigentes de ambas, por consequência os choques internos e externos também. Tudo isso deu-se num período próximo do rompimento do King F.C. com a Liga Paulista e sua posterior filiação à Associação Paulista, o que certamente contou com o apoio d'*A Gazeta*. Em novembro, essa já era divulgada como a única entidade responsável por "tomar conta de todo o pingue-pongue da capital paulista", algo que acabava oficialmente com os quatro anos de cisão entre clubes e jogadores, que sempre deveriam ter ficado "unidos e coesos na luta pelo engrandecimento moral e material da modalidade que cultivam e admiram".[264]

---

[261] PINGUE-PONGUE. **A Gazeta**, São Paulo, p. 9, 17 ago. 1933.
[262] LIGA Paulista de Pingue-Pongue. **Correio de São Paulo**, São Paulo, p. 5, 19 jul. 1933.
[263] PINGUE-PONGUE. **A Gazeta**, São Paulo, p. 9, 2 ago. 1933.
[264] O ANNIVERSARIO da Associação Paulista de Pingue-Pongue. **A Gazeta**, São Paulo, p. 11, 22 nov. 1933.

Figura 9 – O logo da Liga Paulista de Pingue-Pongue divulgado meses antes do fechamento da entidade

Fonte: *Correio de São Paulo*, 20 de julho de 1933

A Associação Paulista de Pingue-Pongue

Ao longo do ano de 1930, o campeonato individual de estreia da "nóvel" Associação Paulista foi amplamente divulgado pelo *Estadão* e pela *Gazeta*. Estavam previstas três categorias divididas por nível técnico, com placares de 50 pontos (3ª categoria), 60 pontos (2ª categoria) e 100 pontos (1ª categoria) – tal formato foi mantido pelo resto da década. Os clubes e os jogadores participantes da categoria principal eram: União Católica Santo Agostinho, com Ailito Bastos e Dilermando Bastos Cordeiro; Ourives e Affins, com Antonio Macedo, Paulo Semionato, Raphael Lacoppa e Carmello Venturelli; Associação Portuguesa de Esportes, com Alfredo Amaral, Armando Santoro e Miguel Maenza; Associação Atlética Guanabara, com Santiago Pedro; Associação Matarazzo, com Guilherme Collucci e Armando Dizioli; S. R. Gabriel D'Annunzio, com Gesuel Romanelli, Salvador Molina e Alfredo Guimarães; Clube Atlético Florianópolis, com Alberto Caratin, Vicente Genovez, Humberto Ristoldi e Onofre Muartoni; e Clube Atlético Americano, com Luiz Grecco e Henrique Bacci. Segundo as notícias, reinava "grande entusiasmo" para o campeonato, cujas inscrições já somavam 122 jogadores, "demonstrando, assim, o grande progresso que, entre nós, tem feito este esporte de salão".[265]

---

[265] ASSOCIAÇÃO Paulista de Pingue-Pongue. **O Estado de São Paulo**, São Paulo, p. 8, 19 fev. 1930.

Invicto até a primeira metade da tabela, Santoro foi um dos destaques após ter derrotado o veterano Antonio Macedo. O desempenho apresentado até ali colocou-o como um dos favoritos, juntamente a Dilê, Loreto, Venturelli, Laccopa e Miguel Maenza. No entanto, após muitas reviravoltas durante a segunda parte da tabela, foi esse último quem terminou na primeira colocação. Miguel Maenza era um dos fundadores da Associação, entidade à qual continuaria fiel pelo resto da década, com êxitos dentro e fora das mesas. A premiação do seu primeiro título individual pela Associação Paulista foi uma valiosa taça, oferecida pela Casa Lebre, localizada no bairro da Sé.[266] Na época era comum que as premiações ficassem expostas nas vitrines de lojas esportivas, operando como uma propaganda desses estabelecimentos enquanto patrocinadores de determinadas competições.

Figura 10 – Miguel Maenza durante o início da década de 1930

Fonte: *A Gazeta*, 9 de abril de 1932

Cabe destacar que a Casa Lebre parece ter firmado uma parceria com a Associação Paulista que foi além do patrocínio de campeonatos e oferecimento de premiações. Em 1930, a nova entidade regulamentadora do pingue-pongue adquiriu um amplo salão para a instalação de sua sede

---

[266] OS TROPHEUS da Associação já se acham expostos. **A Gazeta**, São Paulo, p. 9, 27 jun. 1930.

social.[267] Para tanto, contou com a ajuda da referida loja de artigos esportivos, que abriu um crédito de dois contos de réis referente ao imobiliário.

Chama a atenção a decoração escolhida para a sede social da Associação Paulista, pois a mesa da sua diretoria seria inteiramente de carvalho e as poltronas para reuniões de couro finíssimo. Com tamanho conforto, o jornal *A Gazeta* chegava a supor que suas instalações superariam as dos grandes clubes da Pauliceia. Estaria, portanto, bem acomodada a diretoria da Associação Paulista, à época formada pelo presidente José Teixeira Porto, vice-presidente Antonio de Gouvea Marques, secretário Oswaldo Moretti, segundo-secretário Luiz Provenza, primeiro tesoureiro Romeu Rodrigues, segundo tesoureiro Manoel Ferreira, e diretor técnico Miguel Munhoz. Este último, além de admirador do pingue-pongue, também era um jornalista esportivo pela *Gazeta*, periódico no qual construiria uma sólida carreira.

Naquele ano também houve um episódio emblemático da modalidade protagonizado por Guimarães, que representava o clube Gabriel D'Annunzio. Em disputa do campeonato de equipes da Associação Paulista, o jogador conseguiu a proeza de ter disputado e vencido aquele que foi provavelmente o ponto mais longo do ano. Jogando em casa, no bairro de Bela Vista, com a sede de seu clube lotada de torcedores dispostos a "aplaudir as jogadas de mestre dos campeões", coube a Guimarães decidir a partida contra a Associação Portuguesa de Esportes, que estava empatada em 199 a 199.

As maiores emoções foram definitivamente guardadas para o último ponto, que numa verdadeira "luta titânica" durou aproximadamente dez minutos.[268] Sim, um único ponto precisou de tudo isso para ser definido em favor de Guimarães. A título de comparação, nas disputas masculinas do tênis de mesa contemporâneo, pontos que ultrapassem a marca de um minuto são casos raros e improváveis, pois as jogadas alcançam velocidades muito superiores às de seu formato antigo, além de envolverem alto grau de complexidade por conta do material sofisticado, que proporciona inúmeras variações de efeitos. Isso se deve ao fato de que, conforme vimos, nos anos 1930, as raquetes utilizadas pelos nossos jogadores ainda eram de madeira pura, sem o revestimento de borracha. Portanto a façanha de Guimarães apenas

---

[267] RAQUETADAS pingue-ponguisticas. **A Gazeta**, São Paulo, p. 10, 10 ago. 1930.
[268] PINGUE-PONGUE. **A Gazeta**, São Paulo, p. 6, 17 jan. 1930.

reforça que os pontos disputados tinham de fato uma duração média muito maior do que estamos acostumados nos dias atuais, com jogadas que priorizavam as variações de velocidade e local da mesa, ao invés da variação de efeitos, praticamente inexistente.

Por fim, foi também em 1930 que a Associação Paulista fez um primeiro gesto de aproximação com o segmento universitário, tendo patrocinado um campeonato acadêmico que reuniu instituições renomadas como a Faculdade de Medicina, a Escola Politécnica e o Mackenzie College, nas quais o pingue-pongue passou a ser praticado com grande entusiasmo.[269] Tanto esse apontamento quanto o anterior sobre as condições de sua sede social, sugerem que a Associação Paulista tinha dirigentes com um perfil mais elitizado do que a sua concorrente, dispondo de ligações com estratos influentes na sociedade, afinal, as universidades eram majoritariamente frequentadas pelas camadas mais abastadas da sociedade, de modo que o esporte acadêmico sintetizava um símbolo de distinção graças aos valores e à essência do amadorismo (Pessoa, 2022).

Em 1931, o campeonato individual da Associação Paulista foi decidido na reta final da tabela. Havia uma acirrada disputa entre dois nomes conhecidos nos círculos da prática: Dario Farnochia e Dilermando Bastos. Após "renhida luta", o primeiro foi superado pelo estilo de jogo ofensivo do segundo: "Dilê", como ficou conhecido, era o novo campeão da Associação Paulista.[270]

O palco da final foi a sede da Sociedade Republicana Húngara do Brasil – localizada na Rua Ipiranga, onde hoje se encontra o bairro de Campo Belo –, uma agremiação que havia estreitado os laços com a entidade regulamentadora naquele momento. Meses depois, houve ainda um campeonato de duplas organizado pela Associação Paulista, cujos campeões da categoria principal foram Miguel Maenza e Armando Santoro, representando a Associação Portuguesa de Esportes.[271]

Organizar os campeonatos promovidos naquele momento era um verdadeiro desafio para a Associação Paulista, posto que mais de 90 partidas poderiam ser disputadas simultaneamente num único dia, distribuídas entre diferentes sedes oficiais.[272] Ainda mais complicado

---

[269] ASSOCIAÇÃO Paulista de Pingue-Pongue. **A Gazeta**, São Paulo, p. 11, 2 out. 1930.
[270] O DESEMPATE do título de campeão individual da cidade. **A Gazeta**, São Paulo, p. 9, 24 abr. 1931.
[271] PINGUE-PONGUE. **A Gazeta**, São Paulo, p. 8, 10 set. 1931.
[272] PING-PONG. **O Globo**, Rio de Janeiro, p. 7, 13 jan. 1931.

era noticiar tantos resultados, de modo que a imprensa priorizava os acontecimentos da categoria principal e, claro, os seus jogadores mais renomados. Algo que potencializava ainda mais esse cenário era o número de filiados à Associação Paulista, que não parava de crescer. Em 1931, os próximos a integrarem-na foram o 5 de julho P. P. C., o Luso-brasileiro, o C. A. Barra Funda, o Clube Democrático Bom Retiro e o S. C. Internacional. Cabe recordar que o último deles foi um dos primeiros clubes brasileiros a incluir o pingue-pongue em sua programação social, tendo ainda uma atuação decisiva na regulamentação do futebol.

A partir daquele momento, a *Gazeta* seria o órgão de imprensa que mais divulgaria o pingue-pongue da Pauliceia. Pertencente ao visionário Cásper Líbero, tal periódico passou a disponibilizar espaços significativos para os campeonatos promovidos pela Associação Paulista, com jornalistas e cronistas responsáveis por detalhar todas as novidades e boatos que circulavam entre os adeptos da prática filiados àquela entidade. Além disso, criou também uma pequena seção chamada "Notas e Notinhas" em seu diário vespertino, em que os leitores podiam compartilhar opiniões e críticas relacionadas ao esporte da bolinha branca desde que respeitassem as normas de boa conduta da redação.[273] Era uma seção destinada às polêmicas, muitas das quais envolvendo os atritos entre as duas entidades regulamentadoras da Pauliceia.

Havia, no entanto, uma escancarada parcialidade d'*A Gazeta*, que priorizava os feitos da Associação Paulista e ofuscava as atividades da Liga Paulista. Cabe destacar o trabalho de jornalistas como Miguel Munhoz, essenciais para forjar uma identidade atraente da modalidade, a qual foi muito beneficiada nesse período com a visibilidade alcançada no periódico em questão.

Já no ano de 1932, um marco na história do pingue-pongue paulista foi a estreia do campeonato individual de menores. As categorias infantil (até 13 anos de idade) e juvenil (até 15 anos de idade) prometiam uma exibição "interessantíssima e original". Conforme alerta *A Gazeta*, não raramente garotos "bastante hábeis" conseguiam "passar a perna em marmanjos pretensiosos".[274] Trata-se de uma característica comum nos dias atuais que já era percebida àquela época: desde que tenha técnica e estratégia superiores às de seus adversários, crianças estão aptas a der-

---

[273] Idem.
[274] ALMANACH Esportivo para 1932. **A Gazeta**, São Paulo, p. 6, 27 jan. 1932.

rotar adultos sadios com menor experiência na modalidade. De acordo com o mesmo jornal, o debute do campeonato individual de menores consistiu numa "noitada de grande gala" para os representantes da nova geração, cuja performance ao lado dos astros de primeira grandeza do pingue-pongue paulista foi muito bem recebida pelos círculos esportivos.[275]

Embora jovens já praticassem o pingue-pongue, sobretudo em agremiações católicas e escolares, vale assinalar a importância da iniciativa promovida pela Associação Paulista, a primeira do tipo com a chancela de uma entidade regulamentadora. A divisão por idades consistiu-se num importante feito para o aprimoramento dos futuros campeões da prática, pois proporcionou disputas mais justas e favoreceu uma aprendizagem esportiva progressiva. Além disso, a instituição das categorias infantil e juvenil é uma prova de que crescia o número de crianças e adolescentes adeptas do pingue-pongue na capital paulista, especialmente por conta da inclusão da modalidade em algumas instituições de ensino, tema que será abordado em páginas futuras.

O campeonato individual de menores da Associação Paulista consagrou Sylvio dos Santos campeão infantil (até 13 anos de idade). "O terrível Bibi", como já era conhecido pelos meios do pingue-pongue, representou a Liga Patriótica Italiana.[276] A categoria juvenil (até 15 anos de idade), por sua vez, foi vencida por Orlando Porretta, do Centro Democrático Bom Retiro, localizado no bairro de mesmo nome.[277] Já no campeonato individual de adultos, que ocorria paralelamente às categorias de menores, "Dilê" repetiu a proeza do ano anterior e sagrou-se bicampeão da Associação Paulista.[278] Para conseguir o título, o habilidoso jogador superou adversários como Attilio Faedo e Almirante Lilia nas fases finais.

---

[275] Idem.
[276] PINGUE-PONGUE. **A Gazeta**, São Paulo, p. 9, 5 abr. 1932.
[277] DILERMANDO Ratto, da A. E. A. S. de D. Bosco, venceu o campeonato individual da 2ª categoria. **A Gazeta**, São Paulo, p. 9, 7 abr. 1932.
[278] Idem.

Figura 11 – Dilermando Bastos Cordeiro, conhecido como Dilê, foi um dos principais jogadores da Associação Paulista

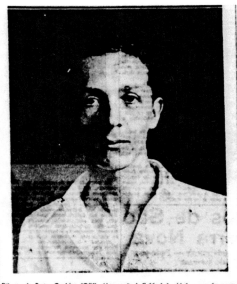

Fonte: *A Gazeta*, 7 de abril de 1932

Um aspecto a ser destacado é a presença cada vez mais recorrente de imagens publicadas pela *Gazeta*, as quais cumpriam com os desígnios de uma pedagogia corporal citadina (Toledo, 2012). No caso do pingue-pongue, foi definitivamente o jornal que mais se empenhou nesse sentido, trazendo fotografias dos principais jogadores, sempre acompanhadas de exageradas reportagens que, embora genéricas do ponto de vista técnico-tático, exaltavam seus feitos e conquistas com tom heroico. Com isso, forjava ídolos e estimulava os leitores a copiarem seus trejeitos, contribuindo para a construção do "torcedor" enquanto personagem da cena esportiva, ao passo que também dava visibilidade aos jogadores anônimos dos clubes pequenos, muitas vezes conhecidos apenas por grupos muito específicos (Toledo, 2012). Tal abordagem contrastava, por exemplo, com a de certo modo apática do *Estado de São Paulo*, jornal que cumpria um papel mais voltado aos interesses das classes dominantes.

Ainda em 1932, outro campeonato que ganhou projeção nas notícias esportivas foi o "Raqueta de Ouro", organizado e patrocinado pela *Gazeta* em parceria com a Associação Paulista. O que chama a atenção é o seu elevado número de inscritos, pois todos os recordes estabelecidos até então foram quebrados. Cabe lembrar que o maior número já registrado era de 255 participantes, proeza obtida pela Liga Paulista durante o ano anterior. Segundo as notícias da época, o "Raqueta de Ouro" somava assustadores 1.582 inscritos, que representavam mais de duas centenas de clubes dos mais diversos perfis socioeconômicos.[279]

O bombástico campeonato começou em maio e prometia muitas disputas emocionantes. Todos os confrontos foram decididos por sorteio, possibilitando, assim, o cruzamento de dois jogadores de elevado nível técnico em fases iniciais, além de facilitar o caminho de jogadores desconhecidos. Um exemplo disso foi a derrota de Vicente Albizu para Dilermando Bastos (Dilê), ainda na rodada dos 48 restantes. Aquela, que poderia facilmente ter sido a final do "Raqueta de Ouro", terminou na eliminação precoce de um dos favoritos ao título.

Próximo à reta final do "Raqueta de Ouro", um esperado confronto desse campeonato deu-se entre Dilê e Dario Farnochia, no clube República-Patinação, onde mais do que uma partida de pingue-pongue, organizou-se uma festa esportiva. Vejamos uma notícia d'*A Gazeta* sobre os preparativos do evento:

> A notícia da festa pingue-ponguistica que a "Gazeta" realizará em 7 do corrente, no majestoso República-Patinação, repercutiu ruidosamente nos círculos do bonito esporte de salão. Os cultivadores do jogo da bolinha branca não imaginavam poder assistir tão cedo, instalados confortavelmente num estádio soberbo, a um dos mais belos espetáculos do esporte da sua predileção.
>
> É sabido que o pingue-pongue popularizou-se espantosamente, granjeando milhares de praticantes e admiradores, porém, materialmente, seu estado é o mesmo dos primórdios da sua introdução em São Paulo. O seu campo de ação continua a ser a salinha acanhada de sempre, ou então um salão cujas dimensões por mais amplas que sejam, de nada servem porque não dispõe de acomodações para o público. Geralmente o salão é vazio, sem uma cadeira ou banco, e a assistência vê-se na contingência de ficar de pé, comprimida, para não ver coisa alguma... É um sacrifício assistir-se atualmente a uma boa partida.

---

[279] INICIA-SE hoje a grande jornada para a conquista da "Raqueta de Ouro"! **A Gazeta**, São Paulo, p. 8, 6 maio 1932.

O aperto, a permanência de pé durante horas, são inconvenientes que se oferecem frequentemente aos "fãs" nas partidas das grandes ocasiões, e que têm servido como fatores de entrave ao mais amplo progresso do pingue-pongue.

Com um local só, que fosse apropriado para as suas grandes reuniões, ele veria triplicado o seu desenvolvimento.

O esporte de mesa é bonito e interessante. Agrada. Não serve para meio de renda, mas merece o sacrifício da construção de um local adequado, que se poderia denominar um ginásio, porque ele não deixa de constituir uma utilidade aos clubes esportivos. Atrai sócios e dá vida às reuniões noturnas.

Podia, portanto, possuir o seu ginásio para os grandes jogos. A bola ao cesto (um esporte que não nos consta tenha alguma renda) já possui o seu. Por que o pingue-pongue não pode tê-lo? Eis aí um problema que não é tão difícil de ser resolvido. Não é preciso um local como o da bola ao cesto ou um República-Patinação. Seria absurda tal pretensão. Mas o ginásio pode se tornar uma realidade com modesto dispêndio.

A iniciativa partiria de um clube que possuísse um amplo salão. Umas arquibancadas móveis e pronto...

Mas estamos nos desviando do assunto inicial, a grandiosa festa do dia 7. Os "fãs" aguardam-na exultantes, pois, pela primeira vez irão assistir uma luta de classe num verdadeiro palácio, como é o República, dotado das mais confortáveis acomodações para milhares de pessoas e envolto numa orgia de luzes. Esse espetáculo excepcional será proporcionado aos amantes do esporte de salão, graças a gentileza ímpar de Elyseu Teixeira de Camargo, proprietário do República-Patinação e de Tidoca Marcondes Machado, o admirado campeão brasileiro de Patinação, que colocaram à disposição da "Gazeta" tudo o que for preciso para o sucesso completo da noitada de Pingue-Pongue.

E não só a imensa gentileza desses distintos moços a "Gazeta" tem a externar os seus mais sinceros agradecimentos, e o pingue-pongue irá ficar devendo um dos seus episódios mais memoráveis. Não. A Sociedade Rádio Cruzeiro do Sul (PRAO), também prontificou-se gentilmente a colaborar no êxito da reunião, e pela primeira vez em São Paulo serão irradiadas todas as fases dos jogos de pingue-pongue, encarregando-se o senhor João Baptista de

Almeida, "speaker" da PRAO de transmitir suas impressões aos inúmeros ouvintes da nóvel estação.

Tudo, pois, concorrerá para que o espetáculo de quinta-feira próxima se revista de um cunho brilhantíssimo, alcançando um sucesso inesquecível (Pingue-pongue, 1932, p. 9).[280]

Apesar do espantoso ganho de popularidade do pingue-pongue, o jornalista não identificado demonstra certo descontentamento, posto que os incontáveis praticantes e admiradores da modalidade pareciam não ser suficientes para reverter o descaso de alguns clubes. Nesses, embora fosse uma das atividades mais animadas e discutidas pelo quadro social, o pingue-pongue seguia acomodado na "salinha acanhada de sempre". Sem um ginásio específico para comportar seus compromissos na Pauliceia, campeonatos e treinamentos davam-se em espaços pequenos ou em salões de amplas dimensões que careciam de assentos e, portanto, eram desconfortáveis para o público presente. Questionava-se o fato de o mesmo problema não existir com outras modalidades de popularidade semelhante na época, tais como a bola ao cesto, cujas instalações eram superiores.

O jornalista em questão dá a entender que sem nenhum tipo de investimento público, o pingue-pongue dependia exclusivamente do investimento privado dos próprios clubes, os quais, entretanto, não estavam dispostos a investir grandes quantias de dinheiro em uma modalidade que sequer gerava receita, apenas despesas.[281] Com isso, nota-se como a imprensa desempenhava o papel de mediadora entre uma modalidade e sua entidade regulamentadora com a população, pois além de divulgar um conjunto de representações, realizações e particularidades, defendia as reivindicações do público leitor/espectador e até mesmo solicitava aos governantes maior assistência para um determinado esporte (Melo, 2022c).

Também é interessante pontuar que o pingue-pongue paulista seria transmitido pela primeira vez por radiodifusão naquele confronto do República-Patinação – introduzido no Brasil em 1922, o rádio consolidou-se como um veículo de comunicação e entretenimento amplamente utilizado pelas classes populares (Franzini, 2003). As raquetes e bolinhas brancas já estavam em peso nos jornais, mas a partir de então alguns campeonatos seriam detalhados num formato que permitia aos ouvintes acompanharem

---

[280] PINGUE-PONGUE. **A Gazeta**, São Paulo, p. 9, 1 jul. 1932.
[281] PINGUE-PONGUE. **A Gazeta**, São Paulo, p. 9, 15 maio 1931.

os lances em tempo real. Ademais, com a chegada do pingue-pongue ao rádio, abriam-se caminhos para um maior alcance da população, o que tornava a modalidade mais acessível a diferentes públicos. Sobre os efeitos do novo recurso de comunicação, o historiador Nicolau Sevcenko (p. 273, 1998) atestava uma dimensão eletromagnética inédita no país, voz sem corpo que a partir de então "sussurra suave, vinda de um aparato elétrico no recanto mais íntimo do lar", conseguindo, assim, ecoar "no fundo da alma dos ouvintes, milhares, milhões, por toda parte e todos anônimos".

Após o término do tão esperado evento, assim foi divulgada a noite "pingue-ponguística" na *Gazeta*:

> Tudo o que de mais grandioso e empolgante o pingue-pongue já proporcionou em sua história, foi ultrapassado ontem, na noitada promovida pela "Gazeta" no amplo e feórico (sic) República-Patinação. O esporte da bolinha branca viveu uma noite maravilhosa, marcando um acontecimento esportivo e social inédito e de beleza inenarrável. Quem esteve ontem na tradicional casa de diversões, não podia reprimir uma exclamação de admiração, não podia deixar de ficar perplexo e deslumbrado com o quadro majestoso e imponente que se deparava aos olhos. E talvez mesmo custasse a crer que aquela mesinha, que parecia tão insignificante naquele imenso palácio, fosse capaz de exercer tão extraordinária atração e despertasse tão ruidoso e indescritível entusiasmo em cerca de quatro mil almas. Quatro mil pessoas foram ontem ao República-Patinação para assistir uma competição de pingue-pongue! Parece incrível, mas é uma formidável realidade. Não havia uma friza (sic) ou camarote vagos. Todos estavam ocupados por famílias e pessoas de relevo do nosso mundo esportivo e social. As poltronas e balcões repletas (O Êxito, 1932, p. 9).[282]

Possíveis exageros à parte, o espaço cedido à notícia – praticamente uma página inteira do periódico – dá a entender que a "noite pingue--ponguística" do República-Patinação foi de fato um episódio marcante para os círculos esportivos da Pauliceia. Houve partidas preliminares das segundas e terceiras categorias, mas a grande atração foi a vitória de Dilê sobre Dário, pelo placar de 100 a 81 pontos. Chama a atenção a presença de quatro mil espectadores, uma marca expressiva para o pingue-pongue

---

[282] O ÊXITO sensacional da noitada pingue-ponguística de hontem no República-Patinação. **A Gazeta**, São Paulo, p. 9, 8 jul. 1932.

brasileiro. Se verídica, tal contagem permite dizer que o evento consistiu num espetáculo esportivo de proporções inéditas para a modalidade.

Logo depois de alcançar seu ápice na capital paulista, o "Raqueta de Ouro" e todas as competições de pingue-pongue da Pauliceia foram interrompidas por fatores de ordem maior. Estourou a famigerada Revolução Constitucionalista, um levante armado que paralisou toda a cidade, inclusive as atividades esportivas. Ocorre que desde a chegada de Getúlio Vargas ao poder em 1930, São Paulo foi um estado que perdeu muita influência na política nacional, afinal, teve o seu candidato à linha de sucessão presidencial deposto pela aliança liberal entre Minas Gerais, Rio Grande do Sul e Paraíba. Dali em diante, sem o protagonismo que estavam habituadas a ter na chamada República Velha (1889 a 1930), as elites paulistas, sobretudo aquelas que pertenciam ou dependiam das oligarquias cafeeiras, passaram a fazer oposição ferrenha ao novo governo. Reivindicavam, entre outras coisas, menor interferência estatal e maior participação da sua classe política nos rumos do país.

Há diversas discussões que poderiam ser feitas sobre os desdobramentos daquele momento, mas fato é que graças à propaganda política, essas pautas ganharam adesão popular e um conflito direto tornou-se iminente. A Revolução Constitucionalista começou oficialmente no dia 9 de julho e terminou no dia 6 de outubro, tendo mobilizado todo o estado. Durante quase três meses a capital paulista ficou paralisada e transformou-se num cenário de guerra.

Conforme atesta *A Gazeta*, muitos esportistas militarizaram-se e partiram para a linha de frente do levante armado. Acreditavam estar em uma missão patriótica, em busca de um ideal grande e nobre que era defender os "direitos de cidadãos livres" do povo "bandeirante".[283] O discurso do jornal, notório opositor das tropas de Getúlio Vargas, deixa-nos claro qual era o posicionamento preponderante entre as elites dirigentes da época, tanto por parte da oposição quanto dos apoiadores do governo. Convenientemente apropriado pelos paulistas naquele momento, defendia-se que o esporte estava intimamente ligado à causa nacional e que, portanto, os esportistas tinham uma responsabilidade moral em robustecer o físico e o espírito, tornando-os mais "dispostos e animados" para prosseguir em defesa da nação.[284]

---

[283] DAS LUCTAS guerreiras às lutas esportivas. **A Gazeta**, São Paulo, p. 4, 17 out. 1932.
[284] *Idem.*

Conhecidos nomes da Associação Paulista de Pingue-Pongue trocaram a raquete pelo fuzil e enfrentaram as asperezas daquele conturbado momento. Um deles foi Armando Loreto, incorporado ao 9º batalhão para operações no setor sul do estado, onde ficava a fronteira com o Paraná.[285] A título de curiosidade, o pingue-pongue também fez parte da Casa do Soldado, um espaço de lazer construído pela Associação Cristã de Moços para os combatentes constitucionalistas.[286] Ao que parece, a Casa do Soldado reunia grande movimento, o que nos faz crer que a modalidade esteve por trás dos raros momentos de diversão que os seus frequentadores tinham antes de entrarem no campo de batalha.

Desabastecidos, isolados comercialmente e, portanto, sem condições de prosseguir no combate ante às tropas de Getúlio Vargas, os constitucionalistas renderam-se e o governo provisório terminou vencedor. Aos poucos, a capital paulista tentava reerguer-se dos destroços e retomar as suas atividades, inclusive as esportivas. O "Raqueta de Ouro" voltou a figurar nos jornais em novembro de 1932, já em fase decisiva para as primeiras colocações.[287]

Dilermando Bastos, o conhecido Dilê, seguia sendo o centro das atenções, dessa vez por chegar às semifinais do "Raqueta de Ouro", no qual enfrentaria um "xará", o jogador Dilermando Ratto.[288] Dilê era favorito absoluto, visto que enquanto já era bicampeão paulista, Ratto dificilmente imaginava que iria tão longe na tabela da competição. Mas para o espanto da comunidade esportiva, Dilê foi superado pelo placar de 100 a 89, resultado que classificou Ratto, o azarão, para a primeira final de sua carreira na principal categoria da Associação Paulista.[289] O seu próximo adversário seria Carmello Venturelli, que também entrava em jogo como mais cotado à vitória.

A partida decisiva aconteceu no salão especial d'*A Gazeta*, em que um público numeroso reuniu-se para assistir à final do "Raqueta de Ouro". No entanto, o desfecho deixou a desejar e não correspondeu às expectativas dos presentes: segundo um cronista do jornal organizador, Venturelli "jogou mal, sem energia, sem alma", tendo como principal

---

[285] DOS SOLDADOS. **A Gazeta**, São Paulo, p. 3, 30 ago. 1932.
[286] CASA do soldado da Associação Cristã de Moços. **A Gazeta**, São Paulo, p. 2, 28 set. 1932.
[287] O TORNEIO "Raqueta de Ouro" reinicia hoje sua marcha triumphante. **A Gazeta**, São Paulo, p. 7, 3 nov. 1932.
[288] PINGUE-PONGUE. **A Gazeta**, São Paulo, p. 5, 8 nov. 1932.
[289] O PONTO final da "Raqueta de Ouro". **A Gazeta**, São Paulo, p. 6, 16 nov. 1932.

característica o irreconhecível semblante de um indivíduo "paralisado" e "indiferente".[290]

Esteve Venturelli pressionado pelo público presente naquela final? Pesou o fato de grande parte dos que acompanhavam a cena do pingue-pongue paulista terem apostado nele como vencedor? É provável que a resposta seja sim para ambas as perguntas, afinal, a modalidade não era mais exclusivamente uma brincadeira ou um passatempo de salão para momentos descontraídos. Já ostentava um patamar sério na capital paulista, ao passo que contava com grande número de apreciadores e cobertura minuciosa de um jornal de alta circulação.

Se Venturelli desempenhou muito abaixo do esperado por motivos que até os dias atuais atormentam mesatenistas ansiosos, o mesmo não pode ser dito de Ratto. Contrariando as expectativas novamente, ele jogou "cheio de entusiasmo robusto", com uma "vontade férrea de vencer", que o levou ao incontestável placar de 100 a 55 pontos.[291] Em meio a 1.582 inscritos, Dilermando Ratto foi o grande campeão do "Raqueta de Ouro", o título mais badalado daquele ano.

A Associação Paulista seguiu promovendo campeonatos em 1933, tendo conhecido um novo campeão na categoria de equipes: o São Paulo F.C., clube localizado na Alameda Barão de Limeira, Campos Elíseos, que faria história nos gramados do futebol paulista. O tricolor sagrou-se vencedor naquele ano com os jogadores Kosmo, Almirante Lilia, Miguel Maenza, Rubens e Formiga, sendo este último um conhecido atacante do esporte bretão.

Por fim, no campeonato individual da Associação Paulista, o título de 1933 ficou com o veterano Vicente Albizu, uma figura respeitada pelos círculos esportivos da Paulicéia.[292] Algumas notícias chamavam-no de "vovô" pela experiência acumulada, visto que, em atividade desde 1918, vivenciou diferentes eras do pingue-pongue brasileiro, tendo visto gerações surgirem e desaparecerem.

Para conquistar a medalha de ouro, Vicente Albizu expôs um preparo físico de causar inveja em muitos jovens iniciantes na modalidade. Digo isso, pois ele protagonizou aquela que provavelmente foi a partida individual mais longa do ano, contra o Almirante Lilia – o placar terminou

---

[290] PINGUE-PONGUE. **A Gazeta**, São Paulo, p. 7, 18 nov. 1932.
[291] Idem.
[292] VICENTE Albizu é o novo campeão paulista de ping-pong. **Jornal dos Sports**, Rio de Janeiro, p. 6, 15 out. 1933.

em 100 a 72 a favor do "vovô".[293] Surpreendentemente, o aperto final de mãos só veio depois de duas horas e cinquenta minutos de jogo.[294]

A razão pela qual a partida demorou tanto tempo para terminar é que Albizu e Lilia eram jogadores defensivos. Em outras palavras, ambos baseavam suas jogadas na regularidade, com poucos ataques e muitas bolas de controle. Após a vitória, não à toa o "vovô" ganhou um novo apelido: Vicente Albizu era também um "mago" do pingue-pongue paulista. Haja fôlego!

Antes mesmo do ano de 1933 terminar, já vimos que a Liga Paulista foi extinta e a Associação Paulista tornou-se a representante mor do pingue-pongue na Pauliceia. Cabe duas breves considerações sobre ambas as entidades regulamentadoras no início da década: o pingue-pongue competitivo de São Paulo seguia sendo muito influenciado pela presença de imigrantes e seus descendentes, sobretudo italianos e espanhóis, e em menor grau portugueses e outras nacionalidades europeias. Essas colônias estavam representadas nos clubes e nos sobrenomes dos jogadores, protagonistas desde os anos 1920 no desenvolvimento e na popularização do pingue-pongue.

Deve-se considerar que os imigrantes constituíam 34% da população de São Paulo naquele momento, número que ficava ainda mais expressivo se somado aos filhos desses imigrantes – nesses casos, tal parcela da população constituía 67% da capital paulista (Hall, 2004). Por fim, também deve-se pontuar que a Liga tinha um perfil de clubes mais intimamente ligados aos bairros operários e, portanto, provavelmente reunia uma gama mais heterogênea de jogadores do que a Associação, como sugerem algumas notícias. Noutras palavras, aberta a todos os clubes, principalmente aos "pequenos" e de "modestas turmas", a Liga demonstrou-se mais flexível em favor da democratização da prática, características que podem ter influenciado os atritos com a Associação.

Novas manifestações em São Paulo

Conforme evidenciado, o pingue-pongue paulista estava no seu apogeu durante a primeira metade dos anos 1930. Nos jornais consultados, onde a frequência de notícias relacionadas à modalidade havia

---

[293] PINGUE-PONGUE. **A Gazeta**, São Paulo, p. 9, 27 set.1933.
[294] A título de curiosidade, no tênis de mesa contemporâneo as partidas dificilmente costumam ultrapassar a marca de uma hora de duração. O tempo registrado na partida de Vicente Albizu é algo inimaginável nos dias atuais.

crescido consideravelmente, foi possível identificar que mais de 50 novos clubes da capital incorporaram-na a sua programação social. Para citar alguns, foram eles: Juvenil Esplanada, A. A. Esperança, Clube Atlético Parada Inglesa, Os Fidalgos, E. C. União Vila Bela, A. A. Nova York, Santa Maria da Liberdade, Lais F.C., Diva P. P. C., Almirante Tamandaré, Flor do Guarani, Juventude Ás de Ouro, Clube Atlético Torinezes, Juventude Monroe, Empório Odeon, Esporte Clube Olavio Egydio, Juventude Carlos Gomes, Piolin Alcebiades, Juventude Monte Verde, Juventude República, Juventude Vital Brasil, Auri Verde F.C., Aricanduva, A. A. Siqueira, Bublim Paulista, Clube Atlético Atlas, Centenário F. C., Associação Brasileira de Escoteiros, Clube Paulista de Atletismo, G. S. Fiat Brasil, Ubirajara, C. A. Franco Brasileiro, Preferida F. C., Elite Itaquerense, Rebouças F. C., E. C. Braz Eletra, Pia Santo Antonio, Araguaia Clube, Associação de Escotismo Tamanduateí, Spartano F. C., Cambucy F.C., Estrela do Paraíso, Piemonte F.C., Tintas Avestruz, União Vergueiro, Memphis Club, União da Mocidade Árabe, Clube Atlético "Lebre Filho", A. A Palmeirinha, Juventude Luso Paulista, Juventude 12 de Outubro, Juventude Prates, Extra Paulista, Estados Unidos F.C., Grêmio Santa Cecília, A. A. Democracia, Pradinha P.P.C., A. A. Ramenzoni, Glette F.C., Legião Patriótica Italiana, Galaor Paulista, C. A. Tucuruvi, Democrático Vila Nova Mazzei, A. A. Cordialidade Amparense, Terminus F.C., Sammarone e C. A. Penharol.

O formato seguia sendo o mesmo de sempre: jogadores, divididos por turmas de acordo com o seu nível técnico, disputavam partidas no período da noite. Amistosos entre clubes das proximidades ou de bairros vizinhos faziam parte da cena esportiva da Pauliceia. A empolgação era tanta que o jornal *A Gazeta* chegou a nomear o que estava em curso como um surto do pingue-pongue, que havia entrado "firme" e "decidido" para o rol das modalidades populares.[295] É nesse cenário que as primeiras manifestações da prática entre grupos historicamente estigmatizados são divulgadas, cabendo destacar a população negra.

Nunca é demais relembrar que durante quase quatro séculos o Brasil prosperou sob as égides da escravidão. Foi com a exploração do tráfico negreiro de origem africana que se assegurou a manutenção da nossa colônia e, posteriormente, ergueu-se nosso Império. Torturas, assassinatos e sadismos sustentaram a economia nacional, enquanto violências sexuais resultaram no país miscigenado que até os dias atuais

---

[295] PINGUE-PONGUE. **A Gazeta**, São Paulo, p. 10, 8 jan. 1931.

permanece incompreendido. A abolição da escravatura, em 1888, não representou mudanças significativas na vida das pessoas negras, que foram largadas à própria sorte pelo Estado e rapidamente descartadas pelos empregadores da época. Noutras palavras, a ideia de que as pessoas negras conquistaram a cidadania com a suposta liberdade garantida pela lei era uma grande farsa.

Ao direcionarmos nossa atenção ao passado de fenômenos socioculturais, tais como o esporte moderno, percebemos que eles foram verdadeiras extensões da sociedade que os gestou. Ou seja, nota-se os mesmos marcadores de classe, gênero e raça por toda parte, legitimando preconceitos, priorizando certos grupos em detrimento de outros e contribuindo para relações desiguais de poder. No que se refere às pessoas negras, praticamente tudo lhes era tolhido no seu processo de inserção social, especialmente pelo papel decisivo que a cor da pele representava para a sociedade, inclusive no campo esportivo (Santos, 2014).

Sobre a trajetória do pingue-pongue, desde a sua chegada em território nacional, em 1902, até os anos 1930, foi muito influenciada por uma condicionante: a modernização. Tal palavra carregava o maior dos desejos das elites dirigentes e, consequentemente, daqueles que primeiro estiveram por trás da promoção do esporte moderno no Brasil. Não à toa, no início do século XX, a modalidade era apenas mais um dos divertimentos importados do exterior que tinha fins distintivos e utilitários, pois deveria preservar o *status quo* que a mantinha acessível a poucos, bem como nortear uma nova cultura física àqueles que conduziriam a nação ao progresso.

Em capítulos anteriores, marcadores de classe e de gênero já foram discutidos, entretanto faltava abordar a questão racial, posto que, embora constituíssem parcela considerável da população brasileira, as pessoas negras foram excluídas do projeto modernizador empreendido no período estudado. As marcas hierarquizantes entre brancos e negros continuaram válidas após o fim da escravidão, barrando os homens de "cor", mesmo livres, da nova imagem de país que se buscava forjar (Santos, 2014).

Portanto, onde esteve essa parcela da sociedade no pingue-pongue paulista até a chegada dos anos 1930? Tudo indica que a modalidade ainda tinha baixa adesão entre as pessoas negras, as quais encontravam-se sub-representadas nos espaços competitivos – as fotos disponíveis da época corroboram a afirmação de que a maioria dos jogadores paulistas de pingue-pongue eram brancos. Sobre o tema deve-se considerar que muitos campeonatos oficiais eram organizados por clubes erguidos por imigrantes europeus, em que, mesmo nos mais populares, a reprodução de preconceitos era recorrente.

Isso não significa que as pessoas negras assistiam tacitamente às violências simbólicas e explícitas que o racismo lhes impunha. Na verdade, uma das respostas a esse cenário deu-se com o associativismo negro, comprometido com a luta por justiça social, pela possibilidade de terem vidas dignas, por melhores condições e oportunidades de trabalho e, porque não, pelos espaços de protagonismo nas mais diversas esferas da sociedade brasileira, inclusive no campo esportivo. É com esse espírito que também vão confrontar as inúmeras barreiras existentes no pingue-pongue paulista, onde inicialmente não eram bem-vindas por discriminações de classe e raça.

Um pioneiro nesse sentido foi o Clube Negro de Cultura Social, fundado no dia 1º de julho de 1932, no centro de São Paulo, por idealização de José de Assis Barbosa (Domingues, 2004). Entre os primeiros ativistas a frequentá-lo destacavam-se José Correia Leite, Osvaldo Santiago, Raul Joviano do Amaral, Benedito Vaz Costa, Átila J. Gonçalves, Luís Gonzaga Braga, Benedito C. Toledo, Sebastião Gentil de Castro, Manoel Antônio dos Santos, Antunes Cunha, entre outros (Domingues, 2004). A agremiação tinha como princípio a independência política na luta antirracista, não à toa agrupava diversas lideranças do movimento negro da época.

O diferencial do CNCS em relação a outras entidades do mesmo perfil foi a presença massiva das práticas esportivas e culturais em sua programação social, algo que somava à organização coletiva e ao protagonismo negro na luta pelos seus direitos (Lima, 2018). Sobre a sua fundação na capital paulista, assim foi anunciada nas páginas do *Correio de São Paulo*:

> Não resta a menor dúvida que os homens negros vem se impondo seriamente em nossos meios esportivos, quer pela ação técnica que desenvolvem, quer pela excelência do físico forte e próprio da raça.
>
> A não ser em remo e natação, e isso porque, infelizmente os nossos clubes náuticos ainda se mantém nesse tolo preconceito da cor, nos outros esportes pulam os campeões negros e campeões de verdade.
>
> Os Matheus Marcondes, Alfredo Gomes, Nestor Gomes, Petro, Onça, Jahú Ruffino e Jack Tigre aparecem constantemente.

> Ainda agora, um novo núcleo aparece promissoramente nos meios esportivos. Trata-se de um conjunto social que criou um departamento esportivo onde os atletas se contam às dezenas, todos jovens e entusiastas (O Torneio, 1933, p. 5).[296]

Embora a imprensa, dominada pelas elites dirigentes, tenha contribuído com a estigmatização e até mesmo exclusão dos feitos obtidos por pessoas negras em todas as esferas da sociedade, nesse caso o periodista do *Correio de São Paulo* considerou positiva a fundação do CNCS, algo sintomático dos "campeões de verdade" que surgiam aos montes em diferentes modalidades e agremiações. Há também uma repreensão ao "tolo preconceito da cor", institucionalizado no remo e na natação por meio de estatutos explicitamente racistas.

Embora reivindicassem pertencer a uma "elite negra", a maioria dos associados do CNCS vivia em condições de penúria (Domingues, 2004). Tratava-se de uma agremiação democrática, pois realizava eleições periódicas, adotava regime presidencial e estava estruturada administrativamente nos departamentos esportivo, intelectual e cultural (Domingues, 2004). Nesse sentido, foram nomeados os seguintes diretores do departamento esportivo: diretor-geral, José de Assis Barbosa; diretor de ginástica e educação física, Benedicto Muniz da Silva; diretor de bola ao cesto, Oswaldo Santiago; diretor de pedestrianismo, Alaezio de Souza; diretor de pingue-pongue, Sebastião Laurindo; diretor de damas, Manoel de Santos; diretor auxiliar, Saturnino de Carvalho Netto.[297]

Na primeira programação semanal do CNCS divulgada pelo jornal *A Gazeta*, consta que a ginástica e a bola ao cesto seriam praticados aos domingos pela manhã; às terças-feiras, pingue-pongue e pedestrianismo; às quartas-feiras, damas; às quintas-feiras, ginástica, bola ao cesto e pedestrianismo; e às sextas-feiras o dia estava reservado exclusivamente ao pingue-pongue.[298] Nota-se como, desde o princípio, o esporte de raquetes obteve um espaço privilegiado dentro da programação semanal do CNCS, muito por conta da grande popularidade que dispunha naquele momento.

A política deliberada de incentivo à prática esportiva visava ao desenvolvimento da disciplina, do espírito competitivo, da educação e de outros valores que precisavam ser incorporados pelos jovens do CNCS, além

---

[296] O TORNEIO início de pingue-pongue do GER Prada. **Correio de São Paulo**, São Paulo, p. 5, 15 mar. 1933.
[297] CLUBE Negro de Cultura Social. **A Gazeta**, São Paulo, p. 7, 16 mar. 1933.
[298] *Idem*.

de possibilitar a inserção social e maior visibilidade da população negra na cidade de São Paulo (Domingues, 2004). Não há muitas informações disponíveis nos jornais consultados sobre partidas de pingue-pongue, mas é provável que tenha sido seguido o costume da época: buscava-se agremiações vizinhas ou localizadas nas proximidades para disputas de partidas amistosas. Um exemplo ocorreu em julho de 1933, quando enfrentou a A. A. São Geraldo nas primeiras, segundas e terceiras turmas, mesmo formato adotado pela Associação Paulista de Pingue-Pongue. Além disso, também é provável que eventos internos tenham ocorrido durante todo o seu funcionamento, posto que em 1937 prosseguia com animação o campeonato individual da modalidade no CNCS.[299]

Outra agremiação que se propunha a lutar contra a discriminação racial que cultivou o pingue-pongue foi a Frente Negra Brasileira. Aliás, o CNCS surgiu de uma dissidência dela, cujo perfil era bem diferente. Além de priorizar a militância política, a FNB tinha um posicionamento marcadamente nacionalista e religioso, tendo inclusive se aproximado do integralismo, movimento de direita fundado por Plínio Salgado (Fausto, 2016).

Em 1935, sabe-se que a FNB disputou uma partida de pingue-pongue com o Higienópolis P. P. C., clube do elitizado bairro paulistano de mesmo nome.[300] O curioso é que se tratava de um encontro "revide" segundo o *Correio de São Paulo*, ou seja, uma revanche. Pelo teor da notícia, provavelmente foi uma chamada paga do Higienópolis P. P. C., que, derrotado no primeiro encontro, convocou publicamente o comparecimento de seus jogadores à nova disputa.

Em 1938, tanto o CNCS quanto a FNB tentaram virar agremiações políticas, motivo pelo qual foram obrigados a fechar as portas durante a ditadura do Estado Novo (1937-1945). Embora não tenham ingressado nos campeonatos oficiais, até aquele ano ambos disputaram partidas amistosas com outros clubes da cidade.

É também na primeira metade da década que o pingue-pongue passa a ser praticado por pessoas com deficiência auditiva no Brasil. Surpreende o pioneirismo de agremiações como o E. C. Surdos e Mudos, fundado em 1933 na capital paulista. Em sua programação social constavam turmas de futebol, bola ao cesto, atletismo e pingue-pongue, não podendo figurar, entre seus associados, qualquer pessoa que não fosse

---

[299] PELO Clube Negro de Cultura Social. **Correio Paulistano**, São Paulo, p. 11, 26 fev. 1937.
[300] PINGUE-PONGUE. **Correio de São Paulo**, São Paulo, p. 4, 26 jan. 1935.

deficiente auditiva.[301] Embora existissem outros clubes destinados aos mesmos fins, o E.C. Surdos e Mudos foi o único exemplo encontrado em que o pingue-pongue tinha destaque na programação semanal.

Os destaques regionais

Em decorrência do referido cenário, outras localidades do estado de São Paulo atingiram níveis cada vez maiores de estruturação do pingue-pongue, tendo inclusive aumentado o número de disputas intermunicipais com a capital. Pelas próximas páginas, abordaremos brevemente algumas cidades que se destacaram nesse sentido, a começar por Santos, precursor do litoral paulista.

A Liga Santista de Pingue-Pongue, fundada durante a década anterior, era a entidade por trás da promoção da modalidade na cidade de Santos. Seu campeonato municipal de equipes foi brilhantemente vencido em 1931 pela Associação Atlética Americana, que derrotou o S. P. Railway F.C. na final. Outros clubes filiados à entidade eram a Congregação Mariana de Santos, o E.C. Tiro de Guerra, o Clube de Pingue-Pongue Vila Mathias e o Brasil E.C.[302]

Visando a uma maior integração regional, o pingue-pongue da cidade praiana seguiu participando de amistosos com jogadores da capital paulista. A partir dos anos 1930, tais confrontos intermunicipais foram facilitados pela aproximação da Liga Santista com a Liga Paulista. No começo da década, por exemplo, dez selecionados da Pauliceia viajaram até o litoral para medir forças com a equipe do Brasil E.C., localizado na região central da cidade, a alguns quarteirões das margens do Rio Pedreira.[303]

A Liga Santista também se aproximou da Associação Paulista, tendo como destaque a partida individual entre Newton Silva, o campeão da cidade praiana, e Dilermando Ratto, um dos grandes nomes da Pauliceia. Segundo as notícias da época, foi o representante de Santos quem se saiu vencedor, o que indica que aquela localidade tinha jogadores de nível técnico elevado, aptos a vencer os jogadores da capital paulista.[304] Alguns episódios semelhantes ocorreram nos anos seguintes, mas dada

---

[301] OS QUE surgem... **A Gazeta**, São Paulo, p. 11, 17 jun. 1933.
[302] LIGA Santista de Pingue-Pongue. **A Gazeta**, São Paulo, p. 4, 29 maio 1930.
[303] JOGO intermunicipal entre S. Paulo e Santos. **A Gazeta**, São Paulo, p. 11, 24 maio 1930.
[304] PINGUE-PONGUE. **A Gazeta**, São Paulo, p. 9, 20 dez. 1932.

a proximidade geográfica, é certo que as duas cidades enfrentaram-se inúmeras outras vezes em partidas não oficiais.

Outros clubes que inicialmente não eram filiados à Liga Santista também promoviam amistosos naquela localidade, tais como o Esporte Clube Colombo, o Clube Vasco da Gama, o E.C. Corinthians Santista, a A. A. Portuguesa, o Centro dos Estudantes de Santos, o E. C. Campo Grande, o Patriarca F. C., o King P. P. C., o Azul e Branco P. P. C, o Rio D'alva, o Pedro Álvares Cabral, a Comissão Regional de Escoteiros Católicos, o Piratininga A. C., e o Santos F.C., conhecida agremiação de futebol que tinha turmas da modalidade desde pelo menos 1916.

Nos anos que se seguiram, um dos clubes mais engajados foi o Esporte Clube Beira Mar, conhecido por realizar treinamentos de pingue-pongue em suas dependências. A frequência com que investia recursos para aparecer no jornal *Gazeta Popular* dá ao entendimento de que o clube buscava alçar voos altos com a modalidade. Sua equipe, apelidada de "tri-color calunga", era composta pelos seguintes jogadores: Rubens, Eudoro, Cavalcanti, Ary e Sylvio, Amilcar, Mendonça, Alvaro.[305] O seu principal rival durante os anos de 1932 e 1933 foi o Patriarca F.C., representado por Diléo, Chico, Benjamin, Odil e Antonio.[306]

Pode-se concluir que o pingue-pongue dispunha de grande aceitação na cidade de Santos, expoente do litoral paulista. É provável que àquela altura já fosse comum encontrar salas com mesas na maioria das agremiações existentes por lá. Um indício de sua popularidade foi o crescimento de anúncios no comércio esportivo, certamente motivado pela demanda de um público cada vez mais afeito à modalidade. Na loja "Ao Esporte Santista", localizada na Rua Frei Gaspar, região central da cidade, eram vendidos conjuntos de pingue-pongue (provavelmente compostos por raquetes, bolas e redes) por 18$000, bolas de futebol por 12$000, pares de patins por 60$000 cada e raquetes de tênis por 60$000 cada. A partir desses valores nota-se como o pingue-pongue era muito mais acessível do que o tênis, o que se encaixava bem ao perfil das classes médias e populares.

Entretanto, se o cenário parecia animador para o pingue-pongue santista no início dos anos 30, isso estava por mudar. Enquanto as modalidades de maior visibilidade encontravam-se aglutinadas e bem organi-

---

[305] O ESPORTE em São Vincente. **Gazeta Popular**, Santos, p. 5, 30 nov. 1932.
[306] PATRIARCA F. Clube x E. C. Beira Mar. **Gazeta Popular**, Santos, p. 4, 21 jan. 1933.

zadas na Associação de Esportes Atléticos de Santos, o pingue-pongue, por sua vez, encontrava-se disperso e afetado pelos atritos internos da Liga Santista.

Em 1934, problemas motivados por divergências entre os clubes chegaram ao limite: um grupo de dissidentes estava prestes a fundar uma nova entidade regulamentadora.[307] A situação parecia estar resolvida após a Liga Santista submeter-se publicamente a atender algumas das reivindicações feitas pelos insatisfeitos. Ainda assim, pouco mudou acerca da apatia e ostracismo em que havia mergulhado a modalidade, segundo os jornais da época.

Os desdobramentos da cisão, que se estenderam por todo o ano de 1934, foram relatados pela *Gazeta Popular*. Sobre os diretores da Liga Santista, presidida pelo "perpétuo" Américo Ferreira, um cronista desse jornal disse: "Deveis saber que sois perniciosos ao pingue-pongue local. No cenário pingue-ponguístico, sois o que há de mais indesejável" (Quando, 1934, p. 5).[308]

Como desfecho da trama só houve um perdedor: o próprio pingue-pongue santista, que esfriou com a chegada da segunda metade dos anos 1930 – tal desfecho também foi influenciado por uma perda generalizada de popularidade da modalidade, algo que será discutido em capítulos futuros. Dessa forma, ganhou espaço dentro dos ambientes escolares – por exemplo, no Ginásio Municipal Santista e no Colégio José Bonifácio –, mas perdeu o tom sério e competitivo que antes embalava os seus adeptos mais fiéis. A situação só seria revertida em 1943, quando o tênis de mesa regulamentado substituiu o pingue-pongue brasileiro no litoral paulista.

Para além dos altos e baixos do que ocorria em Santos, voltemos a atenção ao interior paulista, onde, a cerca de 280 km da capital, havia uma forte equipe da modalidade. Refiro-me ao Rincão Pingue-Pongue Clube, localizado no pequeno distrito de Rincão, subordinado a Araraquara. Não se sabe exatamente quando e como, mas fato é que dessa pacata localidade também surgiram jogadores aptos a bater de frente com alguns dos melhores nomes da Pauliceia. Tratava-se, segundo uma notícia da época, do "vanguardeiro" do esporte de bolinha branca na região.[309]

---

[307] PINGUE-PONGUE. **Gazeta Popular**, Santos, p. 5, 3 abr. 1934.
[308] QUANDO será convocada a Assembleia Geral da Liga Santista de Pingue-Pongue? **Gazeta Popular**, Santos, p. 5, 10 abr. 1934.
[309] CLUB das Perdizes. **O Estado de São Paulo**, São Paulo, p. 8, 19 mar. 1930.

Visando a uma maior integração com a capital paulista, em 1930, o Rincão P. P. C. convidou alguns clubes para disputas intermunicipais na sua sede. O primeiro a visitá-la foi o Ourives e Affins, cuja equipe colecionava títulos nos campeonatos promovidos pelas entidades regulamentadoras de São Paulo. Os seus componentes esperavam encontrar um adversário fácil, afinal tinham pela frente uma agremiação até então desconhecida, oriunda do interior paulista. Estavam redondamente enganados, pois ao enfrentarem os donos da casa, precisaram de longas horas para conseguirem vencer a disputa, decidida nos detalhes.[310] O Ourives e Affins ganhou, mas descobriu que os jogadores do Rincão P. P. C. jamais deveriam ter sido subestimados. Eram eles: Luiz Tescari, campeão de Araraquara; José Netto, campeão de Rincão; Miguel Abrão, especialista em cortadas; e Nacime Mussi, excelente na defesa.

Pouco tempo depois foi a vez do Diva P. P. C. viajar até o interior paulista para enfrentar a mesma agremiação. Dante Barretta, Mario Paciullo, Lido Piccinini, Francisco Nunes e Francisco Tiscar eram os representantes da Pauliceia, figuras respeitadas nos círculos esportivos. O resultado, entretanto, foi ainda mais surpreendente, pois dessa vez o Rincão P. P. C. terminou vitorioso, tendo despachado os visitantes com placares absolutos.[311] Destacou-se José Netto, que, além de ter contribuído com a sua equipe, venceu ainda um desafio individual contra Dante Barretta por margem significativa. Posteriormente, o Rincão P. P. C. seria superado pelo Diva P. P. C. em uma revanche, mas a sua fama já estava feita.[312] Embora não tenha localizado mais informações sobre os próximos passos do Rincão P. P. C., até então nenhuma agremiação interiorana havia batido de frente com clubes da capital paulista.

Sabe-se que o pingue-pongue também era cultivado na cidade de Taubaté, localizada na região do Vale do Paraíba, onde reinavam clubes locais, como a União de Moços Católicos[313] e o Grêmio Recreativo,[314] conhecidos por promover embates contra alguns clubes da capital paulista. Santa Cruz do Rio Pardo, Catanduva, Mogi das Cruzes, Jaú e Ribeirão Pires completam a lista de novas localidades engajadas com a modalidade, ao passo que em São Caetano (Distrito), Campinas e São

---

[310] PINGUE-PONGUE. **A Gazeta**, São Paulo, p. 11, 5 set. 1930.
[311] PINGUE-PONGUE. **A Gazeta**, São Paulo, p. 11, 6 set. 1930.
[312] ASSOCIAÇÃO Comercial de esportes athleticos. **A Gazeta**, São Paulo, p. 7, 11 set. 1930.
[313] PINGUE-PONGUE. **O Estado de São Paulo**, São Paulo, p. 8, 5 jun. 1930.
[314] PINGUE-PONGUE. **O Estado de São Paulo**, São Paulo, p. 9, 21 jun. 1930.

Bernardo do Campo a sua popularidade seguia alta. Vale dizer que as duas últimas cidades tinham organizadas entidades locais que promoviam campeonatos desde a década anterior, sendo elas, respectivamente, a Liga Campineira de Pingue-Pongue e a Liga de Amadores de Pingue-Pongue de São Bernardo do Campo.

Os japoneses

No ano de 1933, o interesse pelo pingue-pongue parece ter aumentado entre parte da colônia japonesa estabelecida na capital paulista. Prova disso é que o já referido C. A. Mikado angariou espaço nos campeonatos organizados pela A. P. P. P. (Associação Paulista de Pingue-Pongue):

> São Paulo possui um bem organizado clube da colônia nipônica, integrado por suas figuras mais representativas e apoiado pelo cônsul do Japão. É o C. A. mikado, clube que granjeou larga popularidade em nossos meios esportivos. Uma agremiação que se impõe pela sua modelar (sic) organização e suas magníficas realizações em prol do desenvolvimento do esporte bandeirante. Cultivando com entusiasmo diversos esportes, entre os quais o pingue-pongue, o C. A. Mikado acaba de solicitar sua filiação à A. P. P. P. e respectiva inscrição para a disputa do campeonato individual da cidade. O pingue-pongue ganha, pois, mais um grande cooperador do seu progresso e mais um esplêndido salão para os seus maiores espetáculos, como é o salão de festas da confortável sede do Mikado, à Rua Teixeira Leite, 44 (Pingue-pongue, 1933, p. 9).[315]

Nota-se como, segundo a notícia d'A Gazeta, o C. A. Mikado já era um clube renomado, cuja iniciativa de integrar a A. P. P. P. expressava o seu desejo de, em franco progresso, ocupar espaços de maior visibilidade nos meios esportivos. O pedido de filiação foi aceito e a agremiação ingressou no campeonato da entidade, que dispunha de quatro categorias (três categorias adultas divididas por nível técnico, e uma categoria juvenil). Surgem, então, os primeiros jogadores de origem nipônica na prática competitiva da modalidade: o adulto Iassa Murakami e o juvenil Francisco Tamura uniram-se a jogadores com nomes ocidentais para representar o C. A. Mikado na competição.[316]

---
[315] PINGUE-PONGUE. **A Gazeta**, São Paulo, p. 9, 1 jun. 1933.
[316] PINGUE-PONGUE. **A Gazeta**, São Paulo, p. 8, 28 jun. 1933.

Cumpre lembrar que o pingue-pongue vivia seu apogeu na cidade de São Paulo, com o número de adeptos em crescimento constante. Foi nesse momento de efervescência que outros representantes da colônia japonesa também passaram a figurar nos jornais, demonstrando maior adesão à modalidade. O Juvenil Nippak Shimbun é um desses exemplos, tendo disputado amistosos em 1933.[317] Tratava-se de uma equipe de origem japonesa, mantida pelo jornal de mesmo nome, que funcionou entre 1916 a 1941 na cidade de São Paulo (Okamoto; Nagamura, 2015). Também cabe destacar o nome de Kuramoto, outro jogador de origem nipônica que disputou partidas pelo Clube São Luiz, localizado na capital paulista.[318]

Durante os anos que se seguiram, o tênis de mesa tornou-se cada vez mais popular no Japão, pois esse país adotou as regras internacionais em 1934 e criou a Associação Japonesa de Tênis de Mesa, uma entidade unificada, em 1937 (JTTA, 2023). Diante desse cenário, à medida que novas levas de imigrantes chegassem ao Brasil, seria de se esperar que a colônia japonesa continuasse ampliando a sua participação dentro do pingue-pongue brasileiro. Entretanto ocorreu justamente o contrário, e a partir da segunda metade da década de 1930, jogadores de origem nipônica deixaram de figurar nas competições divulgadas pelos jornais consultados.

A resposta por trás desses desdobramentos não está ao alcance deste livro, pois envolve temas complexos e uma série de empecilhos ao processo investigativo. De todo modo, é preciso considerar que existia um cenário conturbado no Brasil, pouco favorável à integração de imigrantes japoneses e seus descendentes em certas atividades locais. Tal conjuntura certamente contribuiu para o afastamento de agremiações como o C. A. Mikado do pingue-pongue competitivo.

Ocorre que desde a chegada do vapor Kasato Maru, imigrantes japoneses enfrentaram dificuldades para se adaptarem ao nosso país, afinal, pertenciam a uma cultura de costumes bem diferentes dos brasileiros. Claro que o principal problema para o entrosamento era a língua, mas diversas outras questões também contribuíram para que eles tivessem estranhamentos.

No que se refere à primeira fase da imigração (1908 a 1941), a mais importante delas talvez tenha sido a educação nipônica, que deveria ser

---

[317] PINGUE-PONGUE. **A Gazeta**, São Paulo, p. 9, 16 jun. 1933.
[318] SÃO LUIZ x C. A. Mikado. **A Gazeta**, São Paulo, p. 10, 14 dez. 1933.

estritamente baseada nos princípios e valores da terra natal. Sendo assim, as primeiras levas de imigrantes japoneses não queriam aculturar-se e, sim, preservar a sua nacionalidade e todo o pacote simbólico atribuído a ela, algo que deveria ser expresso pelas gerações futuras. Graças a motivos como esses, circunscreviam muitas de suas atividades sociais ao próprio meio.

Por outro lado, durante a primeira metade do século XX, a eugenia estava em alta na opinião pública. Grosso modo, tratava-se de uma pseudociência, a qual, segundo as leis evolutivas, algumas raças seriam mais belas e bem desenvolvidas do que outras. Obviamente, graças ao hegemonismo europeu, o branqueamento da população foi defendido como uma ferramenta capaz de sanar os supostos atrasos civilizatórios que prejudicavam as culturas asiática e latino-americana. Tinha-se, ainda, a cor branca como um sinônimo de beleza em contraposição à mestiçagem da população brasileira, de tal maneira que a pigmentação da pele justificava a identificação de uns e, ao mesmo tempo, a separação de outros (Soares, 2011).

Sendo assim, os "amarelos" eram considerados uma raça inferior, o que legitimava o uso de diversos adjetivos negativos para lhes retratar publicamente: inassimiláveis, hipócritas, predispostos a doenças mentais incuráveis, nocivos dos pontos de vista cultural, político e social, além de serem comumente associados a roedores (Takeuchi, 2016). Preconceitos do tipo foram incorporados pela sociedade brasileira com o aval da imprensa, dos governantes, de médicos e intelectuais, que alardeavam um suposto "perigo amarelo".

Existia um sentimento ameaçador em torno dos japoneses, cuja origem remete ao final do século XIX, quando o Império do Sol Nascente iniciou uma rápida expansão militarista (Ueno, 2019). As vitórias sobre a China em 1895 e, posteriormente, sobre a Rússia czarista em 1905, fizeram com que o kaiser Guilherme II da Alemanha, os Estados Unidos e outros personagens políticos em voga naquele momento passassem a enxergar os japoneses como vilões. Segundo os nacionalistas mais conspiratórios, o governo japonês queria enviar colonos com o intuito de anexar novas terras. Tal suspeita foi acatada por figuras brasileiras de grande influência, que passaram a se posicionar contrárias à imigração japonesa, alegando não apenas um risco racial, mas, também, um risco à integridade territorial (Takeuchi, 2016).

Com a aprovação da Constituição Federal de 1934 e depois a implementação do Estado Novo (1937-1945), os ataques aos imigrantes japoneses tornaram-se cada vez mais recorrentes. Foram anos de perseguição e discriminação, cujo ápice deu-se com o rompimento das relações diplomáticas entre os dois países, em 1942 (Cornejo; Yumi, 2008). Naquele momento, em meio à Segunda Guerra Mundial, Brasil e Japão viravam oficialmente inimigos, o que acarretou uma série de novas consequências negativas para os imigrantes que tentavam se estabelecer em território nacional: escolas e periódicos nipo-brasileiros tiveram suas portas fechadas, a comunicação na língua-pátria tornou-se proibida, manifestações políticas resultaram em prisões arbitrárias, famílias foram despejadas de suas moradias, entre outras situações calamitosas.

Todo esse processo fez com que uma parcela considerável dos nipônicos evitasse ainda mais o contato com a população local. A solução era optar pelo isolamento em seus núcleos, chamados à época de "quistos raciais", em que poderiam burlar as medidas de exceção para se comunicar na língua pátria, expressar os seus pensamentos, colocar em prática a educação da terra natal aos mais jovens e preservar hábitos culturais. Mesmo depois da Segunda Guerra Mundial, as cisões dentro da colônia japonesa dificultaram ainda mais a integração dos imigrantes e seus descendentes na sociedade brasileira (Demartini, 2012).

Fato é que, por conta do contexto político encontrado no Brasil, diversas práticas esportivas populares entre os nipônicos foram afetadas durante o período em questão, cabendo citar o exemplo do judô, do atletismo e do beisebol (Kiyotani; Wakisaka, 1992). O pingue-pongue nunca chegou a ter o mesmo grau de organização e difusão dessas modalidades, as quais eram praticadas sobretudo nas regiões interioranas. Ainda assim, motivações parecidas atrapalharam o processo de integração em curso no início dos anos 1930, fazendo com que os nipônicos deixassem de aderir às novas competições da prática de raquetes. Na cidade de São Paulo, isso começou a mudar ao final da década de 1940, mas somente com a entrada da década de 1950 a colônia japonesa passou a ter mais representatividade nas disputas oficiais.

No período proposto (década de 1930), a única referência encontrada sobre um adepto de origem japonesa do pingue-pongue data de 1939, quando o Centro Acadêmico Álvares Penteado organizou um campeonato interno para os seus estudantes, entre os quais estava Iwama.[319] Tal instituição, pioneira no tênis de mesa universitário, organizava com frequência eventos do tipo para homens e mulheres (Almeida; Yokota, 2022).

Iwama era, provavelmente, pertencente à segunda geração de nipônicos, nascida ou não no Brasil, cuja família havia se estabilizado economicamente na capital paulista durante aquele período — membros da colônia japonesa com esse perfil conseguiam dar continuidade aos estudos, ingressando em universidades renomadas que estariam por contribuir para um processo de ascensão social intenso (Demartini, 2012).

4.2 O PINGUE-PONGUE CARIOCA ALÇA VOOS MAIS ALTOS

Com a entrada da década de 1930, a cidade do Rio de Janeiro seguia sendo o principal polo do pingue-pongue carioca. Tal como São Paulo, tratava-se de um centro urbano em ascensão, onde as condições materiais e imateriais eram propícias para um maior estágio de desenvolvimento da modalidade esportiva. Não à toa, embora já estivesse presente na maioria dos clubes tradicionais, o pingue-pongue seguiu conquistando novos adeptos, tais como: Vila Lusitânia F.C., S.C. Senador Euzebio, Embaixada Imperial F.C., Poveiros F.C., Centro Esportivo de Amadores, Almoxarifado F.C., S.C. Providência, União dos Trabalhadores Gráficos do Rio de Janeiro, Club Central, S.C. Roma, Club José de Alencar, Independentes do Sul-América, Victoria F.C., Travassos F.C., Sport Club Lutz Fernando, José Clemente F.C., S.C. 1 de maio, Nazareth F.C., Aymoré F.C., Avenida A.C., Clube Dramático e Clube Flor do Amor.

Em Copacabana, onde estava por se consolidar a imagem de um bairro chique, o pingue-pongue fazia sucesso no "elegante e querido" Praia Clube, cujos associados despertavam o "mais vivo e invulgar interesse" pelo esporte de salão.[320] Nas proximidades também ficava o Posto 6 Athletic Club, e, em Ipanema, o Clube dos Caiçaras, que atendeu aos pedidos de seus associados e construiu novas instalações específicas para a prática, em 1932.[321] Outra agremiação em que o pingue-pongue estabeleceu-se durante a primeira metade da década era o Cassino Brasil

---

[319] TORNEIO dos 10 minutos do Grêmio Acadêmico Álvares Penteado. **Correio Paulistano**, São Paulo, p. 13, 7 mar. 1939.
[320] O TORNEIO de ping-pong do Praia Club. **O Globo**, Rio de Janeiro, p. 8, 8 abr. 1930.
[321] TORNEIO início de ping-pong do C. dos Caiçaras. **O Globo**, Rio de Janeiro, p. 8, 30 set. 1932.

Industrial, localizado na Vila de Paracambi (mais tarde se tornaria um município independente).

Fora da cidade do Rio de Janeiro, alguns municípios também tinham agremiações simpatizantes ao pingue-pongue, tais como Nova Iguaçu, atual Baixada Fluminense, onde ficava o Sport Club Iguaçu. Já a cidade de Niterói, era uma exceção na qual a modalidade marcava presença desde o início do século XX, agora de maneira melhor estruturada.

Entre os clubes que há pouco tinham começado a cultivá-la naquela localidade estavam: o Icaraí P. P. C., localizado nas redondezas da praia de Icaraí, Baía de Guanabara; o Odeon F.C., fundado em 1912 para se dedicar principalmente ao futebol, com campo localizado na Rua Marquês de Paraná (Melo, 2020); e o Clube Recreativo da União, fundado em 1930 por iniciativa da União dos Empregados no Comércio de Niterói, cujo intuito era proporcionar aos comerciantes associados algumas horas de lazer com cultura física.[322]

Além deles cabe destacar os que tinham maior experiência e encaravam o pingue-pongue com seriedade. Esse era o caso do Combinado Metralha, Rio Branco A. C., Saramago, Recreio de São Domingos e o Santos F.C., fundadores da Liga Niteroiense de Pingue-Pongue, uma entidade regulamentadora que se mostrou promissora durante a primeira metade da década. O Santos F.C., localizado na Rua Visconde de Uruguai, tinha a melhor equipe de Niterói, pois contava com os conhecidos irmãos Areze, adversários a serem batidos pelos demais clubes.[323] Mesmo com o desfalque de um deles na partida decisiva do campeonato anual, o Santos F.C. derrotou o Recreio de São Domingos por 200 a 189 e sagrou-se vencedor da Liga Niteroiense de 1933.[324] Naquela ocasião, sob aplausos de uma numerosa assistência, os seus jogadores foram Adilson Nacif, Alberto Arese, José Santos e Affonso Portugal, frente a Geraldo Bezerra, Jorge Nacil, Joacyr Nacil e Moacyr Ventura do Recreio de São Domingos. A conquista do título confirmou as expectativas e coroou o clube como campeão absoluto da modalidade por lá.

Apesar da experiência diferenciada de Niterói, em que a popularidade do pingue-pongue havia motivado maiores avanços na sua estruturação, a capital da República carecia de uma entidade regulamentadora, pois a

---

[322] FUNDADO, em Nictheroy, o Club Recreativo da União. **O Globo**, Rio de Janeiro, p. 7, 21 nov. 1930.
[323] EM NICTHEROY. **O Globo**, Rio de Janeiro, p. 7, 9 set. 1933.
[324] O CAMPEONATO de Nictheroy. **Jornal dos Sports**, Rio de Janeiro, p. 5, 31 out. 1933.

antiga Liga Carioca de Pingue-Pongue (fundada em 1926) fechou as portas após três anos de atividades. Não foi possível precisar o que determinou esse desfecho, mas dali em diante, fato é que na cidade do Rio de Janeiro todo o protagonismo da modalidade recairia novamente ao Clube Ginástico Português, localizado na Av. Buenos Aires, região central. As próximas páginas abordarão alguns dos principais eventos organizados por essa tradicional agremiação lusitana, num período que vai de 1930 a 1933.

O Clube Ginástico Português

Incansável promotor do pingue-pongue carioca, o Clube Ginástico Português era conhecido nos círculos esportivos pelo histórico bem-sucedido em promover torneios da modalidade. Em janeiro de 1930, chamaria atenção com a divulgação de um certame individual, até então inédito no Rio de Janeiro.[325] O formato despertava o interesse de diversos agremiações das regiões central e vizinhas, tendo confirmado presença as seguintes: Silva Manoel A.C., Rezende A.C., Orfeão Portugal, Amantes da Arte Club, Tijuca Sport Club, Sul-América F.C., Marqueza F.C., Independent Miséria e Fome, Associação Ideal Sports de Mesa, Grêmio Recreativo dos Alfaiates, A. A. Portuguesa, Mém de Sá, Sport Club Antarctica, Mauá F.C., Soberano F.C., Clube de Regatas Vasco da Gama, Tijuca Tennis Club, Circulo Italiano Dopolavoro, Sport Club Mackenzie e Riachuelo F.C, além, é claro, dos donos da casa. Eram clubes de diferentes perfis socioeconômicos, desde os mais elitizados até os de classe média, dos consagrados aos de menor projeção. Nota-se o predomínio de agremiações de origem lusitana, muitas vezes unidas na organização de festivais esportivos.

Dos 68 jogadores inscritos em uma categoria única, quatro já eram experientes e figuravam como favoritos ao título: Agenor Ignacio Dagne (conhecido como Pindoba) representando o Clube Ginástico Português, Eugenio Pizzotti representando a A. A. Portuguesa, o gaúcho Luiz Froés e Nelson Soares representando o S.C. Antarctica. Esse último clube, tido como o "Pavilhão Alvi-Celeste" do bairro de Riachuelo, destacava-se no início da década pelos resultados expressivos que vinha obtendo não apenas com o pingue-pongue, mas também com o futebol. Tanto o pingue-pongue quanto

---

[325] PING-PONG. **O Globo**, Rio de Janeiro, p. 7, 30 jan. 1930.

o velho esporte bretão eram os grandes destaques de sua programação social, esportes homenageados publicamente pela diretoria do clube.[326]

Após os preparativos da comissão organizadora, o campeonato individual do Clube Ginástico Português começou oficialmente no dia 26 de março daquele ano, com partidas sendo disputadas às segundas, quartas e sextas-feiras pela noite. Segundo um cronista do jornal *O Globo*, esperava-se um "desfecho brilhante e emocionante", pois estavam reunidos os melhores "raquetistas" da capital da República.[327] Cabe destacar que personagens famosos em outros esportes também participaram do campeonato individual, como Vasco de Carvalho (Vasquinho), consagrado no remo do C.R. Vasco da Gama.

Uma partida que chamou a atenção no decorrer do certame foi a de Eugenio Pizzotti e Nahor Daniel Diniz. Segundo *O Globo*, o embate deu-se perante uma numerosa assistência que lotou o ginásio do Clube Ginástico Português.[328] De técnica apreciável, capaz de arrancar aplausos de qualquer espectador, ninguém imaginava que Pizzotti seria derrotado. Apesar do início dominante, o jogador da A. A. Portuguesa foi surpreendido pelas defesas de Diniz, do Riachuelo F.C. Ao perceber que o rendimento de seu adversário começou a cair durante a segunda metade da partida, o azarão deixou de lado a postura passiva para investir em ataques fulminantes, obtendo uma virada sensacional. Com esse resultado, Diniz figurava empatado na tabela com Nelson Soares (S.C. Antarctica), Cândido Costa (Clube Ginástico Português) e Armando Pontes (Orfeão Portugal). Eram os quatro jogadores que seguiam na briga pelo título do primeiro campeonato individual já organizado na capital da República.

Episódios posteriores não foram divulgados com a mesma ênfase pelos periódicos estudados, mas sabe-se que o certame terminou apenas no segundo semestre de 1930. O canhoto Nelson Soares foi o grande campeão, confirmando a boa fase que o seu clube, o S.C. Antarctica, vivia nos círculos da modalidade.[329] O jogador estava entre os principais destaques do Rio de Janeiro desde a segunda metade da década de 1920, quando começou a figurar com mais frequência nas notícias esportivas. Foi ele, inclusive, um dos seis selecionados que integraram o combinado carioca

---

[326] O CAMPEONATO individual carioca. **O Globo**, Rio de Janeiro, p. 8, 7 mar. 1930.
[327] DISPUTA do campeonato individual da cidade. **O Globo**, Rio de Janeiro, p. 8, 31 mar. 1930.
[328] OS PRÓXIMOS jogos do campeonato individual da cidade. **O Globo**, Rio de Janeiro, p. 7, 8 abr. 1930.
[329] O CLUB Gymnastico Portuguez institue a "Taça Francisco Villas Bôas". **O Globo**, Rio de Janeiro, p. 7, 26 nov. 1930.

em 1928 durante o primeiro desafio interestadual da história contra São Paulo. Após ter empatado na liderança com Armando Fontes, do Orpheão Portugal, Nelson Soares precisou disputar o título em uma melhor de três partidas.[330] Ele saiu vitorioso por dois a zero, com placares de 200 a 191, e 200 a 174.

A premiação de Nelson Soares estava prevista para ocorrer em novembro de 1930, na sede do Clube Ginástico Português, com um pomposo baile regado a licores finos.[331] Não se tratava, entretanto, de um momento de comemoração para o clube organizador do evento, visto que, na fase final do campeonato individual, seu presidente Francisco Villas Boas veio a falecer. Mencionado como "incansável" *sportman*, Villas Boas foi, ao lado de Joaquim Alves Martins, um dos principais responsáveis por dar visibilidade ao pingue-pongue no Rio de Janeiro, apoiando a modalidade de raquetes dentro da agremiação lusitana.

Em 1931, o Clube Ginástico Português promoveu um campeonato de equipes em sua homenagem, nomeando-o de Taça Francisco Villas Boas. Naquela ocasião, o vencedor foi o C.R. Vasco da Gama, que seguia cultivando o pingue-pongue em suas dependências, ainda que com o comprometimento de uma modalidade secundária para o seu quadro de associados.

Apesar da perda de seu estimado presidente, assim prosseguiu o veterano Clube Ginástico Português durante 1931 e 1932, organizando de maneira pontual torneios abertos de curta duração, além dos torneios internos que aconteciam rotineiramente. Enquanto principal referência do pingue-pongue carioca no início da década, o Clube Ginástico Português estava por trás dos maiores eventos relacionados ao "esporte de bolinha branca", como costumavam chamar os jornais. O próximo deles seria a Taça Ginástico-Patriarca, um campeonato de duplas cujo nome era uma homenagem aos jogadores paulistas Vicente Albizú e Armando Santoro do Patriarca Club, amigos de honra da agremiação lusitana.

Para o Correio da Manhã, "não podia ser maior o interesse despertado pela Taça Ginástico-Patriarca", posto que "todos os clubes da capital da República, recreativos, de regatas ou esportivos", tinham a sua seção de pingue-pongue e estavam animados a fazerem figura no

---

[330] ASSOCIAÇÃO Paulista de Pingue-Pongue. **A Gazeta**, São Paulo, p. 11, 19 ago. 1930.
[331] RAQUETADAS pingue-ponguisticas... **A Gazeta**, São Paulo, p. 13, 12 set. 1930.

campeonato de duplas.[332] De fato, a Taça Ginástico-Patriarca tomou grandes proporções: foram registradas 446 inscrições, isto é, 223 duplas, de 28 clubes diferentes.[333]

A mais nova empreitada do Clube Ginástico Português consistia na maior competição de pingue-pongue já realizada até aquele momento no Rio de Janeiro. O seu idealizador era, sem nenhuma surpresa, Joaquim Alves Martins outra vez. Foi definida uma comissão organizadora com representantes de todos os clubes participantes, que se reuniram diversas vezes entre os meses de agosto e setembro para estipular as tabelas e regras oficiais.

As 223 duplas foram divididas em três categorias diferentes, sendo a primeira delas de nível técnico mais elevado. Todas as categorias seguiram o mesmo formato de disputa: dado o número elevado de clubes e jogadores participantes, eles foram distribuídos em quatro séries (Série Sul, Série Centro, Série Norte e Série Vila). Os primeiros colocados de cada uma classificariam para a fase final, na qual o vencedor do troféu seria definido em um único turno.[334] Assim ficou cada série, independentemente da categoria:[335]

- Duplas da Série Sul: Amantes da Arte Club, Catete F.C., S.C. Chevalier, O. N. Dopolavoro, Sindicato Brasileiro de Bancários, Clube Ginástico Português, Grupo Esportivo Fraternidade e S.C. Brasil.

- Duplas da Série Centro: Silva Manoel A.C., S.C. Antarctica, Soberano F.C., S.C. Veneza, Salette F.C., Clube Ginástico Português, S.C. e Theophilo Ottoni.

- Duplas da Série Norte: Mauá F.C.; Veterano F.C., S.D. Filhos de Talma, Sporting Club do Brasil, Dova A.C., Flor da América S.C., Clube Ginástico Português e A. A. Portuguesa.

- Duplas da Série Vila: Japoema F.C., Grêmio 11 de Junho, Santa Luiza F.C., Haddock Lobo S.C., Selecto S.C., Clube Ginástico Português, Santa Heloisa A.C. e Flamenguinho A.C.

Como de costume, as partidas tiveram andamento durante o meio da semana e no período da noite, em sedes estipuladas previamente nas reuniões realizadas pela comissão organizadora. Em uma dessas reu-

---

[332] PING-PONG. **Correio da Manhã**, Rio de Janeiro, p. 10, 8 ago. 1932.
[333] TAÇA Gymnastico x Patriarcha. **Correio da Manhã**, Rio de Janeiro, p. 9, 4 nov. 1932.
[334] PING-PONG. **Correio da Manhã**, Rio de Janeiro, p. 8, 6 out. 1932.
[335] O Clube Ginástico Português, organizador do evento e aquele que possuía o maior número de adeptos, era o único que podia ter uma dupla em cada uma das séries.

niões, incluiu-se também um interessante artigo no regulamento oficial da competição: estava proibido que dois jogadores "considerados *cracks* no manejo da raquete" figurassem em uma mesma dupla.[336] Tal medida visava propiciar maiores oportunidades aos clubes em que o pingue-pongue era cultivado com menos influência, posto que assim haveria maior equilíbrio de forças nas disputas.

O campeonato começou oficialmente no final de setembro,[337] mas continuou recebendo inscrições até o mês de outubro.[338] É de se imaginar como deve ter sido desafiador para os envolvidos dar prosseguimento a uma tabela com tantos nomes, resultados, clubes, sedes e outras variáveis. Não à toa, houve problemas relatados nos jornais da época, tais como jogadores ausentes na data das partidas, jogadores que desrespeitaram o estatuto e participaram de duas categorias ou séries diferentes, jogadores que foram esquecidos pela comissão organizadora e não se encontravam nos livros de inscritos, entre outras situações. Ainda assim, a Taça Ginástico-Patriarca marchou sem interrupções e os imprevistos ficaram pequenos diante do grandioso sucesso alcançado. À medida que os meses passavam, o reconhecimento só aumentava, de tal modo que o *Correio da Manhã* referia-se ao campeonato como um "assunto obrigatório aos meios do pingue-pongue" carioca,[339] tendo se aproximado de sua fase final "em pleno apogeu".[340]

A partida decisiva do campeonato ocorreu em fevereiro de 1933, com o Sporting Club do Brasil terminando campeão invicto da primeira categoria[341] após liderar a Série Sul e derrotar o Soberano F.C., líder da Série Centro.[342] Curiosamente, ao noticiar o resultado da Taça Ginástico-Patriarca, os jornais não mencionaram o nome de todos os componentes da dupla vencedora. Embora dois jogadores tenham levantado o troféu prometido pela premiação, Melchiades da Fonseca foi considerado o único responsável pela campanha do Sporting Club do Brasil, enquanto seu des-

---

[336] TAÇA Gymnastico-Patriarcha. **A Noite**, Rio de Janeiro, p. 4, 8 ago. 1932.
[337] TAÇA Gymnastico x Patriarcha. **Correio da Manhã**, Rio de Janeiro, p. 8, 17 set. 1932.
[338] TAÇA Gymnastico x Patriarcha. **Correio da Manhã**, Rio de Janeiro, p. 9, 26 out. 1932.
[339] Idem.
[340] TAÇA Gymnastico x Patriarcha. **Correio da Manhã**, Rio de Janeiro, p. 10, 10 nov. 1932.
[341] O S.C. Brasil era um clube localizado na Urca, Zona Sul do Rio de Janeiro, que ganhou projeção naquela época graças ao seu time de futebol. A título de curiosidade, em 1935, o clube contratou Leônidas da Silva, considerado um dos maiores futebolistas brasileiros de todos os tempos, para compor o seu time principal.
[342] TAÇA Gymnastico - Patriarcha. **Jornal do Commercio**, Rio de Janeiro, p. 15, 19 fev. 1933.

conhecido parceiro não recebeu nenhum crédito pela ocasião.[343] Se antes Melchiades passava batido pelos círculos esportivos, de 1933 em diante ele seria considerado um dos maiores nomes do pingue-pongue carioca. Era a primeira de outras importantes conquistas que estavam por vir.

A Taça Lorenzo Nicolai

Embora portugueses e seus descendentes fossem a maioria, agremiações de outras origens também repercutiram nos jornais cariocas pelo envolvimento com o pingue-pongue. Abordarei brevemente uma das mais influentes delas: a Opera Nazionale Dopolavoro, da colônia italiana, localizada à época no nono andar do Edifício Império, Avenida Rio Branco (atual Avenida Central). O nome pode passar despercebido de início, mas tratava-se de uma sede regional da organização de apoiadores de Mussolini criada em 1925, na Itália, cujo intuito era promover o controle social da população operária a partir de atividades recreativas e esportivas durante o horário livre do trabalho.

Cabe pontuar que os imigrantes italianos do Rio de Janeiro tinham um perfil bem diferente daqueles que estavam em São Paulo. Inicialmente, os primeiros eram meridionais e profissionais dos serviços, tendo surgido depois uma classe de jornalistas e artesãos, e por fim outra mais ampla de comerciantes industriais (Bertonha, 2001). Já os segundos totalizavam uma parcela mais significativa da sociedade, pois tinham como principais ocupações primeiro as fazendas de café e, posteriormente, as indústrias da capital paulista, onde atuavam como trabalhadores rurais e como operários, respectivamente.

No Rio de Janeiro, a penetração do fascismo deu-se em menor escala quando comparada a São Paulo, que contava com a popularidade de Plínio Salgado, o principal porta-voz do integralismo.[344] Ainda assim havia uma quantidade proporcionalmente elevada de aderentes ao *fascio* na capital da República,[345] algo que pode ser explicado pela própria composição social da sua colônia italiana ou até mesmo pela presença

---

[343] O S. C. BRASIL conquistou a Taça Gymnastico x Patriarcha. **Correio da Manhã**, Rio de Janeiro, p. 10, 11 fev. 1933.
[344] Na O. N. Dopolavoro de São Paulo, o pingue-pongue também foi cultivado ao longo dos anos 1930, entretanto em escala muito menor, sem alcançar projeção nos círculos esportivos.
[345] Os *fascio* eram núcleos que representavam o Partido Nacional Fascista da Itália no Brasil.

ativa da Embaixada, que potencializava diretamente as atividades dos apoiadores de Mussolini entre os cariocas (Bertonha, 2001).

Ao instalar-se em países como o Brasil, a Opera Nazionale Dopolavoro visava propagar e preservar a ideologia fascista entre os imigrantes italianos que aqui residiam. Para isso, chegou a ter 19 sedes em território nacional (Marcolini, 2009).[346] A adesão ao fascismo era, portanto, uma realidade no Brasil dos anos 1930, e a Itália tinha motivações políticas por trás da sua impregnação em diferentes estados do nosso país. Visando concretizar seus objetivos, apostava em três polos: a propaganda e/ou política cultural, as coletividades italianas e o seu intenso relacionamento com o integralismo, representante do fascismo brasileiro (Bertonha, 2015).

O exemplo da Opera Nazionale Dopolavoro do Rio de Janeiro enquadra-se no polo das coletividades italianas, tendo reunido cerca de mil associados e três mil frequentadores no início da década de 1930 (Marcolini, 2009), número que seguramente cresceu nos anos posteriores. Entre os meios de sociabilidade promovidos para a construção de uma identidade étnico-cultural, as coletividades italianas incluíam as atividades esportivas, utilizadas pelo fascismo enquanto uma ferramenta de construção de consenso e aprimoramento físico e moral de jovens dessa nacionalidade.

Apesar de suas pretensões operárias, a "distinta" agremiação era retratada pelos jornais cariocas como sendo extremamente elitizada, isto é, de salões confortáveis e frequentados exclusivamente por pessoas de alto poder aquisitivo.[347] Tem-se, portanto, que a adesão ao fascismo foi intensa entre os grupos enriquecidos, tal como ocorrido em São Paulo (Streapco, 2015). Não à toa, a Opera Nazionale Dopolavoro do Rio de Janeiro ficou conhecida pelas festas luxuosas que promovia para a "fina flor da sociedade italiana",[348] além de conquistas na esgrima, modalidade praticada semanalmente em seu salão de armas. No que se refere ao pingue-pongue, uma das suas primeiras aparições foi em 1930, durante o campeonato individual organizado pelo Clube Ginástico Português, com quem manteria uma relação de proximidade.

---

[346] A maior sede da Opera Nazionale Dopolavoro ficava na cidade de São Paulo, com sete mil associados (Marcolini, 2009).

[347] PING-PONG. **O Glob**o, Rio de Janeiro, p. 7, 21 jan. 1931.

[348] Um exemplo dessas festas foi a do Carnaval de 1933, realizada em suas confortáveis dependências. Para tal ocasião, em que brindes de alto valor seriam sorteados aos presentes, o traje obrigatório era de fantasia de luxo. O BAILE de máscaras no Carnaval. **A Noite**, Rio de Janeiro, p. 7, 6 fev. 1933.

Em 1932, no decorrer da Taça Ginástico-Patriarca, prova de que existia um vínculo entre tais agremiações italiana e lusitana foi a organização de uma festa promovida pela O. N. Dopolavoro em homenagem aos jogadores de pingue-pongue do Clube Ginástico Português. A ocasião consistia em uma "noite dançante" com decoração de flores naturais, que prometia estar alinhada aos padrões elegantes dos anfitriões.[349] Haveria até mesmo a presença de honra de Lêda Orsolini, considerada a rainha da colônia italiana no Rio de Janeiro.

Vale pontuar que a noite dançante foi restrita aos convidados e associados com carteirinha social e pagamentos em dia da O. N. Dopolavoro. Desse modo, ingressos de entrada não podiam ser comprados sob hipótese alguma, além de que seria exercido absoluto rigor na fiscalização de pessoas estranhas ao seu quadro social. Tais medidas excludentes, que visavam à manutenção de um público seleto, eram seguidas à risca em todas as partidas de pingue-pongue que a O. N. Dopolavoro sediava, de forma que a sua portaria poderia impedir a entrada de qualquer indivíduo que julgasse inconveniente.[350]

Com o passar do tempo, a O. N. Dopolavoro continuou inscrevendo jogadores nas principais competições do pingue-pongue carioca, promovendo amistosos internos e incentivando a prática entre o seu restrito quadro social. A oportunidade de finalmente sediar um campeonato próprio veio em 1933, sob o nobre pretexto de homenagear Lorenzo Nicolai, um cônsul italiano que, como todo o corpo diplomático da Itália na época, era conivente com o regime do seu país de origem. Logo que chegou ao Rio de Janeiro, foi recebido com pompa pelo O. N. Dopolavoro, que o nomeou presidente de honra e deu-lhe a chave de suas instalações como prova de confiança.[351] Não à toa, o cônsul italiano foi um importante apoiador do campeonato que ocorreu poucos meses depois, tendo contribuído com a doação de um troféu que serviria de premiação.

O interesse da O. N. Dopolavoro em almejar um posto respeitado no pingue-pongue carioca deve-se provavelmente ao sucesso que a prática vinha experienciando naquele momento. Para o jornal *A Noite*, o novo campeonato da agremiação italiana era uma resposta ao elevado número de clubes que cultivavam com "verdadeiro entusiasmo" o esporte de mesa na capital da

---

[349] O GLOBO nos clubs. **O Globo**, Rio de Janeiro, p. 6, 10 nov. 1932.
[350] *Idem*.
[351] PELOS CLUBS. **A Noite**, Rio de Janeiro, p. 4, 26 abr. 1933.

República.[352] À medida que o seu início se aproximava, notícias divulgavam a novidade que se prenunciava "brilhante sob todos os pontos de vista".

Os esforços da O. N. Dopolavoro em organizar um campeonato de grande porte eram vistos como uma tentativa de tirar esse "atraente esporte" da letargia em que se encontrava, culpa da inexistência de uma entidade especializada.[353] Com isso, a agremiação fascista ganhava destaque nos meios de imprensa e repercutia positivamente, algo que atendia aos seus interesses.

A Taça Lorenzo Nicolai seria disputada no formato de equipes, e além dos donos da casa reuniria as seguintes agremiações: Selecto, S.C. Antarctica, Orfeão Portugal, Clube Ginástico Português, Fraternidade Lusitana, A. A. Portuguesa, Amantes da Arte Club, América F.C. e até mesmo a Polícia Especial, corporação comandada pelo tenente Euzebio Queiroz. É de se notar que embora se tratasse de um evento promovido por uma organização da colônia italiana, em homenagem a um membro do corpo diplomático de sua terra natal, não havia nenhum outro clube da mesma origem participando do referido campeonato.

As partidas ocorreram nas sedes sociais das agremiações participantes, com rodadas de turno e returno. Isso fez com que o campeonato tivesse uma duração prolongada, com início em julho de 1933 e término em março de 1934. Embora tenha se empenhado na convocação de treinamentos e amistosos preparatórios, as turmas da O. N. Dopolavoro não conseguiram bons resultados na Taça Lorenzo Nicolai. Aliás, em nenhum campeonato disputado desde 1930 tem-se notícia de que a agremiação fascista tenha conquistado alguma posição de destaque, muito menos o primeiro lugar nas categorias principais.

Durante certo tempo, a O. N. Dopolavoro atraiu até mesmo jogadores renomados, como o gaúcho Luiz Fróes, para defendê-la em ocasiões pontuais, mas nada que fosse suficiente para torná-la competitiva. A atenção que recebia dos jornais era claramente motivada pelo seu *status*, pois organizava grandes e suntuosos campeonatos de pingue-pongue, ainda que não conseguisse vencê-los.

Após o fim da tabela, sagrou-se campeão da categoria principal o veterano Clube Ginástico Português, cujos jogadores eram Helio, Dagoberto

---

[352] A O. N. DOPOLAVORO organiza um grande campeonato. **A Noite**, Rio de Janeiro, p. 6, 23 maio 1933.
[353] EM DISPUTA da "Copa Lorenzo Nicolai". **A Noite**, Rio de Janeiro, p. 8, 13 jun. 1933.

Midosi, Candinho (Candido Costa) e Horacio Medeiros.[354] Em segundo lugar, figurou o América F. C., que contava com Moncherry, Beca, Amaury e Guilherme. De acordo com *O Globo*, as partidas do campeonato foram memoráveis, sobressaindo-se o predomínio da equipe vencedora, que terminou invicta. A premiação de gala com a entrega da Taça Lorenzo Nicolai estava prevista para o dia 7 de abril de 1934, dentro dos salões aconchegantes da O. N. Dopolavoro. Sua programação incluía uma cerimônia pomposa seguida de baile dançante em homenagem aos clubes participantes do campeonato.

Gradualmente, a O. N. Dopolavoro foi se distanciando do pingue-pongue competitivo para tentar a sorte em outras modalidades esportivas, tais como o ciclismo e o futebol.[355] O seu principal patrocinador, o cônsul Lorenzo Nicolai, retornou à Itália em 1935 para defender a causa da sua pátria que, àquela altura, acabara de invadir a Abissínia (atual Etiópia) sob a liderança de Benito Mussolini.

O nome repete-se, o desfecho também...

Diante da expansão que o pingue-pongue vinha tendo pela cidade do Rio de Janeiro, onde diferentes bairros concentravam número cada vez maior de clubes e adeptos, tornava-se necessária a criação de uma entidade regulamentadora. Como vimos, no início da década de 1930, a organização dos principais eventos relacionados à prática esteve por trás de iniciativas particulares e individualizadas, isto é, clubes associativos que promoveram por conta própria campeonatos abertos.

Da descontinuidade da antiga Liga Carioca de Pingue-Pongue no final da década de 1920 até o surgimento de uma nova entidade regulamentadora que dirigisse a modalidade no Rio de Janeiro foram anos de atividades difusas. Se houvesse algum órgão dirigente consolidado nesse período, o crescimento da modalidade seria facilitado, afinal, o pingue-pongue carioca ganharia credibilidade, o que o elevaria a um *status* mais respeitado nos círculos esportivos, além de ampliar as possibilidades de integração

---

[354] "COPPA Lorenzo Nicolai". **O Globo**, Rio de Janeiro, p. 7, 13 mar. 1934.

[355] Em diferentes momentos posteriores, a O. N. Dopolavoro do Rio de Janeiro até tentou retomar as atividades internas do pingue-pongue, mas não conseguiu ir adiante. No início da década de 1940, a entidade demonstrou interesse pelo tênis de mesa regulamentado, mas, sem nunca obter posições de destaque nas principais categorias, afastou-se das competições novamente, até o seu desaparecimento definitivo, com a entrada do Brasil na Segunda Guerra Mundial.

entre clubes adeptos da prática. Como isso não ocorreu, o protagonismo voltou-se outra vez às agremiações da região central, como o Clube Ginástico Português, além de campeonatos pontuais que tinham como maiores apoiadores os jornais da época. Um exemplo foi o caso do *Jornal dos Sports*, que também chegou a organizar eventos do tipo naquele momento. Ainda assim, as iniciativas desses personagens consistiam em ações limitadas.

Uma tentativa frustrada de mudar esse cenário foi a efêmera existência da Associação Metropolitana de Pingue-Pongue, fundada no final de 1930, a partir da união de forças do S.D.R. Cruzeiro do Sul, Mauá F.C., São Paulo – Rio F.C., Cidade F.C. e do S.C. Antarctica. A Associação Metropolitana chegou a organizar um torneio inicial de curta duração, com a vitória dos jogadores Ignacio Dagne (Pindoba), Nelson Soares, Carlos Surrados e Rolando Francisco Thomé representando o S.C. Antarctica, que tinha o experiente Luiz Froés como diretor técnico.[356]

Todavia, tal acontecimento não foi suficiente para manter a Associação Metropolitana estável à época, visto que a entidade regulamentadora enfrentou dificuldades logo no primeiro semestre de 1931, tendo desaparecido dos jornais após poucos meses de funcionamento – o seu surgimento e rápido declínio deram-se em paralelo ao sucesso obtido pelo Clube Ginástico Português.

A ausência de uma entidade regulamentadora para o pingue-pongue carioca começou a repercutir negativamente nos círculos esportivos, tendo sido abordada inclusive pela imprensa. Basta considerar que modalidades como o futebol, o tênis, o atletismo e o basquete, àquela altura já haviam criado ligas paralelas à Associação Metropolitana de Esportes Atléticos (Amea), tendo, portanto, maior autonomia em comparação aos anos anteriores (Drumond, 2009a), enquanto o pingue-pongue seguia estagnado em estágios primários de organização.

Na capital da República, tais repercussões ficaram mais evidentes à medida que comparações eram feitas com São Paulo, onde havia não apenas uma, mas duas entidades por trás da prática.[357] São Paulo era, portanto, uma referência a ser seguida, dado que demonstrava ter condições mais favoráveis ao desenvolvimento do pingue-pongue. Nesse sentido, os jornais cariocas também assumiam implicitamente que paulistas tinham um

---

[356] TORNEIO initium da Associação Metropolitana de Ping-Pong. **O Globo**, Rio de Janeiro, p. 2, 15 dez. 1930.
[357] O GRANDE certamen de ping-pong em disputa da Taça Gymnastico-Patriarcha. **O Globo**, Rio de Janeiro, p. 8, 19 jul. 1932.

nível técnico superior, pois exaltavam jogadores como Raphael Morales, conhecido por ter vencido confrontos interestaduais anteriores.

Era de se esperar que a fundação de uma entidade regulamentadora partisse de clubes da região central do Rio de Janeiro, onde ocorriam os campeonatos de maior projeção com apoio da imprensa. No entanto, tal como na década de 1920, maiores esforços partiram de alguns clubes localizados nos subúrbios cariocas, o que indica que o pingue-pongue não apenas seguia difundindo-se nesses endereços, como também dispunha de grande popularidade para além da região central da cidade. Nos próximos parágrafos, uma contextualização sobre o tema faz-se necessária para melhor compreendermos o estabelecimento da modalidade nesses locais.

De início, deve-se ter em mente que durante boa parte do século XIX, os subúrbios cariocas ainda não tinham uma conotação negativa, visto que eram habitados pelas classes médias e ricas, ali estabelecidas em chácaras e casarões (Santos, 2011). Com o tempo, no entanto, as terras desses lugares foram loteadas para abrigar os estratos populares advindos da região central da cidade, que passava por um processo de reformas urbanas excludentes em prol da modernização.

A chegada das linhas de trem aos subúrbios cariocas foi um impulsionador para a vinda de mais pessoas, que gradualmente alteraram o perfil daquele local: antes voltado exclusivamente às atividades agrícolas, começa, então, a experienciar o surgimento de empreendimentos comerciais e a ganhar funções urbanas (Melo, 2022a). Ainda assim, com a virada de século, desprovidos de investimento público por parte dos poderes governamentais, os bairros suburbanos estiveram cada vez mais associados à pobreza e ao atraso, posto que as condições de vida lá encontradas permaneceram longe dos ideais de civilização tão em voga na época (Santos, 2011).

É preciso deixar claro que apesar da estigmatização, o processo de ocupação dos subúrbios cariocas foi muito mais heterogêneo socioeconomicamente do que supunham os discursos da época. Iniciativas comerciais e posteriormente industriais também atraíram para morar na região famílias de maior poder aquisitivo, que formaram elites locais de indivíduos ligados às indústrias, comerciários, intelectuais, profissionais liberais, funcionários públicos, militares de patente superior, entre outras grupos essenciais para o desenvolvimento dos bairros suburbanos e das práticas esportivas (Melo, 2022a).

Os primeiros clubes esportivos dos subúrbios cariocas surgiram ao final do século XIX, mas é nas décadas iniciais do século XX que esse número começa a crescer, em conformidade com a ocupação da região e com o mercado de entretenimentos que ali se erguia (Melo, 2022a). Buscando contrapor a visão depreciativa atribuída aos subúrbios cariocas, as elites locais aderiram aos anseios modernizadores e algumas delas estreitaram vínculos com a região central da cidade.

A estruturação de esportes mais relacionados ao estilo de vida de estratos socioeconomicamente privilegiados naquele período, tais como remo, turfe, iatismo, hipismo, ciclismo e tiro, pode estar relacionada a tais motivações (Melo, 2022a). No mesmo sentido, é provável que o pingue-pongue tenha chegado aos bairros suburbanos por intermédio de clubes esportivos desse perfil, o que não impediu a sua popularização entre a classe média com o decorrer dos anos.

Na década de 1930, o protagonismo da prática cresceu e ficou ainda maior do que na década de 1920, tanto que novos bairros suburbanos passaram a promover amistosos e campeonatos com certa frequência. Um deles foi o Méier, ocupado por segmentos populares a partir do final do século XIX, e cuja história é marcada pelos trilhos do trem, visto que era passagem da Estrada de Ferro Central do Brasil, construída ainda no Brasil Imperial. O pingue-pongue era praticado por lá no S.C. Mackenzie, um clube liderado por profissionais liberais e intelectuais, que buscava dialogar mais explicitamente com o que se passava na região central da cidade do Rio de Janeiro (Melo, 2022a).

Em Jacarepaguá, bairro distante da região central, uma elite de perfil urbano adotou o tênis de campo com fins distintivos. Talvez esse contexto tenha contribuído para a adesão do pingue-pongue no S.C. Parames, clube em que era praticado desde o final da década de 1920. Outro exemplo era São Cristóvão, antes conhecido por ser uma localidade bucólica banhada pelo mar, mas que gradualmente mudaria de vocação em decorrência da instalação de fábricas e atividades decorrentes delas (Melo, 2022a). O bairro passou por várias transformações e transitou entre o conceito de suburbano e central até chegar ao consenso atual. Na década de 1930, um clube que se mantinha ativo no pingue-pongue era o S.C. Havaneza.

Na Zona da Leopoldina, região histórica que abarca os bairros da Penha e Brás de Pina, o pingue-pongue também animava amistosos entre alguns clubes locais. O primeiro bairro cresceu com a implantação do serviço de bondes elétricos, o que facilitou a integração com o restante da cidade e resultou em sua emancipação da Freguesia de Irajá, em 1919 (Melo, 2022a). Por lá, um dos destaques da modalidade de raquetes era o Penha Clube. Já no segundo bairro, que cresceu em função de projetos habitacionais e foi se tornando cada vez mais popular com o passar do tempo, o pingue-pongue era praticado desde o final da década de 1920 no C. R. Brás de Pina.

Graças ao desenvolvimento industrial, Bangu foi um bairro que cresceu bastante durante a primeira metade do século XX. A instalação da Companhia Progresso Industrial, empresa têxtil que se tornou uma das maiores do Brasil, pode explicar parte das modalidades esportivas que mais se popularizaram por lá (Melo, 2022a). Em meados da década de 1930, o pingue-pongue passou a ser praticado pelo quadro social do Bangu Atlético Clube, agremiação fortemente influenciada pelos britânicos que a frequentavam. Juntamente ao Grêmio Literário Rui Barbosa, era um dos principais clubes da modalidade de raquetes naquele bairro. Para além desses exemplos, cabe mencionar também os bairros de Inhaúma e Olaria, em que o pingue-pongue era praticado no C. A. Inhaúma e no Olaria A. C., respectivamente.

Atesta-se que, de maneira gradual, a prática penetrava em diferentes endereços dos subúrbios cariocas, figurando como mais uma das diversas atividades de lazer em voga na época. Alguns desses clubes mobilizaram-se em prol de maior integração e organização nos campeonatos promovidos pela cidade do Rio de Janeiro. Esse foi o caso do S.C. Agryppus, localizado no Engenho de Dentro, bairro conhecido por abrigar uma gigantesca rede de oficinas de locomoção durante o início do século XX. Embora não fosse uma agremiação com tradição de longa data na modalidade, partiu do S.C. Agryppus a iniciativa de tentar, enfim, estruturá-la.

Em junho de 1933, o S.C. Agryppus liderou as iniciativas para a criação de uma entidade regulamentadora do pingue-pongue carioca, convidando os seguintes clubes para somar forças: Mauá F.C., Centro Gallego, Flamenguinho A.C., S.C. Havaneza, S.C. Rio Cricket, Sul América F.C., S.C. Mackenzie, S.C. Giffoni, Almoxarifado da Light F.C., S.C. Castello, C.A. Inhaúma, S.C. Rodrigues, S.C. Chevalier, A.C. Barcelona, Barroso F.C., Veterano F.C., Sporting Club do Brasil, S.C. Parames e Cyclo Luzitano.[358]

---

[358] PING-PONG. **Jornal do Commercio**, Rio de Janeiro, p. 8, 3 jun. 1933.

Semanas depois das primeiras discussões, novos interessados surgiram. Em reunião realizada na sede do S.C. Agryppus, já eram de 38 a 40 clubes localizados nos subúrbios cariocas e na região central da cidade querendo cooperar com a fundação de uma entidade especializada na prática. Para *O Globo*, tratava-se de preencher uma lacuna que há muito tempo já deveria ter sido preenchida no "lindo esporte de salão", o qual estava prestes a inaugurar uma "nova e produtiva era".[359] O jornal também fez comparações entre a Capital da República e Niterói, posto que essa cidade dispunha da Liga Niteroiense de Pingue-Pongue para centralizar o controle da modalidade.

Joaquim Alves Martins, diretor da seção de pingue-pongue do tradicional Clube Ginástico Português, era considerado o *leader* desse esporte na capital federal, tendo sido nomeado presidente da Comissão Fundadora pelo S.C. Agryppus. Conforme explicado anteriormente, ele acumulava uma rica experiência na organização de campeonatos interclubes, mas, mais importante do que isso, era um verdadeiro entusiasta da prática. Para ajudá-lo no processo de estruturação da nova entidade regulamentadora, o S.C. Agryppus também nomeou o ex-jogador Claudino Sepulveda (Dino), do Vascaíno F.C. Unia-se, assim, um representante da região central com um representante dos subúrbios para chefiar a nova empreitada.

Numa reunião realizada em julho de 1933, entre outros temas, era preciso definir como iria se chamar a nova entidade regulamentadora. A escolha deu-se por votação da Comissão Fundadora e dos representantes de cada clube presente, tendo sido contabilizados 11 votos para Liga Carioca de Pingue-Pongue, seis votos para Associação Carioca de Pingue-Pongue, um voto para Liga Metropolitana de Pingue-Pongue, e um voto para Liga de Amadores de Pingue-Pongue.[360] Venceu, portanto, um nome idêntico ao da extinta entidade que atuou na década passada. Estava oficialmente em exercício a nova Liga Carioca de Pingue-Pongue, responsável por dirigir os destinos da prática na Capital da República.

A ocasião também contou com a presença de importantes representantes da imprensa, tais como Raul Loureiro do *Jornal dos Sports*, além de Romeu Rodrigues, dirigente da Associação Paulista de Pingue-Pongue que viajou ao Rio de Janeiro para trabalhar em prol de parcerias. A sede da

---

[359] PARA incrementar o ping-pong. **O Globo**, Rio de Janeiro, p. 7, 17 jul. 1933.
[360] LIGA Carioca de Ping-Pong. **Jornal do Brasil**, Rio de Janeiro, p. 8, 22 jul. 1933.

recém-fundada entidade regulamentadora seria na Rua Senador Pompeu, bairro do Centro, bem distante do seu idealizador, o S.C. Agryppus.[361]

Meses após a fundação, o primeiro grande evento organizado pela nova Liga Carioca foi um campeonato individual, que contou com 110 jogadores inscritos, divididos em três categorias pautadas pelo nível técnico.[362] Além do S.C. Agryppus, considerado um "baluarte dos esportes nos subúrbios", também participaram os seguintes clubes: Mauá F.C., Flamenguinho F.C., S.C. Havaneza, Sporting Club do Brasil, S.C. Rodrigues, Teophilo Ottoni, Santa Luiza, S. C. Chevalier, S.C. Barcelona, C. A. Inhaúma, S.C. Rio Cricket, Veterano F.C., Sul América F.C., S.C. Giffoni, S.C. Castello, Almoxarifado da Light S.C., A. A. Portuguesa e Centro Gallego. A data de início das disputas foi o dia 22 de novembro de 1933,[363] e havia muitas expectativas para aquele que era considerado um campeonato inédito no formato individual, isto é, organizado em caráter oficial por uma liga especializada no Rio de Janeiro.

Com a virada do ano, já em janeiro de 1934, os finalistas da categoria principal eram nomes conhecidos na cena do pingue-pongue carioca: Horácio Medeiros, Nelson Soares, Dagoberto Midosi, Duwalter Silva, José Silva Randon e Melchiades Fonseca.[364] Na fase decisiva da competição, todos se enfrentariam uma vez pela disputa do primeiro lugar.

Tais partidas seriam sediadas nas dependências do Sporting Club do Brasil, S.C. Rio Cricket e Mauá F.C. Segundo o *Jornal do Commercio*, um nome que vinha se impondo era o de Melchiades da Fonseca, invicto até os últimos dias do campeonato.[365] Era a revelação de 1933, o mesmo a vencer de maneira inesperada a Taça Ginástico-Patriarca, organizada pelo Clube Ginástico Português. A diferença é que dessa vez não se tratava mais de um pequenino tentando conquistar o seu espaço entre gigantes. Apesar do pouco tempo em atividade nas principais competições do pingue-pongue carioca, Melchiades já era um jogador respeitado nos círculos esportivos.

Naquele começo de 1934, a frequência de notícias referentes ao campeonato da Liga Carioca diminuiu consideravelmente, de modo que mais informações sobre as partidas disputadas na fase final não foram

---

[361] PING-PONG. **O Globo**, Rio de Janeiro, p. 7, 21 fev. 1934.
[362] OS CAMPEONATOS da Liga Carioca de Ping-Pong. **O Globo**, Rio de Janeiro, p. 7, 5 jan. 1934.
[363] LIGA Carioca de Ping-Pong. **Jornal dos Sports**, Rio de Janeiro, p. 3, 22 nov. 1933.
[364] OS CAMPEONATOS da Liga Carioca de Ping-Pong. **O Globo**, Rio de Janeiro, p. 7, 5 jan. 1934.
[365] MELCHIADES continua invicto. **Jornal do Commercio**, Rio de Janeiro, p. 10, 13 jan. 1934.

divulgadas. Sabe-se apenas que, atendendo às expectativas, Melchiades derrotou Dagoberto Midosi e sagrou-se campeão representando o Sporting Club do Brasil. Com mais esse resultado, pode-se dizer que ele era o melhor jogador em atividade no Rio de Janeiro durante a primeira metade da década.

4.3 QUEM VENCIA MAIS, OS PAULISTAS OU OS CARIOCAS?

Excursões interestaduais foram muito importantes para a formação do campo esportivo no Brasil. A partir do trânsito cultural entre clubes, jogadores, treinadores, dirigentes e entidades regulamentadoras de diferentes localidades, possibilitou-se, entre outras coisas, aperfeiçoamentos técnicos – e por vezes institucionais – às partes envolvidas. No caso do pingue-pongue brasileiro, o primeiro episódio do tipo partiu de uma iniciativa de paulistas e cariocas no ano de 1928. Tratava-se de uma integração regional necessária para maior circulação de ideias entre os dois principais polos da modalidade, cujo intuito seria estruturá-la, ainda que embrionariamente, a nível nacional. Ademais, a partir das notícias da época, nota-se como o pingue-pongue também foi utilizado para endossar a disputa de dirigentes paulistas e cariocas pela hegemonia do esporte nacional, na qual a imprensa teve papel determinante para insuflar a rivalidade entre ambos.

Com a virada de década, as excursões interestaduais do pingue-pongue brasileiro tornaram-se mais recorrentes. É preciso recordar que até 1933 havia duas entidades regulamentadoras em São Paulo (Liga Paulista de Pingue-Pongue e Associação Paulista de Pingue-Pongue), enquanto nenhuma no Rio de Janeiro. A Liga e a Associação não mantinham boas relações, de modo que os seus campeonatos ocorriam separadamente, com perfis diferentes de filiados. Sendo assim, em todos os confrontos interestaduais da época, cada entidade tinha uma equipe própria para representar a cidade de São Paulo. Os cariocas, por sua vez, dependiam da ação individualizada dos clubes particulares, que organizavam seletivas entre si para definirem a equipe principal da cidade do Rio de Janeiro.

Os jogadores viajavam quase sempre de trem, normalmente pela noite, acompanhados dos secretários dos clubes que defendiam, dos dirigentes das entidades regulamentadoras às quais estavam filiados, bem como de representantes da imprensa. Ao chegarem no destino final, a comitiva era recepcionada pelos anfitriões. Logo começava a maratona de jogos, fossem oficiais ou amistosos. Enquanto os primeiros eram divulgados dias antes pelos jornais, com adversários previamente definidos, os segundos tinham caráter informal e funcionavam como verdadeiros treinamentos para ambas as partes. Cabe dizer que além da programação competitiva, havia tempo para o lazer e o turismo, quase sempre em companhia dos anfitriões, que promoviam passeios e animavam festas de recepção ou de despedida.

As excursões interestaduais também eram importantes para conferir maior visibilidade à modalidade, pois consistiam em eventos diferenciados que atraíam o interesse do público e da imprensa. Com certeza, os jogadores de pingue-pongue não tinham a mesma notoriedade dos astros do futebol (esporte mais popular à época), mas tampouco passavam despercebidos por onde iam. Nesse sentido, alguns deles ganharam projeção nos jornais paulistas e cariocas, tornando-se figuras apreciadas pelos círculos esportivos das duas capitais.

Feita esta introdução, ao longo das próximas páginas proponho-me a abordar o teor das excursões interestaduais ocorridas entre 1932 e 1933. O objetivo é trazer mais detalhes sobre os jogadores, clubes e dirigentes que estrelaram esses episódios, alimentando rivalidades e firmando parcerias importantes para o desenvolvimento da prática no Brasil. Comentários acerca das curiosidades e circunstâncias de cada excursão interestadual também são necessários para melhor compreensão do pingue-pongue brasileiro no período estudado.

São Paulo, janeiro de 1932: Liga Paulista de Pingue-Pongue versus Selecionado Carioca

O primeiro desafio interestadual da década de 1930 ocorreu depois de quatro anos de inatividade entre paulistas e cariocas. Apesar de não existir uma entidade regulamentadora no Rio de Janeiro, a prática encontrou amparo em agremiações privadas que dispunham de recursos financeiros para patrocinar o evento. No mês de janeiro daquele ano, um selecionado local composto por Nahor Diniz, Agenor Ignacio Dagne (conhecido como Pindoba), Severo Bencardino, Luiz Falbo, Gastão Nunes de Lemos, Pará, Guilherme Ferreira e Eugenio Pizzotti, viajou até a Pauliceia para enfrentar os principais clubes da Liga Paulista de Pingue-Pongue. Tratava-se de um time de peso, formado pelos principais nomes da capital federal, que revezariam entre si nos confrontos com os paulistas. A programação oficial dispunha de disputas noturnas entre os dias 23 (sábado) ao dia 28 de janeiro (quinta-feira), totalizando cinco partidas no formato de equipes, duas partidas no formato de duplas e duas partidas no formato individual.

Das cinco partidas de equipes ocorridas em São Paulo, o selecionado carioca venceu duas, sendo a primeira delas contra o Castellões F.C. Jogando em casa, com torcedores que lotaram o seu salão localizado na Av. Rangel Pestana, tal clube, de origem italiana, escalou Mario Paciullo, Lido Piccinini, Armando Dizioli, José Rodrigues Maldonado e Nicolau Lavieri. Eram os "campeões do Brás" ante os "campeões do Rio de Janeiro", dizia uma notícia d'*O Estado de São Paulo*.[366] Apesar do histórico vitorioso na década passada, o mesmo jornal reconhecia que os dias de glória haviam passado para o Castellões F.C., que não tinha mais uma turma das melhores.

De fato, o selecionado carioca mostrou superioridade e sobrepujou o Castellões F.C. por 200 a 176, com participação destacada dos artilheiros Pindoba, que marcou 68 pontos, seguido de Pizzotti, com 59 pontos.[367] A outra vitória do selecionado carioca ocorreu na sede da Banda Musical da Mooca, contra o Clube Atlético Juventus, que também havia sido erguido por imigrantes italianos. Seus jogadores eram Tavares, Tiscar, Euclydes e Guilherme Collucci. O placar final terminou 200 a 195 em favor dos visitantes.[368]

Das três vitórias em favor dos paulistas no formato de equipes, duas foram materializadas pelo G. E. R. Prada, que contou com uma grande torcida no Largo da Concórdia, palco das disputas. Representando o clube estavam Raphael Morales, Antonio Martin, José Colloca e o novato Recupero, todos jogadores de ascendência espanhola. Este último parece ter sido o grande destaque da noite, com "violentíssimas cortadas", tendo surpreendentemente liderado o G. E. R. Prada nas duas pelejas. O terceiro resultado favorável aos donos da casa partiu do E.C. Cama Patente, campeão da Liga Paulista em 1930, com placar de 200 a 197 assegurado pelos jogadores Luiz Laurelli, Norberto Bastos e Alycurgo.[369]

---

[366] JOGO Interestadual. **O Estado de São Paulo**, São Paulo, p. 8, 23 jan. 1932.
[367] JOGOS Interestaduais. **O Estado de São Paulo**, São Paulo, p. 9, 26 jan. 1932.
[368] CARIOCAS vs. C. A. Juventus. **O Estado de São Paulo**, São Paulo, p. 5, 29 jan. 1932.
[369] PINGUE-PONGUE. **O Estado de São Paulo**, São Paulo, p. 8, 27 jan. 1932.

No formato de duplas, o selecionado carioca foi superado nas duas ocasiões em que enfrentou os paulistas. Na primeira delas, os visitantes Pizzotti e Guilherme Ferreira perderam por 100 a 93 para os duplistas Raphael Morales e João Colloca, campeões dessa categoria na Liga Paulista. No segundo confronto, Pedro de Souza e Issa Tahan derrotaram os cariocas Pará e Gastão Nunes por 150 a 146.

Nas disputas individuais, por sua vez, houve um empate. Representando o selecionado carioca, Pizzotti derrotou Guilherme Collucci por 100 a 81. Dias depois, ele foi à sede do Castellões F.C. para enfrentar Raphael Morales. Tratava-se de um encontro aguardado, afinal, marcava o último compromisso dos cariocas durante sua estadia na capital paulista. Ambos os jogadores eram considerados os mais habilidosos do Rio de Janeiro e de São Paulo, de tal modo que algumas notícias da época chegaram a classificar a disputa como equivalente ao título brasileiro individual de pingue-pongue. Independentemente dos critérios utilizados para tal denominação, fato é que Raphael Morales vingou seu conterrâneo e derrotou Pizzotti por 100 a 83,[370] somando a sexta vitória dos paulistas contra três dos cariocas no saldo geral dos encontros ocorridos.

Rio de Janeiro, abril de 1932: Associação Paulista de Pingue-Pongue versus Selecionado Carioca

Poucas semanas depois da maratona interestadual entre a Liga Paulista e os principais clubes do Rio de Janeiro, a Associação Paulista seguiu o caminho da sua rival na Pauliceia, buscando firmar contatos com o estado vizinho. Em março de 1932, já estava definido que representantes da nova entidade regulamentadora viajariam até a capital federal para disputar a "supremacia" do pingue-pongue brasileiro.[371]

De um lado teríamos os donos da casa, representantes da equipe carioca que conquistaram suas vagas por meio de seletivas: Dwalter Silva, Eugenio Pizzotti, Nelson Soares, Luiz Froés, Horacio Medeiros, Candido Costa, Gastão Nunes, Nahor Diniz, Colosso, Moncherry, Agenor Ignacio e Zeca. Do outro lado, os melhores componentes da Associação Paulista: Armando Santoro e Vicente Albizu, ambos representando o Patriarca Clube. Eles pediram licença

---

[370] PAULISTAS vs Cariocas. **O Estado de São Paulo**, São Paulo, p. 8, 30 jan. 1932.

[371] VAE SER formado o scratch carioca. **O Globo**, Rio de Janeiro, p. 7, 15 mar. 1932.

de quinze dias em seus respectivos trabalhos para conseguirem enfrentar a equipe carioca, duelo até então inédito em suas trajetórias esportivas.[372]

Uma das primeiras partidas disputadas na capital federal foi um desafio individual com Horacio Medeiros e Candido Costa (Candinho), representando o Clube Ginástico Português. Apesar da assistência presente na sede do clube de origem lusitana, localizado na Av. Buenos Aires, Santoro e Albizu derrotaram os donos da casa de virada nos dois confrontos realizados. Os placares e a ordem dos jogos não foram divulgados na imprensa, mas uma notícia da época destacou um tratamento cordial e gentil oferecido pelos anfitriões aos visitantes.[373]

No formato de duplas, os paulistas do Patriarca Clube também sobrepujaram o Humaitá, uma agremiação formada genuinamente por marinheiros. Nabor Diniz e Renato Cunha foram superados pelo placar de 100 a 68.[374] Após o término da partida, Santoro e Albizu receberam presentes e desfrutaram de uma mesa de doces e bebidas, providenciada especialmente para eles.

Dias depois estava previsto um confronto entre o S.C. Antarctica e os mesmos defensores do Patriarca Clube, na sede do primeiro, localizado na região central da cidade do Rio de Janeiro. Os preparativos indicavam uma encantadora recepção aos anfitriões, aos representantes da imprensa e às senhoritas que comparecessem à "magnífica demonstração de pingue-pongue".[375] Todavia, a cobertura dos jornais sobre os desdobramentos dessa e das partidas seguintes de equipes que estavam por acontecer foi pífia, de tal modo que os resultados ficaram desconhecidos.

A notícia que trouxe mais informações sobre a excursão interestadual indicou superioridade dos paulistas sobre os cariocas no formato individual. Das 20 partidas disputadas na capital federal, os representantes da Associação Paulista saíram vitoriosos em 17 delas.[376] Cabe, entretanto, um parênteses: os cariocas Nelson Soares e Guilherme Ferreira terminaram invictos, embora tenham disputado uma única partida cada, contra Vicente Albizu. No desafio mais esperado pelos círculos esportivos, de um lado figuravam os melhores jogadores cariocas, do outro o melhor

---

[372] AS INICIATIVAS úteis ao esporte. **A Gazeta**, São Paulo, p. 9, 27 abr. 1932.
[373] PINGUE-PONGUE. **A Gazeta**, São Paulo, p. 8, 15 abr. 1932.
[374] NOTÍCIAS de Esporte. **O Estado de São Paulo**, São Paulo, p. 6, 17 abr. 1932.
[375] OS PAULISTAS jogarão hoje com as turmas do S. C. Antarctica. **O Globo**, Rio de Janeiro, p. 7, 21 abr. 1932.
[376] SANTA Luiza x Patriarcha de S. Paulo. **O Jornal dos Sports**, Rio de Janeiro, p. 3, 28 abr. 1932.

representante da Associação Paulista. Em ambos os casos a vitória veio com um placar apertado de 100 a 98 favorável aos donos da casa, que apesar do saldo negativo de seus demais companheiros demonstraram a força do pingue-pongue carioca.

Rio de Janeiro, maio de 1932: Liga Paulista de Pingue-Pongue versus Selecionado Carioca

Em maio de 1932, representando a Liga Paulista, foi a vez do G. D. Cervantes, clube de origem espanhola, viajar ao Rio de Janeiro para novas disputas interestaduais. O campeão da categoria de equipes naquela entidade escalou os jogadores Hermínio Prieto, Bento, José Colloca, João Solé e Antonio Macedo. Poucas informações foram divulgadas na imprensa sobre o desenrolar das partidas.

Sabe-se que o primeiro embate ocorreu num domingo à tarde, ante o Clube Ginástico Português, que também representava o melhor do pingue-pongue local, dessa vez com Emiliano, Renato, Horacio Medeiros, Gonçalves e Candido Costa (Candinho). Apesar disso, tal encontro não correspondeu às expectativas, pois os paulistas derrotaram os cariocas por um indiscutível placar de 200 a 137.[377]

Na mesma semana houve também um desafio individual entre o campeão paulista Raphael Morales contra o campeão carioca Nelson Soares, que não havia viajado anteriormente a São Paulo. A vitória ficou novamente com o primeiro, classificado por uma notícia da época como o "campeão absoluto do Brasil". Com o repertório que ia construindo, Raphael Morales passaria a ser respeitado não apenas pelos jornais paulistas, mas também pelos jornais cariocas.

A última partida disputada pelo G. D. Cervantes naquela curta estadia pela capital federal ocorreu contra o Soberano F.C. Não foi possível identificar o nome dos jogadores envolvidos na ocasião, mas sabe-se que o placar final terminou em 200 a 174 para os visitantes. Com isso, os representantes da Liga Paulista retornavam para casa com um saldo ainda mais positivo do que aquele obtido em janeiro de 1932.

---

[377] PINGUE-PONGUE. **O Estado de São Paulo**, São Paulo, p. 8, 15 maio 1932.

São Paulo, julho de 1932: Liga Paulista de Pingue-Pongue versus Selecionado Carioca

À convite da Liga Paulista, os cariocas viajaram novamente de trem a São Paulo, dessa vez no mês de julho de 1932. Foram selecionados os melhores jogadores dos principais clubes da capital federal: Nelson Soares, Luiz Fróes e Roberto do S.C. Antarctica, Eugenio Pizzotti da A. A. Portuguesa, Agenor Ignacio (Pindoba) do Soberano F.C., e Horacio Medeiros e Helio do Clube Ginástico Ginástico Português. Estavam previstas quatro partidas oficiais na programação interestadual, das quais: duas seriam disputadas entre o selecionado carioca e clubes paulistas, uma seria disputada no formato de duplas, e uma última seria disputada entre os melhores jogadores de cada capital no formato de equipes.

Apesar das expectativas, a estreia deixou muito a desejar. O Cervantes, clube de origem espanhola, derrotou facilmente o selecionado carioca por 200 a 147 em sua sede. Para o jornal *O Estado de São Paulo*, os visitantes estavam "cansados da estafante viagem" e foram "dominados pelo quinteto cervanista" formado por Herminio Pietro, João Solé, José Recupero, Bento e José Colloca. A atuação mais decepcionante foi a de Nelson Soares, que, embora fosse o atual campeão carioca, pontuou apenas 26 vezes na partida, o pior desempenho de sua equipe.

Na segunda partida, representando as cores do Antarctica, os cariocas venceram a A. A. Piratininga que jogava dentro de casa, na praça Carlos Gomes, atual bairro da Liberdade. Os visitantes não tiveram dificuldades em derrotar os paulistas José Adib, Fernando Palmério, Altino Gouveia e Guaracy Gouveia por 200 a 158. No mesmo local houve também a terceira partida oficial da programação interestadual: Horacio e Helio do Clube Ginástico Português (RJ) contra Luiz Laurelli do E.C. Cama Patente (SP) e Antonio Martin do Cervantes (SP). Os paulistas venceram por 100 a 70, tendo como destaque as "cortadas de esquerda" de Laurelli, responsável pela maioria dos pontos, segundo o jornal *Correio de São Paulo*.[378]

Enfim, a quarta e última partida ocorreu entre o selecionado carioca e um selecionado paulista composto por Antonio Martin, José Colloca e João Solé do Cervantes, aliados a Luiz Laurelli e Norberto Bastos do E. C. Cama Patente. Havia muita expectativa para esse encontro, posto que um

---

[378] CAMPEONATO de pingue-pongue. **O Correio de São Paulo**, São Paulo, p. 3, 13 jul. 1932.

prêmio de grande valor simbólico estava em jogo: a Taça Fuchs, oferecida pela loja esportiva de mesmo nome.

Cabe lembrar que em 1928, durante o primeiro confronto interestadual da história, tal premiação já havia sido confeccionada para laurear o campeão daquela ocasião. Ocorre que paulistas e cariocas terminaram empatados por vencerem uma partida cada, portanto a premiação não foi entregue a nenhum dos concorrentes. Em 1932, passados mais de três anos, era uma nova oportunidade para os melhores jogadores de cada capital conseguirem levantar a Taça Fuchs.

O palco do evento foi a sede do Castellões F.C., no bairro do Brás, e contou com grande assistência do público aficionado pela modalidade. Ao final, os paulistas sobrepujaram os cariocas por 200 a 170, garantindo definitivamente a posse da tão almejada premiação.[379] Apesar das rivalidades em mesa, todos os jogadores e dirigentes envolvidos foram à sede da Liga Paulista para uma confraternização, que contou com farta mesa de doces, além de trocas de elogios entre Enzo Silveira, presidente da entidade regulamentadora, e os visitantes.

Após as partidas oficiais da programação interestadual, os cariocas previam ficar mais dias em São Paulo para enfrentarem outros clubes filiados à Liga Paulista, afinal, era uma boa oportunidade de medir forças e trocar aprendizados com os anfitriões. Uma dessas partidas foi o amistoso do Antarctica contra o G.E.R. Mousseline, em tom informal, dado que alguns cariocas compuseram a equipe do clube paulista. Diferentemente da tradicional mesa de doces, dessa vez houve até sanduíches e chope depois das disputas, com discursos dos dirigentes envolvidos naquele gesto de integração.[380] A previsão era de que os visitantes continuassem enfrentando e confraternizando com outros clubes paulistas, mas os seus planos foram subitamente interrompidos por motivos de força maior: estourou a Revolução Constitucionalista.

Com o início do levante armado, os cariocas que estavam em São Paulo foram impedidos de retornar à capital federal. Tiveram que estender a sua estadia e, para tanto, contaram com o apoio da Liga Paulista de Pingue-Pongue.[381] Os representantes do E.C. Antarctica agradeceram publicamente aos

---

[379] *Idem.*

[380] O KING F. C., desta capital, jogará contra o E. C. Antarctica, do Rio de Janeiro. **O Correio de São Paulo**, São Paulo, p. 3, 15 jul. 1932.

[381] ESPORTE Clube Antarctica. **O Estado de São Paulo**, São Paulo, p. 2, 8 out. 1932.

clubes Castellões F.C., G.D. Cervantes, G. D. Almeida Garret, G.E.R. Prada, C.R.A. Italo-Brasileiro, C.E.R. Mousseline e King F.C. pelos esforços prestados em prol da sua segurança.[382] Da mesma forma, também houve homenagens aos senhores Mario Paciullo, Lido Piccinini, João Diner e Pascoal Stabile, todos envolvidos com a entidade regulamentadora, por terem abrigado os cariocas, provavelmente em suas próprias casas.[383]

Para o pingue-pongue brasileiro, a estadia prolongada de três meses dos cariocas aproximou-os ainda mais da Liga Paulista. Jogadores envolvidos na trama tornaram-se amigos, enquanto dirigentes ganharam votos de confiança que asseguraram a organização de uma nova temporada interestadual em 1933.

Rio de Janeiro, fevereiro de 1933: Liga Paulista de Pingue-Pongue versus Selecionado Carioca

No início de 1933, a Liga Paulista enviaria, pela última vez, um selecionado para o Rio de Janeiro, onde estava por ocorrer um grande campeonato promovido pela entidade regulamentadora em parceria com o E.C. Antarctica, franco apoiador do pingue-pongue local. Embora apenas jogadores paulistas e cariocas estivessem escalados para o evento, convencionou-se chamá-lo de Campeonato Brasileiro em alguns jornais. Tratava-se da maior empreitada interestadual já registrada até então, com um número recorde de jogadores e clubes envolvidos.

A delegação paulista embarcou sentido à capital federal na primeira semana de fevereiro, formada pelos seguintes componentes: Antonio Martin, Herminio Prieto, Santiago, Navarro e Pandolfi, do King F.C.; Luiz Laurelli, Collucci, Scigliano e Pagano, do C.E.R. Mousseline; Raphael Morales, Armando Dizioli, Pedrinho e Romanelli, do Castellões F.C.; além de Recupero, Lido Piccinini, João Solé e José Colloca, do São Cristóvão F.C. A preponderância de sobrenomes espanhóis e italianos reforça mais uma vez a influência dessas colônias no pingue-pongue competitivo da capital paulista, cujos principais jogadores tinham raízes oriundas da imigração.

Os anfitriões, por sua vez, eram: Luiz Fróes, Pindoba, Colosso e Eugenio Pizzotti, representando o E. C. Antarctica; Moncherry, Nahor e

---

[382] AGRADECIMENTOS aos esportistas paulistas. **Correio de São Paulo**, São Paulo, p. 5, 10 out. 1932.
[383] O S.C. ANTARCTICA confere títulos honoríficos. **O Globo**, Rio de Janeiro, p. 8, 28 jan. 1933.

Theodoro, da A. A. Portuguesa; Conrado, Zeca, Melchiades e Meira, do Soberano F.C.; Pará, Valpassos e Naval, do Clube Comercial do Mercado; Fernandes, Cacá e Theodoro, do Rio Cricket; além de Gonçalves, Saldanha, Chatinho e Rolando, do Sport Club do Brasil. Pizzotti, um experiente jogador carioca, jogaria emprestado para as equipes que dispunham de apenas três jogadores.

Além das disputas entre os referidos clubes havia outras atrações na programação oficial, tais como o confronto entre os selecionados das duas capitais, que definiria o campeão brasileiro de equipes, além de um confronto individual entre o melhor jogador paulista contra o melhor jogador carioca, pela disputa do posto de campeão brasileiro individual.[384] Havia, ainda, a estreia de uma disputa interestadual juvenil entre Dagoberto Midosi (Dagô), um "esperto menino de 14 anos", tido como a revelação carioca daquele ano, e André Montilla, jovem vitorioso nas categorias de base da Liga Paulista.[385] Dagô, como era carinhosamente chamado pelos seus colegas, havia começado a praticar o pingue-pongue no Colégio Externato Santo Antônio, migrando posteriormente para as fileiras do Clube Ginástico Português.

---

[384] EMBARCA hoje para o Rio, pelo 2º turno, a delegação paulista que vae disputar o campeonato brasileiro. **Correio de São Paulo**, São Paulo, p. 6, 4 fev. 1933.
[385] *Idem.*

Figura 12 – Sentados, os jogadores infanto-juvenis de pingue-pongue do Colégio Externato Santo Antônio, localizado na cidade do Rio de Janeiro. A fotografia é de 1º de julho de 1933, e Dagoberto Midosi, a promessa da época, é o quarto da esquerda para a direita

Fonte: acervo da Confederação Brasileira de Tênis de Mesa

Figura 13 – "Ao Dagô, recordando a noite gloriosa de 1º de julho de 1933, ofereço esta fotografia" – Palavras de Joaquim Alves, diretor do departamento de pingue-pongue do Clube Ginástico Português, escritas no verso da fotografia anterior[386]

Fonte: acervo da Confederação Brasileira de Tênis de Mesa

---
[386] O dirigente esportivo apoiou a trajetória inicial de Dagoberto Midosi na agremiação lusitana, quando, ainda adolescente, "Dagô" já era considerado um dos melhores jogadores do Rio de Janeiro.

Diferentemente das excursões interestaduais anteriores, dessa vez as disputas foram mais equilibradas. Os jogadores do Rio de Janeiro demonstraram uma evolução técnica notável ao derrotar o selecionado paulista na principal disputa de equipes. O desfecho veio à tona após uma partida muito emocionante, perante considerável assistência. O placar seguiu acirrado durante a maior parte do tempo, terminando empatado em 199 a 199 antes do ponto decisivo. Morales e Pindoba entraram em mesa para decidir o título interestadual, descrito pelo *Correio de São Paulo* da seguinte forma:

> A bolinha branca vai de um para o outro lado sem energia... A assistência, toda de pé, mantém-se silenciosa, mas com os olhos fixos nos movimentos dos disputantes e no vai e vem da bolinha. De repente, sem que ninguém se preparasse para tal, Pindoba, aproveitando-se de uma bola um pouco mais alta, arrisca um foguete no lado esquerdo de Morales. A bola resvala na rede e raspa de leve na ponta da mesa (Campeonato, 1933, p. 5).[387]

Foi com um ponto de dupla sorte, primeiro "redinha" e depois "casquinha" – como são popularmente conhecidas –, que foi decidido o título interestadual de 1933. Para a alegria dos torcedores presentes, o resultado consagrou o selecionado carioca, que não vencia um selecionado paulista na disputa principal desde 1928.

Se Morales não conseguiu assegurar a vitória para São Paulo na disputa de equipes, no embate individual ele derrotou Guilherme Ferreira, jogador em alta no pingue-pongue carioca daquele momento, por 100 a 92.[388] Fazendo jus à fama que acumulara em encontros anteriores, foi a sua quarta conquista consecutiva em um desafio interestadual desse formato.

Já na disputa juvenil, Dagoberto Midosi derrotou André Montilla por 100 a 95, numa partida em que "portou-se bem, com firmeza e vontade inquebrantável de vencer".[389] A estreia do jovem jogador surpreendeu os paulistas, mas já era esperada pelos locais, afinal, ele só não tinha sido escalado para o selecionado adulto devido à pouca idade. O esperto menino de 14 anos tinha um elevado nível técnico, tanto que se firmaria pelos próximos anos como um dos melhores jogadores do Rio de Janeiro – guardem o nome de Dagoberto Midosi para capítulos futuros, pois o seu protagonismo na modalidade iria muito além de conquistas juvenis.

---

[387] CAMPEONATO brasileiro de pingue-pongue. **Correio de São Paulo**, São Paulo, p. 5, 16 fev. 1933.

[388] VÁRIAS de esporte. **Correio de São Paulo**, São Paulo, 15 de fevereiro de 1933, p. 5.

[389] TEMPORADA interestadual de pingue-pongue. **Correio de São Paulo**, São Paulo, p. 5, 22 fev. 1933.

Sobre as disputas entre os clubes cariocas e paulistas têm-se poucas informações de todas as partidas. Das que foram divulgadas pela imprensa, sabe-se que os anfitriões ganharam três, enquanto os visitantes ganharam onze. Convém destacar três episódios.

O primeiro deles refere-se à vitória arrasadora do Antarctica sobre o Castellões F.C. por 200 a 145.[390] Tido como "Pavilhão Alvi-Celeste" do bairro de Riachuelo, o clube vencedor tinha uma das melhores equipes da capital da República com Luiz Fróes, Pindoba, Colosso e Eugenio Pizzotti, este último responsável por pontuar 91 vezes a favor dos donos da casa. Por outro lado, Raphael Morales teve o pior *score* do clube derrotado, o que reforça um padrão em seu desempenho nas disputas interestaduais: o conhecido jogador da Liga Paulista se saía muito bem nas partidas individuais, entretanto deixava a desejar em partidas de equipes.

O segundo episódio foi a vitória do carioca Centro Galego diante do paulista C.E.R. Mousseline, a qual interessa, pois, a partir de uma notícia do *Correio de São Paulo*, tem-se que as regras seguiam sendo diferentes nas duas principais capitais por trás do pingue-pongue brasileiro.[391] Enquanto nos demais confrontos interestaduais foram adotadas regras mistas, nesse os jogadores do Centro Galego solicitaram que a disputa acontecesse segundo as determinações locais. O desencontro residia no fato de que, para os paulistas, o saque e a devolução deveriam ser lentas e no meio da mesa. Assim, o ponto iniciava-se efetivamente a partir da terceira bola, quando estavam liberadas jogadas mais agressivas. Para os cariocas do Centro Galego, entretanto, logo após o saque os pontos já podiam ser disputados livremente, sem impeditivos. O episódio foi marcado por polêmicas no início, mas os visitantes terminaram acatando ao pedido dos anfitriões, tendo transcorrido normalmente a partida.

Nota-se como, embora paulistas e cariocas tenham se esforçado para organizarem um evento que se convencionou chamar de "Campeonato Brasileiro", sequer havia concordância nas regras a serem adotadas. O pingue-pongue seguia sem uma estruturação consolidada para além das disputas municipais, de maneira que, fora dos contornos citadinos, ainda não existia um entendimento definitivo sobre qual regulamentação a prática deveria seguir.

A despeito de um esboço de racionalização, a falta de padronização do pingue-pongue limitava a sua burocratização ao âmbito regional. Essa situação já havia sido superada por outros esportes modernos à época, que tinham

---

[390] TEMPORADA interestadual de pingue-pongue. **Correio de São Paulo**, São Paulo, p. 5, 18 fev. 1933.
[391] TEMPORADA interestadual de pingue-pongue. **Correio de São Paulo**, São Paulo, p. 5, 21 fev. 1933.

regras aceitas não apenas num âmbito nacional, como também internacional, organizadas por um aparato burocrático de abrangência significativa.

Por fim, o terceiro e último episódio que merece ser destacado na excursão interestadual foi a surpreendente vitória do King F.C. sobre o Antarctica por 150 a 140.[392] O clube paulista, localizado nos andares superiores do Café Guarany, bairro da Sé, desbancou inesperadamente a invencibilidade do "Pavilhão Alvi-Celeste", que entrou em mesa com o time titular, forrado de jogadores experientes. Mais do que isso, o King F.C. foi o único clube a retornar invicto dos confrontos interestaduais, com oito vitórias consecutivas.[393] Os jogadores por trás do feito foram Antonio Martin, Herminio Prieto, Santiago, Navarro e Pandolfi, sendo os dois primeiros figuras conhecidas com passagem por outras agremiações do pingue-pongue paulista – aparentemente, todos eles eram descendentes de espanhóis.

Conforme vimos, ainda em 1933, o King F.C., em alta nos círculos esportivos, romperia com a Liga Paulista para ingressar nas fileiras da Associação Paulista, que terminaria o ano como única entidade regulamentadora em atividade na cidade de São Paulo.

Figura 14 – Herminio Prieto e Antonio Martin, a dupla do King F.C. que migrou para a Associação Paulista de Pingue-Pongue

Fonte: *Correio de São Paulo*. 24 de março de 1933

---

[392] TEMPORADA interestadual de pingue-pongue. **Correio de São Paulo**, São Paulo, p. 5, 22 fev. 1933.
[393] TORNEIO INÍCIO de pingue-pongue. **Correio de São Paulo**, São Paulo, p. 5, 4 mar. 1933.

Figura 15 – A equipe completa do King F.C., que retornou invicta das disputas interestaduais de 1933. Destaque para as raquetes de madeira pura e para o predomínio da empunhadura caneta

A brilhante turma de pingue-ponguistas do King F. Clube, que foi invicta nos jogos interestadoaes

Fonte: *Correio de São Paulo*, 24 de março de 1933

Rio de Janeiro, março de 1933: São Paulo F.C. versus Selecionado Carioca

Um episódio divulgado com ânimo pelas páginas de diferentes jornais foi a viagem de uma equipe de pingue-pongue do São Paulo F.C. à capital da República. Tal clube, surgido em 1930, a partir de dissidentes do C. A. Paulistano e da fusão com a A. A. Palmeiras, destinava-se, sobretudo, à prática do futebol (Streapco, 2015). Na época, convencionou-se chamá-lo de São Paulo da Floresta, pois realizava os seus jogos como mandante no campo da Chácara Floresta.

O tricolor era um dos pioneiros no profissionalismo do ludopédio, mas também tinha praticantes do esporte de mesa que queriam alçar voos mais altos nessa modalidade. Consequentemente, resolveu aventurar-se em seu formato competitivo ao invés de cultivá-la recreativamente, como a maioria dos outros clubes de perfil semelhante fazia.[394] Para tanto, contava com o incentivo de uma conhecida figura do futebol paulista: Formiga. Seu nome verdadeiro era Afrodísio de Camargo Xavier, mas foi o apelido que o projetou como ponta-direita da seleção brasileira no Campeonato Sul-Americano de 1922. Antes de seu envolvimento com o São Paulo F.C., Formiga havia conquistado títulos jogando pingue-pongue pelo Clube Atlético Ypiranga, no qual conseguiu conciliar por um tempo as duas paixões esportivas.

Formiga convidou os jogadores Rubens Pereira, Kosmo Lamano, Miguel Maenza e Almirante Lilia para comporem o quadro do tricolor que enfrentaria os cariocas, além do jornalista Miguel Munhoz, que ocupava o cargo de diretor técnico da Associação Paulista e seria responsável por fazer toda a cobertura do evento pela *Gazeta*.[395] Também estariam presentes familiares de Formiga, Ary Franco de Camargo, João Baptista de Almeida e João Mestres Alijostes, sendo este último outro futebolista que atuara pelo São Paulo F.C., ao lado de Arthur Friedenreich, ídolo tricolor no início dos anos 30.

Os integrantes da numerosa comitiva paulista partiram na sexta-feira à noite (dia 24 de março de 1933), dirigindo-se ao Rio de Janeiro para mais uma excursão interestadual de pingue-pongue. Diferentemente das anteriores, dessa vez a viagem foi de automóvel, o que indica o *status* diferenciado daqueles que estavam à frente dos volantes. O percurso de 506 quilômetros foi percorrido sem incidentes, com uma pequena pausa para pernoitar em Lorena.

A comitiva paulista chegou no destino final por volta das 14 horas de sábado (25 de março de 1933), sendo recebida por Joaquim Alves Martins, o paladino do pingue-pongue carioca, juntamente a Romeu Rodrigues, presidente da Associação Paulista, que já estava no Rio de Janeiro. O ponto de encontro foi o Hotel Globo, onde todos os visitantes deixaram seus pertences nos aposentos que lhes estavam reservados para fazerem uma clássica visita aos pontos turísticos da cidade maravilhosa.

A programação oficial, prevista para começar na noite daquele sábado, dispunha de uma série de seis partidas contra os elementos do Clube Ginástico Português, a serem disputadas ao longo do final de semana na Rua Buenos Aires. Haveria, ainda, uma festa dançante em homenagem

---

[394] O SÃO PAULO F.C. vem ao Rio. **O Globo**, Rio de Janeiro, p. 8, 18 mar. 1933.
[395] PING-PONG. **Jornal do Brasil**, Rio de Janeiro, p. 17, 23 mar. 1933.

aos participantes da excursão interestadual, tipo de evento de gala que a agremiação lusitana anfitriã sabia organizar muito bem. Entre as atrações destacava-se a orquestra da casa, que tocaria até as 22h. Segundo as prescrições regulamentares, para participar da confraternização era preciso estar de traje de passeio, além de ter ingressos.[396]

Quando retornaram do passeio na tarde de sábado, os representantes do São Paulo F.C. foram "fidalgamente" acolhidos pelo Clube Ginástico Português, que os recebeu em suas dependências com uma corbélia de flores e uma mesa de doces finos, sanduíches e bebidas.[397] Cinco partidas foram disputadas já no período da noite, das quais quatro foram vencidas pelos paulistas nos seguintes formatos: uma de equipes, uma individual e duas de duplas. A vitória carioca foi materializada por Hélio, que, segundo notícia da época, triunfou merecidamente ante Almirante Lilia.[398]

Para domingo à noite estava reservada a sexta e mais importante partida da excursão interestadual: um confronto de equipes entre Rubens, Formiga, Maenza, Lillia e Kosmo, do São Paulo F.C., contra Horácio Medeiros, Jair, Hélio, Candido Costa e Dagô, representando o Clube Ginástico Português.

Diante de uma sede social lotada por torcida "numerosa e distinta", os visitantes superaram os anfitriões. Embora a contagem final não tenha sido mencionada, de acordo com *A Gazeta* o jogo ficou equilibrado até a margem dos 160 pontos.[399] Dali em diante, Maenza e Kosmo sobressaíram-se, assegurando a vitória ao tricolor paulista. Coube destacar a participação do craque do ludopédio, Formiga, que marcou 13 pontos consecutivos na reta final da partida.

---

[396] FESTAS. **O Globo**, Rio de Janeiro, p. 4, 20 mar. 1933.
[397] A EXCURSÃO do S. Paulo F.C. ao Rio. **A Gazeta**, São Paulo, p. 7, 29 mar. 1933.
[398] *Idem.*
[399] *Idem.*

Figura 16 – O futebolista Formiga em atividade no final da década de 1920

Fonte: *A Gazeta*, 11 de novembro de 1929

A união entre o tricolor paulista e o formato competitivo da modalidade duraria pouco tempo naquela década, mas o episódio detalhado nestas páginas é interessante por reforçar mais uma vez o cruzamento dos caminhos trilhados pelo futebol e pelo pingue-pongue dentro de alguns clubes esportivos.

Conforme vimos em capítulos anteriores, há fortes indícios de que diversos jogadores do primeiro cultivaram o segundo nas dependências das agremiações de menor e maior projeção. Na maioria dos casos, prevalecia o ludopédio enquanto preferência dos próprios jogadores e das diretorias dos clubes esportivos, entretanto tal relação com o pingue-pongue persistiu ao longo dos anos, ora numa disputa de espaço e protagonismo interno, ora no envolvimento de praticantes do esporte mais popular da época com o esporte de salão durante os momentos de lazer.

No caso do São Paulo F.C., é provável que Formiga, já consagrado nas quatro linhas do gramado, tenha sido o pivô da sua aproximação com a Associação Paulista de Pingue-Pongue, entidade à qual o clube filiou-se em 1933. Figura influente nos meios esportivos, tratava-se de um dos "raros lendários" que resistiam no futebol brasileiro, ou, ainda, um "esportista na acepção da palavra" segundo *A Gazeta*.[400] Não à toa, a excursão interestadual entre o São Paulo F.C. e o Clube Ginástico Português foi divulgada com entusiasmo pelas imprensas paulista e carioca, dado o prestígio dos envolvidos e da curiosidade despertada pelo envolvimento de um astro do ludopédio com o pingue-pongue.

Rio de Janeiro, outubro de 1933: Associação Paulista versus Selecionado Carioca

A última excursão interestadual do pingue-pongue brasileiro registrada nos anos 1930 contou com uma particularidade. Pela primeira vez, Raphael Morales uniu-se aos jogadores Vicente Albizu, Dilermando Ratto e Armando Santoro da Associação Paulista para enfrentar os cariocas.

Eles viajaram até a capital da República representando a Associação dos Ex-Alunos Salesianos de Dom Bosco. O primeiro desafio dos visitantes foi contra o Sporting Club do Brasil, agremiação localizada na região central da capital da República. Houve jogos preliminares no formato individual e de duplas, todos vencidos pelos paulistas. No formato de equipes, o desfecho repetiu-se, pois Morales, Albizu, Dilê, Santoro e Morales levaram a melhor por 200 a 167.[401]

O jornal *O Globo* cobriu o evento com Eduardo Magalhães, um redator que teceu interessantes comentários sobre o desenrolar da partida. Segundo ele, os jogadores do Dom Bosco pareciam confusos no começo, mas logo se mostraram os "senhores da partida", com uma técnica superior de ataque e defesa.[402]

Apesar da estreia positiva, nos confrontos seguintes o quadro do Dom Bosco foi superado duas vezes pelo Clube Ginástico Português, representado pelos jogadores Horacio Medeiros, Candido Costa, Hélio e Dagô. A primeira partida terminou em 200 a 174 pontos a favor dos

---

[400] OS VETERANOS da velha guarda. **A Gazeta**, São Paulo, p. 16, 11 nov. 1929.
[401] OS INTERESTADOAES de ping-pong. **O Globo**, Rio de Janeiro, p. 2, 25 out. 1933.
[402] *Idem.*

cariocas.[403] Os derrotados solicitaram uma revanche, mas o desfecho foi o mesmo, dessa vez com o placar de 200 a 189 pontos.[404]

Dias depois, em uma nova disputa de equipes, o Dom Bosco venceu um selecionado carioca formado por jogadores do Clube Ginástico Português e do E.C. Antarctica. Horacio Medeiros, Nelson Soares, Eugenio Pizzotti e Hélio foram derrotados pelos visitantes, tendo se sobressaído Vicente Albizu, o campeão individual da Associação Paulista naquele momento.[405] Também foram disputadas partidas de duplas, nas quais os paulistas terminaram com quatro vitórias e nenhuma derrota.

Já nas disputas individuais, o carioca Horacio Medeiros do Clube Ginástico Português foi o grande destaque. Ele derrotou Albizu, Ratto e Santoro, três dos maiores nomes da Associação Paulista. Segundo uma notícia da época, o seu diferencial eram os ataques potentes de direita (*forehand*) e esquerda (*backhand*), estilo de jogo agressivo que aplicou uma "surra tremenda" nos adversários paulistas.[406] Apenas Raphael Morales, considerado o "tricampeão brasileiro", conseguiu superá-lo. O antigo jogador da Liga Paulista fez jus à sua fama e manteve-se invicto fora de São Paulo nas partidas individuais.[407]

Antes de deixarem a capital da República, os paulistas ainda visitaram a Associação de Cronistas Desportivos do Rio de Janeiro para prestarem agradecimentos aos cariocas. Raphael Aguiar, o secretário da Associação Paulista, escreveu no livro daquela entidade a seguinte mensagem:

> Ao visitar a A. C. D. do Rio de Janeiro não posso deixar de expressar os meus agradecimentos pela ótima acolhida que nos foi proporcionada, e aproveito ao ensejo que me oferece para agradecer, também em nome da Associação Paulista de Pingue Pongue e da Associação dos Ex-Alunos Salesianos de Bom Bosco, as valorosas referências que lhes foram feitas pelos dignos diretores da A. C. D. do Rio de Janeiro (Uma Saudação, 1933, p. 7).[408]

---

[403] PINGUE-PONGUE. **A Gazeta**, São Paulo, p. 10, 25 out. 1933.

[404] PAULISTAS, 200 x Cariocas, 167. **A Gazeta**, São Paulo, p. 11, 27 out. 1933.

[405] *Idem.*

[406] MORALES, o tricampeão brasileiro venceu o campeão carioca Horacio. **Correio de São Paulo**, São Paulo, p. 6, 3 nov. 1933.

[407] A REALIZAÇÃO da ultima temporada do anno. **A Gazeta**, São Paulo, p. 9, 1 nov. 1933.

[408] UMA SAUDAÇÃO dos jogadores paulistas de ping-pong aos esportistas cariocas. **O Globo**, Rio de Janeiro, p. 7, 26 out. 1933.

E depois de 1933?

Algumas considerações são pertinentes acerca das excursões interestaduais. Primeiramente, cabe destacar que a rivalidade entre os dois principais polos do esporte nacional, São Paulo e Rio de Janeiro, foi reforçada durante a primeira metade dos anos 1930. Tal rivalidade era muitas vezes expressa pelos próprios periódicos, que faziam questão de exaltar os feitos dos seus conterrâneos, mas também de relativizar seus fracassos quando conveniente. Em paralelo à disputa pela hegemonia do pingue-pongue no Brasil, conforme os mesmos periódicos salientavam, havia também uma relação amistosa entre os jogadores da Pauliceia e da capital da República. Para além das confraternizações dançantes, o episódio que melhor expressa isso foi a deflagração da Revolução Constitucionalista, quando paulistas abrigaram os cariocas durante grande parte do movimento armado.

Sobre os resultados dos confrontos, os paulistas terminaram com mais vitórias no saldo geral das partidas disputadas. As razões disso certamente estão relacionadas à trajetória da modalidade na cidade de São Paulo, onde primeiro estruturou-se um formato competitivo capaz de angariar maior número de clubes e jogadores. Ainda assim, os cariocas foram melhorando progressivamente o seu desempenho, tanto que, em comparação aos encontros anteriores, a última excursão interestadual foi a mais acirrada, com superioridade por parte deles nas disputas individuais e certo equilíbrio nas disputas de equipes. Apenas nas duplas os paulistas mostraram-se praticamente imbatíveis, com raríssimos revezes. Ocorre que na Pauliceia, campeonatos desse formato eram recorrentes há décadas, enquanto na capital da República tinham baixa adesão. Os paulistas levavam, portanto, indiscutível vantagem por estarem mais habituados com treinamentos e amistosos no formato de duplas.

Há de se destacar um elemento cuja atuação individual definitivamente mostrava-se acima da média. Refiro-me a Raphael Morales, jogador revelado pela Liga Paulista e posteriormente transferido às fileiras da Associação Paulista, que se tornou famoso por não ter sido derrotado nem uma única vez nas partidas individuais das excursões interestaduais. Até mesmo os periódicos cariocas reconheciam a superioridade de Morales, tais como o *Jornal do Brasil*, que o apelidou de "rei da bolinha branca".[409]

---

[409] O GYMNASTICO repetiu uma façanha. **Jornal do Brasil**, Rio de Janeiro, p. 16, 21 mar. 1933.

Embora seu rendimento não fosse o mesmo nas disputas de equipes, em que apresentava certa instabilidade, pode-se dizer que era o melhor jogador brasileiro em atividade naquele momento.

Como legado das excursões interestaduais na primeira metade dos anos 1930, destaco um esboço de padronização do pingue-pongue brasileiro. A partir dos encontros realizados, os clubes e os jogadores envolvidos foram estimulados a adotarem um mesmo formato de disputas. Conforme vimos, até então ainda persistiam sistemas de regras diferentes entre paulistas e cariocas, o que, em alguns casos, gerava atritos e polêmicas. Gradualmente isso deu lugar à adoção de regras mistas, prevalecendo a obrigatoriedade do saque e da devolução serem efetuados passivamente em marcações específicas no meio da mesa, sem a possibilidade de utilizar as mãos como apoio.

Apesar da empolgante frequência de excursões interestaduais durante os anos de 1932 e 1933, passado esse período não foram encontrados registros de outros episódios semelhantes. Veremos em capítulos futuros que o pingue-pongue brasileiro, enfraquecido nos círculos esportivos por conta dos atrasos em relação ao tênis de mesa regulamentado pela ITTF, entrou em uma fase de esfriamento e perda de protagonismo nas capitais paulista e carioca, algo acentuado durante a segunda metade dos anos 1930. Os sintomas desanimadores dessa fase abalaram a Associação Paulista em São Paulo, mas incidiram com mais força sobre o Rio de Janeiro, onde a modalidade competitiva caiu no esquecimento sem uma entidade regulamentadora para sustentá-la a partir de 1938.

4.4 O PINGUE-PONGUE FEMININO E AS PRIMEIRAS FACULDADES ADEPTAS DA MODALIDADE

Entre as várias idas e vindas do pingue-pongue organizado em São Paulo e no Rio de Janeiro, espero que o leitor ou a leitora esteja se questionando a respeito da ausência das mulheres, afinal, tal qual ocorrera na década passada, apenas homens disputaram os campeonatos das entidades regulamentadoras durante os anos 1930. Sim, os principais responsáveis pelo pingue-pongue nas capitais paulista e carioca continuaram sem instituir uma categoria feminina nos eventos que promoviam. Por outro lado, as formas de disputas masculinas eram várias: individuais, equipes e duplas, cada uma com pelo menos três turmas de níveis diferentes. Na Associação Paulista de Pingue-Pongue já existia até mesmo um campeonato destinado exclusivamente às categorias infantis e juvenis, mas por que as mulheres ainda não contemplavam as mesmas oportunidades?

Tal pergunta torna-se ainda mais curiosa se considerarmos que a década de 1930 consagrou o início de um movimento voltado à esportivização feminina nos grandes centros urbanos do Brasil, com protagonismo das capitais paulista e carioca. Por trás disso, uma série de fatores impactou direta ou indiretamente a participação social das mulheres: o desenvolvimento industrial e o surgimento de novas tecnologias, a urbanização e a mão de obra imigrante, além do fortalecimento do Estado e das manifestações operárias e grevistas, que resultaram em novas demandas (Toffoli; Arruda, 2011), tais como o sufrágio feminino, garantido pelo Código Eleitoral de 1932.

Eventos importantes foram sediados em São Paulo, cabendo citar o primeiro campeonato feminino de bola ao cesto, disputado com as mesmas regras dos homens e duração de quatro períodos de dez minutos, e os Jogos Femininos do Estado (Oliveira; Cheren; Tubino, 2008). No mesmo período, a estreia de uma representante brasileira nos Jogos Olímpicos de Verão significou outro marco para a história do esporte nacional. Na edição de 1932, sediada em Los Angeles, a nadadora paulista Maria Lenk foi uma pioneira em tempos em que as mulheres costumavam prestar assistência ao invés de competirem em campeonatos oficiais (Goellner, 2006).

Embora materializadas, todas essas conquistas deram-se em momentos conturbados, posto que, corroboradas por argumentos supostamente biológicos, pseudociências seguiam restringindo o envolvimento da figura feminina em muitas práticas esportivas. Ainda que àquela altura certas atividades físicas fossem incentivadas para as mulheres, todas precisavam seguir a cartilha dos papéis sociais que rondavam o "sexo frágil". Portanto, para grande parte da população brasileira, os esportes não deveriam ser praticados em caráter competitivo pelas mulheres, visto que disputas sérias trariam efeitos "danosos" ao organismo, como a fadiga excessiva (Araujo, 2011). Além disso, acreditava-se que tais situações seriam supostamente incompatíveis com a estrutura psicológica das envolvidas, pois não remetiam ao recato, à fragilidade, à delicadeza e à instabilidade emocional, características consideradas essencialmente femininas (Araujo, 2011).

Sendo assim, coexistiam valores conservadores e revolucionários nos grandes centros urbanos do Brasil, algo que legitimava o já instituído, mas também incentivava a experimentação de novas possibilidades culturais para as mulheres, inclusive no campo esportivo (Goellner, 2003). É a partir desse ponto de vista que buscamos entender o lugar ocupado pelas mulheres no pingue-pongue das capitais paulista e carioca.

Vivendo uma história à parte, o pingue-pongue feminino não gozava da mesma visibilidade e aceitação das modalidades mencionadas, afinal era praticado apenas em ocasiões fechadas, tais como campeonatos internos ou amistosos de agremiações elitizadas. O perfil dos clubes que apostavam em disputas para ambos os sexos era o mesmo da década anterior, ou seja, frequentados por adeptos numerosos do tênis de campo, fato que explica o incentivo em relação às mulheres também no pingue-pongue, dadas as suas semelhanças culturais. Isso não significa, entretanto, que os anos 1930 não trouxeram avanços significativos para o esporte da bolinha branca.

Os ares de esportivização feminina recairiam sobre a prática com maior intensidade na Pauliceia, não de modo institucional, mas principalmente no que diz respeito ao número de jogadoras e de aparições nos principais jornais. Com isso quero dizer que a conquista dos espaços da modalidade pelas mulheres ocorreu de acordo com as particularidades do pingue-pongue paulista.

Ainda que elas realmente tenham ficado toda a década sem disputar campeonatos oficiais, formou-se um grupo de praticantes universitárias com interesses competitivos, o qual seria responsável por alavancar conquistas mais significativas durante os anos 1940. Por outro lado, veremos que no Rio de Janeiro os avanços pareciam mais vagarosos, com um cenário em que havia menor possibilidade de experiências para as mulheres no pingue-pongue feminino.

São Paulo

O São Paulo Tennis Club, ativo na promoção de eventos sem distinções de gênero, promoveu, em fevereiro de 1930, o campeonato da "Taça Animação", a ser disputada com o Clube das Perdizes.[410] O diferencial estava nas terceiras turmas, visto que tinham como integrantes homens e mulheres, o que era recebido com grande entusiasmo pelo quadro social de ambos. Com certa normalidade, os dois clubes passariam a promover campeonatos de equipes mistas, constituídas por três homens e duas mulheres.

---

[410] JOGOS Annunciados. **O Estado de São Paulo**, São Paulo, p. 8, 5 fev. 1930.

Um episódio curioso aconteceu em abril daquele mesmo ano, protagonizado pelo Clube das Perdizes. Os homens da segunda turma desafiaram as mulheres da primeira turma, episódio que ocupou as páginas do jornal O Estado de São Paulo. O resultado foi uma acirrada vitória de Levy, Ignacio, Guilherme, Loehi, João e Fábio, contra Albertina, Carmita, Maria do Carmo, Magdalena, Irene e Lourdita. A notícia, entretanto, dá a entender que já havia acontecido um confronto no passado, com vitória das mulheres: "o desfecho foi favorável aos representantes masculinos, que se desforraram do revés sofrido há tempos".[411] Oras, isso significa que a revanche foi ganha pelos homens, mas o placar geral estava empatado. A mesma notícia dizia que em breve um novo encontro definiria a questão.

Embora não tenha encontrado mais informações sobre a tal partida de desempate, pouco importa quem venceu ou quem perdeu. É evidente que os homens não aceitavam ficar atrás das mulheres, portanto precisavam provar a todo custo sua suposta "superioridade", afinal, a superação de uma equipe masculina por uma equipe feminina era considerada motivo de chacota. Cabe dizer que, segundo os registros da época, desfechos vitoriosos das mulheres não eram casos isolados. Vejamos o que um cronista d'A Gazeta disse sobre um episódio parecido:

> Os meios feministas estão desenvolvendo grande atividade em torno do elegante esporte da bolinha branca. Em notas anteriores, frisamos que o São Paulo Tennis, Centro Gaúcho e Clube das Perdizes possuem turmas formadas por elementos do sexo frágil. Quando dos áureos tempos da Associação dos Cronistas Esportivos, uma turma dessa sociedade de imprensa jogou contra um conjunto de moças do São Paulo Tennis Club. E, admirem-se leitores, os marmanjos apanharam feio!
>
> [...]
>
> Se a evolução do esporte continuar nessa marcha, breve veremos os bambas de pingue-pongue paulista curvarem-se ante as representantes do belo sexo (À Guisa, 1931, p. 11).[412]

Nota-se que o cronista reconhecia a evolução do pingue-pongue feminino na Pauliceia, mas também colocava em evidência em seu texto o fato de que "elementos do sexo frágil" haviam derrotado "marmanjos".

---

[411] OS RAPAZES da 3.a turma vencem a turma principal feminina. **O Estado de São Paulo**, São Paulo, p. 10, 29 abr. 1930.
[412] À GUISA de reportagem. **A Gazeta**, São Paulo, p. 11, 21 mar. 1931.

Ao adentrar cada vez mais o campo esportivo, as mulheres continuavam tendo representações bastante marcadas e determinadas pela sua suposta "natureza", uma barreira que as impedia de alcançarem as qualidades físicas do sexo oposto (Soares, 2011). Assim, de um lado há a delicadeza e a fraqueza femininas, e do outro o vigor físico e a virilidade masculinas. Tais construções sociais não eram determinantes para o desempenho na prática, mas serviam para sustentar os preconceitos que estruturavam o campo esportivo.

Mulheres derrotando homens causavam espanto e surpresa, independentemente de qual fosse a modalidade. Parecia algo inconcebível à época, ainda que isso acontecesse rotineiramente em algumas agremiações. No Clube Atlético Paulistano, para citar outro exemplo, as disputas mistas de pingue-pongue sempre terminavam com derrota dos homens,[413] algo que contrariava a "natureza" do "sexo forte", segundo as palavras de um verbete da época.

Alguns clubes fugiam da regra ao organizarem campeonatos com disputas separadas por sexo, por exemplo, o Tennis Club Paulista. Devido ao grande número de inscritos em sua primeira empreitada, a direção dividiu o campeonato em duas categorias femininas e três masculinas, das quais somavam 21 mulheres e 27 homens.[414] Está aí um grande exemplo de que as mulheres não apenas se interessavam pelo pingue-pongue, como também participavam em peso das poucas disputas a que tinham acesso. O exemplo de ter turmas e promover campeonatos femininos também foi seguido pelo G. E. R. Prada,[415] Centro Democrático Bom Retiro e União Católica Santo Agostinho.[416]

Outra agremiação era a Associação Esportiva Feminina, responsável por promover campeonatos destinados com exclusividade às mulheres. Suas associadas enxergavam tal avanço com "grande brilho", provavelmente porque, dado os estigmas envolvendo a figura feminina nos espaços esportivos, a presença massiva de homens era um inconveniente. Não à toa, outras agremiações, como o Clube das Perdizes e o Centro Gaúcho, foram além e começaram a divulgar treinamentos fechados, também permitidos apenas para "senhoritas". O início da década mostrava-se

---

[413] REVISTA Mensal do Club Athletico Paulistano, São Paulo, p. 17, dez. 1927.
[414] TENNIS Club Paulista. **O Estado de São Paulo**, São Paulo, p. 9, 6 abr. 1930.
[415] PINGUE-PONGUE. **A Gazeta**, São Paulo, p. 8, 26 ago. 1931.
[416] PINGUE-PONGUE. **A Gazeta**, São Paulo, p. 9, 12 set. 1931.

promissor, pois as mulheres participavam de campeonatos e treinamentos de pingue-pongue estritamente femininos, em ambientes nos quais elas gozavam de maior conforto e liberdade.

Um grande avanço foi a realização de um campeonato interclubes para equipes femininas e masculinas em 1931, o primeiro desse formato a ter quatro agremiações diferentes participando: São Paulo Tennis Club, Clube das Perdizes, Clube Conceição e Tennis Club Paulista. No confronto que mais chamou atenção entre as mulheres, com o São Paulo Tennis Club de um lado e o Tennis Club Paulista do outro, o primeiro conseguiu levar a melhor por uma diferença pequena de seis pontos à frente do segundo.

Destacam-se na equipe vencedora as jogadoras Olga Mercado, Elisita Nobre e Helena, esta última considerada ótima nas bolas de efeito. A melhor jogadora da noite foi, entretanto, da equipe derrotada: Nair Rocha foi a artilheira com 55 pontos.[417] E assim prosseguiu nos anos de 1932 e 1933. Os mesmos clubes por trás dos mesmos encontros, com divulgação pelas páginas dos jornais. Nota-se que tais acontecimentos sempre vinham acompanhados de grande público, com expectativas positivas e elogios.

As circunstâncias por trás do alijamento das mulheres no pingue-pongue competitivo permanecem desconhecidas, afinal, a principal fonte de pesquisa sobre o tema consiste em jornais impressos, majoritariamente geridos pelos homens da época. Fato é que havia espaço para elas apenas quando outros objetivos sobrepunham-se àqueles de caráter exclusivamente atlético, ou seja, quando a coesão e a distinção de classe eram os elementos decisivos (Schpun, 1999). Se por um lado homens e mulheres em condições privilegiadas conseguiam viver situações comuns de sociabilidade nesses contextos específicos, quando o aspecto competitivo tornava-se mais importante eram eles que tomavam a dianteira (Schpun, 1999).

Ainda assim, havia mulheres que conseguiam burlar as regras para confrontar o *status quo* do campo esportivo. Esse foi o caso de Yolanda Lang, que se inscreveu no "Raqueta de Ouro", um campeonato do jornal *A Gazeta* pensado para ser exclusivamente masculino. Enquanto praticante assídua da modalidade, não seria exagero imaginar que essa tenha sido a forma que ela encontrou para questionar as normas sociais vigentes e protestar diante da ausência de categorias femininas na Liga Paulista e Associação Paulista, entidades regulamentadoras do pingue-pongue

---

[417] S. PAULO Tennis. **O Estado de São Paulo**, São Paulo, p. 8, 15 mar. 1931.

competitivo em São Paulo. Representando o E.C. Húngaro, a corajosa jogadora foi a única mulher a disputar aquele campeonato, cujos demais participantes eram 1.581 homens.

O gesto transgressor de Yolanda foi recebido com espanto pelo jornal *A Gazeta*, segundo o qual a participação da "senhorinha" consistia em "agradabilíssima surpresa".[418] A mesma notícia, que dá pistas sobre a idade da jogadora, reforça a presença do determinismo biológico como princípio norteador das definições empregadas aos sexos na época. Enquanto ela era uma representante do "belo sexo", cujos logros esportivos seriam razões de "maior beleza" para o certame, os homens eram os representantes do "sexo forte".[419]

Entre as poucas menções anteriores sobre Yolanda nos jornais consultados, sabe-se que o primeiro esporte a despertar o seu interesse foi o xadrez.[420] Ela até chegou a disputar campeonatos dessa modalidade em 1931, mas foi nas partidas internas de pingue-pongue do E.C. Húngaro Paulistano que ganhou destaque, tornando-se conhecida dentro da colônia de imigrantes da qual descendia.

Yolanda teve a vantagem de estar inserida em uma colônia europeia que flexibilizava a participação feminina em esportes como o pingue-pongue. A Hungria, tal como a pioneira Inglaterra, já estava acostumada a promover competições de tênis de mesa abertas a ambos os sexos. Conforme vimos, indicadores culturais eram facilitadores da inclusão das mulheres no campo esportivo, tendo sido o principal ponto de convergência por trás das primeiras manifestações registradas no pingue-pongue feminino em território nacional.

Com o decorrer do "Raqueta de Ouro" em 1932, entretanto, o nome de Yolanda desapareceu dos jornais consultados. Os resultados obtidos pela corajosa jogadora permanecem desconhecidos, mas sabe-se que o desfecho da sua trajetória no pingue-pongue não foi dos melhores. Ocorre que as mulheres continuaram sendo alijadas dos campeonatos organizados tanto pela Liga Paulista quanto pela Associação Paulista, situação que só mudaria mais de uma década depois. Provavelmente desanimada com o cenário excludente que encontrava no pingue-pongue

---

[418] O BELLO sexo também será representado na competição individual da Gazeta. **A Gazeta**, São Paulo, p. 9, 12 abr. 1932.

[419] *Idem*.

[420] CLUBE de xadrez "S. Paulo". **A Gazeta**, São Paulo, p. 7, 13 abr. 1931.

competitivo, ela desistiu da modalidade. Somente seis anos mais tarde, Yolanda voltou a figurar nos jornais, dessa vez como jogadora de tênis de campo do Clube Esperia.[421]

Enquanto a prática competitiva ainda não era uma possibilidade, a prática recreativa tornava-se viável às mulheres por iniciativas de agremiações particulares. Em 1934, por exemplo, a recém-inaugurada Associação Cívica Feminina estava por estrear uma sala de pingue-pongue[422]. Localizada na Rua Líbero Badaró, n.º 41, tal agremiação visava promover chás dançantes para senhoritas, entre as quais algumas eram nomes de grande prestígio na sociedade paulistana.

Sua sede social, de caráter educativo e recreativo, tinha biblioteca, sala de ginástica, sala de leitura, uma sala de bridge, uma sala de chá e, pasmem, um bar, de onde seriam retiradas todas as bebidas alcoólicas. "Anos 30" e "mulheres embriagadas" eram duas coisas que não combinavam segundo as opiniões da época.

As atividades principais a serem difundidas pela Associação Cívica Feminina seriam conferências literárias e apresentações artísticas musicais, além do pingue-pongue, que, muito em breve, também seria um dos seus grandes atrativos. Por tratar-se de uma agremiação elitizada, vale notar a posição que a prática ocupava em sua programação: juntamente à ginástica, eram os únicos esportes incentivados às sócias.

A aceitação da figura feminina em esportes como o pingue-pongue também seguia acontecendo pelos mesmos motivos das décadas anteriores. Enquanto o futebol, por exemplo, era considerado inapropriado às mulheres, a prática atendia aos anseios das classes mais abastadas. Se por um lado o pingue-pongue masculino tornou-se cada vez mais popular em São Paulo, graças à Liga e à Associação, em que havia quantidade significativa de clubes de operários e de classe média, por outro as únicas mulheres que praticavam a modalidade eram das elites paulistanas. Somente aquelas que pertenciam a esse privilegiado estrato eram socialmente aceitas no pingue-pongue feminino, afinal, estavam alinhadas com a Europa, continente modelo.

Os anos de 1935 e 1936 foram aqueles em que o pingue-pongue menos apareceu nos jornais, razão pela qual houve pouquíssimas notícias a respeito das mulheres envolvidas na modalidade. Apesar disso, sabe-se

---

[421] PINGUE-PONGUE. **Correio Paulistano**, São Paulo, p. 17, 10 jun. 1937.
[422] CLUB Paulista da Associação Cívica Feminina. **O Estado de São Paulo**, São Paulo, p. 4, 29 jul. 1934.

que o Tennis Clube Paulista seguiu promovendo campeonatos mistos pelo menos até 1939, caminho que as demais agremiações de perfil semelhante também devem ter seguido.

Nesse meio-tempo, entre 1937 e 1938, as mulheres ocuparam um novo segmento: o do pingue-pongue universitário, cuja importância seria enorme para os progressos futuros. Antenadas com os anseios de sua geração, ainda que com muitas ressalvas, estudantes seriam importantes aliadas na luta pela igualdade de gênero dentro dos esportes. Enquanto pensamentos retrógrados barravam as disputas femininas na Liga Paulista e na Associação Paulista, de dentro das universidades partiriam iniciativas para confrontar o caráter excludente dos campeonatos oficiais de pingue-pongue.

De modo geral, até os anos 1930, as atividades esportivas dentro das universidades eram geridas pelos próprios estudantes, que criavam e dirigiam agremiações exclusivas. A partir de então, o esporte universitário passou a organizar-se em São Paulo, tendo como marco a fundação da Federação Universitária Paulista de Esportes (Fupe) em 1934 (Pessoa; Dias, 2019). Consequentemente, desde o início da década o pingue-pongue já movimentava disputas em algumas instituições de nível superior, tais como a Escola Politécnica, que seria incorporada à recém-fundada Universidade de São Paulo, também em 1934, e a Escola Paulista de Medicina, em seu enérgico Centro Acadêmico Pereira Barreto, cujos adeptos do pingue-pongue eram Ernani Picosse, Pedro Porto, Decio Fleury, Mário Setzer e Jacob Goudelmann.

Àquela altura também já existia uma Liga Acadêmica, com treinos semanais de pingue-pongue e amistosos entre os seus filiados, dos quais participavam apenas homens. Segundo as buscas realizadas para este livro, datam de 1937 os primeiros encontros do tipo destinados às mulheres. Em novembro desse ano, o Grêmio Acadêmico Álvares Penteado (Gaap) e o Centro Estudantino Minerva promoveram um embate exclusivamente feminino.[423] "Belas e elegantes jogadas" de Clara, Maria, Zulmira, Marina e Bertha, todas do Gaap, foram destacadas pelo *Estado de São Paulo*.

O nome que mais chamava atenção era o de Bertha, responsável por 40% dos pontos de sua equipe, que saiu vencedora com indiscutível superioridade de pontos: 100 a 50. Não à toa, o jornal disse que ela tinha

---

[423] GRÊMIO Acadêmico Álvares Penteado vs. Centro Estudantino Minerva. **O Estado de São Paulo**, São Paulo, p. 12, 9 nov. 1937.

tudo para tornar-se uma das melhores jogadoras femininas do popular esporte. A título de curiosidade, o Grêmio pertencia à Escola de Comércio Álvares Penteado, fundada em 1902 por Armando Álvares Penteado, reconhecido empresário e cafeicultor cuja família era uma das mais influentes na capital paulista. A instituição, além de pioneira na inclusão das mulheres ao pingue-pongue universitário, seria aquela que, na contramão de suas semelhantes, promoveria apenas disputas sem distinções de gênero durante a segunda metade da década. Às vezes, o único detalhe a sofrer alterações entre homens e mulheres era o placar: geralmente terminavam em 200 e 150 pontos, respectivamente.

Se hoje ainda há muito o que ser feito para combater a inacessibilidade do ensino superior às camadas mais pobres da sociedade, em meados dos anos 30 o abismo era absurdamente maior. Naquele contexto, estudantes de cursos superiores eram, majoritariamente, filhos das elites econômicas e políticas, de tal modo que tinham *status* de futuras lideranças da nação (Pessoa; Dias, 2019). É por isso que quando não estavam disputando amistosos entre si, faziam-no com clubes como o São Paulo Tennis Club e o Tennis Club Paulista, agremiações igualmente elitizadas e restritas aos seus semelhantes.

Nesse sentido, dois grupos com objetivos bem diferentes dividiam as páginas dos jornais, sem nunca se misturarem: tratava-se do grupo formado por clubes cujas atividades do pingue-pongue aconteciam em torno da Liga Paulista e da Associação Paulista, e do grupo formado por universitários e clubes elitizados (muitos dos quais adeptos do tênis de campo), que viam no pingue-pongue um passatempo distintivo, ideal para a manutenção da saúde. O principal diferencial entre si estava no fato de que o primeiro ignorava as mulheres, enquanto o segundo promovia disputas mistas e/ou femininas de pingue-pongue.

Um esforço rumo à aproximação desses dois grupos deu-se em outubro de 1938, quando novamente o Centro Acadêmico Álvares Penteado promoveu um campeonato interno de duplas mistas destinado a estudantes do ensino superior. Estiveram presentes na primeira turma Bertha e Paradiso, Ignez e Adib, Gilda e Jorge, Kitty e Aldo, Cecília e Leitão, Sônia e Raymundo. Antes das partidas principais havia partidas individuais preliminares, tais como a revanche entre Bertha, a melhor jogadora da primeira turma feminina, e Adib, o melhor jogador da terceira turma masculina. Nota-se que era normal mulheres enfrentarem homens no

Grêmio Acadêmico Álvares Penteado. Porém o tal campeonato de duplas mistas também incluía em sua programação oficial um jogo de exibição entre Ricardo D'Angelo e Bologna, dois dos melhores nomes da Associação Paulista naquele momento.

Embora os resultados das referidas partidas não tenham sido divulgados nos dias que se seguiram, sabe-se que ao final do evento um refinado *cocktail* foi servido para o desfrute de todos os presentes. Passado quase um século dessa aproximação, o saldo é muito positivo: o tênis de mesa universitário e o tênis de mesa de alto rendimento caminharam lado a lado a partir da regulamentação da modalidade. Nas décadas posteriores, os principais nomes da modalidade estiveram por protagonizar eletrizantes disputas representando suas instituições, de modo que o esporte universitário virou uma verdadeira vitrine do esporte profissional. Claro que em meio a tudo isso, a recreação e o lazer também estiveram presentes, afinal, o tênis de mesa jamais deixou de ser um divertimento aos estudantes do ensino superior.

Os campeonatos inovadores do Centro Acadêmico Álvares Penteado seguiram firmes até 1939, quando em sua última aparição nos jornais da década houve a participação dos seguintes estudantes universitários: Ciro, Sofia, Edgard, Julio, Policastro, Carlos, Berta, Paradiso, Castagnari e Iwama.[424]

Para o pingue-pongue feminino, a década terminava, portanto, com avanços e retrocessos: disputas cada vez mais recorrentes, com maior espaço de divulgação na imprensa; ao passo que crescia a participação masculina em diferentes formatos de disputa do pingue-pongue regulamentado, a participação feminina em competições oficiais ainda não havia se materializado.

Apesar dessa constatação, sobressai-se que o Gaap possibilitou um aprimoramento técnico diferenciado em comparação a muitos dos seus concorrentes. Enquanto outros clubes e universidades tinham jogadoras recreativas e ocasionais, tudo indica que as "alvaristas" promoviam treinamentos e campeonatos femininos com seriedade e frequência inéditas.

Conclui-se que os significados por trás do pingue-pongue feminino passavam por uma transformação, pois lentamente a participação das mulheres deixava de ser apenas um modo delicado de distinção social.

---

[424] TORNEIO dos 10 minutos do Grêmio Acadêmico Álvares Penteado. **Correio Paulistano**, São Paulo, p. 13, 7 mar. 1939.

Perante os olhos da época, era a preservação de supostos traços de feminilidade que seguia legitimando a sua prática, no entanto, aspectos morais começaram a se chocar com a competitividade das "alvaristas".

Essas universitárias disputavam categorias exclusivamente femininas, colecionavam troféus e treinavam semanalmente. Isto é, não se tratava, como antes, apenas de mulheres que almejavam *status*, corpos e uma maternidade saudáveis. Já existia também um segmento de mulheres que valorizava o mérito de seus esforços atléticos e alimentava o desejo de vencer. Não à toa, tal segmento estava concentrado no Gaap, o único a propiciar as condições necessárias para tal, provavelmente por reivindicações das próprias mulheres.

Vale dizer que nas disputas masculinas estaduais e nacionais de modalidades como o atletismo e o futebol, atletas universitários ocupavam posições de destaque nos círculos esportivos (Pessoa, 2022). Se por um lado isso não ocorria no pingue-pongue praticado pelos homens, em que os clubes de maior destaque eram de perfil médio e popular, por outro tem-se que as melhores jogadoras paulistas eram as representantes do restrito universo acadêmico do Gaap, como sugerem os jornais consultados.

Rio de Janeiro

No Rio de Janeiro, o pingue-pongue chegou aos círculos universitários antes mesmo do que em São Paulo. Em 1927, tem-se notícia de que a diretoria do Clube Atlético Acadêmico de Medicina, localizado à época na extinta praia de Santa Luzia, deliberou em reunião a compra de uma mesa de pingue-pongue e o seu aparelhamento, isto é, redes, suportes, raquetes e bolas.[425]

Os estudantes de Medicina envolvidos nessa agremiação faziam parte da Universidade do Rio de Janeiro (URJ), primeira universidade criada pelo governo federal, que tinha sua origem relacionada a três escolas veteranas: a Faculdade Nacional de Medicina (criada em 1832), a Escola de Engenharia (criada em 1810) e a Faculdade Nacional de Direito (criada em 1891). A partir dos anos 1920, os três cursos citados passaram a compor uma única universidade, embora funcionassem de maneira independente, com sedes distintas.[426]

---

[425] UM GESTO de fidalguia dos C. A. Acadêmicos de Medicina. **O Globo**, Rio de Janeiro, p. 7, 3 maio 1927.
[426] Posteriormente, em 5 de julho de 1937, a Lei n.º 452 transformou a URJ em Universidade do Brasil (UB), momento em que diversos institutos e áreas foram incorporados. Já em 1965, foi sancionada a Lei n.º 4.759,

Ao que parece, o pingue-pongue foi rapidamente aprovado pelos associados do C. A. Acadêmico de Medicina, pois poucos dias depois da compra dos materiais necessários para a sua prática consta que José Scheikrmann foi nomeado diretor da modalidade, cabendo a ele apresentar as bases para organização de campeonatos internos.[427] Estipulou-se, então, um valor fixo de inscrição de 2$000 para os membros do C. A. Acadêmico de Medicina, e 10$800 para interessados de fora.[428] Cada inscrito ainda poderia levar duas moças acompanhantes, o que reforça o intuito da prática esportiva em ambientes universitários na época.

Tratava-se de um encontro de uma parcela ínfima da população brasileira voltado, portanto, à distinção e à interação social das elites. Há de se ter em conta que poucos tinham acesso ao ensino superior, mas se tratando de um curso historicamente conservador como a Medicina, as questões de gênero também eram outro impeditivo, de modo que mulheres representavam uma minoria dos estudantes e frequentemente sofriam discriminação na área.

Não foi possível encontrar mais informações sobre o primeiro campeonato organizado pelo C. A. Acadêmico de Medicina. Novas notícias datam de 1928, quando, segundo *O Globo*, a "valorosa agremiação de propósitos tão nobilitantes" estava preparando um campeonato individual para os estudantes da URJ. Cada partida terminaria em até 30 pontos, as bolas e as raquetes seriam oferecidas pelos organizadores, e as turmas poderiam ter de 8 a 12 inscritos.[429] Depois disso, a agremiação sumiu dos jornais, mas é provável que as atividades relacionadas ao pingue-pongue tenham continuado até o fim da década, com um *status* recreativo dentro da sua programação social.

Com a chegada dos anos 1930, se em São Paulo a prática feminina do pingue-pongue já era uma realidade em clubes elitizados e, posteriormente, nos círculos universitários, o mesmo não ocorreria no Rio de Janeiro. Poucas eram as menções às mulheres envolvidas com a modalidade esportiva, talvez por menor identificação com as suas características ou por maior resistência

---

que reorganizou a UB e consolidou a nomenclatura atual: Universidade Federal do Rio de Janeiro (UFRJ), em funcionamento até os dias atuais. Disponível em: https://ufrj.br/acesso-a-informacao/institucional/historia/. Acesso em: 27 fev. 2023.

[427] OS ÚLTIMOS trabalhos da directoria do C. A. Acadêmicos de Medicina. **O Globo**, Rio de Janeiro, p. 7, 21 maio 1927.

[428] A REUNIÃO do C. A. Acadêmicos de Medicina. **O Globo**, Rio de Janeiro, p. 7, 24 maio 1927.

[429] TORNEIO interno do C. A. Acadêmicos de Medicina. **O Globo**, Rio de Janeiro, p. 7, 30 maio 1928.

por parte dos dirigentes cariocas. De todo modo, um dos primeiros clubes a promover disputas para ambos os sexos na capital da República tinha um perfil muito parecido com os pioneiros da capital paulista.

Em 1931, o Gávea Sport Club preencheu algumas vagas pendentes do seu setor esportivo. Entre as pessoas selecionadas, uma mulher seria escolhida como capitã-geral do pingue-pongue, cargo equivalente ao de diretora da modalidade dentro da hierarquia interna da agremiação. O jornal *O Globo* viu isso como uma "iniciativa feliz e digna de elogios", pois contribuiria para a formação de turmas femininas de pingue-pongue, até então inexistentes.[430] Por outro lado, o nome da mulher que estava prestes a ocupar o referido cargo não foi sequer mencionado pela notícia.

Como era de se esperar, dois meses depois o Gávea Sport Club divulgava o seu primeiro campeonato interno com categorias para homens e mulheres: as disputas seriam nos formatos individual masculino e feminino, duplas masculina e feminina, e duplas mistas.[431] Dentro das buscas realizadas para a escrita deste livro, consta que foi uma das únicas agremiações a promover e divulgar campeonatos do tipo nos anos 1930, algo que só se materializou depois de uma mulher ocupar um posto de direção esportiva. Tratava-se de um clube elitizado e conhecido pela atuação no tênis de campo, algo que explica, conforme vimos na discussão sobre São Paulo, possíveis influências culturais e de classe por trás da participação feminina enquanto jogadoras.

Mais adiante, uma iniciativa curiosa e um tanto quanto contraditória foi divulgada pelo *Jornal do Brasil*, em 1933. Segundo a notícia, o Grêmio P. Leopoldina estava por organizar um grandioso festival de confraternização interclubes, cujo intuito era homenagear as suas associadas.[432] Na programação constavam cinco provas de pingue-pongue, cada uma delas simbolizando uma mulher diferente: as senhoritas Edmea Ramos, Maria Callil, Zuleica Ramos, Neuza Pizs e Maria Lae Chaves. Foram convidados os seguintes clubes: Alvacelli F.C., Combinado Gonzaga Duarte, Combinado Última Hora, Hellenico A.C., Éden A.C., Ramos F.C., S.C. Chevalier, S.C. Aracaty e Amantes da Arte Club.

Apenas nomes masculinos são colocados em destaque pela notícia, tais como o de Brasil Carvalho, que discursaria para saudar todos os jogadores e clubes participantes, e o de Eduardo Magalhães, sócio-fundador do Grêmio P. Leopoldina. É de pelo menos se estranhar que num festival em

---

[430] PING-PONG. **O Globo**, Rio de Janeiro, p. 7, 13 jan. 1931.
[431] AS INSCRIÇÕES para os jogos internos do Gavea Sport Club. **O Globo**, Rio de Janeiro, p. 7, 12 mar. 1931.
[432] PING-PONG. **Jornal do Brasil**, Rio de Janeiro, p. 8, 23 jul. 1933.

homenagem às associadas de uma agremiação, nenhuma mulher estava escalada para disputar as partidas de pingue-pongue que constavam na programação. Aliás, todo o cronograma oficial, que também incluía outras modalidades esportivas, seria protagonizado por homens. Como de costume, as mulheres poderiam estar presentes nos assentos da torcida, com a principal função de darem assistência aos homens.

A partir da segunda metade da década, as menções às mulheres envolvidas com o pingue-pongue carioca tornaram-se ainda mais raras. Da mesma forma como em São Paulo, elas eram alijadas dos campeonatos oficiais – a presença nesses eventos só poderia ocorrer quando fossem apoiadoras dos competidores, mas nunca como jogadoras. A grande diferença é que na capital paulista a participação feminina, ainda que marcadamente em ocasiões restritas e elitizadas, deu-se em maior peso e seriedade. Para tanto, contou com o meio universitário enquanto grande incentivador, algo que não ocorreu na cidade carioca.

Ao compararmos os dois centros urbanos, nota-se como em São Paulo estava sendo maturado um grupo de mulheres que queria treinar semanalmente, competir e ganhar medalhas no pingue-pongue competitivo, enquanto no Rio de Janeiro o cenário era mais obsoleto, exclusivamente voltado a um envolvimento de caráter pontual, recreativo e, quando muito, educativo.

4.5 A INFLUÊNCIA DO HIGIENISMO E A CHEGADA DO PINGUE-PONGUE ÀS ESCOLAS

Durante os anos 30, as capitais paulista e carioca já se encontravam familiarizadas com o pingue-pongue, disponível nas salinhas acanhadas de diferentes clubes, fossem aqueles frequentados por endinheirados ou pelas classes populares. O pingue-pongue era um esporte que exigia espaços pequenos, uma mesa, raquetes de madeira e bolinhas de celuloide. Entre os materiais necessários, apenas a pequena bola não era fabricada no Brasil, logo, precisava ser importada. Por outro lado, tal item já estava presente nas prateleiras das principais lojas de artigos esportivos. Era questão de tempo até que o pingue-pongue chegasse às instituições de ensino como uma opção de prática esportiva adequada aos ideais da época, acontecimento que estaria diretamente relacionado à influência do higienismo na educação física escolar. Cabe, portanto, uma breve contextualização do tema.

O higienismo, criado pela elite médica estrangeira ao longo do século XVIII, consistia numa técnica geral voltada à saúde que buscava intervir na sociedade mediante a mudança de hábitos, costumes, crenças e valores, para, então, prover uma educação física moral, intelectual e sexual às famílias (Milagres; Silva; Kowalski, 2018). Tal visão logo ganhou destaque em estruturas administrativas, influenciando política e socioeconomicamente os países aderentes.

As primeiras manifestações do higienismo no Brasil surgiram entre o final do século XIX e início do século XX, período no qual havia um incessante desejo de modernizar o país frente ao seu passado colonial e agrário, o que incluía constantes preocupações com as moléstias da época e com a formação de uma juventude sadia. Para tanto, o higienismo era tido como a melhor solução, pois propunha a defesa de pilares essenciais, como a saúde, a educação pública e o ensino de novos hábitos higiênicos pela medicina social (Milagres; Silva; Kowalski, 2018).

No que se refere à educação física escolar, ela já existia em algumas instituições de ensino brasileiras desde a primeira metade do século XIX, diretamente influenciada por modelos europeus de ginástica (os modelos que mais se destacaram foram o inglês, o alemão, o sueco e o francês). Com a virada de século, é a partir da década de 1910 que práticas esportivas começam a ganhar espaço na programação educacional, sobretudo no Rio de Janeiro, centro político-administrativo do país (Melo, 2022a). Nesse sentido, certos esportes passam a compor uma educação física moderna, sendo ela a principal ferramenta das elites dirigentes para moldar o comportamento juvenil dentro das escolas, evitando, assim, o ócio da mocidade (Júnior et al., 2021).

Durante a década de 1930, acreditando em seu potencial para educar física e moralmente a população, e, por consequência, conduzir o futuro da nação ao progresso, o modelo francês de educação física foi adotado e utilizado como instrumento de militarização do conteúdo lecionado. Ademais, com a chegada de Getúlio Vargas ao poder, o Estado passou a intervir de maneira mais enfática nos campos da educação e da saúde pública, o que colaborou para uma reforma de hábitos relacionados à higiene e ao preparo do corpo: as estratégias adotadas consistiam em palestras, atendimentos médicos e dentários, visitas a escolas e domicílios, exames, vacinações e até mesmo cirurgias (Júnior; Silva, 2016).

Mas quais eram as práticas esportivas bem vistas pelo higienismo e pela educação física escolar? Para os médicos da época, os exercícios físicos deveriam ser pautados na ciência e ter como princípio a moderação e a negação dos exageros, havendo certa centralidade nos esportes modernos associados aos ingleses, nos jogos infantis e pedagógicos de origem norte-americana e nas ginásticas europeias (Junior et al., 2021).

Pois o pingue-pongue enquadrava-se perfeitamente bem nesse perfil, posto que era uma prática esportiva criada na Inglaterra, associada desde o início a lances comedidos e moderados, portanto seguros à integridade de seus jovens praticantes nas grandes cidades. Em contrapartida, modalidades consideradas violentas, tais como o futebol, já muito popular àquela altura, eram criticadas e recebidas com desconfiança por alguns médicos higienistas, afinal, seriam supostamente prejudiciais à educação física e moral da mocidade. É por isso que o pingue-pongue levava vantagem, por exemplo, nos grupos de escoteiros, contexto igualmente marcado pelos princípios do higienismo.

Feita esta introdução ao tema, a seguir vejamos alguns exemplos que sinalizam a penetração do pingue-pongue em ambientes escolares de São Paulo e do Rio de Janeiro. Embora hoje seja comum encontrar crianças de todo o Brasil se divertindo com a prática durante o recreio escolar e as aulas de educação física, tal dinâmica teve como ponto de partida os anos de 1930.

São Paulo

Nas escolas primárias de São Paulo, buscavam-se as melhores condições sociais e higiênicas a fim de evitar moléstias e formar seres sadios. Em 1933, cabia ao recém-criado Serviço de Higiene e Educação Sanitária Escolar, um dos braços do Departamento de Educação do Estado, organizar palestras, exames médicos e inspeções domiciliares para promover os benefícios da atividade física à saúde das crianças. Eram também algumas atribuições do órgão: "promover a formação da consciência sanitária dos escolares", "facultar o melhor desenvolvimento físico e psíquico e o trabalho mental dos escolares pela administração de cuidados higiênicos e de origem médico-pedagógica", ou, ainda, "organizar e fiscalizar as escolas especializadas, escolas maternais, escolas ao ar livre, e colônias de férias, para onde serão encaminhados os escolares que de tais recursos necessitarem".[433] Tal postura foi disseminada com a reforma educacional promovida por Fernando Azevedo, que recentemente havia assumido o controle da Diretoria-Geral da Instrução Pública em São Paulo. Embora temporária, a reforma priorizou a cultura física escolar

---

[433] Disponível em: https://www.al.sp.gov.br/repositorio/legislacao/decreto/1933/decreto-5828-04.02.1933.html. Acesso em: 28 out. 2023.

e não mais a regulamentação dos esportes praticados nos clubes, pois acabou com a autonomia do campo da Educação Física, que passava a ser tratado como parte do Departamento de Educação do Estado (Medeiros; Galben; Soares, 2022).

Uma novidade ocorrida nesse mesmo ano foi que o pingue-pongue entrou no caixa escolar de São Paulo, ou seja, destinou-se verba pública para comprar materiais necessários à modalidade, que já era uma das apostas do governo em direção à tônica saneadora e higienista da época. Segundo o jornal *Estado de São Paulo*, as crianças demonstravam grande interesse pelos novos divertimentos e era de se esperar reais vantagens para os "pequenos escolares" da capital paulista.[434]

Antes mesmo disso, sabe-se que já havia turmas de pingue-pongue em instituições particulares, inclusive para as mulheres. Um exemplo era a Escola Cívica Mista, que tinha uma agremiação esportiva formada exclusivamente por moças.[435] O pingue-pongue ocupava um papel de destaque em suas dependências, dirigido pelo treinador "Butifu", conhecida figura do S. C. Internacional. Entre todas as alunas, Elvira Ferrari figurava como a melhor jogadora.

Instituições como o Liceu Nacional Rio Branco e o Colégio Paulista promoviam competições exclusivamente masculinas na primeira metade da década,[436] enquanto na segunda metade da década destacavam-se, no mesmo formato, o Liceu Piratininga, grande difusor dos ideais republicanos, e o Ginásio Piratininga, que promovia campeonatos de pingue-pongue em datas festivas, como a semana da criança.[437]

Por fim, até o final da década, o pingue-pongue também seria uma das atrações da educação física escolar em Santos, cidade do litoral paulista que reunia anualmente cerca de 500 alunos de diversas instituições profissionais da capital, do litoral e do interior para uma colônia de férias. Tratava-se de um encontro destinado ao incentivo da educação física e dos banhos de mar como necessários à manutenção da saúde.

Poucos esportes tinham espaço na sua programação, mas um deles era o pingue-pongue, que contava com uma sala específica para as suas partidas. Na própria cidade de Santos, a modalidade era incentivada

---

[434] JARAGUÁ P. P. C. **O Estado de São Paulo**, São Paulo, p. 6, 29 mar. 1933.
[435] REUNIÕES e festas. **A Gazeta**, São Paulo, p. 2, 21 mar. 1931.
[436] PINGUE-PONGUE. **A Gazeta**, São Paulo, p. 8, 5 set. 1931.
[437] FESTAS escolares. **O Estado de São Paulo**, São Paulo, p. 10, 15 out. 1939.

pela Prefeitura local, já que, ao longo da década, diversos torneios foram promovidos por instituições públicas. Em 1933, por exemplo, um campeonato colegial reuniu o Ginásio Municipal Santista e a tradicional Escola José Bonifácio, sendo que ambos tinham numerosas turmas de pingue-pongue.[438]

Rio de Janeiro

Na década de 1930, a cidade do Rio de Janeiro contava com uma presença significativa de intelectuais comprometidos com a construção de uma reforma mais ampla da sociedade pautada pela modernidade, que residia também nas reformas de hábitos, como a higiene e a educação do corpo (Junior; Silva, 2016). O alvo principal dessa reforma era a população mais jovem que, conforme vimos em capítulos anteriores, já cultivava o pingue-pongue nos principais grupos de escoteiros, tais como o Fluminense F.C.

Havia um grande incentivo para a sua manutenção na agremiação tricolor, visto que, segundo instruções de tropa aprovadas pelo departamento técnico, somente o pingue-pongue e o tênis podiam ser praticados diariamente pelos escoteiros sem prejuízo de instruções.[439] Percebe-se uma preferência pelas duas práticas de raquetes de origem inglesa, cujas características eram consideradas benéficas física e moralmente à mocidade.

Uma das primeiras instituições de ensino a promover o pingue-pongue no Rio de Janeiro era o Ginásio Vera-Cruz. Tratava-se de uma escola particular de orientação católica ligada aos círculos militares e com programação multiesportiva para meninos e meninas.[440] A propósito, havia apenas turmas masculinas da prática, enquanto o voleibol e o basquetebol, por exemplo, dispunham de animadas turmas femininas.

Em 1932, um grande evento esportivo foi promovido pelo Ginásio Vera-Cruz para homenagear Tiradentes, o mártir da Inconfidência Mineira, com a participação do Ginásio 28 de Setembro, do Instituto Rabello, e do niteroiense Ginásio Bittencourt da Silva, os quais disputaram partidas de voleibol, basquetebol e pingue pongue.[441] Cabe destacar o Ginásio 28 de Setembro, onde a prática vinha se desenvolvendo com afinco, a tal ponto

---

[438] CAMPEONATO colegial de pingue-pongue. **Gazeta Popular**, Santos, p. 9, 9 jun. 1933.
[439] O GLOBO entre escoteiros. **O Globo**, Rio de Janeiro, p. 8, 14 mar. 1930.
[440] ACADEMIAS e escolas. **Correio da Manhã**, Rio de Janeiro, p. 7, 12 abr. 1933.
[441] GLORIFICANDO o primeiro martyr da independência no Brasil. **O Globo**, Rio de Janeiro, p. 2, 21 abr.1932.

de sugerir que o educandário dispunha de uma turma de jogadores apta a bater de frente com muitos clubes esportivos.

É importante destacar que os diferentes papéis sociais empregados aos gêneros podiam ser avistados por toda parte, mas um dos maiores problemas residia na educação. De modo geral, era socialmente aceito que as mulheres tivessem um aprendizado diferente dos homens, isto é, mais limitado e voltado ao recato de seus lares, onde deveriam permanecer dedicadas à maternidade.

Um exemplo era o Instituto La-Fayette, tradicional escola para crianças e adolescentes da elite carioca criada em 1916, onde havia cursos técnicos com trabalhos de oficina e laboratório em química industrial, mecânica e eletricidade prática para os rapazes, enquanto para as moças havia os cursos de datilografia e estenografia. Diante dos referidos componentes curriculares influenciados pelo sexismo da época, pode-se imaginar que a prática esportiva era pouco estimulada às alunas do Instituto La-Fayette. No entanto, surpreende que o seu departamento feminino, localizado à Rua Conde de Bonfim, na Tijuca, tenha se mostrado um grande incentivador do tema.

Em 1935, a maior prova disso foi a inauguração de um ginásio de cultura física com características à frente da época para o público feminino.[442] Tal construção obedecia aos mais rigorosos critérios da moderna arquitetura escolar para os esportes educativos, com três pavimentos: no primeiro, um campo de voleibol e basquete, com dimensões oficiais e espaço lateral para assistência, um palco e instalações sanitárias, banheiros, lavatórios e bebedouros higiênicos; no segundo, dois vestiários e uma galeria que se estende em toda a extensão do prédio, destinada ao pingue-pongue e a toda variedade de jogos de salão; no terceiro, um vasto terraço, com dois campos de voleibol e paredes para pelota, servindo ainda para patinação. Tamanha empreitada do "conhecido e conceituado educandário" era digna de "todos os aplausos", pois visava aperfeiçoar e ministrar a cultura física à "infância e à mocidade de nossa pátria".[443]

O pingue-pongue era, portanto, introduzido na educação física escolar enquanto um divertimento ideal para formar a mocidade brasileira. Embora não tenha encontrado mais informações sobre outras escolas, é de se imaginar que os exemplos aqui citados não eram exceções, mas possíveis precursores de algo que viria uma tendência com o passar das

---
[442] PING-PONG. **O Globo**, Rio de Janeiro, p. 8, 4 jul. 1935.
[443] *Idem.*

décadas: mesas de pingue-pongue – ou de tênis de mesa, como viria a ser reconhecido oficialmente – compondo as áreas recreativas de ginásios escolares espalhados pelo Brasil.

Antes de prosseguirmos, a título de curiosidade, vale dizer que as vantagens da prática transcenderam o contexto escolar e, surpreendentemente, também foram reconhecidas pelo Estado enquanto ferramentas de reintegração social para penitenciários. Em 1933, após dois meses de testes, estava por ser inaugurada a Escola de Educação Física da Casa de Correção, uma ocasião especial que contaria com a presença de altas autoridades do governo provisório de Getúlio Vargas.

Um cronista que comentou a novidade não nos deixa dúvidas acerca do papel exercido pelo pingue-pongue no principal presídio da cidade do Rio de Janeiro. Tratava-se, segundo ele, de oferecer aos "segregados da sociedade" exercícios benéficos ao físico, cujo intuito era "transformá-los em homens fortes de corpo e alma, educá-los, inteligentemente, para que, um dia, reintegrados na vida social, possam desempenhar o papel que lhes couber".[444] Tais objetivos e valores eram característicos do período, no qual se definia um interesse nacional fortemente orientado pela presença do Estado (Franzini, 2003). Nesse sentido, a educação física e, por consequência, certas práticas esportivas, também eram consideradas ideais para a reintegração de detentos.

Os testes da Escola de Educação Física que estava por ser inaugurada na Casa de Correção contaram com o protagonismo do pingue-pongue, presença garantida nos programas esportivos dos penitenciários. O uso da mesa montada nas dependências do presídio consistia num dos momentos mais descontraídos em meio à reclusão em que se encontravam os segregados da sociedade. Vale sublinhar que aparentemente nenhum deles era obrigado a praticar o pingue-pongue, a adesão ocorria por opção, segundo o próprio cronista.

4.6 O ESFRIAMENTO DO PINGUE-PONGUE BRASILEIRO DURANTE A SEGUNDA METADE DA DÉCADA

Ao conquistar diferentes endereços e ampliar a sua popularidade onde já estava estabelecido, era de se imaginar que a segunda metade da década prometia avanços ainda maiores para o pingue-pongue em São

---

[444] UMA GRANDE conquista penitenciária. **O Globo**, Rio de Janeiro, p. 1, 9 dez. 1933.

Paulo e no Rio de Janeiro. De 1934 em diante, no entanto, ocorreu justamente o contrário, pois as suas competições sofreram uma perda considerável de visibilidade. O espaço nas notícias diminuiu drasticamente, bem como o número de agremiações dispostas a priorizar o pingue-pongue em suas programações esportivas.

Nesse sentido, foi se constatando que a modalidade, que antes protagonizava disputas nos principais clubes das duas capitais, entrou em declínio e passou a ser cada vez mais associada a um caráter informal ao invés de competitivo. Isso só começou a mudar a partir de 1938, quando discussões incipientes sobre o tênis de mesa regulamentado pela ITTF ganharam força no interior da Associação Paulista e alguns de seus associados passaram a defender a introdução gradual das regras internacionais. Entre 1934 e 1938, há, no entanto, um período da história da modalidade que suscita discussões interessantes sobre a dinâmica das práticas esportivas na época e a forma como elas eram exploradas ou influenciadas pelas elites dirigentes.

Nesses tópicos iniciais, o objetivo é compreender o que motivou o desfecho desanimador do referido intervalo, bem como quais significados estiveram por trás da perda de protagonismo do pingue-pongue nas capitais paulista e carioca. Primeiro cabe uma contextualização das mudanças em curso para depois nos atermos aos contratempos específicos do pingue-pongue e, então, finalmente, apontar as razões complexas que podem ter contribuído para os retrocessos experienciados no seu processo de esportivização.

O caso de São Paulo

Apesar da extinção da Liga Paulista, os atritos envolvendo o seu antigo grupo de jogadores e os partidários da Associação Paulista não cessaram em 1933. Um dos mais prejudicados pelos desdobramentos da trama foi Raphael Morales, considerado por jornais paulistas e cariocas como o melhor jogador de pingue-pongue do Brasil.

Durante cinco anos (1928 e 1933), ele venceu todos os campeonatos individuais que disputou, além de também ter vencido todas as disputas individuais contra os selecionados cariocas, fosse na Pauliceia ou na capital federal.[445] Suas únicas derrotas tinham acontecido em eventos amistosos ou em competições oficiais nos formatos de duplas e equipes.

---

[445] NOS DOMÍNIOS do pingue-pongue official. **Correio de São Paulo**, São Paulo, p. 4, 11 abr. 1933.

Embora tenha se filiado à Associação Paulista após a extinção da entidade regulamentadora à qual originalmente pertencia, a sua trajetória esportiva foi interrompida pelo envolvimento em um polêmico caso de polícia.

Em 1934, Raphael Morales chegou à final do campeonato individual da cidade, tendo como adversário Miguel Maenza. Ocorre que a disputa do título foi marcada por uma briga de torcidas entre os ressentidos pelo desfecho da Liga Paulista frente aos militantes da Associação Paulista. Impossibilitada de continuar, a partida precisou ser interrompida e remarcada.[446] O local do desempate foi a sede da A. A. Telefônica, bairro da Sé, onde cenas de antidesportivismo se repetiram, dessa vez com muitas agressões de ambas as partes.[447] A polícia precisou intervir, Morales terminou suspenso e a partida continuou indefinida, não sendo possível encontrar registros de uma resolução.

Deve-se destacar que o convívio entre as diversas comunidades de São Paulo era conturbado, com conflitos que podiam ser motivados por xenofobia, inclusive entre os próprios trabalhadores da cidade (Streapco, 2015). Evidentemente, tais conflitos também estavam presentes no campo esportivo, portanto não é de se descartar a possibilidade de que, nesse caso, tenham sido insuflados por divergências entre descendentes de espanhóis e italianos, afinal, Morales e Maenza tinham trajetórias na modalidade associadas aos bairros operários, onde tensões envolvendo grupos de imigrantes eram recorrentes.

Havia duas narrativas em disputa: de um lado, a Associação Paulista acusava Morales de ser o instigador do conflito; do outro, o *Correio de São Paulo* dizia que o jogador era perseguido pela entidade regulamentadora, que tentava prejudicá-lo de todas as formas para não vencer o campeonato em questão. As fontes pesquisadas não nos permitem saber se houve um injustiçado ou se todos estavam errados por conta de diferenças irreconciliáveis entre os dois grupos envolvidos no incidente. É preciso, porém, evitar uma análise ingênua sobre tais registros, afinal, os jornais que os divulgaram eram documentos que, como construções tecidas pelo tempo, estavam sujeitos aos seus caprichos, portanto à manipulação dos acontecimentos ou da preservação por indivíduos e instituições, tanto de forma intencional quanto acidental (Medeiros; Dalben; Soares, 2022).

---

[446] UM POUCO de bolinha branca... **Correio de São Paulo**, São Paulo, p. 5, 3 jul. 1934.
[447] *Idem.*

Fato é que Raphael Morales desapareceu das manchetes, assim como a própria Associação Paulista – o jogador voltaria a se destacar novamente apenas na década de 1940, com as regras internacionais do tênis de mesa. Entre 1935, 1936 e 1937, a entidade regulamentadora continuou em atividade, mas com pouquíssimas menções nos jornais de grande circulação. Consequentemente, nos anos em questão, as aparições do pingue-pongue na imprensa voltaram-se a algumas competições promovidas isoladamente pelos clubes particulares. Entre tais clubes, destacaram-se os de orientação católica, responsáveis por organizar amistosos e treinamentos ao longo de toda a década.

Os embates promovidos pela Congregação Mariana do Brás, uma agremiação de quadro social composto basicamente por jovens e trabalhadores de classe média, eram divulgados mensalmente em jornais como *O Estado de São Paulo*. Muito afeita ao pingue-pongue, promovia disputas abertas a outros clubes, tais como o tradicional C. A. Juventus, localizado na Mooca, com quem mantinha uma rivalidade saudável.

Um dos destaques da Congregação Mariana do Brás foi Constantino Dino Acterno, campeão interno em 1938.[448] A agremiação chegou a promover amistosos fechados com congregações do Rio de Janeiro – eventos do tipo faziam do pingue-pongue um elo entre católicos paulistas e cariocas, de tal maneira que a modalidade era utilizada em prol dos seus respectivos objetivos moralizantes.

Também havia pequenas agremiações que se dedicavam exclusivamente à modalidade. O Clube Ardet, por exemplo, logo que abriu as portas, em 1937, escolheu o pingue-pongue como esporte principal.[449] Sua direção buscava jogadores para futuramente participarem dos treinamentos e das competições oficiais da cidade. Destinados aos mesmos fins, os clubes Bologna P. P. C., Arouche P. P. C., Extra Independência P. P. C., Cordialidade P. P. C., Paraíso P. P. C., e Pingue-Pongue Amadores também tentaram se estabelecer na capital paulista, embora tenham sido iniciativas que duraram pouco tempo com as portas abertas.

Por fim, quem mais se empenhou em promover disputas de pingue-pongue naquele período foi o São Paulo Railway Athletic Club (Sprac), fundado em fevereiro de 1919 por funcionários da ferrovia de mesmo nome, a primeira a operar em trilhos no estado de São Paulo. O clube da

---

[448] TENNIS Club Paulista. **O Estado de São Paulo**, São Paulo, p. 12, 22 jan. 1939.
[449] COMUNICADO da Ardet. **O Estado de São Paulo**, São Paulo, p. 13, 1 jun. 1937.

capital paulista proporcionava aos seus membros (aproximadamente 3.500 funcionários da companhia ferroviária) diversas práticas esportivas.[450] Como já era de se esperar, as maiores atenções estavam voltadas ao futebol, mas o pingue-pongue vinha logo em seguida como um de seus destaques nas notícias.

A partir da segunda metade da década, as turmas do Sprac tiveram relevância nos jornais paulistas. O auge dessas atividades deu-se entre 1935 a 1937, quando campeonatos de pingue-pongue reuniram dezenas de jogadores nas dependências da agremiação. Um exemplo foi o "torneio relâmpago", aberto a todos os clubes da capital paulista, com inscrição gratuita, duração de uma única noite, premiação de troféu à turma vencedora, além de medalhas de prata aos maiores pontuadores.[451] Quanto aos seus principais jogadores naqueles anos, cabe citar os funcionários Nunes, Sertório, José, Tito e Ratingueri, campeões internos.[452]

Posteriormente, o Sprac integrou-se às fileiras da Associação Paulista, que voltou a figurar na imprensa somente a partir de 1938. Sabe-se que naquele ano, a entidade organizou um campeonato de duplas para todas as classes, inclusive para as categorias destinadas aos jovens.[453] Cumpre destacar: os campeões da primeira classe, Victorio Mamone e Ricardo D'Angelo, que representaram o São Paulo Railway A. C., embora não haja indícios de que fossem funcionários da empresa; os campeões da categoria juvenil, Aurélio Garcia e Fausto Cesar, representando a mesma agremiação; e os campeões da categoria infantil, Edmundo Marinho e Antonio Augusto, da Associação Atlética Santa Helena, clube localizado no bairro da Sé que teria papel importante com a entrada da década de 1940, quando passou a abrigar alguns dos principais mesatenistas da capital paulista.

O caso do Rio de Janeiro

No Rio de Janeiro, a Liga Carioca de Pingue-Pongue seguiu organizando campeonatos entre 1935 a 1937, porém tais eventos não reverberaram na imprensa da mesma forma como no passado. Ademais, tudo indica que a entidade enfrentou dificuldades para manter um calendário ativo,

---

[450] CAMPEONATO Aberto do S. P. R. **O Estado de São Paulo**, São Paulo, p. 9, 31 jan. 1936.
[451] Idem.
[452] CAMPEONATO Aberto do S. P. R. **O Estado de São Paulo**, São Paulo, p. 9, 22 ago. 1935.
[453] ASSOCIAÇÃO Paulista de Pingue-Pongue. **Correio Paulistano**, São Paulo, p. 12, 20 ago. 1938.

razão pela qual a frequência das disputas oficiais diminuiu. Sabe-se que em 1935, o seu campeonato individual foi vencido por Dagoberto Midosi, após revanche com Melchiades da Fonseca, campeão da edição anterior.[454]

Conforme vimos, o jovem esportista havia iniciado a prática do pingue-pongue em 1930, no Externato São José, colégio em que estudava. Ali se destacou em torneios escolares, até ingressar nas fileiras do Ginástico Português, em 1933, quando conquistou a Taça Lorenzo Nicolai. Com o título carioca de 1935, Dagoberto Midosi passou a ser o melhor jogador em atividade na capital da República, notabilizando-se pela técnica apurada com que se apresentava na empunhadura caneta.

Uma das poucas notícias encontradas sobre os anos seguintes refere-se ao campeonato carioca de equipes de 1937, conquistado pelo Sporting Club do Brasil, localizado no centro da cidade do Rio de Janeiro.[455] Não há referências sobre quem foram os jogadores atuantes na campanha do título, mas àquela altura, nomes como Melchiades da Fonseca, Ivan Severo, Wilson Severo e Hugo Severo treinavam na agremiação. Os três últimos eram irmãos que haviam iniciado na prática do pingue-pongue há apenas dois anos, mas cujo talento prometia um futuro promissor.

Sem mais informações sobre novas competições organizadas pela Liga Carioca de Pingue-Pongue, tem-se apenas relatos posteriores que indicam a descontinuidade das suas atividades entre 1937 e 1938. Sendo assim, um fator que seguramente esteve por trás dos rumos tortuosos tomados pela modalidade foi a ausência de uma entidade regulamentadora. Tratava-se de algo necessário para que o pingue-pongue fosse encarado com seriedade nos círculos esportivos, pois a condição em que se encontrava não apenas aproximava-o da informalidade, mas também atribuía-lhe um *status* desqualificador. Não à toa, após a perda de prestígio da Liga Carioca de Pingue-Pongue, seguida pelo fechamento de portas dessa entidade regulamentadora, a modalidade em seu formato competitivo isolou-se cada vez mais na capital da República.

A mudança de comportamento da imprensa durante a segunda metade da década sustenta os apontamentos feitos até aqui: nota-se uma diminuição perceptível de aparições do pingue-pongue nos jornais, mesmo entre aqueles especializados em matérias esportivas, tais como o *Jornal dos Sports*. Em contrapartida, enquanto poucas competições eram

---

[454] O TENNIS de mesa internacional. **O Globo Sportivo**, Rio de Janeiro, p. 14, 23 maio 1947.
[455] CAMPEONATO de turmas. **Jornal dos Sports**, Rio de Janeiro, p. 3, 26 fev. 1937.

divulgadas, nesses mesmos jornais ganha espaço uma diferente abordagem para as notícias vinculadas à modalidade, cada vez mais retratada com caráter exclusivamente lúdico e recreativo ao invés de competitivo.

Em 1935, por exemplo, propagandas do Banaclub foram uma das poucas referências encontradas sobre o pingue-pongue nos jornais consultados.[456] Tratava-se de uma organização para crianças pertencente à S/A Fábrica Docevita, produtora das famosas guloseimas Banavita, Banamilk e Banamel, todas sobremesas finas à base de banana. Ela situava-se na Avenida Rui Barbosa, na curva da amendoeira, bairro do Flamengo.

Segundo a propaganda divulgada no jornal *O Globo*, o Banaclub consistia numa ideia original, que não existia em nenhum país do mundo e cuja criação partiu de cérebros genuinamente brasileiros. Qualquer menino ou menina pertencente a uma condição privilegiada, é claro, poderia dirigir-se à organização, desde que adquirisse duas latas dos deliciosos doces e as apresentasse no local. Lá, os "banaboys" ou "banagirls" encontrariam uma infinidade de diversões gratuitas, tais como patinetes, velocípedes, automóveis, vários jogos de bola, balanços, gôndolas aéreas, carrinhos de puxar, conjuntos de pingue-pongue e até mesmo uma praia artificial. O lema do empreendimento era "Fazei a meninada feliz, inscrevei (sic) os vossos filhos no Banaclub".

Na mesma direção do caso anterior, crescem os concursos infantis em que o pingue-pongue era um prêmio em disputa pelas crianças. O C. R. Flamengo, tido como o "clube mais querido do Brasil" por alguns jornais cariocas, contou com o patrocínio d'*O Globo* e do *Jornal dos Sports* para promover um desses concursos.[457] Estabelecimentos comerciais ofereciam brinquedos sortidos e diferentes tipos de divertimentos, tais como bonecas, aquários com peixes, automóveis de corda, balanços de jardim e conjuntos de pingue-pongue, como era o caso do Bazar Avenida, localizado na conhecida Avenida Rio Branco.

Meses depois foi a vez do concurso d'*O Globo Juvenil*, no qual as crianças participantes trocavam os cupons publicados no jornal por talões numerados. Esses sorteavam até 500 prêmios, que incluíam velocípedes, patinetes, conjuntos de pingue-pongue e outros divertimentos cobiçados pela gurizada, cujo valor total somava 150:000$000.[458]

---

[456] BANACLUB. **O Globo**, Rio de Janeiro, p. 5, 6 nov. 1935.
[457] UM MEZ apenas! **O Globo**, Rio de Janeiro, p. 7, 1 abr. 1937.
[458] GRANDE concurso do "O Globo Juvenil". **O Globo**, Rio de Janeiro, p. 6, 22 ago. 1937.

Ao final da década surgem ainda as histórias do mágico Mandrake, publicadas às quintas-feiras e aos sábados pelo *Globo Juvenil*. Eram algumas das breves menções ao pingue-pongue na época, que fazia parte do enredo. Segundo uma dessas histórias, Mandrake usava suas técnicas de ilusão para fazer com que duas raquetes jogassem sozinhas, situação inusitada que entretinha os pequenos leitores do jornal.[459]

A abordagem das notícias indica que o pingue-pongue voltou a ser retratado como uma brincadeira infantil no Rio de Janeiro, semelhante ao experienciado nos anos 1900 e 1910. Daí conclui-se que o pingue-pongue estava sendo associado novamente a um jogo de salão, ideal para os momentos de lazer das crianças, desprendendo-se da imagem de um esporte propriamente dito. O mesmo caráter recreativo pode ser observado em clubes como o Centro Cívico Leopoldinense, conceituada sociedade localizada próxima à Estação da Penha. Se antes o pingue-pongue aproximava-se do futebol na programação esportiva de certas agremiações, sempre em segundo plano, mas rivalizando com uma parcela específica de associados, nesse caso ele era um "delicioso divertimento", juntamente ao bilhar, a damas e a outros jogos de tabuleiro.[460]

Evidentemente, tal relação entre o pingue-pongue e o universo lúdico sempre existiram, a depender do contexto. A grande questão é que durante os anos anteriores, ela contrastava com a divulgação de grandes torneios, o que indicava o desenvolvimento de uma modalidade competitiva capaz de reunir assistências numerosas dentro de clubes respeitados do Rio de Janeiro. Na segunda metade da década de 1930, entretanto, o cenário inverteu-se outra vez, prevalecendo uma visão jocosa, quase que incondizente com as qualidades valorizadas pelos círculos esportivos à época.

Um exemplo claro da diferenciação entre o pingue-pongue e outras modalidades por parte da imprensa pode ser observado em uma matéria do *Globo Sportivo*.[461] Ao comentar sobre as atividades desenvolvidas pelo Clube Universitário do Rio de Janeiro (Curj), tal periódico destaca as conquistas obtidas no "terreno esportivo", especialmente os feitos da sua equipe de basquetebol, que contava com alguns dos melhores jogadores da cidade. O xadrez, a dama e o pingue-pongue, por sua vez, são citados

---

[459] O DUELLO do magico contra o criminoso. **O Globo**, Rio de Janeiro, p. 8, 18 out. 1939.
[460] O GLOBO nos clubs. **O Globo**, Rio de Janeiro, p. 4, 18 dez. 1935.
[461] CLUBS universitarios - união do sport e da intelligencia. **Globo Sportivo**, Rio de Janeiro, p. 19, 21 dez. 1938.

como atividades pertencentes a outra esfera. Tratavam-se de jogos de salão que não integravam o "terreno esportivo", isto é, as atividades mais sérias da agremiação universitária.

Há, ainda, uma imagem de Tourinho, que na época defendia o Curj e o Olímpico nas competições de basquetebol, jogando pingue-pongue. Essa prática de raquetes é retratada como uma atividade física descompromissada, ideal para os momentos de lazer dos estudantes de Medicina, Direito, Engenharia ou Cirurgia que, em outros horários, treinavam os seus respectivos esportes, dignos dessa diferenciação.

Figura 17 – Tourinho, jogador de basquete do Curj e do Olímpico, jogando pingue-pongue no salão de jogos da agremiação universitária

Fonte: *Globo Sportivo*, 21 de dezembro de 1938

Os apontamentos feitos até aqui, é preciso reforçar, não significam que a modalidade tenha desaparecido dos antigos endereços que havia conquistado. Na verdade, continuava marcando presença na maioria deles, a diferença é que agora com um *status* inferior, muitas vezes esquecida em salinhas acanhadas, sem empolgar os associados. Da velha guarda, um dos raros clubes que continuou comprometido com o pingue-pongue competitivo foi a Associação Atlética Portuguesa, que abrigou por um tempo os melhores jogadores da época.

Outros clubes chegaram a promover amistosos entre 1936 e 1939, tais como Grêmio Luso, Velo Sportivo Helênico, Piedade Basket Club, Fla Flu F.C., Lapa F.C. e Associação Cristã de Moços, este último responsável por revelar Antonio Correa, jogador que se destacaria com a virada de década. Entretanto, a frequência de eventos do tipo era baixa, sempre com um número inferior de participantes em comparação com os anos anteriores.

Na ausência de uma entidade regulamentadora, Dagoberto Midosi, Eugenio Pizzotti, Horacio Medeiros, Dwalter Silva, Luiz Fróes, Melchiades da Fonseca, os irmãos Severo e outros integrantes do núcleo competitivo do pingue-pongue carioca tiveram poucas oportunidades durante o fim da década de 1930. Frente às perspectivas desanimadoras pela frente, muitos deles abandonaram a modalidade, restando apenas os mais jovens.

As causas do esfriamento do pingue-pongue brasileiro

Se entre 1927 a 1933 constatamos que o pingue-pongue atingiu seu ápice de popularidade em São Paulo e no Rio de Janeiro, a partir de 1934 a modalidade começou a perder a visibilidade e, por consequência, o prestígio que antes ostentava nos círculos esportivos. Pelas próximas páginas vamos nos ater a algumas questões que contribuíram direta ou indiretamente para esse desfecho, relacionadas especificamente aos desdobramentos do pingue-pongue em cada capital e que, portanto, expressam contratempos capazes de impactar o seu desenvolvimento a nível local.

Em São Paulo, uma dessas questões foram os incidentes relatados pelos jornais da época, tais como aqueles envolvendo Raphael Morales e seus rivais no pingue-pongue competitivo do início dos anos 1930. Cabe pontuar que não se tratava de um caso isolado, mas, sim, de desentendimentos entre as torcidas que já se organizavam em torno da modalidade, cada vez mais numerosas e aficionadas à medida que novos ídolos eram forjados na Pauliceia.

Ao final de 1933, para citar outro exemplo, os "torcedores apaixonados" do Centro Democrático Bom Retiro entraram em choque com os torcedores do São Paulo F.C. A disputa em questão, válida pelo campeonato de duplas da Associação Paulista, também virou caso de polícia por conta das agressões registradas, motivadas pela suposta imparcialidade do árbitro da partida.[462] Casos do tipo podem ter contribuído para afastar

---

[462] PINGUE-PONGUE. **A Gazeta**, São Paulo, p. 10, 21 dez. 1933.

o pingue-pongue competitivo de características como a camaradagem e o *fair play*, atribuindo-lhe uma visão preconceituosa nos círculos esportivos mais influentes – formados por classes sociais privilegiadas, já vimos como eles primavam por modalidades educativas, tanto física quanto moralmente, em que o bom comportamento era imprescindível.

Já no Rio de Janeiro, as notícias da época sugerem que uma baixa impactante para os anos seguintes foi o afastamento do Clube Ginástico Português do pingue-pongue competitivo. Dada a notoriedade conquistada por essa agremiação desde os tempos de Brasil Imperial, a sua atuação na modalidade havia sido determinante para organizar campeonatos durante o início dos anos 1930.

Tudo mudou quando, em agosto de 1934, um incêndio destruiu completamente a sua sede, localizada na Rua Buenos Aires.[463] Isso atrapalhou as atividades internas, visto que as boas instalações de que dispunha para a programação esportiva só seriam totalmente restabelecidas em 1938, com a inauguração de uma nova sede na Avenida Graça Aranha.

No intervalo entre um acontecimento e outro, o pingue-pongue foi um dos afetados, posto que durante muito tempo não houve nenhuma notícia sobre novos amistosos e campeonatos promovidos pela agremiação. Além de ter perdido os seus melhores jogadores, que migraram para outros clubes, o Ginástico Português também perdeu Joaquim Alves Martins, antigo diretor da modalidade. Ele era um grande entusiasta do pingue-pongue carioca, cabendo recordar que esteve por trás dos principais eventos ocorridos entre 1928 e 1934.

Martins chegou a presidir a Liga Carioca de Pingue-Pongue,[464] mas o incêndio no Ginástico Português parece ter abalado os seus planos. Mais tarde, ele ingressou no São Cristóvão A. C., onde ocupou cargos de direção da equipe juvenil de futebol.[465] Tanto o Ginástico Português quanto o dirigente esportivo retornaram ao pingue-pongue carioca anos depois, mas sem nunca ocuparem novamente as mesmas posições de destaque nos círculos esportivos.

Para além das circunstâncias específicas de cada capital, também é preciso considerar o nível de estruturação do pingue-pongue, semelhante

---

[463] Essa história é contada com maiores detalhes no website oficial do Clube Ginástico Português, em funcionamento até os dias atuais. Disponível em: http://www.clubeginastico.com.br/historia.html. Acesso em: 9 fev. 2024.

[464] NOVA junta governativa da Liga Carioca de Ping-Pong. **Jornal do Brasil**, Rio de Janeiro, p. 18, 27 fev. 1934.

[465] NOTAS Desportivas. **Jornal do Brasil**, Rio de Janeiro, p. 15, 23 jan. 1935.

nas duas capitais durante o início dos anos 1930, mas que seguia bem distante do encontrado na Europa. Por mais que crescesse, fazendo-se presente em clubes esportivos e associativos dos mais diferentes perfis, a modalidade ainda não estava em conformidade com o formato do tênis de mesa institucionalizado no além-mar.

A razão disso não residia na desinformação sobre o tema, afinal, as visitas do alemão Máximo Cristal, em 1929, e do inglês Fred Perry, em 1930, mostraram aos adeptos do pingue-pongue que as mesas, raquetes e as regras utilizadas no Brasil eram diferentes do padrão internacional. Ademais, até mesmo o Campeonato Mundial organizado pela ITTF já era divulgado publicamente em jornais como *O Estado de São Paulo* e o *Globo*.[466] Sendo assim, é evidente que os adeptos do pingue-pongue sabiam da existência do tênis de mesa institucionalizado, mas insistiam em ignorá-lo, provavelmente por duvidarem da sua adesão em território nacional.

A partir desses apontamentos, não seria exagero supor que a falta de alinhamento com o padrão internacional também pode explicar o declínio do pingue-pongue nas duas capitais: primeiro, pois o isolamento com o restante do globo e a adoção de um formato próprio aproximava o pingue-pongue brasileiro de uma prática informal, distante dos significados compartilhados pelos esportes em voga na época; segundo, porque esse mesmo formato era desgastante e marcado por diversas partidas acontecendo simultaneamente em diferentes endereços, com tabelas que duravam meses, além de critérios e premiações confusos, questões que dificultavam a cobertura da imprensa e prejudicavam o interesse do público esportivo; terceiro, por conta da ausência de uma representação brasileira que disputasse competições internacionais, característica comum aos esportes mais populares, tendo em mente o nacionalismo exacerbado da época, em que a prática esportiva era utilizada como elemento cultural de identificação, bem como para demonstrações de orgulho e de superioridade frente aos demais países.

Pode-se dizer que o processo difuso de esportivização do pingue-pongue alcançou o seu limite na segunda metade dos anos 1930. A concepção de *esporte* havia se transformado, sob forte influência interna e externa, fazendo com que a modalidade praticada sob as regras brasileiras se aproximasse novamente do *status* vigente no início do século: para a maioria da população, tratava-se de um divertido jogo de salão, muito apreciado nos espaços recreativos, mas distante de embalar os círculos esportivos. Não à

---

[466] NOTICIAS de Esporte. **O Estado de São Paulo**, São Paulo, p. 4, 9 fev. 1935.

toa, o pingue-pongue vai regredir burocraticamente, com o esvaziamento e a perda de prestígio da Liga Paulista, associado ao fechamento da única entidade regulamentadora que havia na capital da República. As poucas competições realizadas dali em diante vão transcorrer desinteressadamente, desconectando-se do público que consumia os noticiários esportivos.

Por fim, cabem as considerações mais profundas e complexas, relacionadas à sociedade de modo geral e aos interesses das elites dirigentes, que eram influentes não apenas nos meios esportivos como também nos meios de imprensa, portanto formadoras de opinião. Afinal, por que, progressivamente, as ocorrências nos jornais sobre o pingue-pongue competitivo diminuíram?

Deve-se considerar que o ganho de popularidade ocorrido entre 1927 a 1933 foi marcado por um processo de democratização da modalidade. Mais acessível aos clubes modestos, o perfil de adeptos do pingue-pongue tornou-se diversificado e as competições oficiais cada vez mais marcadas pela presença da classe trabalhadora. Salvo exceções, tanto em São Paulo quanto no Rio de Janeiro, ganharam destaque os setores médios e populares, sobretudo nos torneios de maior divulgação, algumas vezes chancelados pelos jornais e capazes de reunir centenas de inscritos.

A maioria dos materiais necessários para a prática já eram fabricados nacionalmente e vendidos com preços razoáveis: mesas e suportes com rede demandavam pouco espaço e não eram dispendiosos aos pequenos clubes, assim como as raquetes de madeira pura, de boa durabilidade e passíveis de serem compartilhadas entre diferentes jogadores. Consequentemente, o pingue-pongue deixava de ser considerado um "jogo da moda" para as elites dirigentes, que, com a sua prática, não exibiam mais um meio de sociabilidade refinado e distintivo como no início do século XX.

O pesquisador Kilian Mousset, ao debruçar-se sobre a história do tênis de mesa na França, aponta que um cenário semelhante estava em curso no país europeu. Entre outras motivações, ele sugere que a democratização da modalidade gerou um sentimento de desqualificação social simbólica, tendo incentivado as classes abastadas a abandonarem o formato competitivo para não se misturarem com as classes populares (Mousset, 2017). Isso, sem dúvidas, também pode estar relacionado ao desfecho do pingue-pongue brasileiro, pois a França operava como vitrine para as nossas elites dirigentes, muito influenciadas pelos seus meios de sociabilidade, divertimentos e práticas esportivas.

Cabe reforçar que o tênis de mesa não deixou de ser praticado ou, de um dia para o outro, foi abandonado pelas classes abastadas do país europeu. Na verdade, o pesquisador sugere que houve uma mudança nos objetivos por trás da sua adesão, pois ganhou força em contextos informais, nos quais continuou sendo utilizado com objetivos pedagógicos e de manutenção da saúde (Mousset, 2017). Tal como lá, o pingue-pongue não vai ser esquecido pelas elites dirigentes nas capitais paulista e carioca, mas vai ser novamente relegado a uma posição secundária, de modalidade de menor expressão, ideal para o divertimento das escolas, grupos de escoteiros, pousadas de férias, salões de jogos e momentos de lazer, mas não mais para espetáculos esportivos.

Soma-se a isso o fato de que o pingue-pongue tampouco era lucrativo aos grandes clubes paulistas e cariocas, portanto não havia razão para os dirigentes esportivos seguirem incentivando a sua prática competitiva. Sem o *status* de "jogo da moda" e sem trazer retornos financeiros, deixa de ser gratificante para as elites dirigentes estar à frente da modalidade, que não era mais exclusividade de classe ou meio de distinção social. Motivações do tipo certamente já influenciavam o pingue-pongue competitivo nos anos 1920, mas é a partir da segunda metade dos anos 1930 que ficarão mais evidentes, com o afastamento generalizado dos chamados grandes clubes das entidades regulamentadoras.

Não à toa, sem o apoio dessas agremiações frequentadas pelas elites dirigentes, o pingue-pongue também deixa de interessar aos jornais, que passam a ignorar as competições oficiais. Essas, como já apontado, não deixaram de ser organizadas entre 1935, 1936 e 1937, mas perderam a visibilidade e, inevitavelmente, o antigo número de inscritos e de público. Em seu lugar são noticiados episódios de caráter informal, recreativo, divertido e infantil, reflexos dos novos significados atrelados à modalidade.

1938: um divisor de águas

A situação em que se encontrava o pingue-pongue brasileiro só viria a mudar ao final dos anos 1930, quando a adesão ao tênis de mesa institucionalizado passou a ser defendida. O ponto de partida para essa reviravolta seria a descoberta de Raphael Bologna, jogador da nova geração da Associação Paulista, de uma matéria da icônica revista *Life* sobre o esporte praticado nos Estados Unidos da América (Vinhas; Azevedo, 2006).

Tratava-se de uma reportagem de 1937, centrada em Lou Pagliaro, melhor mesatenista estadunidense da época, com fotos e informações que ilustravam o tênis de mesa institucionalizado, tal como ditavam as normas da ITTF. A partir dela evidenciou-se que: a) as mesas do pingue-pongue brasileiro ultrapassavam as medidas oficiais da ITTF em cerca de 15 a 25 centímetros no comprimento; b) as marcações das mesas internacionais eram diferentes, pois no pingue-pongue brasileiro havia dois círculos, um de cada lado da superfície, por onde o saque e a recepção deveriam ocorrer; c) os nossos jogadores utilizavam raquetes de madeira pura, enquanto no exterior o revestimento de borracha granulada já era difundido; d) os placares e as contagens do pingue-pongue brasileiro eram mais longos e exaustivos, posto que as partidas terminavam com 100, 150 ou 200 pontos corridos, enquanto as partidas da ITTF eram disputadas em melhor de três ou cinco sets, com até 21 pontos cada.

Conforme vimos, não é coerente acreditar que a Associação Paulista não tinha conhecimento de ao menos parte dessas informações. De todo modo, fato é que, após ler a reportagem da revista *Life*, Raphael Bologna compreendeu que a relutância em adotar o padrão internacional não era benéfica para o desenvolvimento da prática de raquetes em nosso país, mas um problema que a mantinha estagnada. Para reverter tal situação, ele não apenas encampou uma campanha de difusão das diferenças existentes como também uniu-se ao jogador francês Kurt Ortweiler, radicado em São Paulo, com objetivo de viabilizar a vinda dos húngaros Miklós Szabados e István Kelen ao Brasil (Vinhas; Azevedo, 2006).[467]

Tratava-se de uma grande oportunidade de conhecer e aprender sobre o tênis de mesa institucionalizado, visto que os convidados eram simplesmente dois dos melhores mesatenistas da época, cujos currículos acumulavam diversas medalhas em campeonatos mundiais. Era o momento certo de recebê-los, pois em 1938 ambos participavam de uma turnê pelos cinco continentes, com exibições e partidas amistosas frente aos locais (Uzorinac, 2001). Acertou-se, então, que eles fariam uma passagem primeiro pelo Rio de Janeiro e depois por São Paulo, onde enfrentariam respectivamente os principais jogadores cariocas e paulistas.

A visita dos húngaros Szabados e Kelén à capital da República foi um dos últimos episódios divulgados pelos jornais cariocas na segunda

---

[467] Miklós Szabados foi campeão mundial individual (1931), hexacampeão mundial de duplas (1929, 1930, 1931, 1932, 1934 e 1935) e tricampeão mundial de duplas mistas (1930, 1931 e 1934), enquanto István Kelen foi pentacampeão mundial de equipes e bicampeão mundial de duplas mistas (Cashman, 2002).

metade da década.[468] A presença de personalidades ilustres despertou o interesse do público esportivo, que mesmo tendo que pagar pelos ingressos, compareceu em peso ao ginásio do América F.C. para assistir a uma das partidas.[469] No que se refere às regras das disputas, adotou-se uma mistura entre o pingue-pongue brasileiro e o tênis de mesa institucionalizado. Os resultados foram arrasadores para os donos da casa, pois os estrangeiros embarcaram para São Paulo sem perder nenhum set. Além disso, pouco depois da *tour* internacional, Dagoberto Midosi, o melhor jogador carioca em atividade, abandonou o pingue-pongue para concluir a faculdade de Direito.

Figura 18 – Registro de Dagoberto Midosi (à direita) no desafio contra os campeões mundiais húngaros, realizado em 1937, na cidade do Rio de Janeiro. O jogador à esquerda não foi identificado

Fonte: acervo da Confederação Brasileira de Tênis de Mesa

---
[468] ESTREAM quinta-feira os campeões mundiaes de ping-pong. **O Globo**, Rio de Janeiro, p. 3, 22 nov. 1938.
[469] OS CAMPEÕES mundiais jogarão quarta-feira no América F. C. **Jornal do Brasil**, Rio de Janeiro, p. 16, 29 nov. 1938.

Já no que se refere à excursão dos mesatenistas estrangeiros para São Paulo, sabe-se que o patrocínio privado de Leon Orbán foi muito importante para viabilizar o evento, assim como os esforços da Associação Paulista que, relutante num primeiro momento, cedeu a Raphael Bologna e resolveu apoiar a empreitada.[470] Cabe dizer que Leon Orbán era diretor do *Diário Húngaro* e conhecido personagem dessa nacionalidade na capital paulista (Fausto, 2016). *A Gazeta* e a Rádio Cosmos também foram colaboradoras do evento, com primeiro encontro marcado para o dia 8 de novembro de 1938, no ginásio da A. A. São Paulo, em Ponte Grande. A programação contava com cinco partidas, sendo estas: exibição de Berta Erlichman e Zulmira Baroni contra Sonia Saloveitec e Sophia Zhroeder, duplistas femininas do Grêmio Acadêmico Álvares Penteado, o que reforça a expressão que a faculdade tinha no pingue-pongue feminino; exibição entre os paulistas Bologna e Montilla; confronto entre S. Kelen e Vitorio Mamone (bicampeão paulista de duplas); confronto entre M. Szabados e Ricardo D'Angelo (bicampeão paulista individual); exibição entre S. Kelen e M. Szabados.

As partidas de exibição foram disputadas em um único set, enquanto os confrontos em melhor de três sets, com placar de até 50 pontos. Os juízes selecionados eram Kurt Ortweiler, Miguel Munhoz, Pedro Guerrero Junior e Antonio Laurito. O valor cobrado para assistir ao espetáculo esportivo foi de 3$000 (arquibancada) e 5$000 (cadeiras).

Embora não haja mais informações sobre as contagens finais das partidas realizadas no primeiro encontro, bem como daquelas que se seguiram, sabe-se apenas que Ricardo D'Angelo foi o único a derrotar um dos ilustres convidados húngaros durante a sua estadia na Pauliceia. O palco da façanha segue desconhecido, mas a sua veracidade é indiscutível, pois cerca de dois mil espectadores presenciaram o triunfo do jogador da Associação Paulista ante Szabados (Vinhas; Azevedo, 2006).

O mais surpreendente é que Ricardo D'Angelo empunhava uma raquete de madeira pura, material tido como ultrapassado no continente europeu. Mesmo em meio ao isolamento, distante das disputas internacionais, um representante do pingue-pongue brasileiro derrotou um campeão mundial de tênis de mesa, naquela que pode ser considerada a primeira vitória internacional do Brasil na modalidade regulamentada pela ITTF.

---

[470] CAMPEÕES húngaros e mundiais de pingue-pongue em S. Paulo. **O Estado de São Paulo**, São Paulo, p. 11, 30 out. 1938.

Figura 19 – Um dos raros registros de Ricardo D'Angelo

RICARDO D'ANGELO foi um dos poucos *ping-ponguistas* a derrotar o campeão mundial Szabados na sua longa temporada internacional, através de varios paizes.

Fonte: *O Globo Sportivo*, 7 de janeiro de 1939

Ainda que a oficialização das regras internacionais só acontecesse de fato na década seguinte, de 1938 em diante alguns campeonatos em São Paulo passaram a introduzir gradualmente o formato apresentado pelos húngaros. A partir de janeiro de 1939, a campanha de divulgação e propaganda do tênis de mesa institucionalizado ganhou força e extrapolou os contornos da capital, incluindo em seus destinos os subúrbios e até mesmo o interior do estado.[471]

Entre os seus atrativos, destacava-se as participações de Ricardo D'Angelo e Raphael Bologna, além de André Montilha e o já conhecido Miguel Maenza. Tratava-se dos melhores nomes da época, pois, segundo uma notícia, eram respectivamente: o único sul-americano a derrotar Szabados, o melhor defensivo da Pauliceia, o campeão paulista e o campeão brasileiro (assim convencionou-se chamar aqueles que já haviam vencido disputas interestaduais entre paulistas e cariocas).[472] Por fim, dizia-se que

---
[471] ASSOCIAÇÃO Paulista de Pingue-Pongue. **O Estado de São Paulo**, São Paulo, p. 8, 6 jan. 1939.
[472] *Idem*.

as partidas de exibição seriam efetuadas conforme as regras oficiais do *table tennis*, explicitando o desejo da Associação Paulista de consolidar o formato institucionalizado pela ITTF.

No decorrer de 1939, a demonstração que mais chamou a atenção ocorreu no tradicional Clube Atlético Paulistano, uma agremiação que desde o começo do século reunia personalidades influentes da elite paulistana. Ao que parece, a Associação Paulista buscava reaproximar-se dos segmentos mais abastados da sociedade a fim de conseguir apoio privado para o desenvolvimento da nova modalidade.

Um dos frutos colhidos nessa aproximação foi o acordo com o Clube Atlético Paulistano para o uso de seu amplo ginásio nas partidas oficiais dos "azes paulistas".[473] Ou seja, se antes o pingue-pongue enfrentava dificuldades em encontrar espaços adequados para as suas disputas, agora o tênis de mesa havia conseguido uma sede que superava expectativas.

Um dos focos da Associação Paulista também era a Penha, bairro operário onde o pingue-pongue encontrava-se em plena atividade, com destaque para o Clube Atlético Estudante da Penha. Em 1938, tal agremiação organizou um campeonato individual para os demais clubes do bairro, segundo o *Correio Paulistano*.[474] Outros clubes que devem ser mencionados são a A. A. Calçado Gentile, o Bolonha Paulista F.C., a A. A. Paulistana, o Palmeiras F.C., o E. C. Penhense Glorioso, além dos recém-adeptos do pingue-pongue, o Clube Atlético Penhense e o Clube Esportivo da Penha, sendo esses dois muito conhecidos no bairro.[475] Apesar do número significativo de praticantes, tais clubes ainda não eram filiados à Associação Paulista, portanto estavam na mira da campanha de divulgação do tênis de mesa.

Em contrapartida, no Rio de Janeiro a situação era mais desanimadora, mesmo após a vinda dos mesatenistas húngaros. Se na capital paulista o episódio em questão reanimou os círculos esportivos em torno do novo formato, na capital da República não houve a mesma adesão. O pingue-pongue carioca chegava ao final da década sem uma entidade regulamentadora, estagnado no seu processo de estruturação, ignorado pelos círculos esportivos e, se não bastasse tudo isso, sem intercâmbios interestaduais com São Paulo (o último divulgado oficialmente havia ocorrido em 1934).

---

[473] PINGUE-PONGUE. **O Estado de São Paulo**, São Paulo, p. 7, 17 fev. 1939.

[474] O DESFECHO do II campeonato individual da Penha. **Correio Paulistano**, São Paulo, p. 9, 24 maio 1939.

[475] PINGUE-PONGUE. **O Estado de São Paulo**, São Paulo, p. 14, 21 maio 1939.

Jogadores da nova geração, como os irmãos Ivan, Wilson e Hugo Severo, não deixariam a modalidade sucumbir apesar de tudo. Ainda que com muitos obstáculos e dificuldades, eles seriam alguns dos principais nomes por trás do desenvolvimento do tênis de mesa brasileiro no início da década de 1940.

É preciso reforçar para evitar confusões: o pingue-pongue praticado no Brasil foi o resultado da incorporação, ressignificação e reformulação de regras e sistemas de disputa superados pelo continente europeu com o passar dos anos – são exemplos disso os placares de 50 a 200 pontos corridos, bem como a determinação de que o saque e a devolução deveriam ser efetuadas no meio da mesa, medida adotada por alguns esportistas britânicos durante o início do século XX para trazer maior fluidez ao jogo.

Sem acompanhar as transformações em curso por conta do isolamento em que se encontrava o nosso país, o pingue-pongue praticado no Brasil não se alinhou às inovações do cenário internacional, o que incluía o advento de revestimentos de borracha para as madeiras, contagem de pontos mais sucintas e especificações das mesas bem definidas. O descompasso foi acentuado pela institucionalização do tênis de mesa, ocorrida em 1926, com a criação da ITTF, órgão responsável por padronizar a modalidade.

Somente países europeus e exceções como os Estados Unidos e a Índia conseguiram implementar as regras padronizadas num primeiro momento. O Brasil, por sua vez, demoraria dezesseis anos para adotá-las oficialmente, algo que, para além da distância geográfica, também se explica pela postura de jogadores e dirigentes locais, favoráveis à preservação de uma prática de raquetes com características próprias.

Consequentemente, o pingue-pongue brasileiro e o tênis de mesa institucionalizado vão coexistir durante o final da década de 1920 e durante toda a década de 1930, o primeiro enquanto uma prática esportiva de regulamentação regional, o segundo enquanto uma prática esportiva de regulamentação internacional. Os meios esportivos, bem como a imprensa, não vão se atentar a esse descompasso e por diversas vezes vão considerar sinônimos ambos os formatos – conforme vimos, o Campeonato Mundial de Tênis de Mesa terá espaço nos periódicos paulistas e cariocas com o nome de Campeonato Mundial de Ping-Pong.

Apenas alguns adeptos competitivos saberão das diferenças existentes entre o pingue-pongue e o tênis de mesa, mas não havia adesão suficiente para substituir um pelo outro. Somente ao final dos anos 1930 e início dos anos 1940 um movimento em prol do tênis de mesa, encabeçado por São Paulo, ganhará força no interior dos núcleos competitivos do pingue-pongue, cenário que será muito influenciado pelos meios de imprensa, interessados em difundir o novo formato por melhor atender aos interesses das elites dirigentes.

O tênis de mesa regulamentado pela ITTF, cada vez mais divulgado pelos jornais após a vinda de Szabados e Kelén ao Brasil, passa a ser considerado o único e verdadeiro esporte. Bem diferente do seu antecessor, tido como ultrapassado, o novo formato carregava outros significados, que iam de encontro ao interesse dos grandes clubes. Não à toa, a campanha de divulgação do tênis de mesa vai ser apoiada pelas elites dirigentes, sobretudo no Rio de Janeiro.

A preferência desse segmento da sociedade pelo novo formato deu-se pelas diferenças explicitadas: o pingue-pongue continuaria sendo a expressão popular da prática de raquetes, enquanto o tênis de mesa emerge como a expressão moderna, mais dispendiosa e distintiva, além de mais alinhada ao pensamento dominante no campo esportivo da época. No capítulo seguinte esses detalhes serão discutidos com maior atenção.

5

ENFIM, O TÊNIS DE MESA (1940-1949)

Com a chegada da década de 1940, a política brasileira continuou centralizada no Estado Novo (1937-1945), sob o comando de Getúlio Vargas. Se por um lado o Presidente da República concedeu importantes direitos aos trabalhadores, como a oficialização da Justiça do Trabalho em 1941 e a criação da CLT (Consolidação das Leis do Trabalho) em 1943, por outro ele seguiu governando de maneira ditatorial, restringindo liberdades civis e perseguindo opositores.

Para forjar uma imagem positiva do governo, em 1939 Vargas criou o Departamento de Imprensa e Propaganda (DIP), cujo objetivo era fazer circular informações que exaltassem a sua figura, o patriotismo e a necessidade férrea de eliminar o regionalismo para unir toda a população em torno da questão nacional. Nesse sentido, diversas manifestações culturais foram censuradas ao longo da década de 1940, enquanto outras foram utilizadas pelo governo para influenciar a opinião pública, a fim de operarem como catalisadores das massas.

O contexto interno foi muito impactado pelo contexto externo, afinal de contas, estava em curso a Segunda Guerra Mundial (1939-1945), o maior conflito bélico já ocorrido em toda a história da humanidade. Dois blocos enfrentaram-se: as potências do Eixo (lideradas pela Alemanha, Itália e Japão) e as potências Aliadas (lideradas pela Grã-Bretanha, Estados Unidos e União Soviética). O Brasil não se envolveu no conflito inicialmente, optando por uma via de neutralidade, mas viu o mercado internacional ser duramente afetado pelo que ocorria no além-mar, tendo as suas relações comerciais prejudicadas.

O processo de industrialização empregado por Vagas conseguiu contornar essa situação e medidas como a Companhia Siderúrgica Nacional (CSN) trouxeram estabilidade à infraestrutura interna. A criação da CSN foi motivada por um alinhamento com os Estados Unidos, algo que mais tarde levou o Brasil a integrar o bloco das potências Aliadas – em 1942, navios brasileiros foram afundados por navios nazistas e Vargas respondeu declarando guerra à Alemanha e à Itália.

Após o término da Segunda Guerra Mundial em 1945, uma contradição ganhou força no contexto interno: o exército brasileiro lutou contra as potências do Eixo, mas o próprio Estado Novo tinha características autoritárias e semelhantes às do nazifascismo. Embora as classes populares tenham permanecido ao lado de Vargas durante todo o período, tal contradição gerou insatisfação entre os militares, que temiam a sua continuidade no poder. Naquele mesmo ano, a alta cúpula do exército brasileiro aplicou um golpe e restituiu as instituições democráticas no país, algo que posteriormente resultou na eleição de Eurico Gaspar Dutra, ex-ministro da Guerra de Vargas, para a presidência da República.

No que diz respeito à esfera cultural, se até os anos 1930 o país era muito influenciado pela Europa – sobretudo pela França –, nos anos 1940 quem passa a ocupar esse posto são os Estados Unidos. O cinema e o rádio foram importantes veículos de disseminação do *american way of life*, tendo grande importância para as transformações da vida pública, da construção de novos padrões de beleza, de moda, de comportamento e de consumo (Soares, 2011).

Sobre a esfera esportiva foi notável a exploração política de diferentes modalidades. Pretendia-se fazer dos esportes um meio necessário ao aperfeiçoamento da nacionalidade e da raça, ideia motivada por princípios supostamente científicos (Franzini, 2014). Novamente, o higienismo e a eugenia são temas recorrentes nos discursos da época, tanto por parte de Vargas quanto de figuras ligadas ao governo, em sua maioria médicos e intelectuais renomados. O futebol era o grande instrumento para esses fins, pois com a grande adesão que dispunha entre as classes populares figurava como um excelente agregador nacional. Não à toa, os estádios destinados aos espetáculos do velho esporte bretão foram palcos de grandes festas cívicas e pronunciamentos importantes ao povo brasileiro, visto que, além das dimensões físicas propícias do local, também simbolizavam o processo de popularização da modalidade percebido por Vargas (Franzini, 2014).

Desde os anos 1930, o esporte já vinha sendo tratado como uma questão nacional, o que despertou a atenção das autoridades públicas frente às divergências entre clubes, dirigentes e entidades de diversas modalidades, especialmente por conta do profissionalismo – oficializado em 1933 –, consistia na possibilidade de jogadores serem remunerados pela atuação esportiva, contrariando os princípios do amadorismo até então defendidos pelas elites.

Foi esse contexto conturbado que motivou a criação da Comissão Nacional de Desportos em 1939, que resultaria posteriormente na promulgação do Decreto-Lei n.º 3.199, responsável por instituir, junto ao Ministério da Educação e Saúde, o Conselho Nacional de Desportos (CND), em 1941 (Franzini, 2014). O novo órgão centralizou a regulamentação esportiva brasileira nas mãos do Estado, responsável por assumir o controle de clubes, dirigentes e entidades de todo o país.

Cumpre destacar que a Segunda Guerra Mundial e o nacionalismo exacerbado defendido pela ditadura estadonovista trouxeram sérias consequências para a manutenção do campo esportivo. Clubes de imigrantes foram vigiados e dirigentes foram perseguidos ou destituídos de seus cargos, sobretudo quando se tratavam de italianos, alemães e japoneses. A nacionalização de todos os setores ligados ao esporte era necessária para aglutinar os cidadãos do território brasileiro em torno de uma identidade única (Drumond, 2009). Portanto, não havia mais espaço para manifestações esportivas que nutrissem identificações étnico-culturais que não as brasileiras, o que levou muitos desses clubes a mudarem de perfil, perdendo seus traços e diluindo a representatividade daqueles que se identificavam como estrangeiros.

Com a Educação Física não foi diferente, pois também constituía uma preocupação nacional desde os anos 1930, ganhando ainda mais importância no debate público brasileiro durante os anos 1940, principalmente no espaço escolar (Negreiros, 2003). Ocorre que a deflagração da Segunda Guerra Mundial fez surgir uma preocupação cada vez maior com a formação das crianças e adolescentes. A Educação Física foi notadamente influenciada por uma perspectiva militarista, com a moral, o civismo e noções militares sobre as responsabilidades do soldado brasileiro sendo incentivados aos meninos, enquanto a enfermagem era o aprendizado das meninas caso tivessem que contribuir para a defesa nacional (Hoche, 2017). As diretrizes da Educação Física, obrigatória desde 1937, passam a ser orientadas por esses preceitos, materializados com a criação da Juventude Brasileira em 1940, que estimulava o patriotismo e o adestramento físicos dos jovens brasileiros (Hoche, 2017).

Durante esse período, o pingue-pongue foi substituído pelo tênis de mesa, modalidade oficialmente reconhecida fora e, a partir de então, dentro do Brasil. Evidentemente, o tênis de mesa não esteve à par do cenário político, econômico e sociocultural da época, tendo sido influenciado pela ideologia dominante da década. Isso pode ser constatado a partir dos discursos dos principais dirigentes que encabeçaram a difusão das regras internacionais, sempre alinhados com os mesmos significados empregados aos esportes e à educação física de modo geral pelo Estado Novo – isto é, atividades necessárias ao regeneramento racial, à formação física, moral e cívica da população brasileira, bem como vitrines do progresso da nação, que precisava ser colocada à prova em competições esportivas com o restante do mundo.

A nova modalidade ganhou projeção nos noticiários esportivos em contraposição ao pingue-pongue, que já não mais interessava às elites naqueles anos 1940. Mesmo após a deposição de Vargas, os princípios norteadores do campo esportivo e da Educação Física permaneceram praticamente inalterados, com os mesmos argumentos pseudocientíficos orientando as políticas nacionais e as condutas de dirigentes esportivos.

5.1 NASCE UMA NOVA MODALIDADE ESPORTIVA EM TERRITÓRIO NACIONAL

Durante a segunda metade da década de 1930, vimos que o pingue--pongue havia perdido a popularidade que um dia ostentou nos círculos esportivos das duas metrópoles mais influentes do Brasil. Em São Paulo, mudanças nesse cenário foram motivadas pela visita dos húngaros Szabados e Kelén em 1938, quando se iniciou um processo de transição gradual do pingue-pongue para o formato institucionalizado pela ITTF.

No Rio de Janeiro, entretanto, o pingue-pongue encontrava-se em uma situação mais desanimadora, permanecendo esquecido pelos jornais de alta circulação. Sem uma entidade regulamentadora, raras eram as notícias destinadas à divulgação e à atualização de suas competições, o que permite inferir que embora estivesse presente em muitos contextos, neles o pingue-pongue passou a figurar mais como uma brincadeira do que como um esporte propriamente dito.

Com a chegada da década de 1940, parte dos adeptos competitivos do pingue-pongue já sabia da existência do tênis de mesa, e que aquilo que performavam em território nacional não encontrava concordância com o esporte regulamentado pela ITTF, entidade consolidada na Europa e nos Estados Unidos. Entretanto, como superar os anos de atraso e de manutenção do pingue-pongue brasileiro se parte dos dirigentes esportivos colocavam empecilhos para a introdução das regras e materiais do tênis de mesa? Nas próximas páginas, veremos como isso se deu nas capitais paulista e carioca.

Raphael Bologna e a inauguração da primeira mesa com as medidas oficiais em São Paulo

Em São Paulo, a Associação Paulista (APPP), à época localizada na Rua 15 de novembro, bairro da Sé, seguia sendo a única entidade regulamentadora do pingue-pongue na cidade. Tinha como filiados mais ativos o São Paulo Railway Athletic Club e o Grêmio Acadêmico Álvares Penteado, despertando também o interesse de agremiações como a Opera Nazionale Dopolavoro do Brás, de orientação fascista.[476] Apesar das tentativas de implementação do tênis de mesa a partir de 1938, diversas foram as vezes em que os dirigentes da APPP optaram por manter o formato do pingue-pongue nas competições oficiais.

Sempre houve quem batesse de frente com essas determinações, cabendo citar Raphael Bologna, um esportista de ascendência italiana que defendia a adoção do tênis de mesa. Em 1939, ele e outros jogadores, como Ricardo D'Angelo, Montilla e Geraldo Pisani, foram responsáveis pela criação de uma campanha de divulgação das regras internacionais, que visava à superação do pingue-pongue brasileiro, considerado ultrapassado. Segundo Bologna, ele e seus companheiros não poderiam:

> [...] ficar a mercê de um punhado de dirigentes que queriam a toda força demonstrar que o tênis de mesa não poderia ser adotado no Brasil, pois todos os jogadores já estavam acostumados à regra brasileira, afirmando, mesmo, muitos deles que esse trabalho seria impossível. [...] Críticas e mais críticas no início, porém a nossa atitude era inabalável (Bologna, 1941, p. 7).[477]

Nota-se que parte dos dirigentes da APPP era contrária à adoção das regras internacionais em São Paulo, pois não acreditavam na popularização do tênis de mesa após décadas de manutenção do pingue-pongue, já bem conhecido pelos clubes paulistas. Ainda assim, no início da década de 1940, a campanha de divulgação encabeçada por Bologna foi adiante, sendo responsável por novas demonstrações das regras internacionais nos grandes clubes de tênis de quadra, nos clubes filiados à APPP, e em quaisquer outros grêmios interessados, fosse na capital paulista ou em cidades do interior.[478]

---

[476] ASSOCIAÇÃO Paulista de Pingue-Pongue. **O Estado de São Paulo**, São Paulo, p. 8, 18 dez. 1940.
[477] BOLOGNA, R. Raphael Bologna escreve para "Jornal dos Sports". **Jornal dos Sports**, Rio de Janeiro, p. 7, 7 dez. 1941.
[478] Uma das primeiras cidades a receber as excursões de divulgação do *table-tennis* foi Jaú, localizada na região central do estado, a aproximadamente 300 km da capital paulista. Por lá já existia a Liga Jauense de

Fato é que, enquanto acontecia essa disputa interna de programas estratégicos sobre adotar ou não o novo formato, a APPP foi gradualmente cedendo às iniciativas de Bologna e seus companheiros. Sendo assim, enquanto seguia divulgando campeonatos individuais com as normas do pingue-pongue, a entidade também aprovou resoluções que visavam à promoção e à difusão do tênis de mesa.

Um importante apoiador da campanha de divulgação do tênis de mesa foi o Centro Associativo Fazenda Estadual (Cafe), clube da Secretaria da Fazenda do Estado de São Paulo. Fundado no final da década de 1930 com endereço na Rua da Quitanda, região da Sé, o Cafe passou por uma reformulação administrativa que incrementou todas as suas instalações esportivas em 1940. O escolhido para dirigir o departamento da prática de raquetes foi o próprio Bologna, principal voz a favor do tênis de mesa na capital paulista. Para o periódico *Estadão*, tratava-se de uma iniciativa feliz, pois o Cafe reconhecia a utilidade esportiva e social do *novo formato*, mostrando-se à disposição para apoiar o trabalho de implantação das regras internacionais em São Paulo.[479]

Figura 20 – O jogador e dirigente esportivo Raphael Bologna

Fonte: *Jornal dos Sports*, 7 de dezembro de 1941

Pingue-Pongue. NOS DOMÍNIOS do tênis de mesa. **Correio Paulistano**, São Paulo, p. 8, 6 jan. 1942.
[479] C. A. FAZENDA Estadual. **O Estado de São Paulo**, São Paulo, p. 9, 11 set. 1940.

Em comemoração do seu aniversário de fundação, em novembro de 1940, o Cafe inaugurou a primeira mesa com as medidas oficiais do tênis de mesa no Brasil (Vinhas; Azevedo, 2006), que eram de 2,75 metros de comprimento por 1,53 metros de largura, com altura de 0,77 metros. No evento houve partidas de demonstração dos já mencionados jogadores da APPP, cabendo destacar, ainda, a participação feminina de Bertha Erlichmann e Sofia Schroeder do Grêmio Acadêmico Álvares Penteado, em conjunto de Hansi Dulberg e Ruth, alemãs radicadas em São Paulo.[480] As partidas ocorreram em melhor de três sets de 21 pontos, deixando para trás o antigo placar que terminava em 100 pontos corridos nas disputas individuais, além de terem seguido à risca a obrigatoriedade de, durante o saque, a bola tocar primeiro no lado do sacador para então passar sobre a rede e tocar no lado do rebatedor. As iniciativas em prol do tênis de mesa também seriam apoiadas pela Diretoria de Esportes do Estado de São Paulo, o primeiro órgão público a reconhecer oficialmente a existência da modalidade, sob a presidência do capitão Silvio Padilha.[481]

E assim prosseguiu durante o restante do ano: torneios de curta duração com as regras internacionais e excursões de divulgação do tênis de mesa em todo o estado. Mesas com as medidas oficiais passaram a ser inauguradas em diversos contextos, ao passo que o novo formato foi gradualmente se tornando conhecido, sobretudo nos clubes com maiores recursos financeiros.

Ao final de 1941, o *Correio Paulistano* já mencionava na sua sessão esportiva que estava superado "o pingue-pongue divertimento, o pingue-pongue praticado viciosamente".[482] Uma nova modalidade havia o substituído: o tênis de mesa, que diferentemente do "velho" e "arcaico" formato anterior, tratava-se de um esporte apreciável, com regulamentos internacionais.[483] Nota-se como a prática de raquetes, apoiada e reconhecida pelos principais meios de comunicação da capital paulista, ganhava uma nova roupagem. Há pouco esquecida quando chamada de pingue-pongue, volta a ser considerada moderna com as regras internacionais do tênis de mesa, conforme sugere entusiasticamente o *Correio Paulistano*:

> Velhos azes do velho pingue-pongue estão se compenetrando das vantagens do tênis de mesa, cujas regras, oficial-

---

[480] FESTIVAL Esportivo do C. A. Fazenda Estadual. **O Estado de São Paulo**, São Paulo, p. 6, 3 nov.1940.
[481] O DESENVOLVIMENTO do tênis de mesa no Brasil. **Correio Paulistano**, São Paulo, p. 12, 23 dez.1941.
[482] Idem.
[483] AS REGRAS oficiais do tênis de mesa. **Correio Paulistano**, São Paulo, p. 8, 24 dez. 1941.

mente adotadas pela Federação Paulista, tanta projeção e incremento vieram dar ao pingue-pongue paulista, quando este se achava em um período de franco declínio, quase que em plena agonia. Como uma moderna Fênix, o tênis de mesa surgiu brilhantemente das próprias cinzas daquele arcaico joguinho passa-tempo, para se tornar, repleto de novas energias, na nova e vitoriosa modalidade de educação física que cada vez mais vai se firmando como uma gloriosa realidade no cenário esportivo (Nos Domínios, 1941, p. 12).[484]

É imprescindível citar o papel da imprensa, decisiva na divulgação e na popularização do tênis de mesa a partir daquele momento. Os periódicos que mais apoiaram a causa foram o *Correio Paulistano* e *A Gazeta*, este último na pessoa de Miguel Munhoz, um jornalista apaixonado pela modalidade que atuou como árbitro em diversas competições promovidas pela APPP.[485] Tal entidade, é preciso dizer, passou a se chamar Federação Paulista de Pingue-Pongue (FPPP) ao final de 1941.

Curiosamente, dirigentes optaram por não incluir o "tênis de mesa" em seu nome, talvez por acreditarem que a relação com o antigo pingue-pongue poderia atrair mais associados, afinal, ainda era a expressão mais conhecida para referir-se à prática de raquetes, sobretudo fora do eixo da capital – aparentemente, a APPP passaria a ser chamada de FPTM (Federação Paulista de Tênis de Mesa) somente em 1942.

Francisco Nunes foi eleito presidente da entidade, ao passo que também exercia o cargo de diretor esportivo no São Paulo Railway, agremiação da primeira divisão do futebol paulista. A partir desse período, o tênis de mesa e o pingue-pongue passaram a ser distinguidos pelos jornais, que tinham clareza acerca do que cada formato representava: o "novo" e o "arcaico", respectivamente.

Lourival Carvalho e o *Jornal dos Sports*

Conforme vimos, o pingue-pongue encontrava-se em uma situação delicada na capital da República. Por lá sequer havia uma entidade regulamentadora, portanto raras eram as competições organizadas anualmente. Não seria exagero dizer que, para os círculos esportivos, a prática tinha o *status* de um jogo infantil, despretensioso frente ao contexto da época.

---

[484] NOS DOMÍNIOS do tênis de mesa. **Correio Paulistano**, São Paulo, p. 12, 6 dez. 1941.

[485] Infelizmente, não foi possível acessar o acervo histórico do jornal *A Gazeta* referente ao período estudado, o que limitou parcialmente a busca por informações da estruturação do tênis de mesa paulistano na época.

Quando quase ninguém mais acreditava no seu ressurgir, uma surpreendente reviravolta estava por ocorrer.

Tudo começou com Lourival Carvalho, um cronista que até então tratava apenas de futebol e carnaval em suas linhas. Sem nenhuma experiência prévia, em 1941 ele foi indicado por Guilherme Ferreira, antigo adepto do pingue-pongue, para escrever sobre a prática de raquetes no *Jornal dos Sports*.[486] Fundado em 1931, tratava-se do primeiro diário exclusivo de esportes no Brasil, o qual atendia a um amplo público, pois contemplava todas as modalidades, do tênis ao golfe, do remo ao atletismo, do boxe ao hipismo (Hollanda, 2012). Faltava, entretanto, o tênis de mesa, novidade que vinha repercutindo entre esportistas, clubes e dirigentes de São Paulo. Embora a ideia de Guilherme Ferreira parecesse descabida se considerarmos a situação de completo abandono em que se encontrava o pingue-pongue no Rio de Janeiro, ela foi surpreendentemente bem recebida por Everardo Lopes, secretário e redator no *Jornal dos Sports* desde o início de sua circulação (Couto, 2017).[487]

Aparentemente, Lourival, Guilherme e Everardo eram amigos próximos, que na contramão da maioria dos círculos esportivos da cidade do Rio de Janeiro, acreditaram na causa do tênis de mesa. Quem nos explica mais detalhes sobre a adesão do referido jornal ao novo formato é o próprio Lourival:

> Foi Guilherme Ferreira quem me lançou à luta.
>
> Desde os tempos do seu pai que eu sabia das diabruras do pequeno, contadas pelo velho, orgulhoso das vitórias do filho querido. Eram fatos passados na sede do Vasco da Gama, do qual ele era sócio, eram proezas do garoto num clube da Praça Onze. O prestígio de Guilherme era tal que até um político o procurou para que ele cavasse votos nas eleições. Uma espécie de Leônidas do ping-pong.
>
> Há um ano, mais ou menos, conversamos sobre o assunto. Hoje, Alfredo Ferreira não tem mais orgulho, nem do filho, porque repousa em paz em São João Baptista. E não se falou mais em ping-pong. Mas, o que tem que acontecer, acontece.
>
> Há coisa de um mês, Guilherme falou-me:

---

[486] Guilherme Ferreira foi um conhecido jogador de pingue-pongue no Rio de Janeiro dos anos 1920 a 1930, tendo, inclusive, participado do primeiro confronto interestadual contra São Paulo. No início da década de 1940, ele geria uma alfaiataria no Centro do Rio, frequentada pelo amigo da família, Lourival Carvalho.

[487] Everardo Lopes acumulou várias funções ao longo de seu trabalho no *Jornal dos Sports*, tais como a de secretário, administrador de empresa, jornalista, cronista, correspondente internacional e redator-chefe, destacando-se por uma identidade discursiva baseada no hibridismo, próprio do gênero crônica (Couto, 2017).

– ô Lourival, por que não escreves sobre o ping-pong? Vais ter cartaz.

– Mas Guilherme, eu não entendo níquel desse esporte. Já fui cronista de football, carnavalesco; mas, de ping-pong...

– Não te incomodes. Eu te ajudarei.

Batíamos papo a respeito, quando entra Everardo Lopes, ali na alfaiataria do Guilherme, à rua Sete de Setembro, nº 201 (cá para nós: ele merece o anúncio).

– Sabes Everardo, o Lourival vai ser o redator de ping-pong do Jornal dos Sports.

– Bela ideia – responde Everardo, com aquela bondade toda sua e o seu faro de secretário, mas secretário sem máscara, do único diário esportivo da cidade.

E no dia seguinte, em duas colinas, corpo 36, aparecia o ping-pong com subtítulos: "Vamos trabalhar, senhores do ping-pong?".

A princípio a coisa custou. Um ou outro "dava as caras" mas desistia.

[...]

Conversa daqui, conversa dali, e combinamos de realizar dois torneios: um nas regras internacionais; outro, nas regras brasileiras. Lançada a ideia por Jornal dos Sports, apareciam logo ofícios e cartas, aplaudindo a iniciativa. Metemos mãos à obra (Ping-pong, 1941, p. 5).[488]

O mais novo cronista do *Jornal dos Sports* até expressou certa dificuldade em promover o tênis de mesa no início, pois, tal como em São Paulo, havia um sentimento de descrença em relação à sua fixação. Entretanto tais empecilhos seriam superados com a promoção de duas grandes competições chanceladas pelo periódico, após anos de inatividade: uma no formato antigo, isto é, adotando as regras brasileiras do pingue-pongue; e outra no novo formato, pautado pelas regras internacionais do tênis de mesa.

Jogadores da velha guarda, tais como Dino Loureiro, o gaúcho Luiz Froés e Antonio Neves, não pouparam esforços e auxiliaram o *Jornal dos Sports* na organização. Foi a competição com as regras internacionais que mais teve visibilidade, despertando a curiosidade do Clube Ginástico Português, do C. R.

---

[488] PING-PONG. **Jornal dos Sports**, Rio de Janeiro, p. 5, 10 jul. 1941.

Vasco da Gama, do Grajaú Tênis Clube, do Tijuca Tênis Clube e do C. R. Brás de Pina, afinal, tratava-se de um gênero inédito na Capital da República.[489]

Figura 21 – Lourival Carvalho, o cronista do tênis de mesa no Jornal dos Sports

Fonte: *Jornal dos Sports*, 24 de agosto de 1941

Mais do que promover competições, Lourival Carvalho fez um trabalho de divulgação imprescindível para a popularização do tênis de mesa. Ele driblou a resistência encontrada inicialmente com suas colunas, enaltecendo a modalidade como podia. Graças à escrita cativante, cheia de entusiasmo e fazendo uso de expressões populares, despertou a atenção dos círculos esportivos, que passaram a se interessar em peso pelo Campeonato Aberto do Jornal dos Sports disputado com as regras internacionais. Também era ele quem convocava jogadores e dirigentes a prestarem apoio ao tênis de mesa nas colunas do periódico, além de abrir espaço para crônicas e até mesmo poemas homenageando-a, como no exemplo a seguir, de autoria do pseudônimo "Keeper":

> Alma enlevada em gratíssima surpresa,
>
> vejo um grupo de pioneiros
>
> lançando o "tênis-de-mesa"!

---

[489] O "TENNIS de mesa", um esporte altamente social! **Jornal dos Sports**, Rio de Janeiro, p. 5, 9 jul. 1941.

> Sou fã, sou fã decidido
>
> Sou fan da gentil campanha!
>
> Nestes tempos materiais
>
> a mim nada mais consola
>
> do que, entre taças e flores,
>
> receber a boa "bola"
>
> Tênis de mesa! Que lindo,
>
> que nobre, fidalgo esporte!
>
> Se me falam de política,
>
> eu zás! logo dou o "corte".
>
> Mas que delícia que alguém
>
> cheirando a essência e a pecado
>
> no fim do "set" o olhar baixo,
>
> dizendo:
>
> – Eu jogo na "nette".
>
> por que não tenta o "smech"?... (Torneio, 1941, p. 5)[490]

Conforme aponta o historiador Barros (2023, p. 41), "barato, periódico, socialmente penetrante, formador de um hábito de consumo, fácil de manusear e descartável", o jornal, enquanto meio de comunicação, era parte da vida citadina e um dos seus símbolos mais imediatos, impactando diretamente nos hábitos e nas preferências dos habitantes letrados da cidade. Com a ampla cobertura do *Jornal dos Sports*, não é de se estranhar, portanto, que dezenas de inscrições tenham sido registradas no seu novo certame, incluindo os jogadores e jogadoras de clubes renomados da Cidade Maravilhosa.

Cumpre destacar que as mulheres, antes esquecidas pelos campeonatos da extinta Liga Carioca de Pingue-Pongue, agora emergem como provas do sucesso que vinha alcançando o tênis de mesa. Nesse sentido, para o próprio *Jornal dos Sports*, uma das razões por trás do interesse despertado pelo novo formato era que "as moças da nossa melhor sociedade a ele aderiram com alegria".[491]

---

[490] TORNEIO, nas regras brasileiras, aberto aos clubes. **Jornal dos Sports**, Rio de Janeiro, p. 5, 11 jul. 1941.
[491] TORNEIO, nas regras brasileiras, aberto aos clubes. **Jornal dos Sports**, Rio de Janeiro, p. 5, 11 jul. 1941.

Figura 22 – A turma feminina do Clube Ginástico Português, veterana agremiação com histórico vitorioso nos tempos de pingue-pongue

Fonte: *Jornal dos Sports*, 11 de julho de 1941

Dada a repercussão gerada, a competição com as regras internacionais foi patrocinada por figuras como Edmundo Fortes, proprietário da Casa Fortes, localizada à Praça Tiradentes, e Raul Campos, benemérito do Vasco da Gama e proprietário da Casa Superball, localizada à Rua dos Ourives. Tratavam-se de dois estabelecimentos conhecidos no Centro do Rio, que disponibilizaram premiações pomposas, como raquetes importadas e blusas específicas para atividades físicas.[492]

Findas as disputas, coube ao jovem Ivan Severo o título masculino, enquanto Beatriz Chaves foi a campeã da categoria feminina. É interessante nos atermos ao lugar físico da matéria jornalística que divulgou tais resultados, pois a posição da página e o caderno em que se encontra o texto diz muito sobre a sua valorização e visibilidade (Barros, 2023). Não à toa, O *Jornal dos Sports* estampou em sua primeira página uma foto dos vencedores, disposição espacial que projetava o tênis de mesa junto às principais notícias esportivas do Rio de Janeiro.

Feitas as considerações sobre a contribuição notável de Lourival Carvalho, quem estava por concluir a obra de consagração do tênis de mesa brasileiro era Djalma de Vincenzi. Dono de uma loja de artigos importados

---

[492] PING-PONG. **Jornal dos Sports**, Rio de Janeiro, p. 5, 10 set. 1941.

no Méier, bairro em que residia, tratava-se de um "tijucano da velha guarda" bastante conhecido pela imprensa esportiva da Cidade Maravilhosa.[493] Culto, determinado e incansável são alguns dos adjetivos cabíveis à sua pessoa, que àquela altura já acumulava vasta experiência no tênis de quadra. Sobre essa modalidade, tem-se que desde 1912, Djalma marcava presença nas principais quadras do Rio de Janeiro, destacando-se não apenas por seus méritos atléticos, mas, quando veterano, também pelo brilhantismo enquanto dirigente: foi um dos fundadores da Federação Metropolitana de Tênis, organizou campeonatos, contribuiu com a formação de jogadores, foi árbitro geral, viabilizou intercâmbios e encabeçou inovações administrativas nos cargos por onde passou. Conforme explicitado, o esportista já tinha reputação consolidada antes de envolver-se com o tênis de mesa.

Para além de tudo o que foi mencionado, Djalma também ocupava o cargo de secretário do Conselho Administrativo de Tênis no Tijuca T.C., clube do seu coração. Sobre essa tradicional agremiação, cabe recordar que desde meados da década de 1920 já havia turmas do antigo pingue-pongue. Com a chegada dos anos 1930, reformas nas instalações esportivas da sua sede social contribuíram para incrementar ainda mais o reconhecimento que tinha no bairro da Tijuca e mesmo na cidade do Rio de Janeiro (Silva; Melo, 2021). O pingue-pongue seguiu sendo praticado por lá durante o início dos anos 1940, inclusive pelo próprio Djalma, que logo iria se converter à causa do tênis de mesa.

Foi frente às iniciativas do *Jornal dos Sports* que ele viu-se encorajado a dirigir a nova modalidade no clube do coração, tendo doado taças para premiar os vencedores do campeonato organizado por aquele periódico em 1941. Habilitado para opinar sobre diversas questões relacionadas ao campo esportivo, era frequentemente convidado para expor suas ideias em textos jornalísticos. Uma das primeiras colunas em defesa do tênis de mesa dizia:

> O tênis de mesa, aqui chamado vulgarmente de ping-pong, é uma diversão e também um ótimo exercício físico. Para muitos, o tênis de mesa não passa de um agradável divertimento sem qualquer característica desportiva, desprovido de finalidades essenciais ao desenvolvimento físico e de todas as faculdades que correlatamente se movimentam e funcionam no transcorrer de uma partida desportiva.

---

[493] PREMIANDO um bandeirante do tênis. **Correio Paulistano**, São Paulo, p. 16, 18 jun. 1944.

> Os que assim pensam estão totalmente equivocados. O tênis de mesa requer um trabalho mental completo, amparado pelo visual e muscular, todos conjugados simultaneamente, dado a rapidez com que são processadas as jogadas com ida e volta e em um percurso único de três metros!
>
> Os que aqui não tomavam a sério o tênis de mesa, talvez pelo nome um tanto quanto brincalhão de ping-pong, devem meditar nas linhas que a seguir escrevemos sobre esse estupendo exercício físico mental e visual, e se transformem em arautos das suas vantagens e propriedade eugênicas, aliadas à de ser realmente um esporte altamente social.
>
> Cabe um pouco a cada um desportista brasileiro, seja qual for a sua idade, incentivar para que em pouco tempo tenhamos também em nosso país, torneios e campeonatos regulares, não só disputados pelos clubes e associações esportivas, mas controladas por entidades especializadas, que o regulamente com todos os característicos internacionais, para que possamos dar ao mundo campeões de renome, pois para tanto os nossos índices raciais estão a calhar: flexibilidade muscular e mental em alta dose (Ping-Pong, 1941, p. 5)."[494]

Declarações do tipo, evidentemente, também eram autorizadas e, inclusive, incentivadas pelo proprietário do *Jornal dos Sports*, Mário Filho.[495] Ele abria as portas de seu jornal para muitas figuras conhecidas, como era o caso de Djalma, e assim influenciava direta ou indiretamente na formação de uma opinião pública sobre a esfera esportiva (Hollanda, 2012). O grande beneficiado com isso foi o tênis de mesa, que, em questão de meses, migrou do anonimato para os holofotes, estampando manchetes esportivas cujo alcance era muito significativo.

Nota-se como, quando já era diretor do departamento de tênis de mesa do Tijuca T.C., Djalma prontamente buscou exaltar as "propriedades eugênicas" da nova modalidade, que demandava um "trabalho mental completo, amparado pelo visual e muscular, todos conjugados simultaneamente". Tal como em décadas anteriores, o discurso dominante durante a ditadura estadonovista defendia que a prática esportiva era imprescindível para o regeneramento racial do povo brasileiro, isto é, para a formação de pessoas vigorosas, preparadas para o contexto da

---

[494] PING-PONG. **Jornal dos Sports**, Rio de Janeiro, p. 5, 9 jul. 1941.
[495] Mário Filho (1908-1966) foi um dos maiores jornalistas esportivos do Brasil, tendo contribuído diretamente para a popularização do futebol em território nacional. Ele criou o *Mundo Sportivo*, primeiro jornal inteiramente dedicado ao tema, mas ganhou projeção ao comprar o *Jornal dos Sports*, em 1936.

época. Os debates acerca da eugenia no Brasil estavam em ebulição, o que motivou a organização e a sistematização da área da Educação Física com a publicação de periódicos, a criação das escolas de nível superior e o aumento da obrigatoriedade das atividades físicas nas escolas, tudo isso visando à difusão de hábitos higiênicos e cuidados com o corpo para promover a regeneração racial (Junior; Garcia, 2011).

Djalma, por um lado, não criticava a composição racial do povo brasileiro. Ele considerava-a ideal para o tênis de mesa, pois tinha "flexibilidade muscular e mental em alta dose". Em paralelo a isso, ele faz um apelo para a modalidade, na qual desejava ver o Brasil representado em competições mundo afora. Sobre esses pontos de vista, sabe-se que a miscigenação racial, amplamente discutida no caso do futebol, era vista por alguns ideólogos do Estado Novo como um retrato positivo da nossa democracia racial para o restante do mundo (Drumond, 2009a).

A partir de outras colunas de sua autoria, fica evidente que o dirigente esportivo tornou-se o principal propagador das regras internacionais do tênis de mesa no Rio de Janeiro, contrapondo-se à manutenção do pingue-pongue:

> Amanhã, ninguém mais falará do antigo ping-pong, divertimento de salão que até aqui era cultivado como passatempo muito agradável, mas sem nenhuma característica desportiva-atlética.
>
> O tênis de mesa empolga, emociona, agrada a vista pela movimentação e maior variedade de jogadas, tanto no ataque, como na defesa, e dado ser um jogo "íntimo", praticado no salão, aproxima e faz confraternizar pelo contato os praticantes e os assistentes, sem distinções de sexo, servindo assim para formar e ampliar uma camaradagem desportiva muito salutar (As Finais, 1941, p. 5).[496]

O *Jornal dos Sports* era um enfático defensor do desenvolvimento esportivo na capital da República, adotando uma retórica condizente à linguagem doutrinária da época, portanto patriótica e que buscava exaltar as virtudes de certas modalidades para modelar o indivíduo moderno (Hollanda, 2012). Esse também era o discurso dominante entre os defensores do tênis de mesa que tinham espaço nas páginas do jornal, pessoas que exerciam grande influência sobre a modalidade, tais como o próprio Djalma.

---

[496] AS FINAIS do grandioso torneio promovido por Jornal dos Sports. **Jornal dos Sports**, Rio de Janeiro, p. 5, 9 set. 1941.

Ao propagandear o tênis de mesa, exaltando suas características "desportivo-atléticas", Djalma tentava desvinculá-lo do pingue-pongue, tido como ultrapassado e em desacordo com a ITTF. Ou seja, as regras nacionais precisavam ser substituídas pelas regras internacionais, legitimadas pela Europa e pelos Estados Unidos, exemplos a serem seguidos pelas nossas elites dirigentes, inclusive no âmbito esportivo. Assim, não apenas o Brasil estaria alinhado com as melhores referências de civilizações modernas, como também estaria encaminhado para enfrentá-las nas competições mundo afora.

Tal pensamento também era característico da época, pois vinculava-se o desenvolvimento esportivo do país ao aprimoramento da raça e da nacionalidade. Conforme aponta o historiador Fábio Franzini (2003, p. 36), as disputas internacionais eram necessárias para "romper com os complexos de inferioridade racial, social e moral, que perturbavam nossa auto-imagem, cujo parâmetro sempre fora a Europa 'civilizada', e daí construir uma nova pátria, grande, forte e respeitada no concerto dos povos".

Nesse sentido, a institucionalização do tênis de mesa visava projetar os jogadores brasileiros como adversários à altura das potências mundiais e, porque não, superiores. Não à toa, o progresso da modalidade na Inglaterra, em que o número de ligas, clubes e jogadores havia crescido consideravelmente durante os anos 1930, era utilizado como um exemplo a ser seguido por Djalma.[497] Segundo ele, em território nacional o cenário mostrava-se promissor, pois caminhava a passos largos o esporte de bolinha branca, deixando abismados os que não acreditaram ser possível "esportivizar um divertimento de salão que empolga e confraterniza, se cultivado dentro das regras legítimas da International Table Tennis Federation".[498]

Tal como em São Paulo, o apoio da imprensa e o esforço de esportistas abnegados fez com que o tênis de mesa conquistasse novos clubes no Rio de Janeiro, muitos dos quais haviam relegado o antigo pingue-pongue ao papel de coadjuvante em suas programações sociais. Nesse sentido, as regras internacionais e mesas com as medidas oficiais começaram a ser implantadas em agremiações renomadas graças ao apoio de personalidades como Adolfo Schermann, da Federação Metropolitana Bancária de Esportes; Raul Lima, do Grajaú Tênis Clube; Friedrich Mimmier, do Fluminense F.C.; José Isoletti, do Opera Nazionale Dopolavoro; Heitor

---

[497] GRANDE exibição de "tennis de mesa" no América. **Jornal dos Sports**, Rio de Janeiro, p. 5, 29 out. 1941.
[498] DE MÃOS dadas o tennis de mesa de São Paulo, Rio e Minas. **Jornal dos Sports**, Rio de Janeiro, p. 5, 30 out. 1941.

Beltrão e sua esposa Christy Beltrão, do Tijuca Tênis Clube; além de Lygia Lessa Bastos, diretora do departamento feminino do Vasco da Gama.

O primeiro interestadual de tênis de mesa e a fundação da FMTM

Em 1941, São Paulo e Rio de Janeiro viviam momentos parecidos no que se refere ao desenvolvimento do tênis de mesa. Em ambas as metrópoles, jogadores e dirigentes determinados aliaram-se a periódicos renomados para promover o novo formato da prática de raquetes, que, de fato, vinha conquistando a simpatia dos círculos esportivos. Era o momento propício para a união dos paulistas e cariocas adeptos à causa do tênis de mesa, afinal, tinham um mesmo objetivo: a consolidação das regras internacionais e o reconhecimento da modalidade perante os principais órgãos do desporto nacional.

Um gesto importante para a reaproximação dos dois grupos em questão partiu de Lourival Carvalho, representando o *Jornal dos Sports*, e de Djalma de Vincenzi, representando o Tijuca Tênis Clube.[499] Eles convidaram os jogadores do Cafe para disputarem um interestadual na Capital da República, algo que não acontecia desde 1934.[500]

O convite oportuno foi prontamente aceito e o Cafe patrocinou a ida de uma delegação composta pelo jornalista Miguel Munhoz (*A Gazeta*), pelo dirigente Francisco Nunes (FPPP), e pelos jogadores paulistas Raphael Bologna, Kurt Ortweiler, Ricardo D'Angelo e Miguel Maenza. Já o Rio de Janeiro seria representado pelos melhores nomes do Tijuca Tênis Clube, do Clube Recreativo Brás de Pina, do Fluminense F.C. e do Ginástico Português: os veteranos Arthur Carvalhais, Guilherme Ferreira, Eugênio Pizzotti e Moncherri, junto às revelações Antonio Correa, José Neves e os irmãos Hugo, Wilson e Ivan Severo. Estava em disputa a taça "A Noite Ilustrada", em homenagem à popular revista semanal de mesmo nome.

Embora fosse a primeira vez que paulistas e cariocas se enfrentavam com as regras internacionais, os visitantes eram considerados favoritos por estarem familiarizados com o tênis de mesa desde 1938, enquanto os donos da casa tinham pouco tempo de treinamento com o novo formato.[501]

---

[499] NOS DOMÍNIOS do tênis de mesa. **Correio Paulistano**, São Paulo, p. 10, 18 set. 1941.

[500] Como sugere uma notícia da época, o último evento oficial entre equipes paulistas e cariocas parece ter sido a excursão do São Paulo F.C., encabeçada em 1934 pelo futebolista Formiga, ao Rio de Janeiro.
OS JOGOS inaugurais do grande certame de ping-pong do Jornal dos Sports. **Jornal dos Sports**, Rio de Janeiro, p. 5, 9 ago. 1941.

[501] Por mais que ambos, paulistas e cariocas, tenham conhecido o tênis de mesa regulamentado pela ITTF desde pelo menos 1938, tal formato só foi adotado por alguns praticantes em São Paulo, de tal maneira que

Não é de se surpreender, portanto, que os paulistas tenham terminado com nove vitórias e apenas três derrotas.[502]

Ainda assim, as maiores considerações da imprensa não foram feitas aos campeões gerais, mas ao carioca Ivan Severo, o único a derrotar o experiente Ricardo D'Angelo naquela ocasião. Tido como um "menino de ouro" pelo *Jornal dos Sports*,[503] ou, ainda, como um "jogador completo, de largos recursos ofensivos e defensivos" *para o Correio Paulistano*,[504] Ivan era o tipo de jogador que até mesmo os adversários faziam questão de elogiar. Na sua adolescência já demonstrava aptidão para vários esportes, tanto que antes de escolher definitivamente o tênis de mesa, foi campeão de basquetebol nas categorias de base do Botafogo F.C.[505] Somando-se à atuação no interestadual com a conquista do campeonato organizado pelo *Jornal dos Sports* meses antes, ele já poderia ser considerado o melhor mesatenista carioca daquele momento.

Figura 23 – Ivan Severo no início da década de 1940, quando já era reconhecido como um dos melhores mesatenistas do Brasil

Fonte: *Jornal dos Sports*, 7 de janeiro de 1942.

---

no Rio de Janeiro não houve adesão significativa às regras internacionais durante aquela década.
[502] MOVIMENTO geral do torneio de tennis de mesa, entre paulistas e cariocas. **Jornal dos Sports**, Rio de Janeiro, p. 4, 10 out. 1941.
[503] TENNIS de mesa no América. **Jornal dos Sports**, Rio de Janeiro, p. 5, 5 nov. 1941.
[504] NOS DOMÍNIOS do tênis de mesa. **Correio Paulistano**, São Paulo, p. 7, 10 out. 1941.
[505] QUE pensa você sobre o tennis de mesa? **Jornal dos Sports**, Rio de Janeiro, p. 5, 7 jan. 1942.

O interestadual entre o Cafe e o *scratch* carioca acabou funcionando como um verdadeiro teste para viabilizar ou não o apoio de novos clubes ao tênis de mesa. Muitos dirigentes locais compareceram ao evento, que terminou por confirmar o potencial da modalidade. Assim atestou Heitor Beltrão, vice-presidente da Associação Brasileira de Imprensa e presidente do Tijuca Tênis Clube:

> Inicialmente devo confessar que quando o De Vincenzi me disse que precisávamos prestigiar a iniciativa do Jornal dos Sports, eu pensei no antigo ping-pong de bolinha para cá, bolinha para cá, e não dei muito crédito a que fosse possível nesse jogo fazer algo desportivo. Mas hoje faço outro juízo completamente diferente. As partidas realizadas aqui entre jogadores de São Paulo e do Rio me entusiasmaram. Que movimentação. Havia momentos em que eu perdia a bola de vista, tal a rapidez da jogada.
>
> Digo mesmo agora que o tênis de mesa é um esporte vitorioso, dadas as suas qualidades de jogo desportivo e social, ótimo exercício físico e ainda de fácil montagem por ser módico de preços todos os seus apetrechos (Nas Vésperas, 1941, p. 5).[506]

Com cada vez mais agremiações interessadas no tênis de mesa, sobretudo os grandes clubes, escancarou-se a necessidade de se criar uma entidade para regulamentar o esporte no Rio de Janeiro. Quem melhor entendeu essa demanda foi Djalma de Vincenzi, que após o término do interestadual viajou a São Paulo para estudar o funcionamento da FPPP (Federação Paulista de Pingue-Pongue), pois almejava replicar o seu modelo de organização na capital da República. Segundo o *Estadão*, tal viagem serviu de estímulo para a coordenação de ideias entre os mentores paulistas e cariocas.[507]

Conforme previa a legislação na época, a oficialização do tênis de mesa pelos principais órgãos esportivos do país demandava a existência de ao menos três federações estaduais. Por esse motivo, o incansável Djalma tratou de viajar diretamente de São Paulo para Minas Gerais, onde também representou a FPPP e discutiu a fundação de uma entidade local com o Minas Tênis Clube.[508]

---

[506] NAS VÉSPERAS da fundação da Federação Metropolitana de Tennis de Mesa. **Jornal dos Sports**, Rio de Janeiro, p. 5, 8 nov. 1941.

[507] TERCEIRO Aniversario do C. A. Fazenda Estadual. **O Estado de São Paulo**, São Paulo, p. 9, 6 nov.1941.

[508] HOMENAGEM aos "azes" Maenza, Bologna, Ricardo e Kurt. **Correio Paulistano**, São Paulo, p. 11, 6 nov. 1941.

Graças à experiência que adquiriu no tênis de quadra, Djalma era um excelente articulador e dispunha de boa reputação, algo que o permitia transitar com facilidade pelos círculos esportivos. Durante a sua excursão, também promoveu o tênis de mesa e organizou torneios na pequena Cambuquira, uma das primeiras cidades projetadas no estado, que ficou conhecida pela abundância de fontes de águas termais e minerais.[509] Nenhuma entidade local seria criada naquele momento, mas Djalma cumpriu o papel de estabelecer pontes com dirigentes mineiros e de divulgar as regras internacionais, as quais ele mesmo havia oficialmente traduzido.[510]

Figura 24 – Djalma de Vincenzi, à direita, mostra as regras internacionais traduzidas para o redator do Globo

Fonte: "Surge no Rio, para empolgar multidões, um novo esporte", *O Globo*, 11 de novembro de 1941

---

[509] SURGE no Rio, para empolgar multidões, um novo esporte. **O Globo**, Rio de Janeiro, p. 3, 7 nov. 1941.
[510] AS REGRAS oficiais do tênis de mesa. **Correio Paulistano**, São Paulo, p. 8, 24 dez. 1941.

Após muito esforço, em novembro de 1941 foi fundada a Federação Metropolitana de Tênis de Mesa (FMTM), no nobre salão do Tijuca Tênis Clube, iniciativa apoiada pelos veteranos do antigo pingue-pongue, pelos periódicos mais lidos da época e pelos grandes clubes do Rio de Janeiro. Assim ficou definida a sua primeira diretoria: presidente, Djalma de Vincenzi; vice-presidente, Antonio Neves; 1º secretário, Raul lima, 2º secretário, Arthur Carvalhais; 1º tesoureiro, Guilherme Ferreira; 2º tesoureiro, Antonio Correa; diretor de publicidade, Lourival Carvalho; e comissão técnica formada por Friedrich Mimmier, Jerson Coutinho e Lygia Lessa Bastos,[511] esta última a primeira mulher a ocupar um cargo de direção na história do tênis de mesa brasileiro.

Os primeiros a se filiarem à entidade foram: Fluminense F.C., América F.C., C.R. Vasco da Gama, Tijuca Tênis Clube, Grajaú Tênis Clube, ACD, Opera Nazionale Dopolavoro, Sampaio A.C., A.A. Grajaú, Associação Atlética Portuguesa, Clube Sul-América, Clube Municipal, Sporting Clube do Brasil, E. C. Mackenzie e Império E.C., todos registrados como sócios fundadores.[512] Tais clubes tinham que pagar a joia de 50$000, além de 30$000 mensais para as despesas de manutenção da entidade.

Agora é oficial: a CBD aprova as regras internacionais!

Após décadas de manutenção de uma prática com variações regionais, uniram-se clubes, dirigentes, esportistas, jornalistas e periódicos de São Paulo e do Rio de Janeiro para finalmente tornar esporte aquilo que era visto como passatempo. Estava próxima a oficialização do tênis de mesa em substituição ao antigo pingue-pongue, e as duas metrópoles mais populosas da República seriam vanguardas. Pois bem, esse é o contexto do começo do ano de 1942, que abordaremos a seguir.

Djalma de Vincenzi tornou-se a principal liderança da campanha de divulgação do tênis de mesa a nível nacional, tanto que em diversas excursões representava não apenas a FMTM como também a FPPP.[513] Além de figura renomada nos círculos esportivos, tinha a seu favor a proximidade geográfica com o Conselho Nacional de Desportos (CND), o órgão do governo responsável por regulamentar todas as federações, confederações, ligas e

---

[511] FUNDADA a Federação Metropolitana de Tennis de Mesa. **O Globo**, Rio de Janeiro, p. 8, 11 nov. 1941.
[512] O QUE tem sido a campanha do Jornal dos Sports em pról do tennis de mesa. **Jornal dos Sports**, Rio de Janeiro, p. 5, 14 jan. 1942.
[513] O DESENVOLVIMENTO do tênis de mesa no Brasil. **Correio Paulistano**, São Paulo, p. 12, 23 dez.1941.

associações esportivas do Brasil, inclusive as de caráter universitário, de juventude, da Marinha, do Exército ou das forças policiais (Silva, 2008).

Cumpre acrescentar que entre outras atribuições do CND, também estava a aprovação dos estatutos das confederações e das federações a elas filiadas, a possibilidade de propor a criação ou a supressão de uma delas, bem como autorizar ou convocar compulsoriamente a participação de uma representação nacional no exterior (Drumond, 2009b).

Se Djalma almejava o reconhecimento do tênis de mesa perante a legislação esportiva, o CND era o primeiro órgão que deveria consultar. Consequentemente, ele enviou correspondências solicitando a aprovação dos estatutos da recém-fundada FMTM, esclarecimentos sobre os procedimentos necessários para que a entidade obtivesse a sua filiação, além de questionamentos acerca da criação de uma confederação brasileira.

A resposta do CND foi dada pelo seu presidente, o paraibano João Lyra Filho, conhecido por ser um dos principais mentores da legislação esportiva criada durante a ditadura estadonovista (Murad, 2020). Em seu parecer, publicado em primeira mão no *Jornal dos Sports*, Lyra evocou os artigos 10, 14, 15, 16 e 22 do Decreto-Lei n.º 3.199, de 14 de abril de 1941, para tratar dos assuntos trazidos por Djalma. De início, esclareceu que qualquer entidade poderia ser reconhecida pelo CND, desde que com organização legal e dado que já tivesse filiação de mais de três clubes esportivos.[514] A FMTM enquadrava-se nesse pré-requisito, portanto o mais singelo dos requerimentos de Djalma já atendia aos critérios para ser ratificado.

Quanto à iniciativa da criação de uma confederação brasileira especializada ou eclética para o tênis de mesa, não poderia se concretizar pela ausência de filiação à ITTF, bem como pelo número incipiente de federações estaduais, afinal, eram necessárias ao menos três, mas somente São Paulo e Rio de Janeiro tinham entidades ativas. Lyra também esclareceu que certos esportes poderiam vincular-se ao CND por serem considerados de "natureza especial", isto é, esportes com dificuldades em organizar-se pelo número incipiente de clubes onde são ensinados e praticados.

Mas esse não era o caso da FMTM, que dispunha de inúmeros filiados, no meio dos quais já estavam alguns de larga projeção na vida esportiva do país, segundo Lyra. Nesse sentido, a conclusão do presidente da CND consistia em descer a discussão à CBD, pois tratava-se de um órgão que

---

[514] ELEIÇÃO para presidente da Federação Metropolitana de Tennis de Mesa. **Jornal dos Sports**, Rio de Janeiro, p. 4, 23 jan. 1942.

compreendia os demais esportes que não dispunham de uma confederação especializada ou eclética, ou tampouco eram considerados de "natureza especial".

A CBD era a principal confederação desportiva do país, responsável pela organização do futebol, do tênis, do atletismo, do remo, da natação, do polo aquático, dos saltos, do vôlei, do handebol e de todas as demais modalidades que não se enquadrassem nas outras confederações (Drumond, 2009). Portanto Djalma deveria aguardar pela filiação da FMTM à CBD que, então, enviaria ao CND seus estatutos para serem aprovados e homologados pelo ministro da Educação e Saúde, Gustavo Capanema Filho, um dos signatários do decreto-lei 3.199 de 14 de abril de 1941.

Ao que tudo indica, após o primeiro parecer de João Lyra Filho, Djalma comunicou-se com os dirigentes paulistas e marcou uma reunião com a CBD. O objetivo desse encontro seria reunir representantes da FMTM e da FPPP para solicitarem a oficialização do tênis de mesa e a consequente aprovação de um calendário de atividades.[515] Noutras palavras, isso significaria o reconhecimento formal do tênis de mesa enquanto prática esportiva, com a aprovação das regras internacionais. Como nunca existira uma entidade regulamentadora de abrangência nacional ou mesmo interestadual para dirigir a modalidade, tratava-se de um primeiro passo para organizar competições oficiais do novo formato, agora padronizadas e em conformidade com a ITTF.

Assim sendo, no dia 27 de janeiro de 1942, os cariocas Djalma de Vincenzi (presidente da FMTM) e Antonio Neves (vice-presidente da FMTM) encontraram-se com os paulistas Francisco Nunes (presidente da FPPP), Raphael Bologna (secretário da FPPP) e Walter Silva (membro da comissão técnica) na capital federal, para levar adiante aquilo que o *Correio Paulistano* classificou como "a marcha progressista do tênis de mesa".[516]

Logo que chegaram, paulistas confraternizaram com os cariocas na casa de Antonio Neves, onde foram agraciados com beberetes e uma farta mesa de doces. Ali, certamente discutiram o teor do vindouro encontro com a CBD, tendo estabelecido conjuntamente as metas a serem alcançadas, bem como o calendário nacional da modalidade.

No dia seguinte, visando repercutir as ações que empreendiam para dar visibilidade à causa do tênis de mesa brasileiro, os dirigentes paulistas e cariocas visitaram as sedes dos periódicos *A Noite*, *O Globo*, *O Imparcial*, *Diário da Noite* e *Jornal dos Sports*. Além de entrevistas, houve também

---

[515] TENNIS de mesa. **O Globo**, Rio de Janeiro, p. 4, 26 jan. 1942.
[516] A MARCHA progressista do tênis de mesa. **Correio Paulistano**, São Paulo, p. 8, 4 fev. 1942.

demonstrações e explicações sobre o novo formato e suas diferenças com o antigo pingue-pongue.

Enfim, chegou o tão almejado 29 de janeiro, dia que seria um divisor de águas na trajetória da modalidade. As atividades começaram no início da tarde, quando paulistas e cariocas foram recepcionados no CND pelo secretário major João Barbosa Leite, um diretor da Divisão de Educação Física do Departamento Nacional de Educação, sendo ela uma importante dependência do Ministério da Educação e Saúde Pública.

Nesse primeiro encontro, os mentores do tênis de mesa brasileiro apresentaram reivindicações audaciosas, tais como a instalação das federações esportivas sem renda de bilheteria no futuro Estádio Nacional (o tênis de mesa enquadrava-se nesse perfil), ou, ainda, a construção de um local específico para a prática, com capacidade mínima para três mesas. Cabe pontuar que a própria criação do CND constituía a primeira intervenção estatal diretamente relacionada à regulamentação do esporte nacional, o que significava uma alocação de recursos inéditos por parte do governo federal – o financiamento dos grandes clubes já era praticado pelas autoridades antes da Revolução de 30, mas foi a partir dela que os clubes pequenos também foram beneficiados (Drumond, 2009b). Sabendo disso, Djalma, Neves, Nunes, Bologna e Silva apostaram alto em seus pedidos, entretanto não foram bem-sucedidos: as primeiras reivindicações dos dirigentes do tênis de mesa tiveram parecer negativo.

Ao final da tarde, paulistas e cariocas deslocaram-se novamente, desta vez para a CBD, onde estava marcada a mais importante das reuniões. Conforme vimos, àquela altura faltava a chancela da confederação esportiva para concretizar o objetivo mór do novo formato, isto é, a sua formalização. Só assim seria possível dar continuidade ao processo de desenvolvimento do tênis de mesa em território nacional, que passava, entre outras coisas, pela participação de brasileiros em competições no estrangeiro.

Estavam presentes na sede da CBD os senhores Castelo Branco, Teixeira de Lemos, Celio de Barros, Egas Muniz, Egas Mendonça e João Lyra Filho, a alta cúpula do desporto nacional. Os mentores do tênis de mesa – Djalma, Neves, Nunes, Bologna e Silva – apresentaram uma ata dos acordos e resoluções estabelecidos anteriormente entre a FMTM e a FPPP, que solicitavam a aprovação das regras internacionais pela CBD, e a organização de um campeonato interestadual entre São Paulo e Rio de Janeiro com patrocínio federal.

Segundo o documento, cada federação poderia enviar seis participantes, que seriam definidos por seletivas. A novidade consistia no comprometimento da CND, por intermédio da CBD, para arcar com as passagens de todos os jogadores, incluindo dois diretores e um jornalista. Diferentemente dos pedidos formalizados no começo da tarde, esses soaram razoáveis às autoridades federais.

Após uma hora de conversas regadas a refrigerante, a bebida da moda na época, os anfitriões atenderam às expectativas e deram total apoio à causa da nova modalidade, tendo sido aprovadas as regras internacionais. O documento, de autoria da FMTM e FPPP, foi datilografado em duas vias e assinado por todos os presentes naquele dia 29, para festejo dos cariocas Djalma de Vicenzi e Antonio Neves, e dos paulistas Francisco Nunes, Raphael Bologna e Walter Silva, os encarregados do histórico "batismo" do tênis de mesa brasileiro.

Para encerrar a programação da "marcha progressista" que empreenderam, nada mais justo aos envolvidos do que uma noite de comemorações. As últimas formalidades foram prestadas em uma breve passagem pela Associação dos Cronistas Esportivos do Rio de Janeiro, onde as conquistas dos dirigentes paulistas e cariocas foram compartilhadas com os trabalhadores da imprensa. Após isso, a Federação Metropolitana ofereceu à Federação Paulista um jantar de despedida, seguido de uma festa carnavalesca na sede do Tijuca Tênis Clube, que se estendeu pela madrugada.

Terminou em merecida bebedeira o empreendimento do tênis de mesa brasileiro, cujo desfecho havia atingido o objetivo inicial: a nova modalidade seria oficialmente reconhecida perante a legislação esportiva da época. Tratava-se, enfim, de um esporte institucionalizado, conquista essa que, após anos de tentativas frustradas, finalmente se materializava para abrir as portas do tênis de mesa brasileiro ao restante do mundo.

5.2 OS ANOS DE FIXAÇÃO DO TÊNIS DE MESA NAS CAPITAIS PAULISTA E CARIOCA (1942 A 1945)

São Paulo

Aprovadas as regras internacionais pela CBD, houve uma reestruturação nos cargos da FPPP, que passaria a ser chamada de FPTM (Federação Paulista de Tênis de Mesa). Após novas eleições, sua diretoria ficou assim definida para os próximos anos: presidente, Francisco Nunes;

vice-presidente, Dr. Manuel de Siqueira; tesoureiro, Antenor Guimarães; 1º secretário, Wilson Gioso; 2º secretário, Valter Vitorino da Silva; e diretor técnico Raphael Bologna.[517]

De acordo com o próprio Raphael Bologna, em princípios do ano de 1942, a FPTM tinha aproximadamente 300 jogadores e 50 jogadoras.[518] Além do Cafe, vale citar o São Paulo Railway Athletic Club e o Grêmio Acadêmico Álvares Penteado. Naquele momento, esses três clubes representavam a força máxima do tênis de mesa na capital paulista, isto é, disputavam entre si os primeiros lugares das competições oficiais.

Como vimos, o Cafe, localizado na Rua da Quitanda, região da Sé, era o clube da Secretaria da Fazenda do Estado. Grande incentivador do tênis de mesa, patrocinou diversas excursões de divulgação das regras internacionais, além de ser um dos principais responsáveis por trás do apoio conferido à modalidade pela Diretoria de Esportes do Estado. Tinha em suas fileiras os já mencionados Ricardo D'Angelo, único latino-americano a derrotar Szabados durante a sua visita ao continente, e Raphael Bologna, que além de praticante, dirigente e entusiasta do tênis de mesa, no decorrer dos anos 1940 também ficaria conhecido como jornalista da Asapress e renomado patinador.[519] Nos quadros femininos, o Cafe tinha as jogadoras Corina Teixeira Magalhães, Ruth e Hansi Dulberg, sendo as duas últimas estrangeiras radicadas na capital paulista que utilizavam raquetes revestidas por borracha.

Já o São Paulo Railway A. C. ficava na Rua Paula Souza, bairro da Luz. Conforme já discutido anteriormente, tratava-se de um clube fundado em 1919 por funcionários da ferrovia de mesmo nome, a primeira a operar em trilhos no estado de São Paulo. De início era frequentado por parte da colônia inglesa, mas logo tornou-se representativo da classe trabalhadora paulistana, sobretudo nas disputas de futebol. Desde meados dos anos 1920, o pingue-pongue já era praticado por lá, até tornar-se uma de suas principais atrações na segunda metade dos anos 1930 e ser substituído pelo tênis de mesa no início dos anos 1940.

O São Paulo Railway A.C. contava com uma forte equipe para disputar os campeonatos da FPTM, formada por Vitorio Mamone (vulgo Mamoninho), André Montilla (conhecido por um estilo de jogo nada convencional, que se mostrava muito eficiente), e Geraldo Pisani (italiano

---

[517] RESOLUÇÕES da Federação Paulista de Pingue-Pongue. **O Estado de São Paulo**, São Paulo, p. 9, 20 fev. 1942.
[518] O TENNIS de mesa vai mesmo se filiar à CBD. **Jornal dos Sports**, Rio de Janeiro, p. 7, 1 fev. 1942.
[519] JORNALISTAS e um técnico paulistas em Cambuquira. **Correio Paulistano**, São Paulo, p. 3, 17 dez. 1942.

de nascimento que tinha uma defesa sólida e era considerado o melhor jogador de São Paulo).[520] Foi esse último quem dominou as competições individuais durante quase toda a década.

Por fim, cabe lembrar que o Gaap pertencia à Fundação Escola de Comércio Álvares Penteado, erguida pelo famoso cafeicultor e empresário de mesmo nome. Localizada na Rua São Bento, distrito da Sé, tratava-se de uma agremiação vinculada àquela faculdade, que reuniu um número considerável de adeptos do tênis de mesa. Desde os anos 1930, a agremiação foi pioneira em promover disputas internas para ambos os sexos, com um tratamento que fugia à regra da época. Posteriormente, aproximou-se das competições organizadas pela antiga APPP, mantendo o padrão de incentivar turmas masculinas e femininas.

Em 1942, Homero Gambaro era o seu grande destaque nas turmas masculinas, tendo sido o vencedor do Campeonato Brasileiro Bancário de Desportos, após derrotar o carioca Antonio Correa na final.[521] Além dele, havia ainda: Mário Jofre, lituano naturalizado brasileiro de jogo tipicamente europeu; Wilson Gioso, de boa defesa e ataque; Gino, um cava-ponto e páreo-duro para qualquer adversário; Lener, um atacante impetuoso; e Mendes, um jovem que vinha se impondo no time principal.[522]

Nas turmas femininas, Carmelita Sayago e Bertha Erlichman eram consideradas expoentes máximas do tênis de mesa em São Paulo.[523] Cumpre lembrar que a canhota Bertha já era, pelo menos desde 1937, a jogadora mais completa da cidade, mas não participava das competições oficiais pela inexistência de categorias femininas, o que restringia a sua trajetória na modalidade aos episódios chancelados exclusivamente pelo Gaap.

Dado o comprometimento com o antigo pingue-pongue competitivo, o Gaap, sob a presidência de Celso Silva, foi um dos primeiros a adotar o tênis de mesa,[524] adquirindo mesas nas medidas oficiais e passando a promover grandiosas competições com as regras internacionais. Um exemplo disso era o seu torneio aberto, cuja terceira edição, realizada no mês de outubro de 1942, reuniu 137 participantes distribuídos pelas categorias individual masculino, individual feminino, duplas femininas, duplas masculinas e duplas mistas.

---

[520] DJALMA de Vincenzi, novo presidente da F. M. T. M., tomará posse hoje. **Jornal dos Sports**, Rio de Janeiro, p. 2, 1 fev. 1942.
[521] BANCÁRIOS, paulistas, campeões brasileiros de 1942. **Correio Paulistano**, São Paulo, p. 8, 15 dez. 1942.
[522] O TENNIS de mesa, esporte internacional. **Jornal dos Sports**, Rio de Janeiro, p. 4, 23 abr. 1943.
[523] TERCEIRO Torneio Aberto de Tênis de Mesa. **Correio Paulistano**, São Paulo, p. 8, 9 dez. 1942.
[524] GRÊMIO Acadêmico Álvares Penteado. **O Estado de São Paulo**, São Paulo, p. 10, 10 set. 1941.

Ao final das disputas, sagrou-se campeão individual masculino o jogador César Ricardo Petrillo, após final contra Mário Jofre. O curioso é que Petrillo utilizava uma raquete de madeira pura, enquanto Jofre uma raquete revestida por borracha, tal como era comum nos torneios promovidos pela ITTF.

Já na categoria individual feminino, Carmelita Sayago derrotou a consagrada Berta Erlichman por 3 a 2. Não é de se estranhar que todas as jogadoras classificadas para a fase final do Torneio Aberto pertencessem ao Gaap, afinal, nos últimos anos, apenas essa agremiação tinha promovido treinamentos e campeonatos para as mulheres com a mesma frequência que aos homens.

Um detalhe digno de registro é que, de acordo com a determinação do Conselho Regional de Esportes do Estado de São Paulo, não poderiam participar do torneio aberto do Gaap os "súditos" dos países com os quais o Brasil estava em guerra, isto é, italianos e alemães – posteriormente, japoneses também fariam parte do grupo de identidades étnicas perseguidas durante a Segunda Guerra Mundial. Ocorre que, com o rompimento das relações diplomáticas entre o Brasil e os Países do Eixo no início de 1942, uma série de medidas foram tomadas pelo governo, tais como a fiscalização dos clubes e associações frequentados por estrangeiros, brasileiros naturalizados ou brasileiros de ascendência estrangeira – que deveriam passar por um processo de nacionalização de acordo com os termos da lei —, além de determinações deliberadamente restritivas aos mesmos grupos (Streapco, 2015). Os sobrenomes dos participantes do torneio aberto do Gaap indicam, no entanto, que apenas os nascidos no exterior foram afetados, não incluindo os seus descendentes radicados em território nacional, que provavelmente já se reconheciam como brasileiros.

Sobre esse tema, observa-se como o abandono forçado das suas próprias identidades contribuiu ainda mais para o apagamento de traços culturais de algumas colônias de imigrantes, algo que também afetou os clubes esportivos (Franzini, 2014). As medidas que visavam à construção de uma identidade nacional parecem ter acelerado esse processo, pois os clubes marcadamente erguidos por imigrantes italianos ou espanhóis, tão em voga no pingue-pongue dos anos 1920, já são minoria entre as décadas de 1930 e 1940. O mesmo efeito, evidentemente, era sentido no futebol, conforme sugere *A Gazeta Esportiva*:

> Os clubes coloniais, tão em voga até 20 anos atrás, já passaram da moda em nosso futebol. Tudo evolui. Mas, devemos lembrá-los na história do 'association' nacional como sendo

as maiores válvulas para a sua popularidade. Tanto em S.Paulo como no Rio, o futebol se tornou do povo somente quando surgiram os Palestra e Vasco. [...] Com o decorrer dos tempos entraram em completo desuso as iniciativas dos clubes coloniais, e hoje quase que estão esquecidos. Claro que ficou em alguns clubes a tradição. Mas, aquela verdadeira epidemia de até 20 anos atrás desapareceu (A Grandeza, 1944, p. 7).[525]

Ainda sobre os torneios abertos do Gaap, tratava-se de uma das poucas ocasiões em que suas jogadoras podiam enfrentar mulheres de outros clubes, pois a FPTM ainda não dispunha de categorias femininas em seu calendário de atividades. Já os jogadores do Gaap acumularam ao longo da primeira metade da década inúmeras conquistas nas competições promovidas pela entidade, tendo se sagrado tricampeões por equipes de São Paulo.[526]

Figura 25 – A equipe feminina do Gaap (jogadoras não identificadas)

Fonte: *Jornal dos Sports*, 20 de outubro de 1942

[525] GRANDEZA e decadência dos clubes "coloniais". **A Gazeta Esportiva**, São Paulo, p. 7, 15 jan. 1944.
[526] COMO a turma B do Fluminense venceu a do Álvares Penteado. **Jornal dos Sports**, Rio de Janeiro, p. 4, 23 abr. 1943.

Figura 26 – Equipe masculina do Gaap. Em cima, da esquerda para a direita: Homero Gambaro e Cesar Ricardo Petrillo. Embaixo, da esquerda para a direita, Wilson Gioso, Gino Frioli e Walter Victorino da Silva

Fonte: *Jornal dos Sports*, 3 de fevereiro de 1942

Em 1943, um acontecimento comemorado à época foi a construção de novas instalações para o tênis de mesa no São Paulo F.C.[527] Ausente desde os tempos de Formiga, o tricolor paulista voltava a demonstrar interesse pela modalidade. Na data de inauguração estiveram presentes os diretores do clube, dirigentes da FPTM e representantes dos demais clubes filiados à entidade. Houve um jogo de estreia nas mesas com as medidas internacionais entre os donos da casa e o Juventus da Mooca. O São Paulo F.C. venceu por 5 a 0, demonstrando o potencial de sua turma masculina.

Fora do dia a dia competitivo da FPTM, o tênis de mesa também substituiu o antigo pingue-pongue em outros locais, tais como nas instituições de ensino Escola Cívica Mista, Juvenil Cruzeiro e Congregação Mariana do Ginásio do Estado. Outro contexto em que se introduziram as regras internacionais parece ter sido o Centro Social dos Sargentos da Força Pública, em que amistosos internos eram realizados pelos funcionários da segurança do Estado.

---

[527] O TÊNIS de mesa no São Paulo Futebol Clube. **O Estado de São Paulo**, São Paulo, p. 12, 14 nov. 1943.

Cabe destacar, no entanto, que a superação do pingue-pongue pelo tênis de mesa era uma tarefa difícil nas regiões mais afastadas da cidade de São Paulo. Por essa razão, durante toda a década de 1940, o pingue-pongue e o tênis de mesa coexistiram, muitas vezes sendo confundidos em cidades do interior, tais como Marília, Bebedouro, Viradouro, Sertãozinho, Pontal e Campinas, que demoraram mais tempo para aderir ao novo formato.

Sobre a dinâmica dos clubes de menor projeção, tem-se que permaneceu a mesma das décadas anteriores, isto é, fatores como a proximidade geográfica e o perfil socioeconômico favoreciam o acerto de amistosos. Nesse contexto, alheio à FPTM, o tênis de mesa era promovido por associações diversas, como o Círculo Operário, localizado na Rua dos Patriotas, que organizava campeonatos de clubes no bairro do Ipiranga.[528]

Em período relativamente próximo, uma crônica publicada pelo jornal *O Estado de São Paulo* pode ser um sinal de como a modalidade também já se fazia presente em alguns lares paulistanos, sobretudo naqueles mais endinheirados:

> Oscarzinho era um menino que morava perto de casa, em Pinheiros. Seus pais eram ricos e podiam fazer-lhe todas as vontades. Bastava ele dizer "quero uma bola de futebol", lá vinha a bola, trazida pelo carro de alguma loja importada. Se queria uma bicicleta, no dia seguinte lá estava ela, elegante e reluzente à porta de sua casa.
>
> Assim, Oscarzinho era dono de muitos brinquedos bonitos. E nós, seus vizinhos, olhávamos com água na boca para aquele mundão de bolas, velocípedes, jogos de armar e bonecos de mola que ele guardava num quarto do porão. [...]
>
> [...] E quando resolvemos formar duplas para jogar pingue-pongue com os meninos de outra rua, escolhemos o canário para nossa "mascote". Foi um sucesso. À hora das partidas do jogo, carregamos a gaiola para a sala da casa de Pedroca – sede do clube dos jogadores – e o jogo se desenrolava entre vivas da meninada e trinados do simpático canarinho (Oscarzinho, 1944, p. 7).[529]

O texto trata de crianças que moravam no bairro de Pinheiros, que já passava por alguns melhoramentos urbanos naquele período. Oscarzinho é tido como filho de pais ricos, enquanto os demais personagens prova-

---

[528] PINGUE-PONGUE. **O Estado de São Paulo**, São Paulo, p. 7, 12 nov. 1942.
[529] OSCARZINHO tinha um canário. **O Estado de São Paulo**, São Paulo, p. 7, 15 jan. 1944.

velmente eram de classe média. Os amigos formavam duplas e jogavam contra os meninos da rua vizinha na casa de um deles, considerada a sede do clube onde os jogos ocorriam.

Trata-se, evidentemente, de um texto fictício, mas que carrega consigo expressões da sociedade da época e seus meios de sociabilidade, atividades de lazer e brinquedos destinados às crianças. É de se imaginar que, tal como "velocípedes", "jogos de armar" e "bonecos de mola" guardados no porão, algumas residências também dispunham de tênis de mesa para o divertimento da "meninada".

A partir do texto é evidente como alguns desses divertimentos estavam disponíveis a apenas uma parcela da população. Ainda que o tênis de mesa tenha se tornado mais acessível com o passar do tempo, a sua presença em contextos domésticos provavelmente seguiu restrita aos padrões das classes mais privilegiadas. Para confirmar tal hipótese, basta considerar um anúncio da época publicado pelo *Estado de São Paulo*, em que uma mesa com cavaletes e na medida oficial estava à venda por Cr$100,00, sendo que o salário mínimo era de Cr$300,00.[530]

Apesar do êxito obtido pela campanha do tênis de mesa em São Paulo, alguns meses depois das primeiras competições a situação começou a declinar. Ao que parece, em 1943 teve início uma crise na FPTM que terminou por contaminar parte dos clubes e jogadores inicialmente entusiasmados com a modalidade. O problema foi notado pelo *Jornal dos Sports*, quando paulistas e cariocas marcaram um torneio interestadual no Rio de Janeiro, mas, na data estipulada, nenhuma delegação visitante compareceu.[531] De acordo com Miguel Munhoz, o jornalista entusiasta do tênis de mesa na *Gazeta*, a culpa era da própria entidade dirigente:

> Procurando descobrir as causas de tal desarranjo que data de muito tempo, fomos encontrá-lo – deploravelmente – no estado de abandono completo a que foi votada a entidade desse esporte. Com vários de seus cargos vagos há meses, a FPTM mantem as portas de sua sede hermeticamente fechadas aos próprios clubes filiados, cujos esforços para regularizar a situação vem sendo baldados, pois o controle da entidade está em mãos de apenas dois dirigentes – presidente e tesoureiro – cujo paradeiro todos ignoram" (Lá e Cá, 1943, p. 7).[532]

---

[530] O anúncio é de 17 de novembro de 1942, no jornal *O Estado de São Paulo*. Já o salário mínimo de Cr$300,00 foi instituído em janeiro de 1943.

[531] TENNIS de mesa. **Jornal dos Sports**, Rio de Janeiro, p. 5, 5 fev. 1943.

[532] LÁ E CÁ, mas fadas há. **Jornal dos Sports**, Rio de Janeiro, p. 7, 7 fev. 1943.

Mais do que não cumprir os combinados com a entidade vizinha, a FPTM encontrava-se em situação de abandono por parte da diretoria. Foram meses sem abrir as portas e sem prestar esclarecimentos aos clubes filiados, o que serviu para esfriar a animosidade existente em torno do tênis de mesa. Naquele ano, clubes como o São Paulo Railway, o Cafe, o Gaap, a A. A. Santa Helena, o Rei Clube e a A. S. Macabi continuavam ativos, mas sem conseguirem contato com os dirigentes da FPTM. A ausência de respostas atrasou a filiação de novos interessados, como a S. E. Palmeiras, a União dos Ex-Alunos de Dom Bosco e o C E Penha.

Sem poupar críticas à atual gestão, Miguel Munhoz afirmou que tal situação só poderia ser "obra da incúria de dois dirigentes incapazes", ou, ainda, que "a vida de um esporte útil não pode estar sujeita à infeliz desídia de duas pessoas". Soma-se a isso o fato que adversidades relacionadas à Segunda Guerra Mundial prejudicaram algumas práticas esportivas na capital paulista, inclusive o tênis de mesa.

A partir de 1943, um grande problema foram as bolas de celuloide, cujas importações custavam caro e chegavam em baixíssimas quantidades a São Paulo – posteriormente surgiram como opção as bolas de fabricação nacional, com pior qualidade, que custavam cerca de 25 cruzeiros a unidade, um valor igualmente alto.[533] Aliada à crise interna da FPTM, a escassez de bolinhas figurava como outro impeditivo para a manutenção de campeonatos durante aqueles anos, situação que só viria a melhorar em 1946.

Rio de Janeiro

No Rio de Janeiro, com Djalma de Vincenzi à frente da FMTM, inúmeras foram as inovações implementadas para o desenvolvimento da modalidade, cabendo destacar a criação de cursos de formação de árbitros, norteados pelas diretrizes internacionais. Foi o primeiro registro encontrado sobre o assunto, mas fato é que a iniciativa tornou as competições oficiais mais organizadas, contribuindo com a superação de antigos vícios dos tempos de pingue-pongue. Além disso, o tijucano da velha guarda também tinha aspirações intelectuais, tendo lançado a obra *Do ping-pong ao tênis de mesa* em 1942.[534]

---

[533] DE VINCENZI, Djalma. São Paulo, um grande líder no tênis de mesa. **Esporte Ilustrado**, Rio de Janeiro, p. 8, 25 jul. 1946.

[534] Djalma de Vincenzi também já havia publicado outros livros, tais como *A ética esportiva na educação física*. TÊNIS DE MESA. **Jornal dos Sports**, Rio de Janeiro, p. 5, 9 abr. 1942.

O referido livro, junto a um documento impresso sobre as regras internacionais que ele mesmo traduziu, já eram comercializados em estabelecimentos de artigos esportivos, dentro e fora da cidade maravilhosa.[535] Aos clubes cariocas interessados em adotar o novo formato, o livro e o documento impresso eram doados para instruir devidamente as suas respectivas diretorias.

Uma novidade é que, dado o seu protagonismo à frente da causa do tênis de mesa brasileiro, Djalma foi convidado a compor o Conselho Técnico de Desportos Diversos da CBD, representando a modalidade. Naquele período, a maioria dos grandes clubes e entidades esportivas tinham representantes das elites dirigentes (Ribeiro; Souza, 2021). Djalma, de certa forma, incorporava esse perfil, afinal, embora suas origens permaneçam desconhecidas, tratava-se de uma personalidade influente nos círculos esportivos da capital federal, com um passado ligado ao Tijuca Tênis Clube e à fundação da Federação Metropolitana de Tênis, uma das modalidades mais elitizadas da época.

A sua reputação, bem quista nas instâncias superiores da regulamentação esportiva, possibilitou ao tijucano da velha guarda transitar por diversos espaços para divulgar o tênis de mesa. Um exemplo deu-se na sede da Associação Atlética Banco do Brasil, localizada na Avenida Rio Branco.[536] Ele convidou seus colegas do Conselho Técnico de Desportos Diversos da CBD a testarem o desenvolvimento alcançado pela modalidade.

Todas essas iniciativas eram divulgadas por Lourival Carvalho em seus cativantes escritos no *Jornal dos Sports*. Fossem notícias, textos de opinião, crônicas ou poemas, o jornalista encontrava um jeito de exaltar as qualidades do tênis de mesa, convocando clubes, dirigentes e jogadores a experimentarem-no. Nesse sentido, o tênis de mesa era explorado sucessivamente nas edições do *Jornal dos Sports*, não de maneira passageira e, sim, constante. O interesse do periódico em dar publicidade aos principais acontecimentos da modalidade perdurou durante toda a primeira metade da década de 1940, o que certamente era uma resposta à validação, à interação e à aprovação do público leitor.[537]

---

[535] O TENNIS de mesa já é um esporte acreditado! **Jornal dos Sports**, Rio de Janeiro, p. 5, 28 jun. 1942.

[536] TENNIS de mesa. **O Globo**, Rio de Janeiro, p. 3, 2 jul. 1942.

[537] Durante a segunda metade da década, Lourival Carvalho migrou para *O Globo* e acabaram as crônicas especializadas no tênis de mesa. Periódicos como o próprio *Jornal dos Sports* seguiram divulgando as principais informações da modalidade, entretanto sem o tom pessoal e carismático que foi determinante para a campanha de implantação das regras internacionais entre 1941 a 1945.

Como resultado do contexto levantado nos parágrafos anteriores, é evidente que no Rio de Janeiro o tênis de mesa alçou voos mais altos do que em São Paulo, penetrando em um número maior de endereços: América F.C., Fluminense F.C., Tijuca Tênis Clube, Penha Clube, Canto do Rio, Cavo A.C, Clube Municipal, Grajaú Tênis Clube, A. A. Grajaú, A. A. Portuguesa, Telefônico A.C., S. P. A. Clube, Bonsucesso F.C., Sporting Clube do Brasil, Jacarepaguá Tênis Clube e C.R. Vasco da Gama já tinham departamentos ativos da modalidade.

Com a adesão do C.R. Flamengo em 1943, por intermédio do associado Antonio Moreira Leite, praticamente todos os grandes clubes da capital da República já eram adeptos do tênis de mesa, não apenas recreativamente como antes, mas devidamente filiados e prontos para disputarem os torneios da FMTM.[538] No que se refere aos contornos próximos da capital da República, as regras internacionais também chegaram a Niterói e à Nova Iguaçu, cidades onde o pingue-pongue seria paulatinamente substituído pelo tênis de mesa nas programações esportivas.[539]

Fora do meio competitivo, além da Associação Atlética Banco do Brasil, o Instituto de Resseguro e a Imprensa Nacional eram outras organizações estatais que já dispunham de instalações para a prática do tênis de mesa.[540] O mesmo ocorria com clubes de empresas de capital estrangeiro ligadas aos serviços públicos, como na Light And Power. Não à toa, diante da reviravolta experienciada em pouco tempo, o *Jornal dos Sports* reconhecia que o esporte de bolinha branca estava invadindo os lares, as repartições públicas, os quartéis e as escolas do Rio de Janeiro.[541]

Um outro diferencial em comparação com São Paulo é que, na capital da República, o tênis de mesa feminino foi mais incentivado pelos clubes e dirigentes esportivos. Se nos tempos de pingue-pongue as mulheres eram ignoradas pelos dirigentes esportivos cariocas, na década de 1940 elas passam a ter alguma representatividade dentro do novo formato da prática. Nesse sentido, é imprescindível mencionar Lygia Lessa Bastos, a quem abordaremos com mais detalhes em capítulos futuros. Ela exercia um importante trabalho à frente do departamento feminino do Tijuca Tênis Clube, organizando campeonatos internos e estimulando novas

---

[538] A POSSE, ontem, da nova diretoria da FMTM. **Jornal dos Sports**, Rio de Janeiro, p. 2, 13 nov. 1943.
[539] TENNIS de mesa em Nova Iguassú. **Jornal dos Sports**, Rio de Janeiro, p. 2, 14 sete. 1943.
[540] O TENNIS de mesa já é um esporte acreditado! **Jornal dos Sports**, Rio de Janeiro, p. 5, 28 jun. 1942.
[541] A RODADA de hoje no tennis de mesa. **Jornal dos Sports**, Rio de Janeiro, p. 5, 14 out. 1942.

adeptas do tênis de mesa. Em paralelo a isso, o América F.C., localizado na Grande Tijuca, criou um departamento feminino específico da modalidade, chefiado por Maria Cecília de Avelar, filha do presidente do clube.[542] Depois foi a vez do C. R. Vasco da Gama seguir o mesmo caminho, montando uma equipe feminina que reunia as melhores jogadoras locais, muitas delas egressas do Clube Ginástico Português.[543]

Como resposta ao florescimento de novas adeptas do tênis de mesa, torneios femininos foram organizados na cidade do Rio de Janeiro. Um deles partiu do *Jornal dos Sports*, em novembro de 1942, para homenagear uma das vozes mais combativas dos círculos esportivos cariocas.[544] O Torneio Lygia Lessa Bastos reuniu 40 inscritas e foi chancelado pela FMTM, um dos raros episódios encontrados em minhas buscas cuja premiação fazia referência a uma mulher.

Na fase final das disputas restaram: Leontina Carvalho, jogadora muito consciente dentro das mesas; Orbelina Olivieri, conhecida pelas cortadas que aplicava; Dinah Figueiredo, dona de um revés fulminante; Vera Cardoso, a melhor sacadora do evento; e a própria Lygia, que tinha um estilo de jogo inteligente.[545] A decisão do título foi entre Orbelina e Lygia, na sede do Clube Sul-América, localizado à Rua do Ouvidor, e foi considerada a "mais renhida peleja" disputada em toda a competição.[546] Terminou com vitória de Lygia por 2 a 1, que merecidamente conquistou a taça que fazia referência ao seu próprio nome.

Nas competições seguintes, o Tijuca Tênis Clube continuou dominando as disputas femininas. A próxima vitória veio em setembro de 1943, quando a FMTM realizou um torneio início de equipes, o primeiro nesse formato.[547] Pouco depois, outro certame, agora com mais participantes e maior número de partidas, foi promovido pela entidade. Em ambos os casos, as "tijucanas" Lygia, Therezinha Nesi e Isadhora Soares sobressaíram-se ante as suas adversárias do Fluminense F.C. e do Grajaú T.C.[548]

---

[542] TENNIS de mesa. **Jornal dos Sports**, Rio de Janeiro, p. 7, 8 mar. 1942.

[543] TORNEIO de seleção para o próximo Rio-São Paulo de tennis de mesa. **Jornal dos Sports**, Rio de Janeiro, p. 5, 10 mar. 1942.

[544] TORNEIO Lygia Lessa Bastos. **Jornal dos Sports**, Rio de Janeiro, p. 3, 27 out. 1942.

[545] NO CLUBE Sul-América, hoje, à noite, as provas finais do Torneio Lygia Lessa Bastos. **Jornal dos Sports**, Rio de Janeiro, p. 6, 30 dez. 1942.

[546] CAMPEÃ, Lygia Lessa Bastos, vice-campeã, Orbelina Olivieri. **Jornal dos Sports**, Rio de Janeiro, p. 5, 31 dez. 1942.

[547] O TIJUCA T. C. é o campeão do torneio início feminino de tênis de mesa. **Jornal dos Sports**, Rio de Janeiro, p. 2, 14 set. 1943.

[548] O TIJUCA Tênis Clube venceu o campeonato feminino por equipes. **Jornal dos Sports**, Rio de Janeiro, p. 5, 26 out. 1943.

Aos poucos, Lygia, que era a melhor mesatenista carioca naquele momento, afastar-se-ia da modalidade para focar na carreira de dirigente esportiva e, posteriormente, na carreira política.[549] Abria caminho, então, para Dinah Figueiredo, jogadora que mais se destacou nos anos posteriores. Cabe dizer que apesar da organização inédita de campeonatos cariocas com categorias femininas, há uma série de problematizações cabíveis ao período em questão, pois as mulheres continuaram tendo reconhecimento e oportunidades muito inferiores em comparação aos homens – tais questões serão discutidas no próximo capítulo.

Quanto às disputas masculinas, cumpre destacar o retorno de Dagoberto Midosi ao noticiário esportivo. Desanimado ante as perspectivas do antigo pingue-pongue e recém-ingressado na faculdade de Direito, esse jogador havia abandonado a prática de raquetes no final dos anos 1930. Uma reviravolta ocorreu no início dos anos 1940, quando Arthur Carvalhaes procurou-o, convidando-o para praticar o tênis de mesa no tricolor das Laranjeiras.

Embora relutante num primeiro momento, Dagoberto Midosi foi convencido após tomar conhecimento que as mulheres mais bonitas do Rio de Janeiro frequentavam os bailes do Fluminense F.C.[550] Era o pretexto perfeito para motivar o jovem advogado a aceitar o convite, afinal, ele gostava muito de dançar. Com o passar do tempo, o regresso às mesas acabou representando muito mais do que oportunidades de paquera para "Dagô": ele tornar-se-ia um dos melhores jogadores de sua geração, à frente de importantes conquistas para o tênis de mesa brasileiro.

No início de 1943, o América F.C., conhecido como "Diabo" pelos torcedores de futebol, tinha em suas fileiras os irmãos Ivan Severo, Wilson Severo e Hugo Severo, juntamente a Anibal Pereira e José Neves. Foi com esse quadro que conquistou o primeiro campeonato carioca de equipes organizado pela FMTM, após derrotar o Fluminense F. C., de Antonio Cor-

---

[549] Em 1947, Lygia Lessa Bastos foi eleita vereadora do Distrito Federal, o primeiro dos dez mandatos que exerceria na política.

[550] Dagoberto Midosi havia abandonado a prática em 1938, ainda nos tempos de pingue-pongue, para concluir a faculdade de Direito. Retornou em 1942, passando a integrar as fileiras do Fluminense F.C., clube em que construiria uma vitoriosa carreira pelo tênis de mesa carioca e brasileiro. Não à toa, anos mais tarde, tornar-se-ia um Cidadão Benemérito do tricolor das Laranjeiras. Mais informações podem ser encontradas em entrevistas posteriores, disponíveis na internet. Cf. EDUARDO, Amilcar. O maior vencedor de tênis de mesa do brasil, Dagoberto Midosi, 103 anos de amor ao esporte. *Youtube*, 3 de fev. de 2021. Disponível em: https://www.youtube.com/watch?v=YuG9IXjLinE&t=117s. Acesso em: 9 jun. 2024; PAIVA, Edson. Tênis de mesa – Dagoberto Midosi. *Youtube*, 18 de set. de 2009. Disponível em: https://www.youtube.com/watch?v=qdbbQR3yulQ. Acesso em: 9 jun. 2024.

rea, Arthur Carvalhaes, Mario Fiorino, Duwalter Silva e Dagoberto Midosi na final. A partida decisiva foi assistida por uma assistência numerosa e seleta, e segundo o *Jornal dos Sports*, inegavelmente materializou "mais uma vitória do tênis de mesa".[551]

A título de curiosidade, o tricolor das Laranjeiras ficou bem próximo de levantar o caneco, pois abriu 2 a 0 de vantagem e esteve a apenas um set de vencer.[552] Quando o "Diabo" conseguiu o empate por 2 a 2, quem decidiu a seu favor foi o jovem Ivan Severo, derrotando Antonio Correa por três sets a zero.

Figura 27 – Ivan Severo na infância, anos antes de ingressar no pingue-pongue

Ivan Severo, o consagrado campeão carioca

Fonte: *Jornal dos Sports*, 8 de abril de 1943

A partir de então, o América deu início a uma invencibilidade que só seria quebrada na segunda metade da década. O "Diabo" conquistou três títulos por equipes da FMTM, sempre em cima do Fluminense F.C. e com uma relação de jogadores muito semelhante. Sem dúvidas, os irmãos Severo constituíam a melhor força do tênis de mesa carioca naquele momento quando jogavam juntos.

---

[551] AMÉRICA F. Clube campeão de tennis de mesa! **Jornal dos Sports**, Rio de Janeiro, p. 5, 18 fev. 1943.
[552] COMO eu vi o jogo América F. C. x Fluminense F. C. **Jornal dos Sports**, Rio de Janeiro, p. 5, 19 fev. 1943.

Outra curiosidade é que nenhum dos envolvidos nas disputas, tanto do América quanto do Fluminense, empregavam dedicação exclusiva à modalidade.[553] Todos eles tinham ocupações em áreas que nada tinham a ver com as suas trajetórias esportivas, afinal, elas não geravam nenhum retorno financeiro. Sabe-se que, do lado rubro, Ivan Severo e Wilson Severo eram funcionários públicos, enquanto seu irmão Hugo Severo era professor da rede pública. Do lado tricolor, Antonio Correa era bancário, Arthur Carvalhaes era funcionário do Tesouro e Serviço Federal de Águas e Esgotos, enquanto Dagoberto Midosi, conforme dito anteriormente, era advogado.

Justamente por conta de seus compromissos profissionais, os irmãos Severo não disputaram por completo o primeiro campeonato individual organizado pela FMTM.[554] O evento ocorreu durante o segundo semestre de 1943 e Ivan chegou a liderar a classificação antes de abandoná-lo por não conseguir comparecer a todas as partidas. Com a desistência dos favoritos, os jogadores do Fluminense F.C. foram beneficiados e conseguiram boas colocações ao término das disputas. O experiente Arthur Carvalhaes foi o grande campeão, após derrotar Jair Belmonte na final – ambos eram representantes do tricolor carioca.[555]

Sobre o vencedor, tem-se que seu primeiro envolvimento com a prática de raquetes ocorreu em 1928. Dali em diante, ele teve passagens pelo pingue-pongue do Americano F. C., do Grêmio 11 de Junho e do Sporting Clube do Brasil antes de ingressar no Fluminense. Seu mentor havia sido Melchiades Fonseca, àquela altura já afastado das mesas.

Arthur Carvalhaes era carismático, descrito pelas crônicas de Lourival Carvalho como um jogador "malandro", no bom sentido da palavra. Gostava de treinar o tênis de mesa com charuto ao canto da boca e tinha uma postura desapegada, que contrastava com a inteligência apresentada em suas jogadas.[556]

Na edição seguinte do campeonato individual da FMTM, Ivan conseguiu liberação no trabalho para completar a tabela. Confirmando as

---

[553] RUMO a São Paulo a delegação da Federação Metropolitana de Tennis de Mesa. **Jornal dos Sports**, Rio de Janeiro, p. 8, 2 ago. 1942.

[554] Em diversas ocasiões ao longo de sua carreira, Ivan Severo não esteve presente em importantes disputas do tênis de mesa nacional e internacional, muito provavelmente por conta de seus compromissos laborais.

[555] NOTICIÁRIO. **O Globo**, Rio de Janeiro, p. 8, 23 set. 1943.

[556] "ASES" do tennis de mesa. **Jornal dos Sports**, Rio de Janeiro, p. 2, 24 maio 1942.

expectativas, ele conquistou o título sem perder uma única partida.[557] O restante do pódio foi composto pelo vice-campeão José Neves, terceiro colocado Baptista Boderone e quarto colocado Hugo Severo, todos representando o América, o que evidencia mais uma vez a hegemonia do clube nas competições masculinas daquele período.

Cumpre dizer que em paralelo às referidas competições, a FMTM passou por algumas reformulações. Em 1943, por exemplo, Djalma de Vincenzi renunciou ao cargo de presidente da entidade. Segundo o próprio, não se tratava de nenhum desentendimento entre ele e os demais dirigentes, mas de um descanso necessário:

> Fizemos o máximo que nos foi possível, trabalhamos muito e agora queremos um descanso. Devo frisar que embora nos afastando dos cargos dirigentes, não nos afastamos do tênis de mesa. Continuaremos a trabalhar por ele. Eu, pessoalmente, dentro do Conselho Técnico da CBD, farei o possível para a sua divulgação e implantação nos outros estados, a começar por Minas Gerais (De Vincenzi, 1943, p. 3).[558]

Em outras linhas, Djalma comemorava os 14 filiados da entidade, além de sua situação financeira, a qual, dentro de modestas possibilidades, era ótima, pois dispunha de um fundo de depósito no Banco do Brasil. O montante foi acumulado graças à ajuda de Antônio Neves, pai do jogador José Neves e entusiasta da modalidade – ele disponibilizou gratuitamente um espaço para a sede social da FMTM, o que significou uma economia de gastos considerável.

Conforme esclarecido em sua declaração, Djalma continuou ligado ao tênis de mesa, porém de outras maneiras, articulando-se sobretudo com o Conselho Técnico de Desportos Diversos da CBD. A FMTM experienciou duas mudanças de diretoria num curto período de tempo, tendo escolhido como definitiva a seguinte composição para o mandado de 1943 a 1944: presidente, Carlos Chagas; vice-presidente, Antonio Neves; 1º secretário, Armenio Mesquita; 2º secretário, Mario Mello; 1º tesoureiro, Ary Nunes da Silva; 2º tesoureiro, Jayme Amaral; e diretor de publicidade, Hugo Padula.[559] Apesar de sua renúncia, Djalma seria convencido a retornar ao cargo anos mais tarde pelos círculos do tênis de mesa carioca.

---

[557] NOTICIÁRIO. **O Globo**, Rio de Janeiro, p. 8, 24 jun. 1944.
[558] DE VINCENZI, D. FMTM. **O Globo**, Rio de Janeiro, p. 3, 22 fev. 1943.
[559] NOTICIÁRIO. **O Globo**, Rio de Janeiro, p. 10, 16 nov. 1943.

Antes de avançarmos, vale destacar as articulações dos dirigentes do tênis de mesa carioca, que utilizavam a imprensa para fazer apelos direcionados aos órgãos públicos legisladores do esporte no Brasil. O próprio Djalma encontrava no *Jornal dos Sports* espaço para expor suas ideias, tentando por diversas vezes estabelecer um diálogo com lideranças políticas, fosse convocando personalidades ilustres que conhecia nos grandes clubes ou mesmo com pedidos de apoio financeiro àqueles ligados a entidades governamentais. É interessante abordar tal temática, pois evidencia, a partir dessas tentativas de diálogo, uma das estratégias adotadas por Djalma e seus aliados para galgar oportunidades à modalidade.

Getúlio Vargas conseguiu forjar uma identidade política que transmitia mais possibilidades de ganhos materiais para a nação de modo geral (Ferreira, 2021). O mesmo estendia-se à esfera esportiva, pois com o Decreto-Lei n.º 3.199, o Estado passava a intervir diretamente no assunto, o que viabilizava a obtenção de patrocínios antes inexistentes – ou pelo menos improváveis –, sobretudo para modalidades como o tênis de mesa. Talvez tenha sido com motivações desse tipo que Djalma buscou uma aproximação com o presidente da República. Na esperança de conquistar a sua simpatia, fez diversos acenos, publicados em primeira mão pelos jornais da época.

Um exemplo deu-se quando o tênis de mesa foi incluído nas comemorações natalícias de Getúlio Vargas, pois Djalma integrou a comissão organizadora na cidade de Cambuquira, em Minas Gerais.[560] O uso dos esportes em comemorações do tipo tinha como objetivo reforçar a teatralização da imagem de uma nação bem-sucedida, ao passo que reforçava simbolicamente o poder da ditadura estadonovista (Drumond, 2009b). Ademais, em encontros interestaduais com os esportistas paulistas, Djalma entoava gritos e brindes de honra ao presidente, detalhe que também era repercutido pelas notícias.[561]

Meses depois, durante os morticínios da Segunda Guerra Mundial, ele também doou 199$000 em nome da FMTM ao governo federal, que enfrentava dificuldades para prestar assistência às famílias dos soldados brasileiros abatidos em torpedeamentos de navios.[562]

Por fim, outra forma de agradar era prestar homenagens durante as competições promovidas pela FMTM em parceria com o *Jornal dos*

---

[560] PROSSEGUIRÁ amanhã o torneio de seleção. **Jornal dos Sports**, Rio de Janeiro, p. 5, 9 abr. 1942.
[561] NOS DOMÍNIOS do tênis de mesa. **Correio Paulistano**, São Paulo, p. 6, 6 ago. 1942.
[562] DONATIVOS para a defesa nacional. **Correio Paulistano**, São Paulo, p. 5, 30 set. 1942.

Sports. Assim foi no campeonato individual masculino de 1943, cuja taça em disputa chamava-se "Getúlio Vargas Filho".[563] O homenageado era o segundo filho do presidente, um dos familiares escolhidos para representar os interesses do governo federal no campo esportivo. Como se vê, os episódios citados não deixam dúvidas quanto à admiração que Djalma nutria pelo presidente, mas é de se destacar como o dirigente do tênis de mesa carioca tentou chamar a sua atenção, certamente almejando um possível apoio à FMTM.

Se na instância máxima os acenos não parecem ter sido correspondidos, estratégia semelhante guiou as declarações do *Jornal dos Sports*, também por influência de Djalma, direcionadas aos dirigentes do esporte nacional. Uma dessas ocasiões visava ao apoio de José Gomes Talarico, da Confederação Brasileira de Desportos Universitários, entidade que ainda não havia integrado o tênis de mesa às suas atividades.[564]

Diante de algumas esquivas ou recusas de personalidades do tipo, Djalma parece finalmente ter acertado quando convidou o Sr. Rivadavia Corrêa Meyer, presidente da CBD, a prestigiar um campeonato interno do Clube Municipal, localizado na Cinelândia.[565] A presença de uma liderança desse vulto foi comemorada pelo *Jornal dos Sports*, pois tratava-se de uma chance de conquistar a confiança do alto escalão do esporte nacional. Nesse sentido, segundo notícia da época, Rivadavia foi recebido com prolongada salva de palmas por uma grande assistência, desfrutou de um coquetel no intervalo das partidas, além de ter recebido e proferido elogios aos esportistas presentes.

Mesmo quando não ocupava mais o cargo de presidente da FMTM, Djalma articulava-se no Conselho Técnico de Desportos Diversos da CBD. Assim, construiu um importante elo entre o tênis de mesa brasileiro e a entidade regulamentadora do esporte nacional, o que se mostraria frutífero nos anos seguintes: a organização de um campeonato brasileiro da modalidade, reivindicada pelo menos desde 1943 pelo *Jornal dos Sports*,[566] seria viabilizada em 1946 graças ao apoio de Rivadavia.

---

[563] NOTICIÁRIO. **O Globo**, Rio de Janeiro, p. 8, 23 set. 1943.

[564] Aparentemente, o tênis de mesa só foi incluído no calendário de competições da Federação Atlética de Estudantes, principal entidade por trás do desporto universitário, no ano de 1948. Àquela altura, 14 instituições de ensino superior já praticavam a modalidade. O ESPORTE universitário. **O Globo**, Rio de Janeiro, p. 12, 5 mar. 1948.

[565] TENNIS de mesa. **Jornal dos Sports**, Rio de Janeiro, p. 8, 1 ago. 1943.

[566] CAMPEONATO brasileiro de tennis de mesa: um apelo à CBD neste sentido. **Jornal dos Sports**, Rio de Janeiro, p. 5, 18 dez. 1943.

O início de uma nova era...

Durante os anos de estabelecimento das regras internacionais, a promoção de campeonatos interestaduais foi uma das maneiras encontradas para estreitar laços entre os jogadores, clubes e dirigentes de São Paulo e do Rio de Janeiro. A organização de um campeonato brasileiro com a participação de outras unidades federativas era discutida e, inclusive, incentivada pelas diretorias da FPTM e FMTM, entretanto faltavam recursos financeiros para viabilizar algo do tipo, bem como outras federações estaduais estruturadas suficientemente para atender aos critérios de filiação da CBD.

Esse era o caso de Minas Gerais, Rio Grande do Sul, Paraná e Bahia, estados em que já havia ocorrido tentativas de fundar entidades locais para regulamentar a modalidade. Enquanto não era possível unificar esses polos em torno de uma única competição, paulistas e cariocas continuaram se enfrentando isoladamente em eventos com ampla divulgação pelos jornais da época. De 1942 a 1945, dois campeonatos destacaram-se: primeiro, a taça "Magalhães Padilha"; depois, a "Taça João Lyra Filho".

Em disputa da taça Magalhães Padilha, o jogo de ida ocorreu na cidade de São Paulo, durante o mês de agosto de 1942, tendo sido considerado pelo *Correio Paulistano* um encontro decisivo para a "obtenção da supremacia esportiva" entre paulistas e cariocas.[567] Conforme vimos, não raras vezes os meios de comunicação insuflavam uma rivalidade que extrapolava o campo esportivo e envolvia questões políticas e de projeto de nação. No caso do tênis de mesa, todavia, os discursos da imprensa não pareciam influenciar na relação amistosa entre jogadores paulistas e cariocas: eram adversários nas mesas, mas companheiros nos momentos de lazer e descontração. Por conseguinte, para o confronto interestadual a equipe carioca tinha uma programação social interessante na companhia da equipe paulista, pois estava previsto um conjunto de passeios ao Estádio do Pacaembu, às sedes dos principais jornais e órgãos públicos, e ao Horto Florestal.[568]

Os jogadores Wilson Gioso, Miguel Maenza, Cesar Petull, Valter Ventriglia, Vicente Mamone, Cesar Petrillo e Geraldo Pisani garantiram vagas na equipe da FPTM depois de vencerem as seletivas classificatórias. Vale destacar a ausência de Ricardo D'Angelo, que precisou se ausentar da

---

[567] O PRÓXIMO torneio Rio-S. Paulo. **Correio Paulistano**, São Paulo, p. 6, 30 jul. 1942.
[568] PINGUE-PONGUE. **O Estado de São Paulo**, São Paulo, p. 7, 2 ago. 1942.

prática do tênis de mesa por alguns meses para tratar uma enfermidade misteriosa. Já a FMTM enviou uma equipe composta por Ivan Severo, Wilson Severo, Henrique Coutinho, Hugo Severo, Antonio Correa, Arthur Carvalhais e Nelson Soares, jogadores que na época defendiam o América F.C. e o Fluminense F.C.[569]

Dessa vez, os cariocas já estavam mais familiarizados com as regras internacionais, fazendo frente aos paulistas, que haviam vencido o embate do ano anterior com certa tranquilidade. Nos três dias de evento foram disputadas 22 partidas na sede da Associação dos Empregados no Comércio, localizada na Rua Líbero Badaró. O placar final terminou em 12 vitórias a favor dos donos da casa contra 10 vitórias dos visitantes, o que assegurou vantagem ao combinado paulista na disputa pela Taça Magalhães Padilha.

O confronto de volta, acordado para acontecer em fevereiro de 1943, foi adiado por conta das crises internas da FPTM. A situação normalizou-se em 1944, com a eleição de uma nova diretoria. No mês de março daquele ano, os paulistas embarcaram para o Rio de Janeiro, onde estavam previstos dois confrontos, um para decidir com atraso a posse da taça Magalhães Padilha e o outro para decidir o vencedor do jogo de ida da taça João Lyra Filho. Após quatro dias de competição nas dependências do Clube Municipal, os visitantes venceram os donos da casa no primeiro confronto, mas perderam o segundo em partida que se estendeu até a madrugada.[570]

Somente em novembro de 1944, o jogo de volta para decidir a Taça João Lyra Filho aconteceu, sob o patrocínio da CBD, em São Paulo. Na ocasião, os cariocas, que dessa vez tinham vantagem no placar, repetiram a boa atuação e venceram por 4 a 1, o que lhes assegurou o título interestadual.[571] A equipe vencedora contou com Arquimedes, Baptista Boderone, José Neves, Hugo Severo e Ivan Severo, jogadores escolhidos por Carlos Chagas, o sucessor de Djalma de Vincenzi na presidência da FMTM.

Paralelamente às disputas das taças Magalhães Padilha e João Lyra Filho, em 1942 e 1944 também houve dois campeonatos individuais. Se nas disputas interestaduais por equipes havia certa equivalência de forças, nas disputas solo não restavam dúvidas quanto a quem tinha o melhor jogador do Brasil. Sem grandes surpresas para os jornais da época,

---

[569] NOS DOMÍNIOS do tênis de mesa. **Correio Paulistano**, São Paulo, p. 6, 6 ago. 1942.
[570] IVAN Severo campeão brasileiro de tennis de mesa. **O Globo**, Rio de Janeiro, p. 8, 14 abr. 1944.
[571] NOTÍCIAS do dia. **O Globo**, Rio de Janeiro, p. 10, 24 jan. 1945.

o grande campeão em ambas as ocasiões foi Ivan Severo: primeiro, após uma belíssima final contra seu irmão, Wilson Severo; depois, sob uma assistência numerosa, derrotou o paulista Geraldo Pisani por três a zero, demonstrando precisão nos golpes e uma magnífica movimentação na partida final, segundo *O Globo*.[572]

Invicto até então em todas as disputas individuais de tênis de mesa que disputara em encontros oficiais, o jovem carioca tornou-se uma figura respeitada nos círculos esportivos do Rio de Janeiro, algo que lhe rendeu convites inusitados, como quando treinou com o *bon vivant* João Maria de Orleans e Bragança, considerado um "príncipe" da família imperial brasileira.[573]

Figura 28 – Notícia sobre o desfecho das taças Magalhães Padilha e João Lyra Filho, com Ivan Severo terminando campeão da categoria individual

Fonte: *O Globo*, 14 de abril de 1944

---

[572] NOTICIÁRIO. **O Globo**, Rio de Janeiro, p. 8, 31 mar. 1944.
[573] UM SPORTSMAN completo o Príncipe D. João de Orleans e Bragança. **O Globo Sportivo**, Rio de Janeiro, p. 11, 14 maio 1943.

Cumpre ressaltar que os referidos episódios contaram com patrocínio de órgãos públicos, como a Diretoria de Esportes do Estado de São Paulo e a CBD, algo que não ocorria nas décadas anteriores. Se antes as despesas dos jogadores – bem como as despesas com premiações e outras necessidades da organização do campeonato – eram custeadas pelos clubes, patrocinadores privados ou pelas federações estaduais, agora tem-se uma importante contribuição por parte do Estado.

De fato, com o reconhecimento das regras internacionais, o tênis de mesa alcançou um *status* mais sério e competitivo. Não à toa, as finais de um dos campeonatos interestaduais foram filmadas pelo Departamento de Propaganda do Estado, gesto encarado pelo *Correio Paulistano* como prova do interesse das autoridades locais em difundir a modalidade.[574]

Sobre o desenrolar das disputas interestaduais de equipes, nota-se como, desde 1941, os cariocas foram se adaptando às regras internacionais, fazendo frente aos paulistas entre 1942 e 1943, até superá-los definitivamente em 1944, com a conquista da Taça João Lyra Filho. Dali em diante, as equipes cariocas permaneceriam invictas pelos próximos quatorze anos nas competições nacionais.

Estava iniciada uma nova era do tênis de mesa nacional, na qual os irmãos Ivan, Hugo e Wilson Severo, juntamente com Dagoberto Midosi, Arthur Carvalhaes, José Neves, Antônio Correa e outros jogadores seriam os responsáveis pela supremacia do Rio de Janeiro nas disputas masculinas da modalidade. O mesmo se estenderia às disputas femininas, visto que, ao final da segunda metade da década, jogadoras cariocas, como Dinah Figueiredo e, posteriormente, Eveline Muskat e Dinah Bôscoli, tornar-se-iam as melhores mesatenistas do Brasil.

5.3 O DESCASO PERMANECE, MAS ELAS RESISTEM COMO PODEM...

Após anos de alijamento por parte das entidades regulamentadoras, a causa do tênis de mesa feminino foi gradualmente conquistando espaço nos círculos esportivos. A maior expressão das mudanças em curso foi o primeiro campeonato com as regras internacionais no Rio de Janeiro, por intermédio do *Jornal dos Sports*, com categorias abertas a homens e mulheres. O episódio estimulou uma série de iniciativas posteriores, fazendo

---

[574] O PRÓXIMO torneio Rio-S. Paulo. **Correio Paulistano**, São Paulo, p. 6, 30 jul. 1942.

com que o Vasco da Gama, o Tijuca Tênis Clube e o América F.C. criassem departamentos femininos específicos para a modalidade.

Em São Paulo, vale relembrar que a FPTM empreendeu diversas excursões de divulgação do tênis de mesa, com o apoio direto do Centro Associativo Fazenda Estadual. Nessas ocasiões, os melhores jogadores e as melhores jogadoras do seu quadro social viajaram pelo estado, cabendo destacar os nomes de Hansi Dulberg e Corina Teixeira Magalhães. O curioso é que essas jogadoras continuavam sem participar das competições oficiais organizadas pela FPTM, que não oferecia nenhuma categoria feminina (Almeida; Yokota, 2022).

A exceção da época seguia sendo o Gaap, única agremiação que, na contramão das suas semelhantes, promovia com frequência torneios abertos a homens e mulheres. Enquanto as suas concorrentes eram praticantes recreativas e ocasionais da modalidade, tudo leva a crer que as "alvaristas" eram adeptas sérias e competitivas, sobressaindo-se os nomes de Carmelita Sayago e Berta Erlichman (Almeida; Yokota, 2022).

Ainda assim, tanto na capital carioca quanto na capital paulista, a impressão é que, para os dirigentes esportivos, a promoção do tênis de mesa feminino era motivada mais pela conveniência do que pelo reconhecimento de uma causa verdadeiramente necessária. No Rio de Janeiro, a participação das mulheres nas competições promovidas pela FMTM só parecia ser evidenciada pelos jornais da época porque contribuía para a aceitação do tênis de mesa entre as famílias e os sócios dos grandes clubes.[575] Já em São Paulo, as excursões promovidas pela FPTM certamente tinham objetivos semelhantes ao contar com duas habilidosas jogadoras, que sequer podiam competir oficialmente, mas eram propagandeadas para a captação de novos praticantes.

O cenário pode parecer animador em comparação às décadas anteriores, mas retrocessos de toda ordem não deixam dúvidas acerca da manutenção de uma sociedade profundamente desigual aos homens e às mulheres, algo marcante no campo esportivo. Basta evocar o Decreto-Lei n.º 3.199, de 1941, para atestar como, se por um lado parecia representar uma conquista para a regulamentação esportiva do Brasil, por outro foi a institucionalização da censura à participação feminina em determinadas modalidades, consideradas incompatíveis com a sua "natureza".

---

[575] E O TENNIS de mesa feminino, vai ou não vai? **Jornal dos Sports**, Rio de Janeiro, p. 5, 15 abr. 1942.

O tênis de mesa, graças às suas características socialmente aceitas na época, não figurava entre as proibições do Estado às mulheres, tendo sido, inclusive, incentivado em contextos recreativos por periódicos como *O Globo*.[576] Ainda assim, também seria influenciado pelas crenças, pelos valores e discursos em voga naquele momento, que não escondiam representações preconceituosas sobre a presença feminina nos contextos competitivos. Começaremos falando especificamente do caso do Rio de Janeiro, onde, apesar das circunstâncias, o tênis de mesa praticado por mulheres avançou mais do que em São Paulo.

A importância de Lygia Lessa Bastos para o esporte feminino no Rio de Janeiro

Embora gradualmente passassem a dividir os mesmos espaços enquanto competidores, homens e mulheres seguiam regras e códigos de comportamento diferenciados no tênis de mesa. Isso pode ser observado a partir de três aspectos que serão discutidos nas próximas linhas: as recomendações de vestimenta, as premiações das competições e a abordagem da imprensa ao noticiar o desfecho das disputas femininas na capital da República.

Sobre o primeiro aspecto, em 1942, o presidente da FMTM, Djalma de Vincenzi, teceu considerações no *Jornal dos Sports* sobre os uniformes que julgava ideais ao tênis de mesa:

> [...] como é facilmente compreensível, o tênis de mesa é praticado muito em comum com o público assistente e os jogos realizados a noite, pedindo pois, um uniforme condizente com esses dois pontos principais.
>
> O calção que hoje está generalizado no tênis de quadra, não se compreenderia no tênis de mesa, o que tornaria exótico dado a proximidade em que ficam os praticantes com o público assistente, dentro do salão.
>
> O mesmo acontece com o uniforme feminino, o calção-mirim, usado para o atletismo ou basquetebol, não condiz com o tênis de mesa, que requer o calção longo, ou a saia calça, realmente o mais condizente com a perfeita ética que tanto elevam no mundo das modas femininas, o bom gosto das nossas graciosas patrícias.

---

[576] TENNIS de mesa. **O Globo**, Rio de Janeiro, p. 10, 20 mar. 1942.

> O Brasil deve se orgulhar do renome e prestígio em que as suas modas masculina e feminina já atingiram na própria América do Norte. Dentro da ética brasileira, dosemos os uniformes para o tênis de mesa, um esporte em que o praticante está junto da própria assistência, em comum dentro do salão (A Ética, 1942, p. 5).[577]

Nota-se como, para Djalma, a vestimenta deveria ser guiada por princípios éticos. De modo geral, a proximidade espacial entre os praticantes e o público espectador é tida como uma motivação para substituir os calções curtos por opções mais longas, evitando, assim, situações constrangedoras. Cabe destacar que o estilo de vida esportivo estava diretamente relacionado à indústria da moda, cujos modelos de roupas, bem como seus usos na vida cotidiana, evidenciavam uma cultura física bastante influenciada pelo gênero (Soares, 2011). É por isso que não são feitas sugestões explícitas aos homens adeptos do tênis de mesa, enquanto às "nossas graciosas patrícias" são listadas o calção longo ou a saia calça enquanto opções mais comedidas para a prática feminina.

Outra forma de atestar diferentes tratamentos aos gêneros no cenário competitivo da modalidade consistia nas premiações oferecidas nos campeonatos. No primeiro evento aberto à participação feminina com as regras internacionais, as recompensas para as melhores colocadas eram, além de medalhas e taças, itens associados à manutenção da beleza, tais como estojos de maquiagem da perfumaria "Noite de Amor",[578] bem como "baton, rouge e pó de arroz da marca Vane Ess".[579] O tênis de mesa não deixa de ser, nesse sentido, uma prática esportiva disciplinadora, pois mesmo nos contextos competitivos são reforçados os papéis sociais impostos às mulheres, sublinhando uma preocupação cada vez maior com os padrões estéticos que delas exigia-se (Soares, 2011).

Sobre a abordagem da imprensa ao noticiar o desfecho das disputas femininas, não raras vezes fazia-se menção à falta de equilíbrio psicológico das jogadoras. O preconceito é explicitado pela abordagem dos periódicos, com adjetivos que refletem diferentes construções sociais acerca do homem e da mulher no esporte competitivo.

---

[577] A ÉTICA nos uniformes para os jogos oficiais de tennis de mesa. **Jornal dos Sports**, Rio de Janeiro, p. 5, 17 jun.1942.
[578] O AGRADECIMENTO de Lygia Lessa Bastos. **Jornal dos Sports**, Rio de Janeiro, p. 5, 31 out. 1942.
[579] TORNEIO Lygia Lessa Bastos. **Jornal dos Sports**, Rio de Janeiro, p. 5, 20 nov. 1942.

O homem, quando derrotado em um torneio, não estava em um bom dia ou simplesmente não havia conseguido desempenhar o seu melhor jogo, sem muitas justificativas por parte dos periódicos. A mulher, por sua vez, tinha a derrota rapidamente associada à falta de controle emocional, considerada a principal causa para o mau desempenho dentro das mesas.

Um exemplo do tipo aconteceu em 1942, durante um torneio organizado pelo *Jornal dos Sports* no Rio de Janeiro. Se, por um lado, o periódico prestava uma importante contribuição ao promover certames femininos, por outro lado deixava subentendido em suas linhas a preferência pelas disputas masculinas. Quando Orbelina Olivieri derrotou Dinah Figueiredo na ocasião, não há quaisquer apontamentos sobre os méritos da primeira e, sim, sobre a "pouca calma" da segunda.[580]

Anos mais tarde, o mesmo periódico insiste em associar características pejorativas à Dinah Figueiredo, que, quando superada por Orsina Olivieri – irmã de Orbelina – num torneio de curta duração da FMTM, não teria jogado de maneira satisfatória por apresentar-se "muito nervosa".[581] Diferentemente do que ocorria com as disputas masculinas, raramente eram feitos comentários ou discussões aprofundadas sobre as qualidades técnicas das jogadoras nas disputas femininas.

Para além dos três aspectos abordados, cumpre lembrar que os homens eram a maioria esmagadora nos cargos de arbitragem, de organização das competições e de direção da modalidade. Sendo assim, tal como nas décadas anteriores, tinha-se um cenário que continuava dominado pela figura masculina, tanto materialmente quanto simbolicamente. A partir das notícias da época é evidente como mesclava-se discursos favoráveis ao tênis de mesa feminino com o desinteresse na hora de, efetivamente, empenhar-se em prol da sua difusão.

O próprio Djalma de Vincenzi considerava a modalidade ideal para ambos os sexos, opinião contraditória se considerarmos que a FMTM, a qual ele dirigia em 1942, mantinha o setor feminino paralisado, sem quaisquer justificativas plausíveis.[582] No Rio de Janeiro, ao longo de toda a década, registros do tipo vão intercalar-se com algumas tímidas iniciativas por parte da FMTM.

---

[580] CAMPEÃ, Lygia Lessa Bastos, vice-campeã, Orbelina Olivieri. **Jornal dos Sports**, Rio de Janeiro, p. 5, 31 dez. 1942.
[581] TENNIS de mesa. **Jornal dos Sports**, Rio de Janeiro, p. 4, 10 set. 1946.
[582] E O TENNIS de mesa feminino, vai ou não vai? **Jornal dos Sports**, Rio de Janeiro, p. 5., 15 abr. 1942

As notícias da época denunciam o interrompimento do calendário do tênis de mesa feminino entre 1944 a 1946,[583] bem como entre 1948 a 1949.[584] De um intervalo ao outro, breves demonstrações de apoio à causa são sempre descontinuadas e retomadas, indicando longos períodos de inatividade. A ausência de competições oficiais do setor feminino da FMTM fez com que, num concurso do *Esporte Ilustrado* para definir a melhor jogadora do Rio de Janeiro em 1949, fosse preciso basear-se em amistosos e apresentações particulares – a escolhida foi Dinah Figueiredo.[585]

Feitas essas considerações, que apenas ressaltam a existência de limites bem delineados às mulheres no campo esportivo, é preciso recordar que, ainda assim, modalidades seduziam e desafiavam muitas delas, fazendo com que aderissem à competitividade em contraposição ao discurso hegemônico da interdição (Goellner, 2006). No caso do tênis de mesa, embora lhes faltasse o devido reconhecimento da imprensa, houve personalidades importantíssimas para a conquista de maior protagonismo.

Nesse sentido, uma figura ímpar foi Lygia Lessa Bastos, professora de Educação Física da Prefeitura do Rio de Janeiro, multiatleta e dirigente esportiva que, excepcionalmente, era muito elogiada pela imprensa. Ela tomou conhecimento do tênis de mesa quando ainda era diretora do Departamento Feminino do C. R. Vasco da Gama. Em 1942, migrou para as fileiras do Tijuca Tênis Clube, mostrando-se favorável à promoção do esporte de bolinha branca, que, segundo ela, deveria ser olhado com simpatia pelas diretorias dos grandes clubes cariocas, não só pelos benefícios que proporcionava, mas também pela fácil difusão entre mulheres de todas as idades.[586] Na nova agremiação, onde ocupou cargos de direção, foi pioneira na introdução do tênis de mesa, do voleibol, do basquete e do atletismo femininos.

Apesar de não se dedicar exclusivamente ao tênis de mesa, Lygia era uma das melhores jogadoras do Rio de Janeiro, tendo, inclusive, conquistado o campeonato de 1942 organizado pelo *Jornal dos Sports*, em sua homenagem. Entre as 40 participantes inscritas, o seu estilo de jogo, descrito como "inteligente", terminou vitorioso. Tida como uma administradora de mérito pelos periódicos da época, também soube utilizar tamanha inteligência para brilhar enquanto dirigente esportiva. Segundo as próprias palavras, a

---

[583] NOTICIÁRIO. **O Globo**, Rio de Janeiro, p. 10, 31 out. 1946.

[584] SELEÇÃO para o 4º Sul-Americano. **Jornal dos Sports**, Rio de Janeiro, p. 2, 15 abr. 1949.

[585] MELHORES raquetistas de 1948. **Esporte ilustrado**, Rio de Janeiro, p. 3, 3 fev. 1949.

[586] A SENHORINHA Lygia Lessa Bastos está cheia de entusiasmo pelo esporte de bolinha de celuloide. **Jornal dos Sports**, Rio de Janeiro, p. 5, 3 jan. 1942.

atuação nas modalidades em que se envolvia eram inspiradas "apenas pelo desejo de cooperar no desenvolvimento da educação física feminina".[587]

Foi assim que formou inúmeras atletas, promoveu competições, incentivou a difusão de diferentes modalidades e inspirou esportistas dos principais clubes cariocas. No tênis de mesa, ela foi muito importante para as conquistas obtidas pelo Tijuca T.C. durante as raras competições femininas organizadas pela FMTM. Em 1943, inclusive, chefiou as adeptas que representaram o clube no festival esportivo de comemorações natalícias do presidente Getúlio Vargas, realizado na cidade mineira de Cambuquira.[588]

Em 1944, decepcionada com os rumos das federações estaduais de voleibol, basquete e atletismo, Lygia decidiu afastar-se das competições.[589] De acordo com uma entrevista concedida naquele ano, suas principais queixas eram motivadas pela postura de certos dirigentes esportivos, que não estavam respeitando os princípios do amadorismo.

No ano de 1947, dadas as suas habilidades de interlocução, aliadas a uma personalidade combativa, Lygia já demonstrava aptidão para ingressar nos meios políticos. Filiada à União Democrática Nacional (UDN), partido conservador de oposição ao getulismo, foi eleita vereadora aos 24 anos de idade pelo então Distrito Federal – nessa época, ela havia retornado às competições oficiais de tênis de mesa.[590] Exercendo o primeiro dos 10 mandatos legislativos que teria pela frente em sua trajetória política, em 1948, Lygia conseguiu uma subvenção da Prefeitura para a FMTM, sendo uma importante aliada da entidade na Câmara dos Vereadores do Rio de Janeiro.[591]

Outras vozes desafiavam a estrutura social machista da época, como a já mencionada Dinah Figueiredo. Desde o início da década, ela era figura carimbada nas atividades destinadas ao tênis de mesa feminino do Rio de Janeiro. Embora se deparasse com obstáculos por vezes desanimadores, tais como a abordagem preconceituosa da imprensa ou a ausência de competições promovidas pela FMTM, Dinah Figueiredo conquistou a simpatia dos círculos esportivos na Capital da República.

---

[587] O AGRADECIMENTO de Lygia Lessa Bastos. **Jornal dos Sports**, Rio de Janeiro, p. 5, 31 out. 1942.
[588] NOTÍCIAS do dia. **O Globo**, Rio de Janeiro, p. 8, 17 abr. 1943.
[589] OS DRAMAS do esporte amador. **Diário de Pernambuco**, Recife, p. 7, 24 jun. 1944.
[590] TENNIS de mesa. **O Globo**, Rio de Janeiro, p. 8, 20 ago. 1947.
[591] TÊNIS de mesa. **Esporte Ilustrado**, Rio de Janeiro, p. 15, 13 nov. 1948.

Em 1945, ela já havia ultrapassado Lygia e era considerada a melhor jogadora da cidade, arregimentando uma legião de fãs. Com o reconhecimento obtido no tênis de mesa, os periódicos foram obrigados a mudar de tom, passando a finalmente destacar seus méritos atléticos. De acordo com o *Jornal dos Sports*, Dinah Figueiredo tinha um estilo de jogo com cortadas violentas tão impressionante que lhe rendia convites para realizar partidas de exibições, como quando fez a alegria dos seus admiradores na Associação Recreativa dos Funcionários do Banco Hipotecário de Minas.[592] O episódio foi divulgado com entusiasmo, pois a "festejada campeã foi aplaudida pelas magníficas jogadas que proporcionou aos fãs, sendo muito comprimentada no final das partidas".[593]

Anos mais tarde, representando o Clube Municipal, ela conquistaria ainda a categoria principal do primeiro campeonato feminino aberto a todas as classes da FMTM, um dos poucos episódios divulgados integralmente pela imprensa.[594] Na ocasião, a vencedora da segunda classe foi Eveline Muskat, do C.R. Flamengo, enquanto o título da terceira classe coube a Sonia Recker da Nóbrega, também do Clube Municipal. Vale dizer que as três jogadoras foram premiadas com troféus que homenageavam homens.

Se não fosse a Lidia, o que seria do tênis de mesa santista?

Se no Rio de Janeiro poucas competições femininas foram organizadas durante os anos 1940, em São Paulo o cenário parecia bem mais pessimista. As notícias sobre as mulheres adeptas do tênis de mesa eram raras e muitas vezes exclusivamente vinculadas à atuação do Gaap. Sobre a segunda metade da década, com a frequência de aparições nos jornais ainda mais reduzida, sabe-se muito pouco. Enquanto sequer existia uma categoria feminina no calendário da FPTM, àquela altura a mesma entidade já organizava competições para sete diferentes categorias masculinas (divisão especial, primeira divisão, segunda divisão, terceira divisão, divisão de estreantes, divisão infantil e divisão juvenil). Aparentemente, apenas em 1948 uma categoria individual destinada às mulheres foi instituída, ocasião na qual se sagrou vencedora a jogadora Corina Teixeira

---

[592] UM GRANDE festival no E. Clube Cocotá. **Jornal dos Sports**, Rio de Janeiro, p. 5, 2 ago. 1945.
[593] TENNIS de mesa. **Jornal dos Sports**, Rio de Janeiro, p. 2, 5 ago. 1945.
[594] O CERTAME individual feminino. **Correio da Manhã**, Rio de Janeiro, p. 5, 5 set. 1947.

Magalhães, do Cafe. Ela era a melhor jogadora paulista na época, tanto que conquistou o bicampeonato em 1949.[595]

Por conta da escassez de registros sobre Corina, o único que se pode afirmar sobre a sua trajetória esportiva é que desde 1941 ela ajudou a implantar as regras internacionais do tênis de mesa com demonstrações ao redor do estado de São Paulo, tendo esperado cerca de sete anos para integrar oficialmente a FPTM (Almeida; Yokota, 2022).

Durante esse período, outras diversas jogadoras foram prejudicadas, tais como Berta Erlichmann, Sofia Schroeder, Dorotéa Menke, Ruth e Hansi Dulberg. Embora nutrissem o desejo de disputar as competições da entidade, elas ficaram reféns de poucas iniciativas, como aquelas promovidas pelo Gaap. Tal agremiação, frequentada por estudantes universitárias, era uma exceção à regra enquanto grande incentivadora do tênis de mesa feminino, mas ainda assim permanecia acessível apenas a uma parcela privilegiada da sociedade – mulheres de outras agremiações somente frequentavam o Gaap em campeonatos abertos.

É inegável que parte da História, enquanto campo do saber, pauta-se em documentos que foram produtos exclusivos dos homens, antigos detentores do monopólio do texto. Sendo assim, muito do que tomamos como verdade sobre o passado do esporte brasileiro apresenta vácuos e incompletudes que omitem ou silenciam o papel de mulheres importantíssimas. Ao nos debruçarmos especificamente sobre o tênis de mesa, cumpre dizer que não foram apenas dirigentes e jogadoras que prestaram importantes contribuições para a sua popularização. Na verdade, durante as buscas para a escrita deste livro, deparei-me com uma personalidade essencial para a implantação da modalidade em Santos, cidade do litoral paulista que hoje está entre as maiores expoentes do tênis de mesa brasileiro.

Conforme abordado anteriormente, enquanto a difusão do tênis de mesa dava novos ares à cena esportiva da capital paulista, a cidade de Santos permanecia desde 1936 sem uma entidade regulamentadora que organizasse competições oficiais. Tamanho era o abandono da prática de raquetes por lá, que numa enquete divulgada pelo jornal *A Tribuna*, muitos leitores classificavam-na como passatempo de crianças.[596] Para a redação do mesmo jornal, Santos era uma cidade:

---

[595] TÊNIS de mesa e xadrez. **Correio Paulistano**, São Paulo, p. 8, 29 out. 1949.
[596] ESTRELAS do tênis de mesa paulista. **Jornal dos Sports**, Rio de Janeiro, p. 5, 19 fev. 1942.

> [...] cuja maioria de clubes possuem departamentos dessa modalidade, mas não consegue, ou antes, não conseguiu fazer vingar, por duas vezes, a sua entidade! Falta de gente trabalhadora não é. Falta, isso sim, é o apoio de todas as agremiações que praticam o ping-pong (Estrelas, 1942, p. 5). [597]

Duas entidades litorâneas tentaram regulamentar a prática de raquetes nos tempos de pingue-pongue. A última delas, a Liga Santista, chegou a promover várias disputas intermunicipais com a capital paulista, tendo reunido clubes de expressão, como o Santos F.C. Ainda assim, notícias da década de 1940 indicam que ela fracassou por razões políticas, pois seus dirigentes estavam mais preocupados com interesses pessoais do que com o desenvolvimento do pingue-pongue.

A situação só mudou ao final de 1942, quando a conhecida jornalista d'*A Tribuna*, Lidia Federici, viajou de Santos para o Rio de Janeiro, onde prestigiou um campeonato feminino de tênis de mesa organizado pelo Tijuca Tênis Clube. Ao deparar-se com os lances protagonizados pelas jogadoras cariocas, Lidia, que era uma entusiasta dos esportes em geral, gostou do que viu. Antes de retornar para casa, foi incentivada pelo *Jornal dos Sports* a liderar a difusão do tênis de mesa, contrariando a opinião de antigos dirigentes e jogadores, que não acreditavam em sua adesão em Santos. O apelo partiu de uma publicação do próprio periódico carioca, segundo o qual "em face desse louvável gesto esportivo, patriótico e amigo dessa brilhante pena que dignifica a imprensa santista", haveria uma transição entre duas épocas distintas: o "antes" e o "depois" de Lidia Federici para o tênis de mesa santista.[598]

E foi graças à Lidia que a campanha de divulgação da modalidade ganhou força em Santos. Ela objetivava, tal como ocorrera na capital paulista, convencer os clubes locais de que o novo formato, agora oficialmente reconhecido, era digno de uma chance. Graças aos esforços da destemida jornalista, em 1943 foi inaugurada a primeira mesa com as medidas internacionais, no Boqueirão Praia Clube.[599] O evento contou com a presença de autoridades locais e teve o patrocínio da Comissão Central de Esportes, um órgão municipal. Além disso, os jogadores da

---

[597] Idem.
[598] UM FELIZ 1943 para o tennis de mesa! **Jornal dos Sports**, Rio de Janeiro, p. 5, 1 jan. 1943.
[599] O TÊNIS de mesa em Santos. **Correio Paulistano**, São Paulo, p. 6, 21 jan. 1943.

capital paulista Raphael Bologna e Miguel Maenza foram enviados pela FPTM para realizarem demonstrações das novas regras.

Dado o sucesso do pontapé inicial, Lidia tratou de buscar outras agremiações interessadas na modalidade. Logo conseguiu o apoio da Prefeitura para patrocinar novas excursões dos jogadores paulistas a Santos, tendo promovido um campeonato de curta duração, organizado pela *Tribuna*, que atraiu diversos praticantes locais do antigo pingue-pongue, incentivando-os a aderir ao tênis de mesa.[600]

Em questão de semanas, foi a vez do C. R. Saldanha da Gama inaugurar instalações próprias para a modalidade.[601] Na ocasião, além dos já mencionados Raphael Bologna e Miguel Maenza, Corina Teixeira Magalhães e Carmelita Sayago estiveram presentes para mais uma vez promoverem o novo formato. Pouco tempo foi preciso para Lidia causar um alvoroço nos círculos esportivos de Santos, algo que assim foi percebido pelo *Correio Paulistano*:

> O notável incremento que está se registrando entre nós do elegante e atraente esporte moderno da bolinha branca, o 'table-tennis' (tênis de mesa) encontrou igualmente motivos animadores de registro entre a mocidade esportiva dos clubes da vizinha cidade praiana, que, sucessivamente, estão instalando em suas sedes as modernas mesas para a prática do atraente sucessor do pingue-pongue (O Tênis, 1943, p. 8).[602]

Lidia, que há pouco havia começado a escrever sobre o voleibol feminino na *Tribuna*, ocupando um espaço até então dominado por figuras masculinas, ainda tinha uma longa carreira pela frente. O apoio ao tênis de mesa foi apenas uma das incontáveis contribuições da jornalista para o esporte local. E quem diria, de 1943 em diante a prática nunca mais voltaria a ser abandonada na cidade de Santos, pelo menos não mais da mesma forma como se encontrava "antes" de Lidia. Aliás, o mesmo C. R. Saldanha da Gama figura, nos dias atuais, como um dos mais tradicionais e bem representados clubes de tênis de mesa do Brasil.

Afinal, quantos anos mais o tênis de mesa teria permanecido no anonimato se não fosse a iniciativa de Lidia em Santos? O seu exemplo

---

[600] O TÊNIS de mesa em Santos. **Correio Paulistano**, São Paulo, p. 8, 26 jan. 1943.
[601] O TÊNIS de mesa em Santos. **Correio Paulistano**, São Paulo, p. 8, 19 fev. 1943.
[602] *Idem.*

apenas reforça como ainda há muito por ser descoberto sobre a história do esporte brasileiro, sobretudo no que se refere ao pioneirismo de atletas, treinadoras, dirigentes ou jornalistas especializadas. Apesar de terem prestado contribuições imensuráveis, algumas mulheres com brilhantes atuações nessas posições estão fora dos registros oficiais por terem nascido em épocas em que o preconceito era a tônica do campo esportivo.

5.4 AOS POUCOS, A INTEGRAÇÃO REGIONAL

Entre 1944 e 1945, o ritmo das atividades voltadas ao tênis de mesa competitivo foi desacelerado por duas razões: a) o preço das bolinhas de celuloide subiu em decorrência do agravamento da Segunda Guerra Mundial, o que diminuiu a sua oferta nas capitais; b) más gestões geraram conflitos internos que prejudicaram a atuação das federações estaduais. Em São Paulo, o descaso de alguns dirigentes da FPTM (Federação Paulista de Tênis de Mesa) fez com que o seu calendário anual fosse paralisado por meses, enquanto no Rio de Janeiro, após a renúncia de Djalma de Vincenzi, houve dificuldades por parte daqueles que o sucederam na presidência da FMTM (Federação Metropolitana de Tênis de Mesa).

As competições não deixaram de acontecer durante o referido período, mas poucas foram as conquistas obtidas em termos de inovações institucionais para o desenvolvimento do tênis de mesa. A partir de 1946, entretanto, observam-se novos surtos de progresso para a modalidade graças à renovação das diretorias das federações estaduais. O influente jornalista Miguel Munhoz, d'*A Gazeta*, assumiu provisoriamente a presidência da FPTM e incrementou a sua gestão. Em paralelo a isso, Djalma de Vincenzi retornou ao cargo máximo da FMTM por aclamação, contando com o apoio da maioria dos clubes cariocas.

Uma das novidades apresentadas pela FPTM foi instituir campeonatos individuais nas categorias infantil e juvenil, reunindo adolescentes e jovens adeptos do tênis de mesa. Torneios de duplas também foram organizados com sucesso, reacendendo a empolgação dos filiados à entidade que, em 1946, eram o São Paulo Railway Athletic Club (SPR), o Centro Associativo Fazenda Estadual (Cafe), a Associação dos Empregados no Comércio, o Clube Atlético Juventus, a Associação Atlética Santa Helena, o São Paulo F.C., o Clube Atlético Ipiranga, a Associação Atlética Ramenzoni e o Unidos Clube.

Os maiores esforços da FPTM voltaram-se ao campeonato individual, disputado no mês de julho de 1946, na sede do Cafe, localizada no 19º andar do Edifício Martinelli, à época o maior arranha-céu do país. A final ocorreu entre Geraldo Pisani, da A. A. Santa Helena, e José Walter Ventriglia, do SPR. Após começar perdendo por 2 a 0, Pisani recuperou facilmente a partida, e demonstrando muito controle venceu o set decisivo por 21 a 19.[603]

Figura 29 – Salão do Cafe, palco de diversas competições da FPTM, localizado no 19º andar do Edifício Martinelli

Fonte: *Esporte Ilustrado*, 25 de julho de 1946

Em abril daquele mesmo ano, o campeonato individual do Rio de Janeiro foi conquistado por José Neves, do América F.C., após superar Baptista Boderone na final – vale destacar que os irmãos Severo não disputaram a competição.[604] Posteriormente, foi realizado o campeonato por equipes, que terminou com um desfecho surpreendente. A equipe do Fluminense F.C. derrotou o América F.C., até então invicto no tênis de

---

[603] DE VINCENZI, Djalma. São Paulo, um grande líder no tênis de mesa. **Esporte Ilustrado**, Rio de Janeiro, p. 8, 25 jul. 1946.
[604] NOTICIÁRIO. **O Globo**, Rio de Janeiro, p. 10, 5 abr. 1946.

mesa carioca, tendo conquistado o primeiro lugar no campeonato oficial de 1946. Os jogadores responsáveis pelo feito foram Arthur Carvalhaes, Carlos Mendes, Antonio Correa, Dagoberto Midosi, Arquimedes Agostini e Mario Fiorino.

Figura 30 – Da esquerda para a direita estão os tricolores Arthur Carvalhaes, Carlos Mendes, Antonio Correa, Dagoberto Midosi, Arquimedes Agostini e Mario Fiorino, responsáveis por encerrar a hegemonia do América F.C. no tênis de mesa carioca

Fonte: Confederação Brasileira de Tênis de Mesa

À frente da FMTM, Djalma de Vincenzi passou o seu mandato fazendo aquilo que sabia de melhor: frequentemente se reunia com outros dirigentes esportivos, visitava cidades e estados vizinhos para viabilizar amistosos e estreitar laços. Foi assim que os jogadores do então Distrito Federal enfrentaram, por diversas vezes, equipes de Niterói e até mesmo de Petrópolis – nesta última cidade, o Petropolitano F.C. era um dos grandes destaques da liga local de tênis de mesa.[605]

---

[605] TODOS os esportes. **O Globo**, Rio de Janeiro, p. 8, 18 out. 1946.

Mas a principal articulação de Djalma foi com a FPTM, tendo realizado excursões para São Paulo com o objetivo de obter apoio na organização de um campeonato de abrangência nacional, antigo desejo dos esportistas paulistas e cariocas. Cabe lembrar que desde os tempos de pingue-pongue, tal possibilidade era discutida pelas entidades regulamentadoras, mas o plano nunca saía do papel.

Durante o segundo semestre de 1946, Djalma finalmente conseguiu convencer o alto escalão da CBD a promover aquele que seria o primeiro campeonato brasileiro de tênis de mesa. Os seus esforços foram reconhecidos pelo *Correio Paulistano*, segundo o qual o tijucano era um "incansável batalhador das nobres causas", pois não poupava todos os esforços no sentido de ampliar as atividades do tênis de mesa pelo Brasil.[606]

Figura 31 – José Walter Ventriglia (lado esquerdo) e Geraldo Pisani (lado direito) antes de disputarem a final do campeonato individual da FPTM, em 1946. Ao centro está Djalma de Vincenzi, presidente da FMTM, que compareceu ao evento para retomar as relações com a FPTM

Fonte: *Esporte Ilustrado*, 25 de julho de 1946

---

[606] TÊNIS de mesa. **Correio Paulistano**, São Paulo, p. 10, 13 jul. 1946.

Figura 32 – Tirinha cômica sobre expectativas versus realidade durante a prática do tênis de mesa

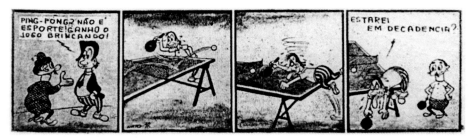

Fonte: *Esporte Ilustrado*, 19 de junho de 1946

O primeiro Campeonato Brasileiro de Tênis de Mesa

Os acordos firmados por Djalma eram possíveis, entre outras razões, graças às importantes relações que administrava com outros membros do Conselho Técnico de Desportos Diversos e com instâncias superiores da CBD. Cabe lembrar que desde 1943 ele havia se aproximado do jurista Rivadavia Corrêa Meyer, o qual prestaria apoio determinante à causa do tênis de mesa.

Após conseguir a chancela da CBD, patrocinadora oficial do primeiro campeonato brasileiro da modalidade, o próximo passo de Djalma foi mapear quais unidades federativas estariam aptas a ingressar no evento. Comunicando-se com outros estados, ele descobriu que o tênis de mesa já movimentava ligas específicas em diferentes regiões do Brasil, mas não aos moldes internacionais, e, sim, no formato do antigo pingue-pongue. Ademais, de acordo com o estatuto da CBD, só poderiam tomar parte no evento as federações que estivessem devidamente filiadas e que tivessem promovido campeonatos regionais de tênis de mesa no ano anterior.

Por esses motivos, Minas Gerais, Rio Grande do Sul, Paraná e Bahia não estavam habilitados a inscrever-se, ainda que tenham demonstrado interesse. Apenas três federações enquadravam-se nos regulamentos da CBD: a Federação Paulista de Tênis de Mesa, a Federação Fluminense de Esportes e a Federação Metropolitana de Tênis de Mesa. Essas tomaram parte no primeiro campeonato brasileiro da modalidade, realizado durante as noites dos dias 15, 16 e 17 de novembro, no ginásio do Fluminense F.C., bairro das Laranjeiras.

Os presidentes de honra do certame foram Hildebrando de Araujo Góes (prefeito do Distrito Federal), João Lyra Filho (presidente do CND), Rivadavia Corrêa Meyer (presidente da CBD) e Luiz Aranha (tido como o patrono dos desportos brasileiros). Já a comissão diretora foi composta pelos membros do Conselho Técnico de Desportos Diversos da CBD, que eram o próprio Djalma, Manoel Maria Alves e Raul Brasil.

Designado para ser árbitro-geral da competição, o vice-presidente da FMTM, José Isoletti, coordenou a arbitragem formada pelos juízes Francisco Boderone, Joaquim Vieira Machado e Manoel Gomes, em conjunto dos apontadores Heitor Ferreira Gomes, Aladio da Paz Marques e Oswaldo Neves. Tais nomes haviam participado dos primeiros cursos de formação da FMTM, desempenhando um importante papel nos primórdios da arbitragem especializada no Brasil – vale destacar que Francisco Boderone, irmão do jogador Baptista Boderone, seria pelos próximos anos um dos principais árbitros brasileiros e sul-americanos.

Para Djalma, a cabeça pensante por trás da comissão diretora do evento, o tênis de mesa estava fadado ao sucesso, pois enquanto salutar exercício de salão, consistia num revigorador do organismo pela forma com que fazia, sem exagero, "movimentar todos os músculos, conjugados com a rapidez dos cálculos mentais exigidos pelo transcorrer do jogo" (CBD, 1946, p. 4).

Sendo assim, a realização do evento justificava-se pelas características da modalidade que conferiam benefícios à saúde dos seus adeptos, características que estavam alinhadas aos princípios higienistas e eugenistas, ainda defendidos à época como necessários para o fortalecimento moral e racial do povo brasileiro. Não à toa, com a realização do certame desejava-se a formação de "novos desportistas, pelo vigor dos seus músculos, saudável o seu corpo e tolerante o seu espírito, tudo obtido pela prática do esporte por esporte" (CBD, 1946, p. 4) – palavras do presidente da FMTM, que também reforçavam princípios do amadorismo, um código de conduta que deveria nortear a ética das disputas esportivas.

Inicialmente demonstrou-se o interesse em realizar uma competição para homens e mulheres, no entanto apenas a FMTM submeteu inscrições de representantes femininas (Almeida; Yokota, 2022). Dinah Figueiredo, Orsina Olivieri, Orbelina Oliviei, Vanda do Couto e Mariazinha da Nova conquistaram o direito de representar o Distrito Federal,[607] mas dada a situação de descaso nas demais unidades federativas, elas realizaram apenas partidas de exibição no transcorrer do evento.[608] Segundo Djalma, tratava-se do primeiro campeonato brasileiro de uma série que viria depois (CBD, 1946), portanto esperava-se que, com maior empenho das demais federações estaduais, seria possível incluir categorias femininas em edições futuras.

Na programação oficial, constituída apenas de disputas individuais e por equipes para os homens, foram inscritos os seguintes jogadores: Amadeo Borzino, Alexandre de Paula Junior, Isaac Kohn, Wilson Nicodemus, Orlando Abreu dos Santos e Anibal de Oliveira, representando a Federação Fluminense de Esportes; os cariocas Antonio Correa, Antonio Graça, Archimedes D'Agostini, Dagoberto Midosi, Baptista Boderone, Hugo Severo, Carlos Mendes, José Neves, Oswaldo Neves e Wilson Severo representando a FMTM; e os paulistas José Walter Ventriglia, Victorio Mamone, Ricardo D'Angelo, Modesto Conversani, Carlos Barros e Vicente Ferzine representando a FPTM.

Ressalto que os melhores jogadores paulista e carioca naquele momento, respectivamente Geraldo Pisani e Ivan Severo, não se enfrentaram. Por conta da legislação esportiva, o primeiro sequer poderia ser escalado para compor a delegação que representou São Paulo, afinal, era nascido na Itália e somente cidadãos brasileiros estavam aptos a disputarem competições nacionais. Já o segundo chegou a tentar competir, mas por conta do seu estado de saúde decidiu poupar-se – a enfermidade de Ivan não chegou a ser especificada pelos jornais da época, de todo modo, ele se recuperou e voltou a disputar as competições estaduais meses depois.

E mesmo desfalcada do seu melhor jogador, com o transcorrer dos jogos a equipe da capital da República terminou dominando a competição. Na categoria de equipes, primeiro venceu facilmente a inexperiente turma da Federação Fluminense de Esportes, por 5 a 0,[609] depois venceu a FPTM por 4 a 1, com a seguinte ordem de jogos: Antonio Correa (RJ) 3 x 2 Carlos Barros (SP), José Neves (RJ) 3 x 1 Modesto Conversani (SP), Baptista Boderone (RJ) 3 x 0 Victorio Mamone (SP), Hugo Severo (RJ) 0 x 3

---

[607] TENNIS de mesa. **O Globo**, Rio de Janeiro, p. 8, 21 ago. 1946.
[608] HOJE no ginásio do Fluminense F.C., inicia-se o primeiro Campeonato Brasileiro de Tennis de Mesa. **Jornal dos Sports**, Rio de Janeiro, p. 4, 15 ago. 1946.
[609] OS CARIOCAS derrotaram os fluminenses. **O Globo**, Rio de Janeiro, p. 12, 16 nov. 1946.

José Walter Ventriglia (SP) e Dagoberto Midosi (RJ) 3 x 1 Ricardo D'Angelo (SP).[610] Esses resultados asseguraram o título de campeão brasileiro por equipes ao Distrito Federal.

Já nas disputas individuais, adotou-se o sistema de eliminatória simples, tendo como finalistas o carioca Antonio Correa e o paulista Victorio Mamone. Coube ao primeiro a vitória apertada por 3 a 2 contra o segundo, resultado que consagrou o jogador oriundo do Fluminense F.C. como o primeiro campeão brasileiro individual de tênis de mesa. As premiações do evento consistiram em taças que homenageavam entidades esportivas e seus dirigentes, além de diplomas honoríficos e medalhas de prata e de *vermeil*.

Não havia renda de porta, portanto os ingressos eram gratuitos para o público em geral, "sem espírito de classe ou de casta" (CBD, 1946, p. 4). Dado o ineditismo da ocasião, o *Jornal dos Sports* noticiou que uma assistência numerosa compareceu às dependências do ginásio do tricolor, a qual "aplaudiu com delírio as belas jogadas" dos jogadores paulistas e cariocas.[611] No dia das finais, também estiveram presentes figuras ilustres, tais como o professor Horacio Verne, representando o Ministério da Educação de Gustavo Capanema, e Rivadavia Meyer, presidente da CBD. Ambos acompanharam as disputas na tribuna de honra do ginásio, ao lado de Djalma e dos demais membros da comissão diretora. A realização do primeiro campeonato brasileiro da modalidade foi o início de uma tradição mantida até os dias atuais, evento que, paulatinamente, cresceu e tomou proporções cada vez maiores, reunindo clubes e jogadores das cinco regiões do país.

---

[610] A FEDERAÇÃO Metropolitana de Tennis de Mesa venceu os campeonatos realizados. **Jornal dos Sports**, Rio de Janeiro, p. 3, 20 nov. 1946.
[611] *Idem*.

Figura 33 – Manual do primeiro campeonato brasileiro de tênis de mesa confeccionado pela CBD

Fonte: acervo da Confederação Brasileira de Tênis de Mesa

A hegemonia italiana no tênis de mesa paulista e o ressurgimento dos japoneses

Após o campeonato brasileiro, a FPTM deu continuidade às suas atividades. Uma nova gestão foi eleita no início de 1947, com Santo Lanza ocupando o cargo de presidente.[612] Esse dirigente era diretor do departamento esportivo do Cafe, clube que seguia sendo o principal apoiador do tênis de mesa paulista. Já Miguel Munhoz, voltou a ser vice-presidente da entidade, contribuindo consideravelmente com a sua divulgação nas páginas d'*A Gazeta*. Além deles, também cabe destacar Raphael Bologna, homem de confiança da FPTM, que seguia sendo o seu diretor técnico,

---

[612] FEDERAÇÃO Paulista de Tênis de Mesa. **O Estado de São Paulo**, São Paulo, p. 11, 23 fev. 1947.

isto é, o especialista que estava por trás das convocações e da escolha dos critérios a serem seguidos.

Ao longo daquele ano, a FPTM empreendeu um vasto calendário, com competições para as categorias Infantil, Juvenil, Estreantes, 3ª Divisão, 2ª Divisão e 1ª Divisão masculinas. O acréscimo de categorias em comparação aos anos anteriores indica que o tênis de mesa voltava a despertar o interesse dos círculos esportivos de São Paulo. Cumpre destacar como novidade a categoria Estreantes, destinada àqueles que tinham suas primeiras experiências com a modalidade, em fase de aprendizado das regras e dos movimentos básicos. A mesma categoria também foi instituída no Rio de Janeiro, fazendo com que as federações das duas capitais exercessem influência sobre uma ampla gama de praticantes, dos mais variados níveis técnicos.

Ainda em 1947, uma prova de que os tropeços das antigas gestões haviam sido superados pela FPTM foi a realização do Campeonato Paulista Individual, com disputas simultâneas em todas as categorias mencionadas. De acordo com o jornal *Estadão*, a fase final do evento reuniu uma assistência de cerca de 1.200 pessoas, distribuídas pelo confortável salão do tradicional Esporte Clube Pinheiros, à época localizado no bairro da República.[613] Estiveram presentes inúmeras autoridades esportivas de São Paulo, tais como os presidentes das federações vizinhas de tênis de mesa, além dos presidentes das federações de tênis, natação, atletismo e até mesmo do desporto universitário.

O referido jornal também pontuou que se tratou do maior espetáculo do tênis de mesa efetuado nos últimos anos, ultrapassando a assistência do primeiro campeonato brasileiro ocorrido um ano antes, no Rio de Janeiro.[614] A vultuosidade destacada por um jornal de alta circulação evidencia que o Campeonato Paulista de 1947 foi bem-sucedido, alcançando um prestígio que há tempos não era visto pelas iniciativas da FPTM.

Eis o desfecho das categorias em disputa: Egidio Tramontani foi o campeão infantil, representando o Nacional A.C.; Biagio Natale foi o campeão juvenil, representando o Nacional A.C.; Paschoal Centrone foi o campeão de estreantes, representando a A. A. Santa Helena; João Linardi foi o campeão da terceira classe, representando o Nacional A.C.; Domingos Miranda foi o

---

[613] III CAMPEONATO Paulista de Tênis de Mesa. **O Estado de São Paulo**, São Paulo, p. 10, 9 set. 1947.
[614] *Idem.*

campeão da segunda classe, representando o Unidos Clube; Geraldo Pisani foi o campeão da primeira classe, representando a A. A. Santa Helena.

Sobre o último jogador, o *Estadão* fez questão de mencionar a calma e a segurança com que se apresentou diante de Ricardo D'Angelo na final. Este, por sua vez, jogou "sem entusiasmo e vibração", quase que "atacado de um complexo de inferioridade".[615] Com o resultado, Geraldo Pisani provou mais uma vez ser a força máxima do tênis de mesa paulista. Cumpre notar que dos seis campeões de 1947, cinco jogadores eram ítalo-paulistanos, ascendência mais representada no cenário competitivo da modalidade em São Paulo, uma característica marcante desde os anos 1920.

Sobre a localização dos principais clubes filiados à FPTM naquele momento, sabe-se que o Nacional A.C. e o Unidos Clube ficavam no Brás, enquanto o Cafe e a A. A. Santa Helena ficavam na Sé. Mantinha-se, portanto, uma concentração dos melhores jogadores da FPTM na região central da capital paulista, que frequentavam clubes próximos uns dos outros, em bairros operários.

Não foi possível encontrar as profissões de tais jogadores, mas a partir dos valores pagos pelas inscrições em campeonatos, é de se inferir que eles pertenciam, pelo menos, aos estratos médios da sociedade. Para disputar a categoria principal, por exemplo, cada competidor tinha que desembolsar a quantia de Cr$30,00,[616] o equivalente à compra de mais de 40 unidades do jornal *Estadão*. Comparando com outras modalidades, não era um valor tão caro se considerarmos a duração dos campeonatos de tênis de mesa, mas tampouco consistia em um tipo de despesa viável aos segmentos mais vulneráveis da sociedade.

---

[615] *Idem.*
[616] FEDERAÇÃO Paulista de Tênis de Mesa. **O Estado de São Paulo**, São Paulo, p. 11, 28 set. 1947.

Figura 34 – Equipe masculina de tênis de mesa do Cafe. Da esquerda para direita: Geraldo Rollo, Kurt Ortweiller, Wilson Gioso, Samuel Aronzon e presidente da FPTM, Santo Lanza. Ajoelhados estão: André Montilla, Raphael Bologna e José da Rocha Barros

Fonte: *Esporte Ilustrado*, 6 de março de 1947

Um detalhe significativo para o período em questão é o reaparecimento paulatino da colônia japonesa nas competições oficiais da prática de raquetes, agora em seu novo formato, chamado tênis de mesa.

Conforme vimos, nipônicos e seus descendentes eram adeptos do pingue-pongue em São Paulo desde pelo menos 1927, mas os contextos interno e externo impuseram-lhes condições difíceis, posto que, durante o Estado Novo (1937-1945), houve uma série de perseguições e atos repressivos. Sobretudo com a deflagração da Segunda Guerra Mundial, na qual Brasil e Japão romperam relações diplomáticas e tornaram-se inimigos, os nipônicos e seus descendentes tiveram suas atividades sociais cada vez mais restritas aos próprios meios. Durante a primeira metade da década de 1940, tais condições certamente impactaram negativamente a participação em competições estaduais de diferentes modalidades, inclusive no tênis de mesa, pois durante anos não foram encontrados quaisquer registros sobre jogadores dessa origem.

Somente no pós-guerra a rotina dos imigrantes japoneses e seus descendentes foi gradualmente voltando ao normal, o que também incluía as atividades esportivas. Em 1947, por exemplo, reorganizou-se o Campeonato da Colônia de Atletismo, modalidade praticada em peso pelos nipônicos (Kiyotani; Wakisaka, 1992). As atividades esportivas entre núcleos de diferentes localidades tiveram um importante papel de sociabilidade nesse processo, tendo se consolidado o seguinte formato de competições:

> Inicialmente se realizava uma competição interna dentro de uma colônia, reunindo aficionados e eventuais esportistas com experiência no ramo. A seguir, chegava a fase de competição com colônias vizinhas. Paulatinamente o movimento ia se alastrando até abranger uma zona ou uma região ao longo de uma linha férrea. Pouco depois chegava ao âmbito estadual e finalmente ao "Zen-Haku" (Todo o Brasil), com a participação de representantes de colônias japonesas de vários estados (Kiyotani; Yamashiro, 1992, p. 131).

Tal formato, que visava promover a recreação e o lazer dos jovens, contribuía para integrar imigrantes japoneses e seus descendentes de diversas regiões do estado e do país, estreitando as relações entre suas respectivas organizações locais. Dessa maneira, práticas esportivas eram estimuladas não apenas para a preservação de valores e hábitos culturais, mas também como instrumento de união da colônia japonesa no Brasil.

É nesse contexto que também em 1947, entra em cena Haruo Mitida, um jogador da categoria de Estreantes da FPTM.[617] Esse imigrante japonês foi um dos primeiros da colônia a tomar envolvimento com o tênis de mesa no Brasil. Mas a sua importância não se resume ao pioneirismo enquanto jogador e, sim, às contribuições prestadas para a popularização da modalidade em diversos núcleos nipônicos.

Segundo os memorialistas, com a entrada dos anos 1950, Haruo Mitida percorreu as colônias do interior paulista e do Paraná para divulgar o tênis de mesa (CBTM, 2019; CBTM, 2020). Admirador da modalidade desde que vivia no país de origem, ele ensinou as regras, doou materiais e estimulou seus conterrâneos a adotarem-no em solo brasileiro. Após os primeiros contatos, a modalidade rapidamente difundiu-se pela colônia japonesa, afinal, não demandava a construção e a manutenção de novos espaços: as mesas, já fabricadas nacionalmente, eram montadas e des-

---

[617] JOGOS do Campeonato Paulista. **O Estado de São Paulo**, São Paulo, p. 10, 13 ago. 1947.

montadas nos salões compartilhados das associações nipônicas, algo que se mantém até os dias atuais.

Inspirando-se no mesmo formato das demais competições esportivas da colônia japonesa, Haruo Mitida criou o Campeonato Brasileiro Intercolonial de Tênis de Mesa em 1951, com patrocínio do *Jornal Nippak* (Kiyotani; Wakisaka, 1992). Inicialmente, tratava-se de um torneio que visava reunir apenas os clubes *nikkeis*, de diferentes regiões de São Paulo e do Paraná (CBTM, 2020). Com o passar do tempo, imigrantes e descendentes de outros estados, com as mais variadas faixas etárias, começaram a ingressar no Campeonato Brasileiro Intercolonial de Tênis de Mesa. Esse evento, organizado anualmente até o presente momento, tornou-se uma referência nacional por possuir centenas de participantes inscritos, revelando dezenas de atletas da seleção brasileira e operando como porta de entrada da modalidade competitiva.[618]

Após o ano de 1952, quando foi assinado o Tratado de São Francisco, que restabeleceu a soberania do Japão, a imigração para o Brasil entrou em pauta outra vez (Cornejo, Yumi; 2008). Para os japoneses e seus descendentes em território nacional, tal gesto significou um esfriamento das tensões internas, o que foi essencial para uma maior integração e maior participação dessa população na sociedade brasileira.

Vale ressaltar que a essa altura, o tênis de mesa já era um esporte amplamente difundido pelo Japão, país que estreou no Campeonato Mundial de 1952, sediado na Índia, com a conquista do título individual masculino pelas mãos de Hiroji Satoh (ITTF, 2016). Tal cenário certamente favoreceu ainda mais a adesão à modalidade nos clubes e associações nipônicas do Brasil, tanto que, a partir da segunda metade da década, japoneses e seus descendentes dominaram as competições estaduais de São Paulo.

Estava em curso a segunda etapa (1952 a 1979) do processo imigratório, cujas motivações eram bem diferentes da primeira etapa (1908 a 1941): famílias japonesas procuravam escapar das durezas do pós-guerra, dessa vez sem planos de retornar ao país de origem num curto prazo (Demartini, 2012). Dali em diante, a colônia japonesa seria um fator indissociável do tênis de mesa competitivo em São Paulo.

---

[618] A 72ª edição do evento ocorreu em janeiro de 2023, na cidade de Maringá, Paraná. Atualmente, atletas que não têm descendência japonesa também podem disputar a competição em uma categoria específica.

1947: um ano de altos e baixos para a FMTM

No Rio de Janeiro, a FMTM esteve por trás de duas interessantes iniciativas para o desenvolvimento da modalidade durante o ano de 1947. A primeira delas foi a realização de uma partida inédita de duplas mistas no Brasil, como parte das festividades da inauguração do departamento de tênis de mesa no Club dos Cabiras, localizado no centro da cidade. Conforme noticiou o *Esporte Ilustrado*, "nos centros mais avançados do *table-tennis*", partidas nesse formato já ocorriam há décadas, mas era algo jamais realizado em território nacional com as regras internacionais.[619] O feito partiu das raquetes de Gilson Boscoli e Dinah Figueiredo, do Clube Municipal, que derrotaram Carlos e Orsina Olivieri, do Fluminense F.C., perante uma grande assistência. Toda a diretoria da FMTM prestigiou o evento, bem como os melhores jogadores cariocas, convidados para realizarem demonstrações de tênis de mesa.

Figura 35 – Foto de dirigentes e jogadores da FMTM durante a inauguração do departamento de tênis de mesa no Club dos Cabiras[620]

Fonte: *Esporte Ilustrado*, 3 de julho de 1947

---

[619] PELA 1ª vez na América do Sul, a partida de duplas mistas. **Esporte Ilustrado**, Rio de Janeiro, p. 8, 3 jul. 1947.

[620] Em pé, da esquerda para direita, estão: Francisco Boderone, João Ribeiro, José Isoletti, Francisco Mario Matos, Mario Forino, Levy Kleiman, Nelson Viana, Djalma de Vincenzi, Ieuda Ciernai, M. Braia, Gabriel Beschiver, Manoel Gomes, Luiz Celser, Beniumen Roisman, Iais Lopes e Paul Lidermann. Ajoelhados estão os jogadores Carlos Mendes, Dagoberto Midosi, Alfredo Silva, Baptista Boderone, Ivan Severo, Orsina Olivieri, Dinah Figueiredo, Gilson Boscoli e Eveline Muskat.

A segunda iniciativa da entidade foi promover o primeiro campeonato carioca infanto-juvenil, patrocinado pelos jornais *O Globo Juvenil* e *Gibi*, na sede do Clube Municipal. Inscreveram-se 116 competidores, mas apenas 61 compareceram ao dia do evento, o que continua sendo uma marca expressiva.[621] As categorias em disputa eram mistas, isto é, meninos e meninas competiram entre si. A vitória de Sonia Recker da Nobrega, representando o Grêmio Euclides da Cunha na categoria até 12 anos, foi um dos grandes destaques da ocasião.

Para *O Globo*, a garota do sexo "frágil" impôs-se com galhardia aos representantes do "sexo forte", tendo conquistado um título que por si só evidenciava as contradições da época.[622] Embora as mulheres fossem tidas como inferiores e inaptas a atingirem os mesmos resultados atléticos dos homens, não foi a primeira vez nos acontecimentos abordados neste livro que uma delas competiu e venceu disputas abertas a ambos os sexos. Já nas demais categorias, os desfechos foram: Nelson Diniz dos Santos vencedor até 14 anos; Humberto D'Elia vencedor até 16 anos; e Wellington Rodrigues Barbosa vencedor na categoria até 18 anos – as instituições de ensino dos referidos jogadores não foram mencionadas pelas notícias da época.

O torneio foi considerado um verdadeiro sucesso, pois representava a consolidação do tênis de mesa em território nacional. De acordo com o presidente da FPTM, Djalma de Vincenzi, a popularidade alcançada pela modalidade devia muito ao papel da imprensa, nesse caso aos auspícios prestados pelo grupo Globo, em seus editoriais destinados aos leitores mirins. Essa parceria exaltava as qualidades do "ótimo exercício físico de salão", uma "ideia vitoriosa" que agora chegava a um novo público com as regras internacionais: a juventude brasileira.[623] Meses depois, um dos clubes que mais se engajou nesse sentido foi o Vasco da Gama, pois instituiu um departamento infanto-juvenil específico para a prática do tênis de mesa.

É de se destacar como o discurso do dirigente esportivo preocupava-se com a formação eugênica dos jovens, que dariam origem a cidadãos preparados para servirem a nação. A nova "raça brasileira", tal como a idealizada por intelectuais durante o período estadonovista, tinha a sua

---

[621] TENNIS de mesa infanto-juvenil. **O Globo**, Rio de Janeiro, p. 10, 22 jul. 1947.
[622] *Idem*.
[623] O TENNIS de mesa, o mais novo esporte firmado no Brasil. **O Globo Sportivo**, Rio de Janeiro, p. 20, 12 set. 1947.

expressão máxima numa juventude sadia, adepta dos esportes, sendo esses símbolos de unidade nacional (DRUMOND, 2009b). Ao longo de toda a década, diversas foram as vezes que Djalma corroborou esse ponto de vista, frisando o seu comprometimento em defender a renovação dos praticantes infanto-juvenis, em cujas mãos estava o futuro do tênis de mesa no Brasil.[624]

Figura 36 – Os participantes do primeiro campeonato carioca infanto-juvenil, patrocinado pelos jornais *O Globo Juvenil* e *Gibi*, na sede do Clube Municipal

Fonte: *O Globo Sportivo*, 12 de setembro de 1947

Sobre as demais competições promovidas pela FMTM, sabe-se que um dos diferenciais do tênis de mesa praticado no Rio de Janeiro foi o apoio imediato dos grandes clubes. Nesse sentido, agremiações multiesportivas, como o América F.C., o Fluminense F.C., o C. R. Vasco da Gama e o C. R. Flamengo, participaram ativamente do calendário da entidade. Os dois primeiros clubes rivalizavam nas categorias principais, pois tinham em suas fileiras os melhores jogadores da capital da República. Já os outros dois também figuravam com frequência nas notícias, pois rivalizavam nas categorias de nível técnico intermediário e iniciante.

---

[624] O GRANDE surto vitorioso do esporte brasileiro. **Correio Paulistano**, São Paulo, p. 16, 28 dez. 1941.

Ao longo de 1947, foram realizados diversos torneios com inscrições dos referidos clubes, como no formato de duplas, vencido pelos irmãos Ivan e Wilson Severo do América, após derrotarem Dagoberto Midosi e Carlos Mendes do Fluminense, na final da primeira classe.[625] Durante a mesma ocasião, Mário Jorge Lobo Zagallo, então com 16 anos de idade, foi campeão da terceira classe, também representando o América. Trata-se de um dos raros registros da sua meteórica trajetória no tênis de mesa antes de tornar-se ídolo nacional nos gramados de futebol.

O envolvimento com a prática de raquetes durante a juventude já foi recordado em reportagens atuais (CBTM, 2024), mas o que poucas pessoas sabem ou imaginam é que Zagallo tinha tudo para se tornar um dos expoentes brasileiros no tênis de mesa. Ao vencer a terceira classe do campeonato de duplas de 1947 com Nildo Castro, jogando na Tijuca, bairro onde morava, ele conquistou a simpatia do público presente por conta de seu estilo de jogo atacante, recebendo mais atenção do noticiário esportivo do que os jogadores das classes superiores. Por esse motivo, Zagallo foi considerado pelo *Jornal dos Sports* uma promessa do tênis de mesa carioca.[626]

Já no torneio individual daquele ano, coube a Ivan Severo confirmar o favoritismo para sagrar-se bicampeão carioca, tendo superado Baptista Boderone na partida decisiva, sem grandes dificuldades, por 3 sets a 0.[627] Meses depois, as maiores atenções voltaram-se à primeira classe do campeonato de equipes, também marcado pela rivalidade entre o América F.C. e o Fluminense F.C.[628] Esses dois clubes classificaram-se para a final, disputada em dois turnos: o primeiro jogo terminou 3 a 2 em favor do América, enquanto o segundo 4 a 1 em favor do Fluminense, portanto seria preciso uma nova partida para definir o título.

Um detalhe surpreendente é que Zagallo já era um dos representantes do América F.C. nessa final do campeonato de equipes.[629] Ou seja, em questão de meses, o jovem alagoano havia ascendido da terceira para a primeira classe, demonstrando uma notável evolução e figurando em tempo recorde entre os melhores mesatenistas do Rio de Janeiro.

---

[625] TODOS os esportes. **O Globo**, Rio de Janeiro, p. 14, 24 jun. 1947.
[626] MUNICIPAL, Vasco e América, heróis do torneio de duplas masculinas. **Jornal dos Sports**, Rio de Janeiro, p. 3, 24 jun. 1947.
[627] TODOS os esportes. **O Globo**, Rio de Janeiro, p. 10, 4 out. 1947.
[628] DECIDE-SE, hoje, o título máximo do tennis de mesa carioca. **O Globo**, Rio de Janeiro, p. 8, 16 dez. 1947.
[629] EMPATADO o campeonato de tênis de mesa. **Diário de Notícias**, Rio de Janeiro, p. 13, 27 nov. 1947.

A nova partida entre o América e o Fluminense, no entanto, foi marcada por lamentáveis incidentes que prejudicaram a harmonia dos jogos e obrigaram a FMTM a adiar a decisão, bem como a estipular regras, tais como a entrada restrita a associados dos clubes filiados, portadores de carteira identificadora.[630] Ademais, não seriam permitidos o ingresso de instrumentos de ruído ou musicais, podendo a comissão organizadora do evento afastar do recinto e da sede os presentes que tivessem comportamento irregular. A partir dessas determinações, subentende-se que os referidos incidentes partiram de torcedores com ânimos exaltados, que provavelmente atrapalharam as partidas com sons e barulhos inadequados para o andamento do campeonato.

Após semanas de indecisão, enfim realizou-se o último encontro entre o América F.C. e o Fluminense F.C., tendo como desfecho a vitória do tricolor por 3 a 2.[631] Com esse resultado, o Fluminense de Antonio Correa, Dagoberto Midosi, Arquimedes Agostini, Carlos Mendes, Arthur Carvalhaes e Mario Fiorino, conquistou o seu segundo título de equipes, encerrando definitivamente o reinado do América na primeira classe da modalidade.

Figura 37 – Equipe de tênis de mesa do Fluminense F.C., bicampeã carioca por equipes em 1947. Da esquerda para a direita estão os jogadores Antonio Correa, Dagoberto Midosi, Arquimedes Agostini, Carlos Mendes, Arthur Carvalhaes e Mario Fiorino

Fonte: acervo da Confederação Brasileira de Tênis de Mesa

---

[630] Idem.
[631] OS 15 títulos de campeões da cidade. **Esporte Ilustrado**, Rio de Janeiro, p. 7, 1 jan. 1948.

As respostas da FMTM às cenas lamentáveis no campeonato de equipes de 1947 não evitaram novos desentendimentos, afinal, questões mais complexas do que torcedores exaltados estavam envolvidas. Na verdade, tudo começou com a saída dos irmãos Severo do América F.C. Primeiro, eles migraram para o Clube Municipal, depois para o Olímpico, clube localizado na Cinelândia.[632] Esta última tratava-se de uma agremiação de vastas possibilidades materiais, com uma diretoria forrada de elementos de destacada posição social, o que lhe fazia jus ao apelido de "clube dos milionários".

Recém-filiado à FMTM, o Olímpico conseguiu convencer os melhores jogadores do Rio de Janeiro a migrarem para as suas fileiras, oferecendo-lhes certas vantagens – em teoria, tais vantagens não feriam o código de princípios do amadorismo, pois não consistiam em recebimento de salários, mas em benefícios que dariam mais conforto para os jogadores, tais como isenção de mensalidades para frequentarem as suas dependências.

Além dos irmãos Severo, pouco depois o Olímpico também atraiu para si Baptista Boderone e José Neves, desorganizando por completo a equipe do América F.C. Para o *Esporte Ilustrado*, as vantagens concedidas aos jogadores representavam um esquema de "aliciamento de amadores", atitude muito reprovada por outras agremiações, sobretudo pelo clube rubro, que se sentiu lesado ao perder em tão pouco tempo seus melhores nomes.[633]

Depois de muito relutar, o Clube Municipal manteve-se fiel à FMTM graças ao seu polêmico dirigente esportivo, Silvio Rangel, que também era o vice-presidente da entidade e aceitou as transferências em curso. O representante do América, Max Gomes de Paiva, por outro lado, reuniu-se com os dirigentes dos demais clubes e convenceu parte deles a convocar uma assembleia geral para reformular os estatutos da FMTM, medida que invalidaria as aquisições de José Neves e Baptista Boderone ao Olímpico. Diante dessa situação, gerou-se um atrito generalizado entre diferentes clubes cariocas e o presidente da FMTM, Djalma de Vincenzi, que alegava não ser necessário alterar os estatutos, pois esses já haviam sido aprovados pela própria CBD.

No fim das contas, dirigentes do América, do Vasco da Gama, do Flamengo, do Minerva, do Grajaú T. C., do Orferão Português, do Madureira

---

[632] O OLÍMPICO vai a Porto Alegre, com os campeões cariocas. **Jornal dos Sports**, Rio de Janeiro, p. 3, 29 maio 1948.
[633] A IMPRENSA e o tênis de mesa. **Esporte Ilustrado**, Rio de Janeiro, p. 13, 11 mar. 1948.

e até mesmo do Tijuca T.C., frequentado há décadas por Djalma, ficaram contra o presidente da FMTM. Apenas o Clube Municipal, o Fluminense, o Benfica e o próprio Olímpico votaram pela manutenção dos estatutos.[634] Apesar dos desgastes e dos acalorados debates das assembleias gerais extraordinárias, a transferência dos jogadores José Neves e Baptista Boderone ao Olímpico foi mantida.

O período em questão, iniciado em 1947 e arrastado durante todo o primeiro semestre de 1948, foi conturbado e contou com uma série de boicotes por parte do América e dos seus aliados, que abandonaram algumas competições na metade da tabela e ameaçaram extinguir seus departamentos de tênis de mesa. Decepcionado com os desdobramentos da trama, Djalma de Vincenzi optou por não concorrer à reeleição da presidência da FMTM,[635] classificando meses depois a medida arquitetada pelo América como um "golpe".[636] Ao deixar o cargo em 1948, ele entregou a entidade com um caixa de mais de dez mil cruzeiros à nova gestão, liderada pelo presidente João Arlindo Guimarães e pelo vice-presidente Silvio Rangel.

O Rio de Janeiro invicto outra vez!

Ainda que não tenha concorrido à reeleição da presidência da FMTM, Djalma de Vincenzi seguiu sendo uma personalidade determinante para os rumos do tênis de mesa brasileiro no final da década de 1940. O tijucano da velha guarda foi escolhido para presidir o Conselho Técnico de Tênis de Mesa da CBD, uma nova subsecretaria da entidade esportiva agora integralmente dedicada à modalidade. Os demais membros eram José Isoletti, Raul Augusto Brasil, Osnelli Martinelli e Antonio Neves, este último um conhecido industrial e pai de José Neves, um dos melhores jogadores cariocas da época.

Foi com a atuação do Conselho Técnico de Tênis de Mesa da CBD, em conjunto da FPTM e seu presidente, Santo Lanza, que foi viabilizada a segunda edição do campeonato brasileiro, a ser realizada nos dias 15, 16 e 17 de agosto, na sede da Associação Esportiva Floresta, cidade de São Paulo.[637] Até então, tratava-se da maior competição de tênis de mesa em

---

[634] DE REVÉS, por Canhotinho. **Esporte Ilustrado**, Rio de Janeiro, p. 15, 1 abr. 1948.
[635] DJALMA de Vincenzi não é candidato à reeleição. **O Globo**, Rio de Janeiro, p. 10, 18 dez. 1947.
[636] AGITAÇÃO no tennis de mesa metropolitano. **O Globo**, Rio de Janeiro, p. 8, 24 mar. 1948.
[637] NOTAS Cariocas. **Correio Paulistano**, São Paulo, p. 8, 4 ago. 1948.

território nacional, posto que estiveram presentes jogadores do Distrito Federal, do Rio de Janeiro, de São Paulo, do Rio Grande do Sul e da Bahia.

Os estados estreantes haviam regularizado a situação de suas federações, enfim adotando as regras internacionais e conseguindo filiar-se à CBD para tomarem parte no evento. A participação dos gaúchos já era esperada, mas surpreendeu a inscrição dos baianos, únicos representantes do nordeste do país, que, segundo o *Estadão*, vinham ao campeonato para conferir-lhe um "colorido todo especial".[638]

Tal como na edição anterior, a FMTM foi a única federação estadual a inscrever mulheres para o Campeonato Brasileiro de 1948.[639] Não se sabe ao certo se de fato houve uma competição entre as cariocas, mas Dinah Bôscoli foi considerada a campeã individual daquela ocasião (CBTM, 2022). Sobre as demais jogadoras inscritas pela FMTM, não foi possível encontrar mais informações nos jornais consultados.

No que se refere às categorias individual e por equipes masculinas, eis a relação dos inscritos: Alberto Montecchio, Augusto Menezes, Elody Prestes Sobreiro, Enio Damiani, Germano Frederico Werch, José Carlos Silveira, José Ferreira Catali, Moisés Sá e Cunha, Norberto Gerhardt e Vitor Lopes Cabral, representando a Federação Atlética Rio Grandense; Domingos Miranda, João dos Santos, Luiz Cella, Modeste Conversoni, Raphael Morales, Ricardo D'Angelo, Vitorio Mamone, Walter Bisordi, Walter Ventriglio e Yasyr de Morais, representando a FPTM; Antonio Correa, Baptista Boderone, Carlos Mendes, Dagoberto Midosi, Hugo Severo, Ivan Severo, José Neves, Mário Zagallo, Melquiades da Fonseca e Wilson Severo, representando a FMTM; Aldemir de Morais, Alberto Faria Filho, Alexandre de Paula, Amadeu Zorzinio, Anibal de Oliveira, Haroldo Batista, Darci Paim, Eduardo Fausto, Felipe Grelli, Henrique Kreischer, José Veloso, Leonardo Kreischer, Orlando dos Santos, Otelo Grechi e Salomão Paulo, representando a Federação Fluminense de Desportos; Afonso Brandão, Agnaldo Ribeiro, Alvaro Souza, Carlos Maia, Edson Costa, Gelson Guimarães, Geraldo Correia, José Ribeiro, Luiz Souza, Renato Amaral e Saul Dimal, representando a Federação Baiana de Desportos Terrestres.[640]

---

[638] A PRÓXIMA disputa do Campeonato Brasileiro de tênis de mesa. **O Estado de São Paulo**, São Paulo, p. 11, 10 ago. 1948.

[639] DE VINCENZI, Djalma. O tennis de mesa, um esporte para a mocidade. **Globo Sportivo**, Rio de Janeiro, p. 10, 17 set. 1948.

[640] CINCO representações estaduais no campeonato brasileiro de tennis de mesa. **O Globo**, Rio de Janeiro, p. 9, 11 ago. 1948.

Entre todos os inscritos, cabe destacar novamente o nome de Mário Zagallo, um dos dez selecionados pela FMTM para representar a cidade do Rio de Janeiro, então capital federal, no principal torneio daquele ano. Embora não haja registros que confirmem a sua participação no campeonato brasileiro, a inscrição do jovem Zagallo evidencia como ele já tinha nível técnico para figurar entre os principais jogadores do Rio de Janeiro e, por consequência, do Brasil.[641]

A abertura do campeonato brasileiro deu-se entre paulistas e gaúchos, pela categoria de equipes. Os donos da casa eram cotados para vencer tranquilamente, no entanto foram surpreendidos ao começarem perdendo as duas primeiras partidas. Após conseguirem o empate, os paulistas penaram para vencer o último confronto, decidido no quinto set, em favor da dupla Victorio Mamone e Raphael Morales contra Norberto Gerhardt e José Carlos Silveira.[642]

Apesar da idade, o jogador chamado Raphael Morales era o mesmo que havia reinado invicto nos tempos de pingue-pongue. Conforme vimos, as suas primeiras competições foram disputadas em 1928, mas seria no GER Prada, de Belenzinho, que ele ganharia fama de melhor "raquetista" do Brasil. Após duas décadas de carreira, agora adaptado às regras internacionais, Morales continuava competindo em alto nível, não à toa, classificando-se para representar São Paulo no campeonato brasileiro. Embora àquela altura já enfrentasse dificuldades para acompanhar o ritmo da nova geração, bem como para acostumar-se com a velocidade do novo formato, ele foi um jogador que marcou o tênis de mesa paulista durante a primeira metade do século XX.

Outro grande desempenho partiu da equipe baiana, que, adepta das regras internacionais há pouco tempo, derrotou a equipe da Federação Fluminense de Esportes por 3 a 2.[643] Até onde se sabe, a representação da Federação Baiana de Desportos Terrestres, chefiada por Jorge Fortes e treinada por Gelson Guimarães, nunca havia enfrentado adversários de outros estados. A campanha também ganha contornos heroicos se considerarmos que seu melhor jogador, Geraldo Correia, não abandonou

---

[641] Naquele ano de 1948, Mário Zagallo ainda disputava paralelamente competições de tênis de mesa e de futebol, mas logo teria que decidir em qual modalidade seguiria. Afastando-se definitivamente do tênis de mesa no ano de 1949, ele escolheu o esporte bretão e foi um dos destaques das categorias de base do América F.C., clube do seu coração, até migrar para as fileiras do C. R. do Flamengo. Ali daria início à carreira de jogador profissional durante a década de 1950, tornando-se um dos maiores ídolos da história do futebol brasileiro.

[642] CAMPEONATO Brasileiro de tênis de mesa. **O Estado de São Paulo**, São Paulo, p. 9, 14 ago. 1948.

[643] CAMPEONATO Brasileiro de tênis de mesa. **O Estado de São Paulo**, São Paulo, p. 11, 15 ago. 1948.

a partida mesmo adoecido, fazendo de tudo para terminá-la, conforme conta o *Esporte Ilustrado*.[644]

Pois se os primeiros resultados pareciam ser o prelúdio de maiores surpresas, quando a equipe da FMTM entrou em mesa evidenciou-se a sua inconteste superioridade. Os cariocas Antonio Correa, Hugo Severo, Dagoberto Midosi, José Neves e Wilson Severo apresentaram uma técnica irretocável, vencendo todos os seus oponentes por 5 a 0. Na final, nem mesmo o selecionado da FPTM escapou desse acachapante placar.[645]

Mais uma vez, Geraldo Pisani e Ivan Severo, respectivamente campeões paulista e carioca naquele momento, sequer foram inscritos na categoria individual – por ser estrangeiro, o primeiro seguia impedido pela legislação esportiva da época, enquanto o segundo provavelmente teve que se ausentar por compromissos laborais. A ausência dos dois melhores jogadores brasileiros abriu possibilidade para que os classificados para as semifinais fossem: Hugo Severo versus Dagoberto Midosi num lado da tabela, Baptista Boderone versus Antonio Correa noutro. Mais parecia uma edição do campeonato carioca, com jogadores do Olímpico e do Fluminense disputando as primeiras colocações.

Ao final, Hugo Severo venceu Baptista Boderone por 3 a 0 e sagrou-se campeão brasileiro individual perante uma assistência que ultrapassou a marca de 1.000 espectadores.[646] Embora não fosse o mais velho entre os Severo, Hugo era apontado pelas notícias como o orientador da família. Apelidado simplesmente de "professor", lecionava na rede pública e tinha 28 anos quando conquistou o título mais importante da sua carreira.[647] Tal qual seus irmãos, também praticava recreativamente outras modalidades, como o basquetebol e o voleibol, mas era no tênis de mesa que mais se destacava.

Segundo o balanço da tesouraria, o evento custou Cr$37.000,00 aos cofres da CBD.[648] Dessa vez cobrou-se Cr$5,00 para a entrada, o que gerou algum retorno para a comissão organizadora abater parte das dívidas. No dia seguinte às finais, a *Gazeta Esportiva* ofereceu um almoço de

---

[644] OS BAIANOS no campeonato brasileiro. **Esporte Ilustrado**, Rio de Janeiro, p. 3, 2 set. 1948.
[645] TODOS os esportes. **O Globo**, Rio de Janeiro, p. 11, 18 ago. 1948.
[646] HUGO Severo, Campeão Brasileiro. **Esporte Ilustrado**, Rio de Janeiro, p. 15, 26 ago. 1948.
[647] OS GRANDES raquetistas do Brasil. **Esporte Ilustrado**, Rio de Janeiro, p. 3, 3 mar. 1949.
[648] NOTICIÁRIO. **O Globo**, Rio de Janeiro, p. 9, 25 ago. 1948.

confraternização para todos os participantes, em que discursaram Miguel Munhoz e Raphael Bologna, os organizadores locais da competição.

Altas autoridades também estiveram presentes, tais como: José Beraldi, diretor interino do Departamento de Esportes do Estado de São Paulo; Tenente César, representando o governador Adhemar de Barros; e Djalma de Vincenzi, representando o Conselho Técnico da CBD. Em entrevista para o *Globo Sportivo*, esse último dirigente comemorou a bem-sucedida segunda edição do campeonato brasileiro, sem perder a oportunidade de questionar ao repórter que o entrevistava, quase como acenando à imprensa mais uma vez: "Será que o Brasil vai enviar sua turma a Estocolmo? É um sonho, mas o tênis de mesa brasileiro de sonho em sonho vai vivendo uma realidade..." (De Vincenzi, 1948, p. 11).[649] Djalma se referia à 16ª edição do Campeonato Mundial, torneio que, até aquele momento, ainda não tinha contado com representantes brasileiros.

5.5 O TÊNIS DE MESA BRASILEIRO APRESENTA-SE AO MUNDO

Na seção anterior, vimos como se deu a organização dos primeiros campeonatos brasileiros de tênis de mesa nos anos de 1946 e 1948. Entre um acontecimento e outro, houve também a importantíssima estreia de uma representação nacional no exterior, a qual optei por abordar separadamente na presente seção. O primeiro certame internacional disputado pelos nossos mesatenistas foi o 3º Campeonato Sul-Americano de Tênis de Mesa, realizado na Argentina. Mas antes de debruçarmo-nos sobre esse episódio, cumpre contextualizar brevemente os acontecimentos anteriores.

Ao retrocedermos no tempo, sabe-se muito pouco sobre a história da prática de raquetes pelo continente sul-americano. Segundo um jornal londrino, o Ping-Pong desembarcou primeiro em Buenos Aires, em janeiro de 1902, poucos meses antes de chegar a São Paulo.[650] Posteriormente, o jogo foi se desenvolvendo de maneira gradual até a fundação da Federação Argentina de Ping-Pong, em 1930, que consistiu na primeira iniciativa de regulamentação da modalidade naquele país, ainda sem conformidade com as regras internacionais (FATM, 2020).

---

[649] DE VINCENZI, Djalma. O tennis de mesa, um esporte para a mocidade. **Globo Sportivo**, Rio de Janeiro, p. 10, 17 set. 1948.

[650] *The Table-Tennis and Pastimes Pioneer*, 18 jan. 1902. Disponível em: https://www.ittf.com/wp-content/uploads/2018/03/15mar02.pdf. Acesso em: 27 dez. 2023.

No Chile, embora as origens da modalidade permaneçam desconhecidas na literatura acadêmica, sabe-se que um ponto de partida foi a criação da Federação Chilena de Tênis de Mesa em 1936.[651] Tal entidade uniu-se à Federação Argentina e ambas passaram a promover intercâmbios esportivos, o que culminou com a fundação da Confederação Sul-Americana de Tênis de Mesa (CSTM) em dezembro de 1943, o primeiro órgão continental destinado à prática (ITTF, 2023). A CSTM instituiu o campeonato sul-americano de tênis de mesa naquele mesmo ano, um evento que seria realizado bienalmente entre alguns países do continente, tais como o Uruguai, que esteve presente desde as primeiras edições.

Até o ano de 1946, nada se sabia sobre a CSTM no Brasil. Um primeiro contato partiu do chileno Raul Riveros, tricampeão nacional no seu país, após entrar em correspondência com Djalma de Vincenzi, que, àquela altura, era a principal autoridade do tênis de mesa brasileiro.[652] Por intermédio do jogador chileno, o dirigente carioca também passou a trocar cartas com Antonio Rotilli, presidente da Federação Argentina, a respeito de uma possível participação do Brasil na terceira edição do campeonato sul-americano, prevista para acontecer em fevereiro de 1947, na cidade de Mar del Plata. Após um convite formal da Federação Argentina,[653] iniciou-se, então, uma nova campanha encabeçada por Djalma: a busca dos auspícios necessários para viabilizar a estreia de uma representação nacional no exterior.

As raquetes de madeira pura decepcionam em Mar del Plata

Em 1946, em nome da FMTM e do Conselho Técnico da CBD, Djalma foi a São Paulo para discutir a composição da seleção brasileira que disputaria o certame internacional com Miguel Munhoz, presidente em exercício da FPTM.[654] Foi definido que a CBD patrocinaria três jogadores cariocas e dois jogadores paulistas para comporem a representação nacional. Alguns critérios técnicos asseguraram antecipadamente duas dessas vagas: já estavam garantidos o campeão e o vice-campeão individuais do recém-disputado campeonato brasileiro, que eram, respectivamente, o carioca Antonio Correa e o paulista Vitorio Mamone. As demais vagas

---

[651] TÊNIS de mesa. **Esporte Ilustrado**, Rio de Janeiro, p. 14, 5 dez. 1946.
[652] *Idem*.
[653] CONVIDADO o Brasil para o 3º Sul-Americano. **Jornal dos Sports**, Rio de Janeiro, p. 8, 13 out. 1946.
[654] OS CARIOCAS derrotaram os fluminenses. **O Globo**, Rio de Janeiro, p. 12, 16 nov. 1946.

seriam decididas em seletivas classificatórias, sob a responsabilidade das federações estaduais.

No Rio de Janeiro, 10 jogadores cariocas participaram da seletiva local. Após quatro noites de disputas, sobressaiu Dagoberto Midosi, o qual, equilibrado e preciso, dominou as jogadas com uma "perícia cerebral de causar entusiasmo", derrotando todos os seus adversários, segundo *O Globo*.[655] O outro classificado da FMTM foi Wilson Severo, o irmão mais velho da família de mesatenistas, enquanto em São Paulo coube a Ricardo D'Angelo a última vaga da FPTM, a ser custeada pela CBD.

Posteriormente, abriu-se a possibilidade para que outros jogadores integrassem a seleção brasileira, desde que obtivessem patrocínios paralelos. Esse foi o caso de Ivan Severo e Raphael Bologna, que não disputaram as seletivas classificatórias em razão de seus compromissos laborais, mas conseguiram apoio financeiro do Clube Municipal e do Cafe, suas respectivas agremiações, para completarem a delegação rumo a Mar Del Plata.[656] Tal delegação foi chefiada por Djalma e contou também com o juiz Francisco Boderone, que faria sua estreia na arbitragem internacional.

Conforme vimos em passagens anteriores, muito do que se sabe sobre a época é baseado nas entrevistas e nos relatos do próprio Djalma. Pela sua relevância nos círculos esportivos cariocas, o tijucano da velha guarda sempre era convidado a escrever sobre o tênis de mesa nos periódicos de maior circulação, em cujas linhas compartilhava muitas de suas crenças e posicionamentos acerca do esporte e seu papel disciplinador. Numa dessas ocasiões, Djalma diz o que esperava da participação brasileira no seu primeiro sul-americano:

> O Brasil tem uma grande missão a cumprir perante os seus irmãos da América, e todos nós do tênis de mesa, almejamos que nos seja dada essa oportunidade.
>
> O mais novo dos esportes oficializados no Brasil, cultuando com a destreza da raça e o espírito lúcido da nossa mocidade, os laços que tudo nos une e nada nos separa (De Vincenzi, 1947, p. 16).[657]

---

[655] ESCALADA a equipe de tennis de mesa. **O Globo**, Rio de Janeiro, p. 8, 5 fev. 1947.

[656] O BRASIL no Sul-Americano de Tennis de Mesa. **O Globo**, Rio de Janeiro, p. 10, 21 fev. 1947.

[657] DE VINCENZI, Djalma. O Brasil no próximo campeonato sul-americano de tênis e mesa. **Esporte Ilustrado**, Rio de Janeiro, p. 16, 23 jan. 1947.

Nota-se como Djalma vislumbrava no campeonato sul-americano uma grande missão a ser cumprida pela representação nacional. Essa missão seria o espelho do Brasil perante os demais países, "irmãos da América", e um bom desempenho dos nossos mesatenistas seria a comprovação do êxito racial brasileiro, que perpassava pelo empenho da nossa mocidade esportiva.

Nesse sentido, as aspirações de Djalma seguiam alinhadas com os valores disseminados pelos ideólogos da Era Vargas, quando a educação física e, por extensão, as práticas esportivas, tinham papel primordial para o desenvolvimento da nação almejada.

As disputas internacionais eram, então, uma oportunidade de mostrar ao mundo que o Brasil caminhava a passos largos, não apenas economicamente – considerando-se o desenvolvimento industrial alcançado à época –, mas enquanto povo vitorioso, forjado pelo mito da democracia racial. Tratava-se de uma estratégia muito utilizada pelo ex-presidente Vargas, na qual o esporte competitivo – a citar o exemplo da seleção brasileira de futebol na Copa de 1938 –, juntamente ao sentimento nacional, projetaria uma imagem de sucesso internacional da "raça" pátria (Drumond, 2009a).

Em fevereiro de 1947, às vésperas do embarque da seleção brasileira, o periódico O Globo foi o órgão de imprensa responsável pela cobertura do sul-americano, tendo confeccionado e fornecido aos nossos jogadores jaquetas esportivas com o logo da CBD estampado no canto superior esquerdo, além de designar Djalma representante especial do seu caderno esportivo, em que atualizações seriam publicadas diretamente de Mar del Plata.[658]

As categorias em disputa seriam por equipes, individual e duplas masculinas, portanto uma competição sem a participação de mulheres. Nas disputas de equipes seria adotado o mesmo sistema que já era replicado no Brasil, com uma sequência de quatro partidas individuais e uma de duplas.[659] Os demais países inscritos no certame foram Argentina, Chile, Paraguai, Uruguai e a Bolívia, sendo que o Equador enviou apenas um delegado assistente.

---

[658] INICIADO o certame continental de tennis de mesa. **O Globo**, Rio de Janeiro, p. 10, 25 fev. 1947.
[659] O BRASIL no Sul-Americano de Tennis de Mesa. **Globo Sportivo**, Rio de Janeiro, p. 11, 28 fev. 1947.

Figura 38 – A seleção brasileira às vésperas de embarcar para o 3º Campeonato Sul-Americano de Tênis de Mesa

Fonte: *O Globo*, 21 de fevereiro de 1947

Toda a delegação nutria expectativas altas quanto à estreia brasileira em uma competição internacional de tênis de mesa. Num relato posterior para o jornal *A Gazeta*, por exemplo, Raphael Bologna confessou que

> [...] reinava, antes do inicio do 3º Sul-Americano, entre todos os componentes da embaixada brasileira, um otimismo excessivo quanto à nossa possibilidade técnica nesse certame. Tínhamos a quase certeza de que com o nosso rapidíssimo e ágil padrão técnico superaríamos os nossos contendores (Tênis, 1947, p. 12).[660]

No entanto, logo após o início da competição ao final de fevereiro, ficou claro que tal otimismo não condizia com as chances reais dos brasileiros. Na fase de grupos da categoria de equipes, embora tenham derrotado o Paraguai por 5 a 0, eles foram superados pela Argentina por 4

---

[660] TÊNIS de mesa. **A Gazeta**, São Paulo, p. 12, 24 maio 1947.

a 1.⁶⁶¹ Com esse resultado, classificaram-se em segundo lugar do grupo A, tendo pela frente o Chile, primeiro colocado do grupo B, na semifinal. Amarguraram nova derrota, dessa vez pelo placar apertado de 3 a 2, o que lhes conferiu a terceira colocação.

Já nas disputas individuais, apenas Ivan Severo conseguiu avançar às fases finais, terminando na terceira colocação.⁶⁶² Por fim, na categoria de duplas, Wilson Severo e Vitorio Mamone conseguiram o melhor desempenho dos brasileiros, pois perderam para os chilenos apenas na partida decisiva, terminando com a segunda colocação.⁶⁶³

O campeonato foi disputado acirradamente pela Argentina e pelo Chile, mas terminou com os donos da casa levando o título por equipes com os jogadores Perez Ayala, Chudrowsky, Egidio Cosentino, Rozmanick e Erwin Khon. Já os títulos individual e de duplas couberam aos chilenos, o primeiro heroicamente conquistado por Raul Riveros e o segundo pelo mesmo jogador em parceria com Pazdirek. Entre os mencionados, dois jogadores eram estrangeiros e tinham experiência no tênis de mesa europeu: o veterano Erwin Khon, húngaro que já havia disputado campeonatos mundiais da ITTF; e o tchecoslovaco Pazdirek, campeão nacional no seu país de origem antes de migrar para o Chile.

Embora o ingresso do Brasil no circuito continental tenha sido um marco na história da modalidade, as notícias da época revelam uma certa frustração compartilhada por dirigentes, jogadores e pela própria imprensa, afinal, o tão almejado título sul-americano não havia se concretizado. Tinha que existir uma explicação para o "mau" desempenho da seleção brasileira, afinal, como nossos representantes falharam diante da missão patriótica de demonstrar o seu valor aos "irmãos da América"?

Além da inexperiência, as notícias destacam a logística da competição como um fator de peso, pois havia dificuldades com a alimentação e o descanso dos jogadores, exaustos com partidas atrasadas que se estenderam à madrugada.⁶⁶⁴ Mas o principal dos fatores, por unanimidade, estaria relacionado ao material de jogo. Ocorre que, enquanto argentinos e chilenos empunhavam raquetes revestidas por uma fina camada de borracha granulada, tal como ditavam os cânones europeus,

---

[661] CORRÊA e Ivan, em dupla, marcaram o ponto único dos brasileiros. **O Globo**, Rio de Janeiro, p. 10, 26 fev. 1947.
[662] TODOS os esportes. **O Globo**, Rio de Janeiro, p. 9, 4 mar. 1947.
[663] Idem.
[664] PARA o Sul-Americano. **Correio da Manhã**, Rio de Janeiro, p. 10, 8 fev. 1947.

os brasileiros empunhavam raquetes de madeira pura. Se nos atermos à evolução dos materiais utilizados, as raquetes de madeira pura já eram consideradas ultrapassadas há décadas – o revestimento de borracha foi um impulsionador do desenvolvimento do tênis de mesa, pois graças a esse detalhe passou a ser possível imprimir efeitos, criar variações e aumentar a velocidade das jogadas (Uzorinac, 2001).

Cabe lembrar que, ainda nos tempos de pingue-pongue, os paulistas já tinham tomado conhecimento do material, cuja adesão havia motivado acalorados debates. Um retrocesso deu-se em 1930, quando a Associação Paulista de Pingue-Pongue aboliu o revestimento de borracha nas suas competições sob a justificativa de que ele não trazia nenhuma vantagem para o desempenho de seus jogadores, além de ser considerado menos efetivo do que as raquetes de madeira pura.

Mesmo diante de todas as evidências encontradas nos anos seguintes, as quais contrariavam tais determinações, a insistência em apostar no arcaico material parecia motivada por uma certa aversão aos modismos europeus, algo comum na cena esportiva da época se considerarmos o ufanismo nacionalista que procurava valorizar tudo aquilo que conferisse originalidade ao estilo próprio do "esportista brasileiro".

Tomemos o futebol como exemplo, comumente associado pela imprensa às habilidades pessoais e aos recursos próprios dos nossos craques, que exploravam a criatividade para expressarem certa ruptura de padrões estabelecidos (Herschmann; Lerner, 1993). No tênis de mesa, a expressão disso dava-se pela manutenção das raquetes de madeira, pois tal material conferia toda uma exclusividade aos jogadores brasileiros, motivo mesmo para orgulhar-se.

Não à toa, antes da representação nacional estrear em Mar del Plata, Djalma afirmava que, ao contrário dos países sul-americanos e europeus, a raquete sem qualquer amortecedor utilizada no Brasil era uma marca registrada dos nossos melhores jogadores.[665] A ideia de que essa característica poderia ser benéfica perante o restante do mundo provavelmente era sustentada por façanhas macunaímicas, como a de Ricardo D'Angelo, que utilizou do referido material para derrotar Szabados em 1938.

Durante as primeiras partidas do Sul-Americano de 1947, a certeza de que seria necessário adequar-se às tendências estrangeiras veio à tona.

---

[665] O BRASIL no Sul-Americano de Tennis de Mesa. **O Globo**, Rio de Janeiro, p. 10, 21 fev. 1947.

Segundo declarações posteriores de Djalma, o material dos argentinos e chilenos fez com que a representação nacional enfrentasse dificuldades frente à variedade de efeitos imprimidos na bola, o que a impedia de mostrar a "grande classe atacante à moda brasileira".[666] Apesar dos nossos jogadores terem se acostumado com as diferenças encontradas no decorrer das partidas, ainda assim não era o suficiente para derrotar seus adversários e tornar o Brasil campeão continental. Caso adotassem o novo material, entretanto, a nova previsão de Djalma era que a representação nacional poderia tornar-se invencível ante os vizinhos.

Em paralelo à terceira edição do campeonato sul-americano em Mar del Plata, também ocorreu o congresso da CSTM, com a presença de todos os delegados dos países participantes. Sobre os assuntos debatidos, destaca-se: a incorporação das federações do Brasil, Bolívia e Paraguai ao órgão continental; a substituição integral da nomenclatura *ping-pong*, ainda adotada em alguns países, pelo *tênis de mesa*; e a designação de seus novos dirigentes.

O argentino Antonio Rotilli foi escolhido para ser o presidente, enquanto Djalma passou a ocupar a vice-presidência, estendendo ainda mais a sua influência enquanto representante do tênis de mesa brasileiro.[667] Nessa posição, Djalma firmou o ousado compromisso de que o Brasil sediaria a quarta edição do campeonato sul-americano, no ano de 1949, com a estreia oficial de categorias femininas.[668]

É interessante destacar que para a imprensa, se a vitória não foi possível no que concerne aos méritos atléticos dos seus representantes, cabia ao Brasil provar seu valor de outra forma. É por isso que diversos jornais atribuíram grande importância à realização do torneio continental em nosso país, salientando que os nossos dirigentes deveriam se preparar para superarem os argentinos e oferecer uma organização impecável em 1949. Será que Djalma iria acertar as suas previsões desta vez? Conseguiria ele e os demais dirigentes da CBD organizar uma competição internacional de tênis de mesa em solo brasileiro? Mais importante do que isso, depois de trocarem as raquetes de madeira pura pelas revestidas por borracha granulada, os brasileiros cumpririam a "missão patriótica" de materializar o primeiro título sul-americano de tênis de mesa da nação? Descobriremos em páginas futuras...

---

[666] OS BRASILEIROS no Sul-Americano de Tênis de Mesa. **O Globo Sportivo**, Rio de Janeiro, p. 8, 14 mar. 1947.
[667] NOVAMENTE derrotados os brasileiros no Sul-Americano de Tennis de Mesa. **O Globo**, Rio de Janeiro, p. 10, 28 fev. 1947.
[668] TENNIS de mesa. **O Globo**, Rio de Janeiro, p. 8, 6 mar. 1947.

Figura 39 – Do lado esquerdo, a delegação brasileira que viajou ao primeiro campeonato sul-americano em 1947. Do lado direito, o presidente da CBD, Rivadavia Meyer, com sua família, antes de embarcar para Europa, onde se reuniria com os dirigentes da ITTF para discutir a filiação do Brasil à entidade máxima do tênis de mesa mundial

Fonte: *O Globo Sportivo*, 12 de setembro de 1947

Figura 40 – A delegação brasileira que viajou ao primeiro campeonato sul-americano em 1947

Fonte: *O Globo Sportivo*, 14 de março de 1947

A estreia do Brasil no Campeonato Mundial da ITTF

> O ano de 1949, pode ser afirmado sem medo de errar ou falsear a verdade, constituiu para o tênis de mesa de nossa querida Pátria, o cenáculo onde foram conjugadas todas as maiores aspirações, seja para dirigentes como para os praticantes raquetistas (De Vincenzi, 1979, p. 13).

O leitor ou a leitora já devem ter percebido que em termos institucionais, durante a década de 1940, o tênis de mesa brasileiro avançou significativamente, a destacar: 1) a implementação das regras internacionais em 1940; 2) a oficialização da modalidade perante a CBD em 1942; 3) a realização do primeiro campeonato brasileiro em 1946; 4) a estreia de uma representação nacional no campeonato sul-americano em 1947.

Em poucos anos, superou-se a manutenção do pingue-pongue e incorporou-se à prática de raquetes as mesmas características das modalidades esportivas consolidadas na época. Regras padronizadas dentro e fora do país, calendários nacionais bem definidos e a participação em eventos continentais já conferiam ao tênis de mesa um *status* bem diferente do encontrado em décadas anteriores.

No Rio de Janeiro, a Federação Metropolitana de Tênis de Mesa, presidida por João Guimarães, dispunha de um calendário de competições individuais e por equipes masculinas. Entre 1948 e 1949, os irmãos Ivan, Wilson e Hugo Severo dominaram as duas categorias ao lado de Baptista Boderone, todos representando o Olímpico. Em 1948, eles conquistaram o título por equipes após derrotarem o Fluminense F.C. na final, que contava com Dagoberto Midosi, Antonio Correa, Mário Jofre e Babo.[669] Já o título individual, disputado no início de 1949, coube mais uma vez a Ivan.

As partidas decisivas ocorreram na sede do Olímpico, localizado na Cinelândia, e contaram com uma assistência "seleta e entusiástica", segundo o *Esporte Ilustrado*.[670] Ivan, Wilson, Hugo e Batista classificaram-se para a fase final, em que todos se enfrentaram. Sem dificuldades, o primeiro derrotou os seus adversários por 3 a 0, mantendo uma invencibilidade que perdurou por toda a década nas competições oficiais da categoria.[671] Tratava-se, conforme vimos em capítulos posteriores, do melhor jogador carioca em atividade, embora estivesse ausente nas disputas individuais

---

[669] OLÍMPICO, Campeão Carioca. **Esporte Ilustrado**, Rio de Janeiro, p. 4, 23 dez. 1948.
[670] IVAN Severo novamente Campeão Carioca. **Esporte Ilustrado**, Rio de Janeiro, p., 20 jan. 19493.
[671] TODOS os esportes. **O Globo**, Rio de Janeiro, p. 11, 13 jan. 1949.

dos dois campeonatos brasileiros realizados até então. Mesmo diante das polêmicas envolvendo as negociações do Olímpico, que em troca de bonificações reuniu os principais nomes da capital da República em suas fileiras, a hegemonia do "clube dos milionários" já era um fato consumado.

Em São Paulo, Santo Lanza foi reeleito presidente da Federação Paulista de Tênis de Mesa em 1949.[672] Naquele ano, os melhores jogadores da entidade eram Geraldo Pisani, Andrés Montilla, José Valter Ventriglia, Modesto Conversani, Ricardo D'Angelo, Vitorio Mamone e Raphael Morales.[673] Tais nomes estavam distribuídos pelo Cafe (localizado no bairro da Sé), A. A. Santa Helena (localizado no bairro da Sé), e pelo Unidos Clube (localizado no bairro do Brás), as três agremiações que mais rivalizavam nas competições estaduais.

Confirmando o seu favoritismo, Geraldo Pisani foi o campeão individual de 1949, após derrotar o veterano Raphael Morales numa final tipicamente paulistana se considerarmos o histórico da prática de raquetes, pois tínhamos um imigrante italiano e um descendente de espanhóis brigando pelo primeiro lugar. A título de curiosidade, os valores de inscrição da FPTM na época variavam entre Cr$25,00 a Cr$80,00, sendo que as categorias destinadas aos jogadores de melhor nível técnico eram as mais caras.

Figura 41 – Registros dos jogadores do Fluminense F.C. e do Cafe no ano de 1949, em partida interestadual realizada nas dependências da agremiação paulista

Fonte: acervo da Confederação Brasileira de Tênis de Mesa

[672] NOVA diretoria da F. P. T. M. **Folha da Noite**, São Paulo, p. 9, 4 mar. 1949.
[673] ATIVIDADES da Federação Paulista de Tênis de Mesa. **O Estado de São Paulo**, São Paulo, p. 10, 18 mar. 1949.

Figura 42 – Registros dos jogadores do Fluminense F.C. e do Cafe no ano de 1949, em partida interestadual realizada nas dependências da agremiação paulista

Fonte: acervo da Confederação Brasileira de Tênis de Mesa

Figura 43 – Disputa interestadual de pingue-pongue entre o Fluminense F.C. e o Cafe, nas dependências da agremiação paulista, em 1949

Fonte: acervo da Confederação Brasileira de Tênis de Mesa

Sobre o tênis de mesa feminino, tinha-se um cenário contraditório. Em meio às poucas informações disponíveis nos jornais da época, sabe-se que o Rio de Janeiro enviou jogadoras para representar a FMTM nos dois campeonatos brasileiros organizados até então, mas, mesmo assim, a entidade carioca ficou tempos sem promover um campeonato estadual. Por outro lado, em São Paulo, nenhuma representante da FPTM foi inscrita nos certames nacionais.

Após anos de alijamento, em 1948 finalmente instituiu-se uma categoria feminina no calendário anual da entidade: Corina Teixeira Magalhães, representando o Cafe, foi a primeira mulher a vencer um título individual da FPTM. Conforme apontado anteriormente, essa brilhante jogadora, que muito tinha contribuído para a divulgação das regras internacionais e, por consequência, para a implementação do tênis de mesa no início da década, ficou pelo menos sete anos sem poder competir oficialmente até conquistar esse direito (Almeida; Yokota, 2022).

Em 1949, tendo pela frente as concorrentes Zaira Chamas, Adalgisa Cesar, Maria Rosario, Lourdes Garcia, Jacy C. Silva, Rosa Laviola, Elvira Camara, Maria Helena, Maria Guimarães Passos e Luiza Hein,[674] ela repetiu o feito e sagrou-se bicampeã paulista individual. Nesse mesmo ano, em comemoração aos resultados de Corina, Bologna e Morales, o Cafe homenageou os seus melhores jogadores com uma refeição no restaurante Garoto, conhecido estabelecimento do Brás que oferecia deliciosas feijoadas.[675] Além disso, também houve uma solenidade na sede do Cafe, com entrega de prêmios e presença de pessoas influentes, tais como o diretor do Departamento de Esportes de São Paulo, e os cônsules gerais da Bolívia e da Argentina.

Cumpre destacar ainda a jovem Lourdes Garcia, então com 19 anos de idade, considerada uma revelação da modalidade pelos círculos esportivos.[676] Em paralelo ao trabalho de funcionária do Estado, ela era uma multiatleta, pois treinava atletismo, natação e vôlei, além do tênis de mesa. Apesar de ter tido o primeiro contato com as bolas de celuloide há apenas um ano, em pouco tempo ela evoluiu tecnicamente e já era uma das jogadoras mais habilidosas da FPTM, representando a A. A. Santa Helena. Era apenas o começo de sua carreira no tênis de mesa, pois, com a virada da década, superaria Corina Teixeira Magalhães e tornar-se-ia também uma das principais forças do país nas competições internacionais.

---

[674] FEDERAÇÃO Paulista de Tênis de Mesa. **O Estado de São Paulo**, São Paulo, p. 11, 5 maio 1949.
[675] HOMENAGEM aos campeões paulistas de tênis de mesa. **O Estado de São Paulo**, São Paulo, p. 10, 15 set. 1949.
[676] SURGE uma estrela no tênis de mesa brasileiro. **Esporte Ilustrado**, Rio de Janeiro, p. 3., 2 jun. 1949

Superados os atritos internos dos anos anteriores, pode-se concluir que a situação das federações metropolitana e paulista era estável em 1949. No Conselho Técnico da CBD, o idealista Djalma de Vincenzi dava as cartas, sempre dialogando com instâncias superiores e com a imprensa para conseguir apoio à modalidade. Faltava, como bem sabemos, o maior e mais simbólico dos objetivos para o dirigente esportivo: a participação de uma representação nacional no campeonato mundial, principal evento da ITTF. Tratava-se de um sonho antigo não apenas para Djalma, mas, evidentemente, para todos os envolvidos com a causa do tênis de mesa brasileiro.

A pesquisa documental para a escrita deste livro revelou que a primeira tentativa de filiação do Brasil à Federação Internacional de Tênis de Mesa (ITTF) ocorreu no ano de 1943, em plena Segunda Guerra Mundial. Representando a CBD, Djalma de Vincenzi entrou em correspondência com a entidade, obtendo o retorno de W. J. Pope.[677] Segundo esse secretário, não era possível completar as formalidades de filiação naquele momento, pois a ITTF encontrava-se paralisada em virtude do envolvimento de seus membros no conflito. De fato, as competições oficiais de tênis de mesa estavam suspensas na Europa, cenário que só seria superado em meados de 1946.

O tema voltou a ser discutido em 1947, quando Djalma, agora ocupando o cargo de vice-presidente da Confederação Sul-Americana de Tênis de Mesa (CSTM), propôs a participação de uma seleção continental na próxima edição do campeonato mundial.[678] Os nomes mais cotados eram Raul Riveros, chileno campeão sul-americano, Egidio Cosentino, vice-campeão e melhor jogador argentino, e Ivan Severo, terceiro colocado no sul-americano e melhor jogador brasileiro, atual campeão carioca.

Para levar adiante a sua ideia, Djalma mantinha contato com Ivor Montagu, presidente da ITTF e reconhecida figura política na Inglaterra. O brasileiro assegurou que o dirigente britânico estava empenhado em viabilizar a estreia de representantes sul-americanos na competição, mas havia impeditivos de ordem maior: a CBD não iria colaborar financeiramente. Sendo assim, o Brasil conseguiu filiar-se à ITTF em 1948,[679] mas sem os patrocínios necessários para enviar algum representante, ficou de fora do Campeonato Mundial daquele ano, realizado em Londres.

---

[677] LYGIA Lessa Bastos triunfou no torneio feminino de tennis de mesa. **Jornal dos Sports**, Rio de Janeiro, p. 3, 25 abr. 1943.
[678] UM SCRATH sul-americano de tennis de mesa no campeonato mundial. **O Globo**, Rio de Janeiro, p. 10, 27 nov. 1947.
[679] ESTREANTES de 1948. **Esporte Ilustrado**, Rio de Janeiro, p. 15, 19 fev. 1948.

Com a entrada de 1949, o impasse repetiu-se. Para os jogadores brasileiros conseguirem disputar a próxima edição, que ocorreria entre os dias 4 a 14 de fevereiro na cidade de Estocolmo, seria preciso encontrar uma maneira de custear o transporte, posto que a CBD mais uma vez alegava não ter condições financeiras para arcar com tal empreendimento.[680] Noutras palavras, os interessados em compor uma seleção brasileira deveriam buscar soluções por conta própria.

Foi, então, que Dagoberto Midosi e Mário Jofre uniram forças: o primeiro era um nome conhecido do tênis de mesa carioca, esportista exemplar do Fluminense F.C. que exercia a profissão de advogado; o segundo era um lituano naturalizado brasileiro, que havia se destacado nas turmas do Gaap, em São Paulo, até estabelecer residência no Rio de Janeiro por razões profissionais, onde também passou a defender a equipe do tricolor das Laranjeiras.

Após inúmeras respostas negativas, ambos conseguiram com que a Scandinavian Airlines, uma companhia sueca de aviação, fornecesse três passagens de ida para uma representação nacional, portanto 50% do montante necessário.[681] O patrocínio foi acertado com um diretor da empresa no Brasil, Ary Diogo Alves, em troca de publicidade. Já as passagens de volta só foram possíveis graças a Raul Martins, amigo pessoal de Dagoberto, que trabalhava no Gabinete Civil do governo de Eurico Gaspar Dutra.[682] Ele aceitou ajudar na obtenção dos outros 50% desde que fosse o chefe da delegação brasileira na competição.

Para tanto, colocou os mesatenistas em contato com Gagliano Neto, um conhecido locutor e jornalista da cena esportiva carioca, que deu uma carta de crédito em publicidade no valor das três passagens de volta. Com o produto da venda à própria Scandinavian Airlines e às emissoras de rádio interessadas, foi possível cobrir o que faltava.

Posteriormente, Dagoberto e Mário convidaram Ivan Severo para integrarem a equipe, alocando as três passagens aéreas disponíveis de ida e volta. Surgiu, então, a preocupação de levar mais um jogador para Estocolmo, pois caso um dos integrantes da equipe tivesse imprevistos durante o certame, seria possível substituí-lo pelo reserva. Foi

---

[680] PELA PRIMEIRA vez o Brasil no Campeonato Mundial de Tênis de Mesa. **Jornal dos Sports**, Rio de Janeiro, p. 2, 30 jan. 1949.
[681] FINALMENTE o Mundial! **Esporte Ilustrado**, Rio de Janeiro, p. 3, 27 jan. 1949.
[682] Idem.

com essa motivação que Antonio Correa, também do Fluminense F.C., completou a delegação brasileira, graças ao patrocínio do Banco Boa Vista, no qual trabalhava.

Não há informações sobre o posicionamento dos jogadores paulistas em relação ao tema, mas provavelmente eles enfrentavam maiores dificuldades para conseguir algum tipo de patrocínio. Já as mulheres, pode-se inferir que sequer foram cogitadas para compor uma equipe feminina, tanto em São Paulo quanto no Rio de Janeiro.

Dadas as inúmeras dificuldades superadas, o feito de Dagoberto e Mário foi muito comemorado à época, tendo repercutido em diferentes jornais. Para *O Globo*, tratava-se de uma grande vitória para o tênis de mesa brasileiro, ou a "consagração máxima" da modalidade nos círculos esportivos, visto que representava uma oportunidade dos nossos patrícios conquistarem posições de relevo entre os melhores mesatenistas do mundo.[683]

Poucos dias antes do início das disputas, a delegação brasileira, chefiada pelo dirigente Raul Martins e composta pelos jogadores Dagoberto, Mário, Ivan e Antonio, desembarcou em Estocolmo para disputar a 16ª edição do Campeonato Mundial. Havia dezenove países inscritos nas categorias de equipes, individual e duplas masculinas, entre os quais apenas o Brasil e o Chile eram sul-americanos.[684]

Foi o maior desafio já enfrentado até então pelos jogadores brasileiros, afinal, salvo raríssimos episódios não oficiais, eles nunca haviam enfrentado adversários de outros continentes, tampouco estavam à par das inovações técnicas que aconteciam na Europa, onde treinavam e competiam os campeões mundiais da época. Diante das circunstâncias, as expectativas compartilhadas pela delegação brasileira e pela imprensa foram mais realistas dessa vez, pois sabia-se que o título era muito improvável.

Nas disputas por equipes masculinas, apenas os dois primeiros colocados de cada grupo classificavam-se para a fase eliminatória, que já consistia nas semifinais. O Brasil disputou nove partidas, terminando com duas vitórias sobre a Dinamarca e a Escócia, quatro derrotas avassaladoras contra a Inglaterra, Áustria, Tchecoslováquia e Suécia – seleções com maior tradição na modalidade que brigavam pelo título –, e quatro derrotas pelo placar apertado de 5 a 3 em favor da Suíça, Itália e Holan-

---

[683] O BRASIL no Campeonato Mundial de Tennis de Mesa. **O Globo**, Rio de Janeiro, p. 9, 27 jan. 1949.
[684] CAMPEONATO Mundial de Tênis de Mesa. **O Estado de São Paulo**, São Paulo, p. 9, 5 fev. 1949.

da.[685] Ao final, Inglaterra e Tchecoslováquia avançaram no grupo do Brasil, mas ninguém conseguiu superar a Hungria na fase eliminatória, campeã mundial da categoria (ITTF, 2023).

Já nas disputas individuais masculinas, o nosso jogador a ir mais longe foi Ivan Severo. Ele venceu o primeiro jogo por WO, depois derrotou W. Pierce, da Inglaterra, por 3 a 2.[686] Pode-se destacar esse feito como o mais expressivo da nossa delegação na competição, pois simbolizou a vitória de um sucessor do pingue-pongue brasileiro sobre um britânico, representante do país de maior tradição no tênis de mesa. Sem grandes surpresas, Ivan Severo foi derrotado pelo tchecoslovaco I. Andreadis na rodada seguinte, um oponente dificílimo, afinal, era o segundo melhor do mundo de acordo com o ranking da ITTF.[687] O campeão da categoria individual foi o britânico Johnny Leach, após surpreender o tchecoslovaco Bohumil Vana na partida decisiva – com quatro derrotas consecutivas em encontros anteriores, foi a primeira vez que Leach venceu Vana (Uzorinac, 2001).

Nas disputas de duplas os representantes brasileiros foram Ivan Severo e Dagoberto Midosi. Após vencerem por WO na primeira rodada, cruzaram com a forte dupla da Tchecoslováquia, formada por Bohumil Vana e Lasdislav Strispek, sendo superados por 3 a 0.[688]

Ao término da competição, eis um balanço geral da delegação brasileira: Ivan Severo disputou vinte e uma partidas, ganhou onze e perdeu dez; Dagoberto Midosi disputou vinte e uma partidas, ganhou seis e perdeu quinze; Antonio Correa disputou dezessete partidas, ganhou cinco e perdeu doze; Mário Jofre disputou cinco partidas e não venceu nenhuma delas – embora tenha sido o último a conseguir integrar a delegação brasileira, Antonio Correa foi titular na maioria das disputas, enquanto Mário Jofre foi o reserva.[689]

Apesar de terem conquistado apenas duas vitórias na disputa de equipes, é importante ressaltar que os nossos jogadores estiveram muito perto de derrotar a Suíça, a Itália e a Holanda, resultado que projetaria o Brasil entre os oito melhores países do mundo. Ademais, estreantes que

---

[685] TODOS os esportes. **O Globo**, Rio de Janeiro, p. 9, 5 fev. 1949.
[686] TODOS os esportes. **O Globo**, Rio de Janeiro, p. 11, 9 fev. 1949.
[687] BRILHANTE figura de Ivan Severo. **Jornal dos Sports**, Rio de Janeiro, p. 4, 9 fev. 1949.
[688] VENCIDA a dupla nacional. **Jornal dos Sports**, Rio de Janeiro, p. 4, 10 fev. 1949.
[689] O BRASIL no Campeonato Mundial. **Esporte Ilustrado**, Rio de Janeiro, p. 3, 17 fev. 1949.

eram, contaram com uma série de imprevistos, tais como o inverno sueco e suas temperaturas abaixo de zero. Outro detalhe foi a comida do alojamento em que ficou hospedada a delegação brasileira, pois a culinária era bem diferente da encontrada em território nacional, além de serem servidas quantidades limitadas. Nesse sentido, um momento especial da viagem foi a recepção oferecida pelo embaixador do Brasil na Suécia, a qual contou com uma farta feijoada para a alegria dos nossos jogadores.[690]

Convém destacar que Dagoberto foi designado para escrever um relatório da competição à CBD, afinal, embora figurasse como chefe da delegação brasileira, o dirigente Raul Martins havia caído de paraquedas no certame mundial e pouco conhecia sobre a modalidade. Por mais que não tivessem contado com o patrocínio da entidade, foram as cores dela que a representação nacional defendeu em Estocolmo, com uniformes nos quais estavam estampados o seu logo.

Um interessante rascunho do relatório escrito por Dagoberto, disponível no acervo histórico da Confederação Brasileira de Tênis de Mesa, possibilita-nos tomarmos conhecimento de quais foram as impressões obtidas pelos jogadores brasileiros em sua primeira participação na competição, além de outras curiosidades e detalhes ímpares. Endereçado diretamente ao presidente da CBD, Rivadavia Corrêa Meyer, eis alguns trechos transcritos do documento:

> Não quero e não posso deixar de consignar que, apesar dos resultados desfavoráveis na maioria dos cotejos, brilharam intensamente as cores da nossa gloriosa CBD.
>
> [...]
>
> A nossa seleção, a par das 2 vitórias obtidas, contra a Dinamarca e Escócia, que há anos já concorrem, apresentou-se contra a Holanda, Itália e Suíça com absolutas possibilidades de sucesso, perdendo essas três lutas pelo "score" de 5 x 3, que por si só fala de como o fator "chance" dediciu os encontros. Contra os outros 4 países do nosso grupo, Tchecoslováquia, Inglaterra, Suécia e Áustria, as nossas possibilidades eram reduzidas, de vez que formam eles dentre os que em mais alto grau praticam o tênis de mesa. Mesmo assim, obtivemos, com exceção da Inglaterra, 1 vitória sobre cada um dos antagonistas e vários jogos equilibrados em que perdemos por 2x1.

---

[690] Idem.

É de se notar que a nossa estreia verificou-se precisamente contra a Inglaterra, jogo esse que, segundo a imprensa, foi apreciado, de início, com curiosidade, pois se trata de uma equipe "Benjamin" e, depois, com interesse, dada a qualidade de jogo demonstrada, para uma equipe nessas condições.

Por tudo isso, seria profundamente injusto se silenciasse sobre a atuação dos rapazes que elevaram bem alto o nome esportivo do Brasil em um setor de esporte no qual éramos completamente desconhecidos.

Por outro lado, trouxeram os nossos amadores conhecimentos novos sobre a técnica de jogo, os quais, estou convencido, servirão para elevar o nosso padrão de jogo, já de si tão apreciado pelos europeus neste campeonato. Trata-se, nesse setor, da maneira pela qual empunham os nossos amadores a raquete, que não é a "clássica", adotada integralmente pelos ases mundiais. Asseguram-nos, vários expoentes, que já atingimos o máximo de produção da maneira pela qual jogamos, sendo necessário, para evoluir, a troca no modo de manejar a raquete. Esse foi o ensinamento mais precioso que colhemos, a par de outros detalhes de ordem técnica.

Também pude observar que esse esporte tem na Europa o seu conceito já definitivamente firmado, valendo destacar que o público lotava todas as dependências do ginásio, que comportava cerca de 5.000 pessoas, com entradas pagas. Os jogos finais foram filmados e irradiados foram os principais cotejos, sendo desnecessário frisar o apoio da imprensa.

Participamos e presenciamos, assim, de um espetáculo extraordinário, acima de qualquer expectativa que pudéssemos ter de um campeonato de tênis de mesa. Creio, assim, que foi, sob todos os pontos de vista, muito proveitosa a ida de brasileiros a Estocolmo, porque lá puderam aprender e demonstrar, também, que já se pratica, em nível bem apreciável, o tênis de mesa, que é um esporte, na Europa, já conceituado, há cerca de 25 anos.

[...]

Não só os nossos representantes em Estocolmo, mas todos os demais jogadores brasileiros empunham a raquete como "garfo", seguindo esses, naturalmente a orientação dos mais destacados "ases" nacionais. Devem, pois, agora, com os conselhos baseados na experiência dos nossos "scratch-

> men", ir procurando se adaptar a nossa modalidade, que permite, sem dúvida, um maior rendimento técnico.
>
> [...]
>
> Devo, também, levar ao seu conhecimento que fomos convidados a participar do Campeonato Extra, de Londres, que se realizaria logo após o Mundial, pelo Presidente da Federação Inglesa, Dr. Ivor Montagu, que é também o presidente da Federação Internacional, mas declinamos do convite explicando que não havia possibilidade econômica de nos transportarmos a Londres e, também, em vista do cansaço demonstrado pelos nossos jogadores, que tiveram de se empregar a fundo na defesa das nossas cores.

Conforme aponta Dagoberto, o nível técnico dos brasileiros surpreendeu seus adversários, que não esperavam encontrar na estreia de um país sul-americano representantes tão habilidosos. Os herdeiros do pingue-pongue eram desconhecidos e há pouco haviam adotado definitivamente as regras internacionais e as raquetes revestidas por borracha granulada, mas, mesmo assim, conseguiram encarar de igual para igual alguns dos melhores jogadores do mundo. Apenas contra a Inglaterra, país de origem da prática, não foi possível vencer nenhum jogo.

Não obstante, o desempenho apresentado chamou a atenção do público, que respondeu com aplausos aos lances de Ivan, Dagoberto e Antonio, os titulares naquela ocasião. Tais impressões não parecem ter sido exageradas, pois sobraram elogios até mesmo por parte de mesatenistas do patamar de Victor Barna. Nascido na Hungria e posteriormente naturalizado britânico, esse conhecido jogador construiu uma das carreiras mais longevas no tênis de mesa. Até hoje, ninguém conquistou mais medalhas de ouro em campeonatos mundiais, cinco delas apenas na categoria individual (Uzorinac, 2001). Barna enfrentou Ivan em Estocolmo, e embora tenha vencido por dois sets a zero, reconheceu o potencial dele e dos demais brasileiros. Em uma carta endereçada a Djalma de Vincenzi, o multicampeão disse:

> Pode-se dizer com toda sinceridade que a equipe surpresa de todo o campeonato em Estocolmo foi a equipe brasileira. Foi a primeira vez que um país sul-americano participou em um torneio mundial e ninguém esperava tão boa exibição. Naturalmente que eles precisam de maior experiência e tem ainda muito por aprender, porém eles modificarão o seu modo ortodoxo em segurar em "garfo" a raquete. Estamos certos que eles se tornarão jogadores de classe mundial.

> O que eles conseguiram desta vez não foi nada para se envergonhar. Além disso, o tênis de mesa na Europa é um grande esporte há cerca de vinte e cinco anos, e não é fácil refazer vinte e cinco anos em pouco tempo. Não estamos tentando lisonjear os brasileiros, ao contrário, e a nossa opinião coincide com as dos demais expoentes do nosso esporte (Últimas, 1949, p. 13).[691]

Tanto no rascunho de Dagoberto quanto na carta de Barna, faz-se referência ao jeito de empunhar a raquete. Aparentemente, os brasileiros eram os únicos participantes do certame a competirem com a empunhadura "caneta", ou *penholder*, conforme popularizou-se o termo em inglês (a raquete tinha um cabo menor e mais fino, ideal para o encaixe dos dedos polegar e indicador). Em contrapartida, os melhores jogadores europeus adotavam a empunhadura "clássica", também conhecida como *handshake* (a raquete tinha um cabo mais longo, ideal para um encaixe similar a um aperto de mãos).

A primeira era tida como ultrapassada, utilizada ligeiramente pelos europeus nos primórdios da prática de raquetes, portanto questão superada com o desenvolvimento da modalidade. A segunda, por sua vez, era tida como uma das razões por trás do sucesso do continente modelo, pois supunha-se que a maneira "clássica" de empunhar as raquetes conferia maior liberdade e fluidez à execução dos fundamentos técnicos.[692]

Após retornarem de Estocolmo, era certo entre os jogadores brasileiros a necessidade de substituir a empunhadura "caneta" pela "clássica", como se tal detalhe fosse realmente determinante para o sucesso no tênis de mesa praticado à época. Acreditava-se, conforme apontou Dagoberto, que eles já haviam atingido "o máximo de produção" da maneira como jogavam, portanto estariam sendo prejudicados pela estagnação do seu aprimoramento técnico.

Nas semanas seguintes, a discussão ganhou energia e diversas personalidades ligadas à prática compartilharam seus pareceres sobre o tema. Uma opinião divergente partiu do polêmico Silvio Rangel, segundo o qual aqueles que associavam o sucesso europeu à empunhadura esqueciam, por exemplo, que na FMTM havia aproximadamente cem amadores filiados, enquanto na Federação Inglesa eram mais de cem mil.[693]

---

[691] ÚLTIMAS notícias nacionais estrangeiras. **Correio da Manhã**, Rio de Janeiro, p. 13, 10 mar. 1949.

[692] CARTA ao redator. **Esporte Ilustrado**, Rio de Janeiro, p. 8, 14 out. 1948.

[693] RANGEL, Silvio. A questão da empunhadura da raquete. **Esporte Ilustrado**, Rio de Janeiro, p. 3, 24 mar. 1949.

O dirigente do Clube Municipal, que ocupava o cargo de vice-presidente da FMTM e tinha uma coluna especializada no *Esporte Ilustrado*, também apontou como problema a subalimentação da "gente" brasileira. Por fim, ele ressaltou a necessidade de serem realizados intercâmbios com os melhores mesatenistas estrangeiros, pois só treinando e enfrentando frequentemente os mais experientes seria possível superá-los.

Até hoje a origem da empunhadura "caneta" entre paulistas e cariocas permanece desconhecida. Há quem tente associar tal predominância à colônia japonesa, que só se tornou significativa para o tênis de mesa brasileiro a partir da década de 1950. Na verdade, desde pelo menos a década de 1920 esse já era o jeito característico de manejar as raquetes em território nacional.

Fato é que gradualmente os jogadores brasileiros desistiram de adotar a empunhadura "clássica". O próprio Dagoberto pensou em fazer a transição com a virada de ano, mas voltou atrás e permaneceu fiel às origens do pingue-pongue. Foi uma decisão acertada, possivelmente motivada pelos resultados positivos que os nossos mesatenistas conquistariam com o passar do tempo, prova de que a empunhadura "caneta" não era nenhum problema – aliás, na década de 1950, países asiáticos estrearam em competições mundiais e superaram os europeus, popularizando novamente essa empunhadura e, a partir de então, influenciando novas gerações de jogadores brasileiros a seguirem pelo mesmo caminho.

Antes de prosseguirmos, cabe destacar como Dagoberto ficou impressionado com a popularidade do tênis de mesa na Europa, onde o seu "conceito" já estava definitivamente firmado. Um ginásio lotado com cerca de cinco mil pagantes, estrutura moderna e suntuosa, bem como a presença do príncipe herdeiro da Suécia na plateia, indicam o prestígio da modalidade naquele continente,[694] capaz de protagonizar espetáculos jamais imaginados em território nacional.

Tratava-se de diferentes realidades com proporções incomensuráveis, segundo o próprio relatou a um periódico da época.[695] Não à toa, ele e os demais jogadores brasileiros declinaram o convite de Ivor Montagu para disputarem outro campeonato de menor projeção, a ser realizado em Londres. Dias depois do mundial de Estocolmo, com os recursos financeiros próximos de se esgotarem, perdeu-se uma grande oportunidade de estreitar laços com os britânicos. Ocorre que, se por um lado o Brasil encarava diversas barreiras para integrar o calendário competitivo do exterior, tais

---

[694] ENTREVISTANDO os mundiais. **Esporte Ilustrado**, Rio de Janeiro, p. 3, 17 mar. 1949.
[695] *Idem.*

como a distância geográfica e recursos escassos para modalidades como o tênis de mesa, por outro os europeus tinham uma logística facilitada, com a promoção de inúmeros torneios abertos pelo continente, frequentes intercâmbios esportivos, tradição cultivada por décadas e condições favoráveis ao desenvolvimento material da modalidade.

Mas apesar de atestarem as desvantagens que tinham frente aos expoentes do tênis de mesa, os jogadores brasileiros não desanimaram. Pelo contrário, tiveram a partir daquele primeiro contato a certeza de que um dia poderiam estar entre os melhores do mundo. Em entrevista à *United Press*, assim expressou Ivan sobre a ida a Estocolmo: "Nós viemos principalmente para ver e aprender, e nós vamos aprender" (Campeonato, 1949, p 15).[696] Independentemente do resultado obtido e do choque de realidades experienciado, Dagoberto também sabia que aquilo era apenas o começo.

A estreia definitiva do Brasil no cenário internacional, "fato tão sonhado por dirigentes e dirigidos de lá e de cá", abria uma "porta larga, bem larga, para o nosso querido esporte" (Midosi, 1949, p. 15).[697] Seria preciso alguns anos, mas ambos retornariam mais fortes em edições futuras, prontos para fazerem história pelo Brasil!

Figura 44 – Uma das folhas do rascunho escrito por Dagoberto Midosi após o Campeonato Mundial de 1949. A partir desse documento, é possível descobrir as principais impressões do mesatenista sobre a experiência inédita vivida em Estocolmo

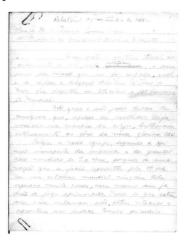

Fonte: acervo da Confederação Brasileira de Tênis de Mesa

[696] CAMPEONATO Mundial. **Correio Paulistano**, São Paulo, p. 15, 6 fev. 1949.
[697] MIDOSI, D. O que vi em Estocolmo. **Correio da Manhã**, Rio de Janeiro, p. 15, 31 mar. 1949.

Somos campeões continentais pela primeira vez!

Conforme vimos, ao retornarem de Estocolmo para o Rio de Janeiro, inspirados pelos lances protagonizados pelos europeus, os jogadores Ivan Severo, Dagoberto Midosi, Antonio Correa e Mário Jofre cogitaram seriamente adotar a empunhadura clássica, dominante naquele continente. O que os motivou a esperar mais foi a 4ª edição do Campeonato Sul-Americano, afinal, faltavam apenas alguns meses para o primeiro evento continental a ser realizado no Brasil, e não valeria a pena apostar em mudanças significativas com tão pouco tempo para se adaptar. Assim, os principais nomes da FMTM continuaram treinando com a empunhadura caneta, pois logo teriam pela frente seletivas classificatórias para a composição da seleção brasileira.

Em São Paulo, ausentes no campeonato mundial, os jogadores da FPTM ainda não tinham ideia da dimensão do tênis de mesa europeu. De todo modo, também estavam animados pela oportunidade de disputarem um certame continental dentro do seu país de origem, dessa vez com o custeio da CBD, que assumiu a organização do evento.

Os paulistas não tinham planos de deixarem a empunhadura caneta, mas alguns deles, contrariando as opiniões de Vitorio Mamone, Ricardo D'Angelo e Raphael Bologna, que haviam disputado o campeonato sul-americano de 1947, insistiam em continuar jogando com as raquetes de madeira pura. Esse era o caso de Geraldo Pisani, um italiano que migrou para o Brasil com apenas 1 ano de idade. Embora fosse o melhor jogador de São Paulo, até 1949 ele não tinha disputado nenhuma edição do campeonato brasileiro. Ocorre que a legislação esportiva da CBD proibia a participação de indivíduos nascidos em outros países nessas ocasiões, algo que a Confederação Sul-Americana de Tênis de Mesa, por sua vez, permitia (De Vincenzi, 1979). Abria-se caminho, então, para Geraldo Pisani, enfim, pleitear uma vaga na representação nacional.

As seletivas classificatórias para a 4ª edição do Campeonato Sul-Americano ocorreram simultaneamente na capital da República e na capital paulista. Os nomes mais destacados da época foram convocados a medir forças pelos respectivos presidentes das federações estaduais, tendo se classificado Geraldo Pisani, Raphael Morales, Vitorio Mamone, José Walter Ventriglio, Raphael Bologna, Lourdes Garcia e Corina Teixeira de Magalhães da FPTM, enquanto Ivan Severo, Hugo Severo, Dagoberto

Midosi, Baptista Boderone, Mario Jofre, José Neves, Dinah Figueiredo, Evelin Muskat, Maria da Nova, Sonia Nobrega, Orsina Olivieri, Orbelina Olivieri e Naméa Rangel garantiram suas vagas pela FMTM.

Por ser o país sede, o Brasil tinha o direito de inscrever o dobro do número de participantes permitidos às outras delegações. A novidade é que seriam incluídas categorias femininas no certame continental, colocando frente a frente as jogadoras brasileiras com as jogadoras estrangeiras pela primeira vez – negligenciadas pelas federações estaduais, já vimos como as mulheres adeptas do tênis de mesa competitivo enfrentavam uma série de dificuldades, tais como calendários frequentemente descontinuados, ausência de competições anuais, além de uma imprensa que reforçava preconceitos.

Os preparativos para a organização do certame continental começaram cerca de seis meses antes da sua data, prevista para os dias 4 a 12 de junho. Mais uma vez, Djalma de Vincenzi liderou as atividades, juntamente a uma ampla comissão diretora, formada por Silvio Rangel, Francisco Boderone, Santo Lanza, Raphael Bologna, Seno Senmiden, Guaracy de Andrade, Eurico Baptista, Claudio Moraes, Air Gomes, Arlindo Guimarães, José Mariano Filho, Jair Belmonte, Miguel Munhoz, Tercio Badaró, Moupyr Monteiro, Lucino de Castro, Otheio Glechi, Aurelio dos Santos Grilo, Fernando Jaques, Raul Longras, Flavio Nascimento, Fausto Pinto Sampaio e Manoel Dias.[698] Tratavam-se de dirigentes esportivos do Rio de Janeiro e de São Paulo, diretamente ligados ou não à modalidade.

O Campeonato Sul-Americano consistia num desafio inédito para os gestores do tênis de mesa brasileiro, pois prometia ser um evento de grande porte, com nove dias consecutivos de duração. Todos os envolvidos primavam por uma recepção excepcional para agradar e, porque não, impressionar os visitantes estrangeiros, que seriam os representantes da Argentina, da Bolívia, do Chile, do Paraguai e do Uruguai. Para tanto, contaram com o apoio decisivo de Rivadavia Corrêa Meyer, presidente da CBD, responsável por autorizar a compra de mesas idênticas às utilizadas em Estocolmo (cada uma no valor de seis mil cruzeiros), bolas de última geração (a dúzia no valor de 120 cruzeiros), bem como a confecção e a impressão de um regulamento da competição em língua portuguesa, com fotografias das equipes concorrentes e o programa com dia e horário de cada categoria.[699]

---

[698] O BRASIL, campeão continental de tênis de mesa. **Globo Sportivo**, Rio de Janeiro, p. 12, 24 jun. 1949.

[699] O 4º CAMPEONATO Sul-Americano de Tênis de Mesa. **Esporte Ilustrado**, Rio de Janeiro, p. 3, 16 jun. 1949.

Outro fator a ser destacado é que na época os países visitantes eram agraciados pelo país organizador com hospedagem e alimentação. Portanto a CBD também arcou com os custos de hotéis de primeira classe para todas as delegações participantes do evento. Não à toa, durante os preparativos, Djalma fez questão de agradecer Rivadavia nos jornais, a quem devia as vastas condições materiais disponibilizadas para o sucesso do evento.

Figura 45 – Manual do IV Campeonato Sul-Americano de Tênis de Mesa, realizado em 1949, na cidade do Rio de Janeiro. Contém as assinaturas de diversos jogadores, brasileiros e estrangeiros. Em destaque, ao centro da capa, percebe-se a figura feminina, estreante naquela competição

Fonte: acervo da Confederação Brasileira de Tênis de Mesa

Figura 46 – Homenagem a Rivadavia Correia Meyer, presidente da CBD, no manual do IV Campeonato Sul-Americano de Tênis de Mesa, realizado em 1949, na cidade do Rio de Janeiro. Contém as assinaturas dos jogadores José Neves (FMTM), Victorio Mamone (FPTM), Geraldo Pisani (FPTM) e Raphael Morales (FPTM)

Fonte: acervo da Confederação Brasileira de Tênis de Mesa

Apesar das tantas inovações empreendidas, também houve imprevistos de última hora que quase colocaram tudo por água abaixo.[700] A principal dificuldade foi encontrar um ginásio para sediar o evento, pois o Fluminense F.C., o Ginástico Português e a Associação dos Empregados do Comércio negaram os pedidos feitos por Djalma. Depois de muitas portas fechadas, o local foi definido às vésperas do início das disputas, por simpatia de Adolfo Schermann, presidente da Associação Atlética Banco

[700] *Idem.*

do Brasil, que cedeu as instalações da agremiação, localizada bem próxima à belíssima praia de Copacabana. Já as arquibancadas, foram cedidas pela Associação Cristã de Moços, enquanto a Casa Masson, estabelecimento da Rua do Ouvidor especializado em relógios, ofereceu a aparelhagem para cronometrar as partidas.

Segundo as notícias da época, queria-se, a todo custo, provar o valor do tênis de mesa brasileiro. Foi designada até mesmo uma comissão responsável pelos treinamentos da representação nacional, composta por Raul Brasil, Silvio Rangel, Francisco Boderone e Santo Lanza. Cumpre destacar as jogadoras cariocas Naméa Rangel, Eveline Muskat, Sonia Nobrega, Orbelina Olivieri, Mariazinha da Nova, Orsina Olivieri e Dinah Figueiredo, que se prepararam com antecedência para a sua estreia internacional a fim de recuperar o ritmo perdido.

Ocorre que há tempos sem uma competição feminina organizada pela FMTM, muitas delas tinham se afastado da modalidade. Segundo o *Jornal dos Sports*, quando decidiram retomar os treinamentos graças ao sul-americano, as "representantes do belo sexo" estavam "completamente fora de forma".[701] Outro periódico menciona que Dinah, a melhor jogadora do Rio de Janeiro, "reapareceu auspiciosamente", assim como Naméa, após um "longo período de inatividade".[702] Tal abordagem da imprensa reforça a situação de descaso que as mulheres enfrentavam no tênis de mesa. Ainda assim, elas treinaram rigorosamente na sede do Grêmio Euclides da Cunha por três meses consecutivos.

Ao final de maio, pouco a pouco foram chegando as delegações da Argentina, do Chile, do Paraguai, do Uruguai e da Bolívia, esta última a primeira a desembarcar em território nacional, tendo viajado em um avião da Força Aérea Brasileira. A abertura da 4ª edição do Campeonato Sul-Americano ocorreu na sede da CBD, com discurso de Rivadavia para os membros da comissão de controle, sendo ela formada por um delegado de cada país participante.[703]

Posteriormente, foram sorteados os chaveamentos das diversas provas em disputa: individual, equipes, duplas e duplas mistas, nos naipes masculino e feminino. Desde a primeira edição ocorrida em 1943, tratava-se do campeonato sul-americano com o maior número de partidas

---

[701] SELEÇÃO para o 4º Sul-Americano. **Jornal dos Sports**, Rio de Janeiro, p. 2, 15 abr. 1949.
[702] TENNIS de mesa. **O Globo**, Rio de Janeiro, p. 11, 20 abr. 1949.
[703] TODOS os esportes. **O Globo**, Rio de Janeiro, p. 13, 24 maio 1949.

programadas. Tantos ineditismos eram prova de que o tênis de mesa estava em franca ascensão no cenário esportivo do continente, de acordo com o *Globo*.[704]

No dia 4 de junho começou o tão esperado certame continental, sob uma plateia auspiciosa. Às disputas femininas, como de costume, a imprensa reservou uma cobertura desinteressada. Embora estivessem inscritas nove jogadoras brasileiras, os demais países participantes haviam enviado apenas duas jogadoras cada. Por esse motivo, foi definido entre os delegados no congresso técnico que o Brasil poderia ter duas representantes fixas durante todo o evento. As cariocas Dinah e Eveline foram as escolhidas, ficando de fora da competição as outras sete jogadoras brasileiras. Entre outras determinações para as categorias femininas, deve-se destacar também que o formato das disputas de equipes era reduzido, com menos partidas e sets em comparação às categorias masculinas.

Apesar das poucas informações sobre seu desempenho, sabe-se que Dinah e Eveline não conseguiram avançar às fases finais das categorias individual e duplas. Elas foram dominadas pelas chilenas Marta Zamora e Iris Verdugo, respectivamente campeã e vice-campeã individuais, além de terem derrotado as argentinas na final de duplas. Já na categoria de equipes, Dinah e Eveline venceram o Paraguai por 3 a 0, mas perderam para a Argentina por 2 a 1 em uma partida acirrada, e para o Chile por 3 a 0.[705] Com esse resultado, conquistaram o terceiro lugar, o mesmo desempenho da equipe masculina em 1947, quando os nossos jogadores também haviam terminado com duas derrotas e uma vitória. Novamente, Marta Zamora e Iris Verdugo derrotaram as argentinas na final da categoria de equipes, dando ao Chile o posto de campeão sul-americano absoluto nas disputas femininas.[706]

Não faltaram comentários sexistas acerca de Dinah e Eveline nos noticiários esportivos, segundo os quais as jogadoras brasileiras não haviam performado bem, provavelmente por conta do seu "nervosismo".[707] A mesma abordagem repetiu-se ao tratar das duplas mistas, visto que os resultados inexpressivos das parcerias brasileiras eram creditados ao descontrole emocional das nossas jogadoras.

---

[704] O SUL-AMERICANO de Tennis de Mesa. **O Globo**, Rio de Janeiro, p. 13, 3 jun. 1949.
[705] EMPOLGANTE desenrolar do sul-americano de tennis de mesa. **O Globo**, Rio de Janeiro, p. 13, 8 jun. 1949.
[706] *Idem*.
[707] RANGEL, Sylvio. O 4º Sul-Americano de Tênis de Mesa. **Esporte Ilustrado**, Rio de Janeiro, p. 3, 21 jul. 1949.

No que toca às disputas individuais masculinas, os jogadores brasileiros também desempenharam abaixo do esperado para a imprensa, mas nenhum comentário semelhante foi feito. A categoria contou com a participação de Geraldo Pisani e Victorio Mamone da FPTM, junto a Mário Jofre, Dagoberto Midosi e Baptista Boderone da FMTM – por conta da sua dominância nos campeonatos brasileiros e interestaduais, foi acertado na época que os dirigentes cariocas tinham o direito de escalar mais jogadores do que os paulistas. Dos cinco nomes mencionados, apenas Baptista Boderone conseguiu avançar às semifinais, terminando em terceiro lugar, mesmo resultado obtido na edição de 1947 por Ivan Severo, o qual, curiosamente, não participou dessa categoria em 1949.[708]

Baptista Boderone, então com 28 anos de idade, era vice-campeão brasileiro individual e atuava pelo Olímpico nos torneios da FMTM. Descrito como um homem de poucas palavras pelos jornais da época, ele também jogava futebol pelo E. C. Benfica e trabalhava como funcionário público no Ministério da Marinha.[709] Baptista Boderone terminou superado pelo argentino Egidio Cosentino, o campeão da categoria individual naquele sul-americano.

As maiores atenções estavam voltadas à categoria de equipes masculinas, na qual todos os países enfrentar-se-iam. À medida que os dias foram passando, o Brasil foi se consolidando um forte candidato ao título, pois derrotou facilmente o Uruguai, o Paraguai, a Bolívia e o Chile. Este último, que havia superado a seleção brasileira em Mar Del Plata, dessa vez perdeu por um acachapante placar de 5 a 0.[710]

A título de curiosidade, algumas partidas de tênis de mesa poderiam ser extremamente desgastantes. Embora as raquetes revestidas por finas camadas de borracha granulada tivessem tornado os lances mais rápidos, esses ainda estavam longe de definirem os pontos em poucos segundos, tal como estamos acostumados nos dias atuais. Nesse sentido, o argentino Oswaldo Lancelota levou uma hora e 55 minutos para derrotar o paraguaio Kones na disputa por equipes.[711] Ele somava forças com Cosentino, Prado e Rozmanick, os adversários dos brasileiros na grande final.

A Argentina detinha todos títulos sul-americanos disputados até então: foi campeã por equipes em 1943 (Buenos Aires), em 1945 (Santiago)

---

[708] CAMPEONATO Sul-Americano de Tênis de Mesa. **O Estado de São Paulo**, São Paulo, p. 10, 14 jun. 1949.
[709] OS GRANDES raquetistas do Brasil. **Esporte Ilustrado**, Rio de Janeiro, p. 3, 14 abr. 1949.
[710] EMPOLGANTE desenrolar do sul-americano de tennis de mesa. **O Globo**, Rio de Janeiro, p. 13, 8 jun. 1949.
[711] *Idem.*

e em 1947 (Mar Del Plata). Ademais, contava com jogadores naturalizados que tinham experiência na Europa, além de Cosentino, o vencedor da categoria individual daquela edição. Tratava-se do país com maior tradição nas disputas continentais e, portanto, consistia num desafio para os herdeiros do pingue-pongue. Estariam os brasileiros aptos a cumprirem com a sua "missão patriótica" dessa vez?

Geraldo Pisani, Ivan Severo, Dagoberto Midosi e Baptista Boderone foram os escalados para a decisão da categoria de equipes. O desfecho consagrador terminou em 4 a 1 em favor dos brasileiros, que conquistaram os seus tentos na seguinte ordem: Pisani derrotou Lancelota (1 x 0); Ivan perdeu para Cosentino (1 x 1), Dagoberto e Boderone derrotaram Prado e Rozmanick (2 x 1); Pisani derrotou Cosentino (3 x 1); e Ivan Severo derrotou Lancelota (4 x 1).

Com esse resultado, o Brasil foi campeão sul-americano de tênis de mesa pela primeira vez em sua história. Se não bastasse isso, os nossos mesatenistas também conseguiram impor seu jogo na categoria de duplas, decidida entre Pisani e Ventriglio de um lado, Dagoberto e Boderone do outro, isto é, paulistas enfrentando cariocas.[712] Coube aos primeiros a conquista do título, reafirmando a sua superioridade na categoria de duplas, popularizada há mais tempo na capital paulista. As conquistas continentais do Brasil repercutiram positivamente em diversos periódicos de grande circulação na época, tanto no Rio de Janeiro quanto em São Paulo.

Figura 47 – Notícia em destaque no jornal *O Globo* sobre a campanha vitoriosa da seleção brasileira no Campeonato Sul-Americano de 1949.

O BRASIL COMANDA
O SUL-AMERICANO DE TENNIS DE MESA

Vencida a Argentina pelo Chile no setor masculino --- Derrota surpreendente de Boderone --- Pisani-Ventriglia a dupla campeã --- Hoje varias partidas decisivas de certames

Fonte: *O Globo*, 11 de junho de 1949

---

[712] CAMPEONATO Sul-Americano de Tênis de Mesa. **O Estado de São Paulo**, São Paulo, p. 10, 14 jun. 1949.

Figura 48 – Geraldo Pisani, Ivan Severo, Baptista Boderone e Dagoberto Midosi, os integrantes da seleção brasileira campeã sul-americana em 1949

Fonte: *Esporte Ilustrado*, 16 de junho de 1949

Figura 49 – Vitorio Mamone, Ventriglia e Geraldo Pisani. Paulistas que integraram a seleção brasileira no IV Campeonato Sul-Americano

Fonte: *O Globo*, 3 de junho de 1949

Aos 37 anos de idade, o grande nome daquele sul-americano foi indiscutivelmente o veterano Geraldo Pisani. Embora tenha tido uma eliminação precoce na categoria individual, quando foi superado pelo argentino Rozmanick, essa foi a única derrota sofrida pelo jogador em toda a competição. Tanto na categoria de equipes quanto de duplas, ele venceu todos os seus adversários sem perder nenhum set, tendo sido decisivo para o título do Brasil contra a Argentina, quando nem mesmo Cosentino foi páreo para o seu estilo de jogo.[713]

O mais surpreendente é que, conforme mencionado no início desta seção, Pisani era o único escalado para a partida decisiva que ainda empunhava uma raquete de madeira pura.[714] Tal feito não poderia ser explicado de outra maneira senão pela genialidade do jogador, iniciado na prática de raquetes ainda durante os tempos de pingue-pongue. Desde pelo menos o início da década de 1930 ele disputava as competições da terceira classe da Associação Paulista.[715] Com o passar do tempo, foi evoluindo tecnicamente, até entrar na década de 1940 como o melhor mesatenista da capital paulista, um retrato fidedigno da identidade ítalo-paulistana, que muito contribuiu para o desenvolvimento da modalidade – apesar de ter nascido na Itália, Pisani era considerado "em todos os sentidos um verdadeiro cidadão brasileiro" (De Vincenzi, 1979, p. 14).

Após o término das partidas finais, houve discursos empolgados e homenagens aos organizadores do evento e às delegações presentes. Em seguida foram entregues as premiações, que consistiram em medalhas de *vermeil* e prata fornecidas pela CDB, com escudo esmaltado, além de uma taça, doada pela Sociedade Hípica Brasileira, em nome de seu presidente Roberto Marinho – um dos homens mais poderosos e influentes do século XX, à frente, também, do grupo jornalístico Globo.[716]

Antes de regressarem ao país de origem, é de se destacar um gesto louvável do presidente da FPTM, Santo Lanza: ele custeou a hospedagem das delegações chilena e paraguaia para uma série de partidas amistosas contra os melhores jogadores da capital paulista, a serem realizadas na sede do E. C. Pinheiros, localizado no bairro da República.[717] Antes inexistentes, tais intercâmbios esportivos começaram a ser viabilizados pontualmente,

---

[713] SUL-AMERICANO de Tênis de Mesa. **Esporte Ilustrado**, Rio de Janeiro, p. 3, 16 jun. 1949.
[714] RANGEL, Sylvio. O 4º Sul-Americano de Tênis de Mesa. **Esporte Ilustrado**, Rio de Janeiro, p. 3, 21 jul. 1949.
[715] PROSSEGUE com brilho o campeonato de pingue-pongue da cidade. **A Gazeta**, São Paulo, p. 15, 3 ago. 1931.
[716] EMPOLGANTE desenrolar do sul-americano de tennis de mesa. **O Globo**, Rio de Janeiro, p. 13, 8 jun. 1949.
[717] CAMPEONATO Sul-Americano de Tênis de Mesa. **O Estado de São Paulo**, São Paulo, p. 10, 14 jun. 1949.

o que possibilitaria maior integração regional e, consequentemente, o desenvolvimento da modalidade pelo continente.

Conclui-se que a Cidade Maravilhosa conseguiu comportar com sucesso o maior espetáculo de tênis de mesa já realizado em território nacional até então. O feito foi comentado por Djalma de Vincenzi no *Globo Sportivo*, em cujas linhas reforçava o seu característico tom patriótico:

> A história dos desportos amadoristas brasileiros, por certo irá gravar com letras de ouro, a performance da seleção nacional que, integrada de jogadores do Rio de Janeiro e de São Paulo, conquistaram para a Confederação Brasileira de Desportos, o campeonato por equipes e de duplas masculinas, conquistando pela primeira vez para o Brasil dois títulos sul-americanos. campeões continentais.
>
> [...]
>
> Não é de hoje que o presidente da Confederação Brasileira de Desportos acredita no tênis de mesa como desporto, e confia plenamente no idealismo dos seus colaboradores, por ele escolhidos para dirigir o Conselho Técnico de Tênis de Mesa na CBD.
>
> O agradecimento se deve ao apoio e patrocínio da CBD ao sul-americano realizado no Brasil, posto que o torneio não prometia nenhuma possibilidade de receita aos seus cofres, apenas despesas.
>
> [...]
>
> Já vimos o que nos é possível fazer no tênis de mesa continental, se continuarem os nossos raquetistas a se aprimorarem, competindo em certames de vulto interestadual, onde o espírito de competição e hegemonia entre paulistas e cariocas, será a pedra angular para aperfeiçoamento de ambos. Não esqueçamos os gaúchos, os baianos, os fluminenses que também têm bom índice para ampliar a eficiência do tênis de mesa nacional. Façamos muitos torneios para escolares de ambos os sexos, pois deles sairão os futuros defensores das cores auri-verde. [...] tenhamos os nossos olhos voltados para o 5º Sul-Americano a ser disputado em 1950, em Santiago do Chile. Todos estarão estudando a melhor maneira de anular a nossa atual indiscutível eficiência atacante, e, por certo, não devemos discrer que algo poderão ter aprendido conosco, como nós aprendemos com eles em Mar Del Plata, e em Estocolmo, com os astros mundiais (De Vincenzi, 1949, p. 12).[718]

---

[718] DE VINCENZI, Djalma. O BRASIL, campeão continental de tennis de mesa. **Globo Sportivo**, Rio de Janeiro, p. 12, 24 jun. 1949.

O presidente do Conselho Técnico da CBD e vice-presidente da CSTM demonstrava satisfação ao presenciar a causa do tênis de mesa brasileiro prosperar, a qual ele encampou e defendeu durante toda a década de 1940. Com a entrada da década de 1950, Djalma continuaria dando as cartas em instâncias superiores, sendo essencial para a participação brasileira em novas edições dos campeonatos mundiais, além de ser um excelente chefe de delegação. Por opção, não voltaria ao cargo de presidente da FMTM naquele período: a diretoria eleita para substituir a gestão de João Guimarães tinha à frente o polêmico Silvio Rangel.

O leitor ou a leitora podem estar se perguntando o que aconteceu nos anos que se seguiram... Bom, entre acertos e erros, fato é que os brasileiros tornaram-se hegemônicos no continente sul-americano, conquistando inúmeros títulos por equipes masculinas e femininas. Para além disso, em 1952, Lourdes Garcia tornou-se a primeira mulher brasileira a disputar um Campeonato Mundial. Em 1957, os paulistas derrotaram os cariocas pela primeira vez no campeonato brasileiro e voltaram a constituir a força máxima da modalidade. Também em 1957, o Brasil conquistou seu melhor resultado em campeonatos mundiais até então.

Na ocasião, o carioca Ivan Severo cumpriu com a sua palavra, lançada ainda em 1949, quando, durante a estreia de uma representação nacional na competição, havia afirmado que os brasileiros aprenderiam a jogar tênis de mesa. De fato, eles não apenas aprenderam como tornaram-se jogadores respeitados internacionalmente, terminando oito anos depois entre os seis melhores países do mundo na categoria de equipes. Ivan Severo esteve acompanhado dos paulistas Roberto Kurdoglian (Betinho), Jacques Roth e Ubiraci Rodrigues da Costa (Biriba), os quatro heróis dessa memorável campanha. E por falar nele, Biriba era um garoto quando, ainda na puberdade, derrotou um japonês campeão mundial, em 1958. Mais tarde, o fenômeno repetiu a proeza ao derrotar um chinês campeão mundial, em 1961, tempos nos quais os europeus já haviam sido superados pelos asiáticos na modalidade.

Àquela altura, a colônia japonesa passou a dominar as competições estaduais em São Paulo, sobretudo nas disputas femininas, com as irmãs Hiroko e Emiko Takakatsu, as primeiras nipo-brasileiras a integrarem a seleção brasileira. Em meio aos novos e antigos rostos que se misturavam e se cruzavam pelo tênis de mesa paulista e carioca, Raphael Bologna continuou sendo dirigente esportivo durante a década de 1950,

Dagoberto Midosi foi campeão mundial de Masters (Copa Jubileu em 1959) e treinador da seleção brasileira antes de afastar-se da modalidade competitiva, Geraldo Pisani aposentou-se das mesas sem nunca disputar um campeonato mundial, e Djalma de Vincenzi passou a dedicar-se cada vez mais à pintura em porcelana, arte na qual o incansável nacionalista tornar-se-ia uma referência. Mas tudo isso que foi mencionado nestes breves parágrafos, meu caro leitor ou minha cara leitora, são apenas passagens rápidas de histórias que merecem outro livro!

5.6 O PINGUE-PONGUE NOS TEMPOS DO TÊNIS DE MESA

Foi a partir da década de 1940 que se estruturou efetivamente o tênis de mesa em solo brasileiro, um esporte que, enfim, tinha seu próprio campeonato nacional e uma seleção para disputar os campeonatos sul-americano e mundial. Mas, afinal, que fim levou o pingue-pongue? Eis a pergunta a ser respondida nas próximas linhas.

Antes do tênis de mesa tornar-se uma modalidade oficialmente reconhecida pela CBD (Confederação Brasileira de Desportos), acompanhamos ao longo dos capítulos anteriores as fases do jogo *Ping-Pong* (anos 1900), do embrionário esporte ping-pong (anos 1910) e da consolidação do pingue-pongue nos salões dos clubes paulistas e cariocas (anos 1920 e início dos anos 1930). Embora estivesse em baixa durante a virada da década de 1930 para 1940, isto é, com poucas atividades competitivas e aparições nos jornais, o pingue-pongue já se encontrava enraizado no imaginário popular. Portanto, salvo os endereços pioneiros em que o tênis de mesa foi adotado, essa expressão da prática de raquetes não deixou de ser uma opção em outros contextos da noite para o dia. Na verdade, para além dos referidos clubes, o pingue-pongue continuou integrando a programação esportiva de parcela significativa das demais agremiações, sobretudo as mais simples. Ainda que a substituição de um formato pelo outro ocorresse de maneira gradual, houve muitos casos em que isso simplesmente era inviável.

É preciso pontuar que desde o início da campanha de divulgação do tênis de mesa, tanto em São Paulo quanto no Rio de Janeiro, por diversas vezes adotou-se um discurso elitista. Logo que fundou a FMTM (Federação Metropolitana de Tênis de Mesa), Djalma de Vincenzi afirmou que não pretendia "distinguir os clubes grandes do pequenos", mas reconhecia que apenas os "clubes materialmente dotados de condições técnicas, com salas amplas e material condizente com o caráter esportivo e não de mero divertimento" estariam aptos a adotar o tênis de mesa, e para tanto contariam com o apoio da novel entidade.[719] O término de sua fala contradiz por si só o início, afinal, seriam prejudicados os clubes que não dispunham das referidas condições.

O mesmo discurso foi reproduzido por Raphael Bologna, diretor técnico da então FPPP (Federação Paulista de Pingue-Pongue), que foi mais assertivo em suas colocações. Segundo ele, os clubes menores, que não tinham sedes espaçosas e tampouco dispunham de recursos financeiros suficientes, não poderiam aderir prontamente ao tênis de mesa.[720]

Nota-se como, em ambos os casos, para conseguirem implementar o novo formato, aos clubes eram necessárias salas espaçosas, que comportassem grandes assistências e possibilitassem maior mobilidade entre os jogadores. Além disso, os clubes das duas metrópoles precisavam passar por um custoso processo de substituição de todos os equipamentos do pingue-pongue pelos equipamentos do tênis de mesa, o que incluía a fabricação ou a importação de novas mesas, bem como a importação de redes, suportes e bolas de celuloide com as medidas oficiais, visando sempre adequar-se aos padrões da ITTF, uma preocupação antes inexistente.

Anos mais tarde, outra demanda surgiu com as raquetes, pois, se por um lado aquelas de madeira pura fabricadas nacionalmente eram utilizadas pelos nossos melhores jogadores até 1947, dali em diante as raquetes revestidas por borrachas granuladas tornaram-se um imperativo. Como não havia nenhuma produção especializada desse equipamento no Brasil, eram necessários novos gastos com a sua importação, bem como novas barreiras para integrar o tênis de mesa competitivo em pé de igualdade.

Frente a essas questões, é preciso salientar o exclusivismo dos primeiros clubes a conseguirem substituir o pingue-pongue pelo tênis de mesa, sobretudo no Rio de Janeiro. Conforme algumas notícias do *Jornal dos Sports*, as agremiações que dispunham de mesas nas medidas oficiais e sedes espaçosas para a prática do tênis de mesa cobravam mensalidades caras, pois os valores abarcavam todas as demais atividades e dependências disponibilizadas pelas respectivas sedes sociais. Afetado por essa

---

[719] SURGE no Rio, para empolgar multidões, um novo esporte. **O Globo**, Rio de Janeiro, p. 3, 7 nov. 1941.

[720] BOLOGNA, R. Raphael Bologna escreve para "Jornal dos Sports". **Jornal dos Sports**, Rio de Janeiro, p. 7, 7 dez. 1941.

situação, um leitor anônimo escreveu ao periódico, alegando que não tinha dinheiro para treinar o tênis de mesa na época.[721]

O pingue-pongue, por outro lado, continuou sendo uma prática muito mais convidativa e menos dispendiosa. Em primeiro lugar, as regras eram de fácil entendimento e estimulavam maior integração dos participantes. Cumpre lembrar que tanto o saque quanto a devolução deveriam ser lentas e obrigatoriamente efetuadas no centro da mesa, portanto pessoas com diferentes níveis técnicos tinham mais opções de jogabilidade entre si. Ao contrário, no tênis de mesa havia especificidades rigorosas sobre o saque, além de que, após a adoção de raquetes revestidas por borracha, já era possível imprimir efeitos na bola, o que dificultava a devolução e gerava um abismo entre praticantes de diferentes níveis técnicos. Soma-se a isso, a dinâmica das disputas, posto que a categoria mais apreciada no pingue-pongue era a de equipes, na qual todos os quatro integrantes revezavam numa única partida, propiciando maiores interações e emoções, além de reforçar o aspecto grupal, isto é, o caráter coletivo da programação.

Sobre os custos, sabe-se que as raquetes, fabricadas em marcenarias, eram baratas e muito semelhantes entre si, pois não demandavam grandes acabamentos e poderiam ser inclusive compartilhadas entre os jogadores, não se distinguindo as especificidades de um material sobre o outro. Sem muito rigor, as mesas também eram fabricadas nacionalmente sob encomenda, bem como as redes e suportes, de modo que apenas a bola era importada – relatos da época dão a entender que algumas bolas importadas para a prática do pingue-pongue eram de baixa qualidade e diferentes das utilizadas no tênis de mesa, pois nem sempre seguiam à risca as especificações exigidas pela ITTF, apresentando variações de peso e diâmetro.

Por todas as razões mencionadas, a adoção das regras internacionais e a implementação gradual do tênis de mesa eram uma possibilidade apenas aos clubes com boas condições materiais, enquanto o pingue--pongue terminou por consolidar-se a prática acessível aos padrões dos clubes com instalações modestas, frequentados, por exemplo, pela classe operária.

As duas expressões eram muito parecidas aos olhos do público leigo, pouco familiarizado com as suas características, mas, para os dirigentes esportivos, fazia-se necessário delimitar claramente as diferenças entre

---

[721] VAMOS fundar um clube só de tennis de mesa? **Jornal dos Sports**, Rio de Janeiro, p. 4, 13 jan. 1942.

uma e outra: segundo as palavras de Djalma de Vincenzi, o tênis de mesa era um "verdadeiro esporte", enquanto o pingue-pongue era um "mero divertimento", não podendo ambos serem confundidos.[722]

É incentivada uma distinção pautada no dualismo de esporte sério e competitivo de um lado, brincadeira descompromissada de outro. Tais significados são reforçados pela ideia de que o tênis de mesa tinha regras padronizadas, além de ser legitimado pelo reconhecimento da CBD. Já o pingue-pongue não contava mais com qualquer tipo de regulamentação nas capitais paulista e carioca, sofrendo variações regionais e podendo ser adaptado espontaneamente, a depender do contexto. Tem-se, nesse sentido, duas expressões da prática que passam a ser consideradas diferentes não apenas no tocante às regras e equipamentos de jogo, mas também do ponto de vista burocrático.

Deve-se considerar que o próprio Djalma, maior dirigente do tênis de mesa brasileiro, tinha suas raízes no Tijuca Tênis Clube, uma tradicional agremiação frequentada por estratos sociais privilegiados da cidade do Rio de Janeiro. Não é de se surpreender que, tal como muitas personalidades da época, opunha-se ao profissionalismo no esporte, por considerá-lo um "vírus" impregnado do futebol[723] – para o dirigente carioca, era necessário primar pelas regras morais e distintivas congregadas pelos códigos do amadorismo. Tendo isso em vista, o tênis de mesa trazia consigo a validação dos países considerados civilizados, portadores dos bons modos, algo que iria de encontro aos interesses das elites dirigentes. Já ao pingue-pongue eram atribuídas características pejorativas, pois tratava-se de uma prática ultrapassada, sem qualquer tipo de representação internacional e desconexa dos significados esportivos em alta, portanto desinteressante ao modelo de nação almejado na época.

Outros exemplos reveladores das concepções que norteavam o tênis de mesa brasileiro podem ser encontrados em declarações de Silvio Rangel, que, embora não representasse a opinião geral, era o responsável pelo departamento esportivo do Clube Municipal e vice-presidente da FMTM. Para ele, o tênis de mesa era um esporte que demandava dez mandamentos básicos aos seus praticantes:

> 1- o tênis de mesa é um desporto de salão, tanto ou mais fidalgo que o tênis de campo, e como tal deve ser praticado;

---

[722] SURGE no Rio, para empolgar multidões, um novo esporte. **O Globo**, Rio de Janeiro, p. 3, 7 nov. 1941.
[723] DE VINCENZI, Djalma. Tudo no tênis é diferente. **Esporte Ilustrado**, Rio de Janeiro, p. 15, 24 jun. 1948.

2- O verdadeiro tenista de mesa (sic) é leal e generoso, sabendo ganhar e perder, pois a vitória é um meio e não um fim;

3- o tênis de mesa é por excelência um esporte de silêncio: o perfeito raquetista deve dar o exemplo não proferindo nenhuma palavra de aprovação ou reprovação ao seu adversário ou às decisões do juiz;

4- deve-se sacar sempre com perfeição e esperar que o adversário esteja em condições de rebater;

5- os aplausos animam os jogadores, mas devem ser oportunos, isto é, terminado o ponto. Chega a ser lamentável que se bata palmas ao seu jogador favorito porque o adversário errou;

6- Por elegância e até em nosso próprio benefício não se deve procurar desculpas para a derrota, alegando falta de treino ou indisposição;

7- Há detalhes pequeninos, mas importantes, como, por exemplo, a apresentação do jogador, que deve estar rigorosamente uniformizado, com elegância e asseio;

8- Nunca se esqueça de cumprimentar o adversário no final da partida. O verdadeiro objetivo da prática esportiva é proporcionar igual prazer aos que se exercitam e aos que assistem. É o esporte pelo esporte;

9- Não deve o raquetista perder a confiança em si e o domínio de seus nervos, porque estas faltas acarretam a perda de ética esportiva, além da vantagem que é concedida ao adversário;

10- Se um emparceiramento infeliz nos coloca contra um adversário muito mais forte, não nos acanhemos de pedir-lhe desculpas por não poder oferecer maior resistência, e lutemos com todo o entusiasmo em busca da vitória (Rangel, 1948, p. 15).[724]

Rangel define como primeiro mandamento do tênis de mesa a necessidade de praticá-lo com fidalguia, tal como ocorria com o tênis, uma modalidade notadamente apreciada pelos estratos mais endinheirados da sociedade. Em outra declaração sua, na coluna especializada que tinha no *Esporte Ilustrado*, o vice-presidente da FMTM demonstrou incômodo

---

[724] RANGEL, S. Um pouco de ética esportiva. **Esporte Ilustrado**, Rio de Janeiro, p. 15., 3 jun. 1948

ao presenciar "maus" comportamentos de jovens rapazes que defendiam o Orfeão Português na terceira classe do campeonato carioca de 1949.[725]

Questionava-se se estava assistindo a uma partida de tênis de mesa ou de malha na Saúde, fazendo referência racista a um bairro conhecido por abrigar os estratos mais estigmatizados da sociedade carioca, notadamente afrodescendentes. Rangel sequer tenta esconder os seus preconceitos, pois nas linhas do mesmo periódico, reclamava que outros dirigentes deveriam tomar providências frente ao acontecimento, caso contrário, a prática de raquetes regressaria aos tempos de pingue-pongue, quando era impossível encontrar adeptos de "cultura ou posição social" no esporte de salão.[726]

Com as suas declarações, Rangel escancara que o lugar das pessoas de "cultura" ou "posição social" era no tênis de mesa, enquanto o lugar das pessoas desassistidas era no pingue-pongue. Noutras palavras, aqueles que queriam e podiam praticar o tênis de mesa estavam nos grandes clubes cariocas, frequentados pelos mais endinheirados e pela classe média – a exceção para os endinheirados eram os ambientes recreativos, em que o pingue-pongue não era necessariamente cultivado com uma finalidade esportiva, mas, sim, como um meio de sociabilidade que, não raras vezes, funcionava como porta de entrada para o tênis de mesa. Já aqueles que não se enquadravam nesses perfis socioeconômicos tinham como única opção o pingue-pongue, mantido nos pequenos clubes, ou em todos os demais espaços e contextos desprovidos das condições materiais necessárias para a prática do "verdadeiro esporte".

Pode-se dizer que, se durante a década de 1920 experienciamos uma maior democratização do então pingue-pongue, a partir da segunda metade da década de 1930 ele entra no ostracismo, tornando-se desinteressante às elites dirigentes. Convenientemente, alguns representantes dessa mesma classe encamparam a campanha de difusão do tênis de mesa na década de 1940, impondo barreiras à nova modalidade que atendia aos seus interesses.

Com essa afirmação não espero de forma alguma passar a impressão de que os mesatenistas citados neste livro eram exclusivamente representantes das elites dirigentes. Na verdade, conforme supõe-se ao longo das discussões realizadas, tem-se que muitos deles pertenciam à classe média,

---

[725] RANGEL, Silvio. Voltamos ao tempo do ping-pong!!! **Esporte Ilustrado**, Rio de Janeiro, p. 3, 26 maio 1949.
[726] Idem.

tendo encontrado, justamente no tênis de mesa competitivo, uma possibilidade de frequentarem os clubes mais prósperos das duas metrópoles.

Por fim, é imprescindível destacar a natureza elitista de algumas declarações de Djalma, bem como repudiar o racismo de Silvio Rangel. Mas em que pesem todas as problematizações cabíveis, concordemos ou não com as motivações por trás dos dirigentes envolvidos com a modalidade durante os anos 1940, fato é que foram essas pessoas as responsáveis pela consolidação do tênis de mesa brasileiro.

Conforme vimos, embora tal processo tenha projetado o nosso país no cenário mundial da modalidade, nem por isso devemos isentá-lo de críticas. Devemos, sim, olhar para o Brasil da época e refletir sobre quem, como e com quais motivações nasceu o tênis de mesa brasileiro. Essa é a nossa história!

Figura 50 – Equipes masculina e feminina da Federação Metropolitana de Tênis de Mesa, em 1949. Local não identificado

Fonte: acervo da Confederação Brasileira de Tênis de Mesa

REFERÊNCIAS

A ASSEMBLÉA geral da Liga Paulista de Pingue-Pongue. **A Gazeta**, São Paulo, p. 15, 10 fev. 1930.

A ÉTICA nos uniformes para os jogos oficiais de tennis de mesa. **Jornal dos Sports**, Rio de Janeiro, p. 5, 17 jun. 1942.

A EXCURSÃO do S. Paulo F.C. ao Rio. **A Gazeta**, São Paulo, p. 7, 29 mar. 1933.

A FEDERAÇÃO Metropolitana de Tennis de Mesa venceu os campeonatos realizados. **Jornal dos Sports**, Rio de Janeiro, p. 3, 20 nov. 1946.

A GAZETA Esportiva na várzea. **Gazeta Esportiva**, São Paulo, p. 10, 19 nov.1931.

A GRANDE do C. São Cristóvão. **O Globo**, Rio de Janeiro, p. 7, 30 nov. 1929.

À GUISA de reportagem. **A Gazeta**, São Paulo, p. 11, 21 mar.1931.

A IMPRENSA e o tênis de mesa. **Esporte Ilustrado**, Rio de Janeiro, p. 13, 11 mar.1948.

A LIGA Carioca de Ping-Pong fez entrega dos prêmios aos vencedores do initium. **O Globo**, Rio de Janeiro, p. 7, 27 abr. 1928.

A LIGA Paulista de Ping-Pong pede filiação à C.B.D. **O Globo**, Rio de Janeiro, p. 7, 16 fev. 1933.

A LIGA Santista de Pingue-Pongue. **A Tribuna**, Santos, p. 3, 21 jul. 1926.

A MARCHA progressista do tênis de mesa. **Correio Paulistano**, São Paulo, p. 8, 4 fev. 1942.

A NOVA sede do C. M. N. **Auto-Propulsão**, Rio de Janeiro, p. 12, 1 fev. 1919.

A O. N. DOPOLAVORO organiza um grande campeonato. **A Noite**, Rio de Janeiro, p. 6, 23 maio 1933.

A POSSE, ontem, da nova diretoria da FMTM. **Jornal dos Sports**, Rio de Janeiro, p. 2, 13 nov. 1943.

A PRÓXIMA disputa do Campeonato Brasileiro de tênis de mesa. **O Estado de São Paulo**, São Paulo, p. 11, 10 ago. 1948.

A PRÓXIMA festa do Marqueza F.C. **Correio da Manhã**, Rio de Janeiro, p. 10, 14 set. 1928.

A REALIZAÇÃO da ultima temporada do anno. **A Gazeta**, São Paulo, p. 9, 1 nov.1933.

A REUNIÃO do C. A. Acadêmicos de Medicina. **O Globo**, Rio de Janeiro, p. 7, 24 maio 1927.

A REUNIÃO sportiva promovida pelo Marqueza F.C. **Correio da Manhã**, Rio de Janeiro, p. 9, 4 out. 1928.

A RODADA de hoje no tennis de mesa. **Jornal dos Sports**, Rio de Janeiro, p. 5, 14 out. 1942.

A SENHORINHA Lygia Lessa Bastos está cheia de entusiasmo pelo esporte de bolinha de celuloide. **Jornal dos Sports**, Rio de Janeiro, p. 5, 3 jan. 1942.

ACADEMIA de pingue-pongue. **A Gazeta**, São Paulo, p. 8, 29 nov. 1922.

ACADEMIAS e escolas. **Correio da Manhã**, Rio de Janeiro, p. 7, 12 abr. 1933.

ACHA-SE fundado o Pátria Ping-Pong Club. **O Globo**, Rio de Janeiro, p. 7, 15 maio 1926.

AGITAÇÃO no tennis de mesa metropolitano. **O Globo**, Rio de Janeiro, p. 8, 24 mar.1948.

AGRADECIMENTOS aos esportistas paulistas. **Correio de São Paulo**, São Paulo, p. 5, 10 out. 1932.

ALBERNAZ, M. P.; MATTOSO, R. Suburbanização carioca: reflexos de uma identidade construída na configuração do Engenho Novo. **Urbana – Revista Eletrônica do Centro Interdisciplinar de Estudos sobre a Cidade**, Campinas, v. 11, n. 1, 2019. Disponível em: https://periodicos.sbu.unicamp.br/ojs/index.php/urbana/article/view/8653334. Acesso em: 9 fev. 2024.

ALMANACH Esportivo para 1932. **A Gazeta**, São Paulo, p. 6, 27 jan. 1932.

ALMEIDA, M. B. **Os caminhos da bola pelas estradas de São Paulo**. São Paulo: Escola de Artes, Ciências e Humanidades, 2017. Disponível em: https://www.livrosabertos.sibi.usp.br/portaldelivrosUSP/catalog/view/173/160/761. Acesso em: 9 fev. 2024.

ALMEIDA, M. B.; YOKOTA, G. K. A chegada do tênis de mesa ao Brasil: origem e significados do ping-pong enquanto prática civilizada (1902-1909). **Revista**

Brasileira de Estudos do Lazer, [s. l.], v. 10, n. 1, p. 42-62, 2023. Disponível em: https://periodicos.ufmg.br/index.php/rbel/article/view/40142. Acesso em: 24 ago. 2023.

ALMEIDA, M. B.; YOKOTA, G. K. Os primórdios do tênis de mesa feminino em São Paulo (1902-1952). **Licere – Revista do Programa de Pós-Graduação Interdisciplinar em Estudos do Lazer**, [s. l.], v. 25, n. 4, p. 106-136, 2023. Disponível em: https://periodicos.ufmg.br/index.php/licere/article/view/44480. Acesso em: 18 jul. 2023.

ALVES, J.; PIERANTI, O. O Estado e a formulação de uma política nacional de esporte no Brasil. **RAE-eletrônica**, v. 6, n. 1, art. 1, jan./jun. 2007. Disponível em: https://www.scielo.br/j/raeel/a/bswLZ9wGMF7sFJJ64tHDyNg/?lang=pt. Acesso em: 22 mar. 2022.

ALVIM, Z. Imigrantes: a vida privada dos pobres do campo. *In:* SEVCENCO, Nicolau (org.). **História da vida privada no Brasil – República: da belle époque à era do rádio**. São Paulo: Companhia das Letras, 2001. p. 215-287.

ALVIM, Z. O Brasil italiano (1880-1920). *In:* FAUSTO, Boris (org.). **Fazer a América: a imigração em massa para a América Latina**. São Paulo: Editora da Universidade de São Paulo, 1999.

AMÉRICA F. Clube campeão de tennis de mesa! **Jornal dos Sports**, Rio de Janeiro, p. 5, 18 fev. 1943.

ANTUNES, L.; ANTONACCI, M. A. Espanhóis em São Paulo: modos de vida e experiências de associação. **Projeto História – Revista do Programa de Estudos Pós-Graduados de História**, [s. l.], v. 12, 2012. Disponível em: https://revistas.pucsp.br/index.php/revph/article/view/11313. Acesso em: 5 jan. 2024.

ARAÚJO, S. E. C. As mulheres e o esporte olímpico brasileiro entre as décadas de 1930 a 1960: as políticas públicas do esporte e da educação física. *In:* RUBIO, Katia (org.). **As mulheres e o esporte olímpico brasileiro**. São Paulo: Casa do Psicólogo, 2011. p. 119-146.

AS FINAIS do grandioso torneio promovido por Jornal dos Sports. **Jornal dos Sports**, Rio de Janeiro, p. 5, 9 set. 1941.

AS INICIATIVAS úteis ao esporte. **A Gazeta**, São Paulo, p. 9, 27 abr. 1932.

AS INSCRIÇÕES para os jogos internos do Gavea Sport Club. **O Globo**, Rio de Janeiro, p. 7, 12 mar. 1931.

AS INSCRIPÇÕES para a Liga de Ping-Pong. **O Globo**, Rio de Janeiro, p. 7, 24 mar. 1928.

AS REGRAS oficiais do tênis de mesa. **Correio Paulistano**, São Paulo, p. 8, 24 dez.1941.

ASES do tennis de mesa. **Jornal dos Sports**, Rio de Janeiro, p. 2, 24 maio 1942.

ASSOCIAÇÃO Athletica São Paulo. **O Estado de São Paulo**, p. 5, 12 set. 1915.

ASSOCIAÇÃO Comercial de esportes athleticos. **A Gazeta**, São Paulo, p. 7, 11 set1930.

ASSOCIAÇÃO Paulista de Ping-Pong. **O Estado de São Paulo**, São Paulo, p. 6, 25 jun. 1916.

ASSOCIAÇÃO Paulista de Pingue-Pongue. **A Gazeta**, São Paulo, p. 11, 19 ago. 1930.

ASSOCIAÇÃO Paulista de Pingue-Pongue. **A Gazeta**, São Paulo, p. 11, 2 out. 1930.

ASSOCIAÇÃO Paulista de Pingue-Pongue. **A Gazeta**, São Paulo, p. 7., 9 jan. 1930

ASSOCIAÇÃO Paulista de Pingue-Pongue. **Correio Paulistano**, São Paulo, p. 12, 20 ago. 1938.

ASSOCIAÇÃO Paulista de Pingue-Pongue. **O Estado de São Paulo**, São Paulo, p. 8, 19 fev. 1930.

ASSOCIAÇÃO Paulista de Pingue-Pongue. **O Estado de São Paulo**, São Paulo, p. 8, 18 dez. 1940.

ASSOCIAÇÃO Paulista de Pingue-Pongue. **O Estado de São Paulo**, São Paulo, p. 8, 6 jan. 1939.

ATIVIDADES da Federação Paulista de Tênis de Mesa. **O Estado de São Paulo**, São Paulo, p. 10, 18 mar. 1949.

BANACLUB. **O Globo**, Rio de Janeiro, p. 5, 6 nov. 1935.

BANCÁRIOS, paulistas, campeões brasileiros de 1942. **Correio Paulistano**, São Paulo, p. 8, 15 dez. 1942.

BARBOSA, R. Um panorama histórico da imigração portuguesa para o Brasil. **Universidade dos Açores – Arquipélago**, 2ª série, VII, 2003. Disponível em: https://repositorio.uac.pt/bitstream/10400.3/387/1/Rosana_Barbosa_p173-196.pdf. Acesso em: 9 fev. 2024.

BARRETO, M. Desenvolvimento do beisebol brasileiro. **Fiep Bulletin (online)**, [*s. l.*], v. 87, n. 1, 2017. Disponível em: https://www.fiepbulletin.net/fiepbulletin/article/view/5902. Acesso em: 24 ago. 2023.

BARROS. J. D. **O jornal como fonte histórica**. Petrópolis: Vozes, 2023.

BATALHA, C. Formação da classe operária e projetos de identidade coletiva. *In:* FERREIRA, J.; DELGADO, L. (org.). **O Brasil Republicano: o tempo do liberalismo oligárquico (1889-1930)**. Rio de Janeiro: Civilização Brasileira, 2022, p. 153-182.

BATALHA, C. **O movimento operário na Primeira República**. Rio de Janeiro: Zahar, 2000.

BAZAR Parisiense. **Correio da Manhã**, Rio de Janeiro, p. 5, 24 dez. 1916.

BERTONHA, J. F. A política cultural da Itália fascista no Brasil: o soft power de uma potência média em terras brasileiras (1922-1940). *In:* MAGALHÃES, A. G. (org.). Modernidade latina. **Os italianos e os centros do modernismo latino-americano**. São Paulo: MAC-USP, 2015, p. 1-15. Disponível em: http://www.mac.usp.br/mac/conteudo/academico/publicacoes/anais/modernidade/pdfs/FABIO_PORT.pdf.

BERTONHA, J. F. Fascismo, antifascismo e as comunidades italianas no Centro, Norte e Nordeste do Brasil: os italianos na política regional brasileira. **Clio**, Recife, v. 1, n. 19, p. 141-158, 2001. Disponível em: https://periodicos.ufpe.br/revistas/revistaclio/article/viewFile/243105/33571. Acesso em: 10 ago. 2024.

BOLAS de ping-pong. **A Tribuna**, Santos, p. 6, 27 abr. 1919.

BOLOGNA, R. Raphael Bologna escreve para "Jornal dos Sports". **Jornal dos Sports**, Rio de Janeiro, p. 7, 7 dez. 1941.

BONFIM, A. **Futebol feminino no Brasil: entre festas, circos e subúrbios, uma história social (1915-1941)**. São Paulo: Aira Bonfim, 2023.

BOTAFOGO F.C. **O Imparcial**, Rio de Janeiro, p. 8, 4 set. 1919.

BOURDIEU, P. **Como é possível ser esportivo?** Exposição introdutória ao Congresso Internacional do HISPA, realizado no Insep (Paris), março de 1978. Disponível em: https://edisciplinas.usp.br/pluginfile.php/7342054/mod_resource/content/1/Como%20%C3%A9%20posss%C3%ADvel%20ser%20esportivo%20P.%20Bourdieu.pdf. Acesso em: 6 mar. 2024.

BRACHT, V. **Sociologia crítica do esporte: uma introdução**. Ijuí/SC: Unijuí, 2005.

BRANDÃO, E. L. **Club Athletico Paulistano – Corpo e alma de um clube centenário (1900-2000)**. São Paulo: DBA, 2000.

BRASIL. Decreto n.º 764, de 16 de março de 1892. **Coleção de Leis do Brasil – 1892, vol. 1,** pt II, p. 140. Disponível em: https://www2.camara.leg.br/legin/fed/decret/1824-1899/decreto-764-16-marco-1892-509447-publicacaooriginal-1-pe.html. Acesso em: 15 jan. 2024.

BRILHANTE figura de Ivan Severo. **Jornal dos Sports**, Rio de Janeiro, p. 4, 9 fev.1949.

BUENO, L. Política públicas do esporte no Brasil: razões para o predomínio do alto rendimento. 2008. 314f. Dissertação (Doutorado em Administração Pública e Governo) – Escola de Administração de Empresas da Fundação Getúlio Vargas, 2008. Disponível em: https://bibliotecadigital.fgv.br/dspace/bitstream/handle/10438/2493/72040100444.pdf. Acesso em: 15 jan. 2024.

C. A. FAZENDA Estadual. **O Estado de São Paulo**, São Paulo, p. 9, 11 set. 1940.

C. A. MIKADO x Botafogo F.C. **A Gazeta**, São Paulo, p. 14, 22 jul. 1929.

CAMPBELL, R. Ivor Montagu: communist aristocrat, soviet spy and activist filmmaker. **The Conversation**, set. 2018. Disponível em: https://theconversation.com/ivor-montagu-communist-aristocrat-soviet-spy-and-activist-filmmaker-101600. Acesso em: 9 fev. 2024.

CAMPEÃ, Lygia Lessa Bastos, vice-campeã, Orbelina Olivieri. **Jornal dos Sports**, Rio de Janeiro, p. 5, 31 dez. 1942.

CAMPEÕES húngaros e mundiais de pingue-pongue em S. Paulo. **O Estado de São Paulo**, São Paulo, p. 11, 30 out. 1938.

CAMPEONATO Aberto do S. P. R. **O Estado de São Paulo**, São Paulo, p. 9, 22 ago. 1935.

CAMPEONATO brasileiro de pingue-pongue. **Correio de São Paulo**, São Paulo, p. 5, 16 fev. 1933.

CAMPEONATO Brasileiro de tênis de mesa. **O Estado de São Paulo**, São Paulo, p. 9, 14 ago. 1948.

CAMPEONATO Brasileiro de tênis de mesa. **O Estado de São Paulo**, São Paulo, p. 11, 15 ago. 1948.

CAMPEONATO brasileiro de tennis de mesa: um apelo à CBD neste sentido. **Jornal dos Sports**, Rio de Janeiro, p. 5, 18 dez. 1943.

CAMPEONATO colegial de pingue-pongue. **Gazeta Popular**, Santos, p. 9, 9 jun.1933.

CAMPEONATO da APEA. **O Estado de São Paulo**, São Paulo, p. 4, 22 jun. 1921.

CAMPEONATO da APEA. **O Estado de São Paulo**, São Paulo, p. 6, 3 jul. 1921.

CAMPEONATO da APEA. **O Estado de São Paulo**, São Paulo, p. 5, 9 ago. 1921.

CAMPEONATO de duplas da cidade. **O Estado de São Paulo**, São Paulo, p. 10, 13 abr.1930.

CAMPEONATO de pingue-pongue. **O Correio de São Paulo**, São Paulo, p. 3, 13 jul.1932.

CAMPEONATO de turmas. **Jornal dos Sports**, Rio de Janeiro, p. 3, 26 fev. 1937.

CAMPEONATO Mundial de Tênis de Mesa. **O Estado de São Paulo**, São Paulo, p. 9, 5 fev. 1949.

CAMPEONATO Mundial. **Correio Paulistano**, São Paulo, p. 15, 6 fev. 1949.

CAMPEONATO oficial de pingue-pongue da cidade. **Correio de São Paulo**, São Paulo, p. 5, 22 dez. 1932.

CAMPEONATO promovido pelo Diário da Tarde. **O Estado de São Paulo**, São Paulo, p. 7, 11 nov. 1925.

CAMPEONATO Santista. **A Tribuna**, Santos, p. 3, 15 set. 1926.

CAMPEONATO Sul-Americano de Tênis de Mesa. **O Estado de São Paulo**, São Paulo, p. 10, 14 jun. 1949.

CANHOTO, player do S. C. Curupaity, vae receber uma medalha. **O Globo**, Rio de Janeiro, p. 7, 15 dez. 1926.

CANOVAS, M. K. **Hambre de tierra. Imigrantes espanhóis na cafeicultura paulista 1880-1930**. São Paulo: Lazuli, 2005.

CARIOCAS vs. C. A. Juventus. **O Estado de São Paulo**, São Paulo, p. 5, 29 jan. 1932.

CARTA ao redator. **Esporte Ilustrado**, Rio de Janeiro, p. 8, 14 out. 1948.

CASA do soldado da Associação Cristã de Moços. **A Gazeta**, São Paulo, p. 2, 28 set.1932.

CASA Esporte. **O Estado de São Paulo**, São Paulo, p. 5, 3 nov. 1922.

CASHMAN, R. I. Miklos (Nicholas) Szabados (1912-1962). **Australian Dictionary of Biography**, v. 16, 2002. Disponível em: https://adb.anu.edu.au/biography/szabados-miklos-nicholas-11819. Acesso em: 9 fev. 2024.

CASTRO, B.; VALLADÃO, R. Um ensaio histórico sobre o surgimento do futebol, dos clubes de futebol carioca: Vasco, Flamengo, Fluminense e Botafogo e suas tendências elitizadas e populares. **EFDEPORTES – Revista Digital**, Buenos Aires, año 13, n. 126, nov. 2008. Disponível em: https://efdeportes.com/efd126/o-surgimento-do-futebol-dos-clubes-de-futebol-carioca.htm. Acesso em: 9 fev. 2024.

CASTRO, R. **Metrópole à beira-mar**: o Rio moderno dos anos 20. São Paulo: Companhia das Letras, 2019.

CBD. **Programa Oficial do 1º Campeonato Brasileiro de Tênis de Mesa**. Confederação Brasileira de Desportos, 1946.

CBTM Brasil. Histórico do Brasil. **CBTM**, 2020. Disponível em: https://www.cbtm.org.br/conteudo/detalhe/3. Acesso em: 22 fev. 2022.

CBTM Brasil. Linha do Tempo Brasil. **CBTM**, 2020. Disponível em: https://www.cbtm.org.br/conteudo/detalhe/4/linha-do-tempo-brasil. Acesso em: 22 mar. 2022.

CBTM. Confederação Brasileira de Tênis de Mesa. **Guia do Tênis de Mesa**. 2022. Disponível em: https://static.blocks-cms.com/cbtm/upload/download/d959c7aea87942978a6d355717406cb6.pdf. Acesso em: 24 de ago. de 2023.

CBTM. Confederação Brasileira de Tênis de Mesa. Japoneses e tênis de mesa: um casamento de muitas décadas, cada vez mais consolidado no esporte brasileiro. **CBTM**, 2019. Disponível em: https://www.cbtm.org.br/noticia/detalhe/92071. Acesso em: 24 ago. 2023.

CBTM. Confederação Brasileira de Tênis de Mesa. Parabéns à FPTM pelos 80 anos (1929-2009). **CBTM**, 2009. Disponível em: https://www.cbtm.org.br/noticia/detalhe/80540. Acesso em: 9 fev. 2024.

CBTM. Confederação Brasileira de Tênis de Mesa. Símbolo de união e resistência da colônia japonesa, Intercolonial de Tênis de Mesa chega aos 70 anos. **CBTM**,

2020. Disponível em: https://www.cbtm.org.br/noticia/detalhe/92388. Acesso em: 24 ago. 2023.

CERVO, L. Início da vida palestrina. *In:* GALUPPO, Fernando Razzo. **Morre líder, nasce campeão!:** 1942: arrancada heroica palmeirense. São Paulo: BB, 2012. p. 14-23.

CHAVES, L. Após prata no Pan, tênis de mesa feminino quer se garantir em Tóquio. **Agência Brasil**, 2019. Disponível em: https://agenciabrasil.ebc.com.br/esportes/noticia/2019-09/apos-prata-no-pan-tenis-de-mesa-feminino-quer-se-garantir-em-toquio. Acesso em: 10 ago. 2024.

CINCO representações estaduais no campeonato brasileiro de tennis de mesa. **O Globo**, Rio de Janeiro, p. 9, 11 ago. 1948.

CLUB Athletico Paulistano. **O Estado de São Paulo**, São Paulo, p. 3, 3 jan. 1903.

CLUB das Perdizes. **O Estado de São Paulo**, São Paulo, p. 8, 19 mar. 1930.

CLUB Esperia. **O Estado de São Paulo**, São Paulo, p. 4, 16 mar. 1922.

CLUB Internacional. **Jornal O Fluminense**, Niterói, p. 1, 10 set. 1902.

CLUB Paulista da Associação Cívica Feminina. **O Estado de São Paulo**, São Paulo, p. 4, 29 jul. 1934.

CLUBE de xadrez "S. Paulo". **A Gazeta**, São Paulo, p. 7, 13 abr. 1931.

CLUBE Negro de Cultura Social. **A Gazeta**, São Paulo, p. 7, 16 mar. 1933.

CLUBS universitarios - união do sport e da intelligencia. **Globo Sportivo**, Rio de Janeiro, p. 19, 21 dez. 1938.

COMO a turma B do Fluminense venceu a do Álvares Penteado. **Jornal dos Sports**, Rio de Janeiro, p. 4, 23 abr. 1943.

COMO eu vi o jogo América F. C. x Fluminense F. C. **Jornal dos Sports**, Rio de Janeiro, p. 5, 19 fev. 1943.

COMUNICADO da Ardet. **O Estado de São Paulo**, São Paulo, p. 13, 1 jun. 1937.

CONFEDERAÇÃO Paulista de Ping-Pong. **O Estado de São Paulo**, São Paulo, p. 9, 11 out. 1917.

CONFEDERAÇÃO Paulista de Ping-Pong. **O Estado de São Paulo**, São Paulo, p. 5, 21 mar. 1917.

CONFEDERAÇÃO Paulista de Ping-Pong. **O Estado de São Paulo**, São Paulo, p. 7, 9 out.1917.

CONSIDERAÇÕES. **Correio da Manhã**, Rio de Janeiro, p. 10, 9 out. 1928.

CONVIDADO o Brasil para o 3º Sul-Americano. **Jornal dos Sports**, Rio de Janeiro, p. 8, 13 out. 1946.

COPPA Lorenzo Nicolai. **O Globo**, Rio de Janeiro, p. 7, 13 mar. 1934.

CORNEJO, C.; YUMI, M. **Kasato Maru**: São Paulo, a alvorada do novo mundo. São Paulo: Companhia Editora Nacional, 2012.

CORRÊA e Ivan, em dupla, marcaram o ponto único dos brasileiros. **O Globo**, Rio de Janeiro, p. 10, 26 fev. 1947.

COUTO, A. O Jornal dos Sports e sua trajetória: uma breve história a partir de seus cronistas (1931-1958). *In:* 40º CONGRESSO BRASILEIRO DE CIÊNCIAS DA COMUNICAÇÃO. **Anais** [...]. Curitiba-PR, 04 a 09/09/2017. Disponível em: https://portalintercom.org.br/anais/nacional2017/resumos/R12-2039-1.pdf. Acesso em: 9 fev. 2024.

CYCLE-CLUB. **O Imparcial,** Rio de Janeiro, p. 8, 9 out. 1917.

DACOSTA, L. **Atlas do esporte no Brasil**. Rio de Janeiro: Confef, 2006. Disponível em: http://www.atlasesportebrasil.org.br/textos/59.pdf. Acesso em: 22 mar. 2022.

DACOSTA, L. Cenário de tendências gerais dos esportes e atividades físicas no Brasil. **Atlas do Esporte no Brasil**, Rio de Janeiro: Confef, 2006. Disponível em: http://www.atlasesportebrasil.org.br/textos/173.pdf. Acesso em: 22 mar. 2022.

DAECTO, M. **Comércio e vida na cidade de São Paulo (1889-1930).** São Paulo: Senac, 2002.

DAS LUCTAS guerreiras às lutas esportivas. **A Gazeta**, São Paulo, p. 4, 17 out. 1932.

DE CASTRO, D. As dinâmicas sócio-espaciais nos bairros operários da capital paulista. 2010. 122f. Dissertação (Mestrado) – Curso de Geografia da Universidade Estadual Paulista, Rio Claro, 2010.

DE MÃOS dadas o tennis de mesa de São Paulo, Rio e Minas. **Jornal dos Sports**, Rio de Janeiro, p. 5, 30 out.1941.

DE REVÉS, por Canhotinho. **Esporte Ilustrado**, Rio de Janeiro, p. 15, 1 abr. 1948.

DE VINCENZI, D. FMTM. **O Globo**, Rio de Janeiro, p. 3, 22 fev. 1943.

DE VINCENZI, D. O tênis de mesa. *In:* KURDOGLIAN, A. **Tênis de mesa, pingue-pongue**: técnicas, regras comentadas, ilustrações. São Paulo: Cia. Brasil, 1979. p. 9-17.

DE VINCENZI, D. Tênis de mesa. **Almanaque dos Desportos**, ano II, n. 13, jun. 1948.

DE VINCENZI, Djalma. O Brasil no próximo campeonato sul-americano de tênis e mesa. **Esporte Ilustrado**, Rio de Janeiro, p. 16, 23 jan. 1947.

DE VINCENZI, Djalma. O BRASIL, campeão continental de tennis de mesa. **Globo Sportivo**, Rio de Janeiro, p. 12, 24 jun. 1949.

DE VINCENZI, Djalma. O tennis de mesa, um esporte para a mocidade. **Globo Sportivo**, Rio de Janeiro, p. 10, 17 set. 1948.

DE VINCENZI, Djalma. São Paulo, um grande líder no tênis de mesa. **Esporte Ilustrado**, Rio de Janeiro, p. 8, 25 jul. 1946.

DE VINCENZI, Djalma. Tudo no tênis é diferente. **Esporte Ilustrado**, Rio de Janeiro, p. 15, 24 jun. 1948.

DECCA, M. A. G. **A vida fora das fábricas**: cotidiano operário em São Paulo (1920-1934). Rio de Janeiro: Paz e Terra, 1987.

DECIDE-SE, hoje, o título máximo do tennis de mesa carioca. **O Globo**, Rio de Janeiro, p. 8, 16 dez. 1947.

DEMARTINI, Z. B. F. Japoneses em São Paulo: desafios da educação na Nova Terra. *In:* DEMARTINI, Zeila B. F.; KISHIMOTO, Tizuko M. (org.). **Educação e Cultura – Brasil e Japão**. 1. ed. São Paulo: Editora da Universidade de São Paulo, 2012, v. 1, p. 23-46.

DIAFÉRIA, L. **Brás: sotaques e desmemórias**. São Paulo: Boitempo Editorial, 2002.

DIAS, C. Esporte e cidade: balanços e perspectivas. Tempo, Rio de Janeiro, v. 17, n. 34, p. 33-44, 2013.

DIAS, C. O esporte e a cidade na historiografia brasileira: uma revisão crítica. **Tempo**, Rio de Janeiro, v. 19, n. 34, p. 33-44, jan. 2013. Disponível em: https://www.scielo.br/j/tem/a/PQS5SnWtJpbSmP3jf3vBS7q/?lang=pt#ModalHowcite. Acesso em: 9 fev. 2024.

DILERMANDO Ratto, da A. E. A. S. de D. Bosco, venceu o campeonato individual da 2ª categoria. **A Gazeta**, São Paulo, p. 9, 7 abr. 1932.

DISPUTA do campeonato individual da cidade. **O Globo**, Rio de Janeiro, p. 8, 31 mar. 1930.

DJALMA de Vincenzi não é candidato à reeleição. **O Globo**, Rio de Janeiro, p. 10, 18 dez. 1947.

DJALMA de Vincenzi, novo presidente da F. M. T. M., tomará posse hoje. **Jornal dos Sports**, Rio de Janeiro, p. 2, 1 fev. 1942.

DOMINGUES, P. Paladinos da liberdade: a experiência do Clube Negro de Cultura Social em São Paulo (1932-1938). **Revista de História**, [s. l.], n. 150, p. 57-79, 2004. Disponível em: https://www.revistas.usp.br/revhistoria/article/view/18978. Acesso em: 27 abr. 2023.

DONATIVOS para a defesa nacional. **Correio Paulistano**, São Paulo, p. 5, 30 set.1942.

DOS SOLDADOS. **A Gazeta**, São Paulo, p. 3, 30 ago. 1932.

DRUMOND, M. O esporte como política de Estado: Vargas. *In:* DEL PRIORE, Mary; DE MELO, Victor Andrade (org.). **História do Esporte no Brasil**: do Império aos dias atuais. São Paulo: Editora da Universidade Estadual Paulista, 2009.

DRUMOND, M. Vargas, Perón e o esporte: propaganda política e a imagem da nação. **Estudos Históricos**, Rio de Janeiro, v. 22, n. 44, p. 398-421, jul. 2009. Disponível em: https://www.scielo.br/j/eh/a/WPCXXWzgbbJ39rLSyLkVV3H/?format=pdf&lang=pt. Acesso em: 15 jan. 2024.

E O TENNIS de mesa feminino, vai ou não vai? **Jornal dos Sports**, Rio de Janeiro, p. 5, 15 abr. 1942.

EL-KADIMO, Z. O ping-pong! Jornal **O Fluminense**, Niterói, p. 2, 28 out. 1903.

ELECTRO-Ball-Cinema. **Palcos e Telas**, Rio de Janeiro, p. 13, 18 dez. 1919.

ELEIÇÃO para presidente da Federação Metropolitana de Tennis de Mesa. **Jornal dos Sports**, Rio de Janeiro, p. 4, 23 jan. 1942.

ELIAS, N; DUNNING, E. A busca da excitação. Lisboa: Difel, 1992.

EM DISPUTA da "Copa Lorenzo Nicolai". **A Noite**, Rio de Janeiro, p. 8, 13 jun. 1933.

EM NICTHEROY. **O Globo**, Rio de Janeiro, p. 7, 9 set. 1933.

EMBARCA hoje para o Rio, pelo 2º turno, a delegação paulista que vae disputar o campeonato brasileiro. **Correio de São Paulo**, São Paulo, p. 6, 4 fev. 1933.

EMPATADO o campeonato de tênis de mesa. **Diário de Notícias**, Rio de Janeiro, p. 13, 27 nov. 1947.

EMPOLGANTE desenrolar do sul-americano de tennis de mesa. **O Globo**, Rio de Janeiro, p. 13, 8 jun. 1949.

ENTREVISTANDO os mundiais. **Esporte Ilustrado**, Rio de Janeiro, p. 3, 17 mar. 1949.

ESCALADA a equipe de tennis de mesa. **O Globo**, Rio de Janeiro, p. 8, 5 fev. 1947.

ESPORTE Clube Antarctica. **O Estado de São Paulo**, São Paulo, p. 2, 8 out. 1932.

ESTREAM quinta-feira os campeões mundiaes de ping-pong. **O Globo**, Rio de Janeiro, p. 3, 22 nov. 1938.

ESTREANTES de 1948. **Esporte Ilustrado**, Rio de Janeiro, p. 15, 19 fev. 1948.

ESTRELAS do tênis de mesa paulista. **Jornal dos Sports**, Rio de Janeiro, p. 5, 19 fev.1942.

EVITANDO a crise, o Atheneu Luzo Carioca, criou a secção desportiva. **O Jornal**, Rio de Janeiro, p. 6, 29 mar. 1928.

FANTIN, J. Os japoneses no bairro da Liberdade-SP na primeira metade do século XX. 2013. 139f. Dissertação (Mestrado em Arquitetura e Urbanismo) – Instituto de Arquitetura e Urbanismo da Universidade de São Paulo, São Paulo, 2013. Disponível em: https://www.teses.usp.br/teses/disponiveis/102/102132/tde-28042014-092601/publico/dissertacaofinal.pdf. Acesso em: 24 ago. 2023.

FATM. **Federación Argentina de Tenis de Mesa.** 90 años del tenis de mesa argentino. nov. de 2020. Disponível em: https://www.fatm.org.ar/index.php?nivel_a=1&cod=911&idioma=1. Acesso em: 9 fev. 2024.

FAUSTO, B. **O crime do restaurante chinês**. São Paulo: Companhia das Letras, 2016.

FEDERAÇÃO Paulista de Tênis de Mesa. **O Estado de São Paulo**, São Paulo, p. 11, 23 fev. 1947.

FEDERAÇÃO Paulista de Tênis de Mesa. **O Estado de São Paulo**, São Paulo, p. 11, 28 set. 1947.

FEDERAÇÃO Paulista de Tênis de Mesa. **O Estado de São Paulo**, São Paulo, p. 11, 5 maio 1949.

FERREIRA, A.; CARVALHO, C. Escolarização e analfabetismo no Brasil: estudo das mensagens dos presidentes dos estados de São Paulo, Paraná e Rio Grande do Norte (1890-1930). *In:* ENCONTROS REGIONAIS DA ANPED, 2014. **Anais** [...] Disponível em: https://sites.pucgoias.edu.br/pos-graduacao/mestrado-doutorado-educacao/wp-content/uploads/sites/61/2018/05/Ana-Em%C3%ADlia-Cordeiro-Souto-Ferreira-Carlos-Henrique-de-Carvalho.pdf. Acesso em: 9 fev. 2024.

FERREIRA, F. As múltiplas identidades do Club de Regatas Vasco da Gama. **Revista Geo-Paisagem (on-line)**, Rio de Janeiro, ano 3, n. 6, jul./dez. 2004. Disponível em: http://www.feth.ggf.br/Vasco.htm. Acesso em: 9 fev. 2024.

FERREIRA, J. **Trabalhadores do Brasil**: o imaginário popular (1930-1945). Rio de Janeiro: 7Letras, 2011.

FESTAS escolares. **O Estado de São Paulo**, São Paulo, p. 10, 15 out. 1939.

FESTAS. **O Globo**, Rio de Janeiro, p. 4, 20 mar. 1933.

FESTIVAL Esportivo do C. A. Fazenda Estadual. **O Estado de São Paulo**, São Paulo, p. 6, 3 nov. 1940.

FILHO, N., G. Cultura e estratégias de desenvolvimento. *In:* LORENZO, H.; COSTA, W. (org.). **A década de 1920 e as origens do Brasil moderno**. São Paulo: Editora da Universidade Estadual Paulista, 1997. p. 159-184.

FINALMENTE o Mundial! **Esporte Ilustrado**, Rio de Janeiro, p. 3, 27 jan. 1949.

FONTES, P. Futebol de várzea e trabalhadores: os clubes amadores em São Paulo nas décadas de 1940 e 1950. *In:* HOLLANDA, B.; FONTES, P. **Futebol e mundos do trabalho no Brasil**. Rio de Janeiro: Editora da Universidade do Estado do Rio de Janeiro, 2021. p. 161-184.

FRANZINI, F. **Corações na ponta da chuteira**: capítulos iniciais da história do futebol brasileiro (1919-1938). São Paulo: DP&A, 2003.

FRANZINI, F. De uma Copa para a outra, a época esquecida: futebol, política e sociedade no Brasil (1940-1945). **Projeto História**, São Paulo, n. 49, p. 93-118, abr. 2014. Disponível em: https://revistas.pucsp.br/index.php/revph/article/view/19457/15937. Acesso em: 15 jan. 2024.

FRANZINI, F. Esporte, cidade e modernidade: São Paulo. *In:* ANDRADE, V. (org.). **Os sports e as cidades brasileiras: transição dos séculos XIX e XX**. Rio de Janeiro: Apicuri, 2010. v. 1. p. 49-70.

FUNDADA a Federação Metropolitana de Tennis de Mesa. **O Globo**, Rio de Janeiro, p. 8, 11 nov. 1941.

FUNDADO, em Nictheroy, o Club Recreativo da União. **O Globo**, Rio de Janeiro, p. 7, 21 nov. 1930.

FUNDOU-SE a Liga Carioca de Ping-Pong. **O Globo**, Rio de Janeiro, p. 7, 13 out. 1926.

FURLANETTO, P. Estratégias sócio-culturais no associativismo de imigrantes italianos no estado de São Paulo (1890-1920). *In:* XXVI SIMPÓSIO NACIONAL DE HISTÓRIA – ANPUH, 2011. **Anais** [...]. Disponível em: http://www.snh2011.anpuh.org/resources/anais/14/1300034482_ARQUIVO_textoanpuh_2011_furlanetto.pdf. Acesso em: 18 jul. 2023.

GAYNER, J. Chess in shorts: the thrill of table tennis. **Independent**, 2008. Disponível em: https://www.independent.co.uk/sport/general/others/chess-in-shorts-the-thrill-of-table-tennis-794888.html. Acesso em: 24 ago. 2023.

GLORIFICANDO o primeiro martyr da independência no Brasil. **O Globo**, Rio de Janeiro, p. 2, 21 abr. 1932.

GOELLNER, S. **Bela, maternal e feminina**: imagens da mulher na Revista Educação Physica. Ijuí: Editora da Universidade Regional do Noroeste do Estado do Rio Grande do Sul, 2003.

GOELLNER, S. Locais da memória: histórias do esporte moderno. **Arquivos em Movimento**, Rio de Janeiro, v. 1, n. 2, p. 79-86, jul./dez. 2005a. Disponível em: http://www.educadores.diaadia.pr.gov.br/arquivos/File/2010/artigos_teses/EDUCACAO_FISICA/artigos/Goellner_Artigo_3.pdf. Acesso em: 22 mar. 2022.

GOELLNER, S. Mulher e esporte no Brasil: entre incentivos e interdições elas fazem história. **Pensar a Prática**, Goiânia, v. 8, n. 1, p. 85-100, 2006. Disponível em: https://revistas.ufg.br/fef/article/view/106. Acesso em: 9 fev. 2024.

GOELLNER, S. Mulheres e futebol no Brasil: entre sombras e visibilidades. **Revista Brasileira de Educação Física e Esporte**, [s. l.], v. 19, n. 2, p. 143-151,

2005b. Disponível em: https://www.revistas.usp.br/rbefe/article/view/16590. Acesso em: 22 mar. 2022.

GOMES, S. Uma inserção dos migrantes nordestinos em São Paulo: o comércio de retalhos. **Imaginário**, São Paulo, v. 12, n. 13, p. 143-169, dez. 2006. Disponível em: http://pepsic.bvsalud.org/scielo.php?script=sci_arttext&pid=S1413-666X2006000200007&lng=pt&nrm=iso. Acesso em: 18 jul. 2023.

GONÇALVES, G. H. *et al.* Uma história do tênis no Brasil: apontamentos sobre os clubes esportivos e seus métodos de ensino. **Educação Física & Ciência**, Ensenada, v. 20, n. 3, p. 11-12, jul. 2018. Disponível em: http://www.scielo.org.ar/scielo.php?script=sci_arttext&pid=S2314=25612018000300011-&lng=es&nrm-iso. Acesso em: 9 fev. 2024.

GONÇALVES, P. C. A grande imigração no Brasil (1880-1930): números e conjunturas. *In:* REZNIK, Luís. (org.). **História da imigração no Brasil**. Rio de Janeiro: FGV, 2020.

GRANDE concurso do "O Globo Juvenil". **O Globo**, Rio de Janeiro, p. 6, 22 ago. 1937.

GRANDE exibição de "tennis de mesa" no América. **Jornal dos Sports**, Rio de Janeiro, p. 5, 29 out. 1941.

GRANDEZA e decadência dos clubes "coloniais". **A Gazeta Esportiva**, São Paulo, p. 7, 15 jan. 1944.

GRANZIERA, R. G. O Brasil depois da Grande Guerra. *In:* LORENZO, H.; COSTA, W. (org.). **A década de 1920 e as origens do Brasil moderno**. São Paulo: Editora da Universidade Estadual Paulista, 1997. p. 159-184.

GRÊMIO Acadêmico Álvares Penteado vs. Centro Estudantino Minerva. **O Estado de São Paulo**, São Paulo, p. 12, 9 nov. 1937.

GRÊMIO Acadêmico Álvares Penteado. **O Estado de São Paulo**, São Paulo, p. 10, 10 set. 1941.

GUEDES, C.; ZIEFF, S.; NEGREIROS, P. Clubes de imigrantes em São Paulo-SP. *In:* DACOSTA, L. **Atlas do Esporte no Brasil**. Rio de Janeiro: Confef, 2006. p. 624-726. Disponível em: http://www.atlasesportebrasil.org.br/textos/150.pdf. Acesso em: 22 mar. 2022.

GUTTMANN, A. **From ritual to record**: the nature of modern sports. [*s. l.*]: Columbia University Press, 2004.

HALL, M. Imigrantes na cidade de São Paulo. *In:* PORTA, P. (org.). **História da cidade de São Paulo**. v. 3. São Paulo: Paz e Terra, 2004. p. 121-151.

HAYASHI, B. Metamorfoses do amarelo: a imigração japonesa do "perigo amarelo" à "democracia racial". **Revista Brasileira de Ciências Sociais**, 2022. Disponível em: https://www.scielo.br/j/rbcsoc/a/rwcjGxPCjyMvdTxyPbdrRxG/?format=pdf&lang=pt. Acesso em: 24 de ago. de 2023.

HEROLD J. C.; MELO, V. A. de. Escotismo e esporte: propostas de educação do corpo no Rio de Janeiro dos anos 1910-1920. **Revista Brasileira de Educação**, v. 23, 2018. Disponível em: https://www.redalyc.org/journal/275/27554785036/html/. Acesso em: 9 fev. 2024.

HERSCHMANN, M.; LERNER, K. **Lance de sorte – O futebol e o jogo do bicho na belle époque carioca**. Rio de Janeiro: Diadorim, 1993.

HOCHE, A. de A. A juventude brasileira e o presidente Vargas. **Cordis: Revista Eletrônica de História Social da Cidade**, [*s. l.*], v. 2, n. 19, p. 114-151, 2017. Disponível em: https://revistas.pucsp.br/index.php/cordis/article/view/41109. Acesso em: 7 abr. 2024.

HOJE no ginásio do Fluminense F.C., inicia-se o primeiro Campeonato Brasileiro de Tennis de Mesa. **Jornal dos Sports**, Rio de Janeiro, p. 4, 15 nov. 1946.

HOLLANDA, B. B. B. O cor de rosa: ascensão, hegemonia e queda do Jornal dos Sports entre 1930 e 1980. *In:* HOLLANDA, Bernardo Borges Buarque; MELO, Victor Andrade de (org.). **Esporte na imprensa e a imprensa esportiva no Brasil**. Rio de Janeiro: Editora 7 Letras, 2012.

HOMENAGEM aos "azes" Maenza, Bologna, Ricardo e Kurt. **Correio Paulistano**, São Paulo, p. 11, 6 nov. 1941.

HOMENAGEM aos campeões paulistas de tênis de mesa. **O Estado de São Paulo**, São Paulo, p. 10, 15 set. 1949.

HUGO Severo, Campeão Brasileiro. **Esporte Ilustrado**, Rio de Janeiro, p. 15, 26 ago. 1948.

III CAMPEONATO Paulista de Tênis de Mesa. **O Estado de São Paulo**, São Paulo, p. 10, 9 set. 1947.

IMPERIAL Club. **O Estado de São Paulo**, São Paulo, p. 9, 21 set. 1927.

INAUGURAÇÃO da Liga Paulista de Pingue-Pongue. **A Gazeta**, São Paulo, p. 6, 27 dez. 1927.

INICIA-SE hoje a grande jornada para a conquista da "Raqueta de Ouro"! **A Gazeta**, São Paulo, p. 8, 6 maio 1932.

INICIADO o certame continental de tennis de mesa. **O Globo**, Rio de Janeiro, p. 10, 25 fev. 1947.

INICIOU-SE, hontem, o campeonato interno do Carioca F.C. **O Globo**, Rio de Janeiro, p. 5, 7 out. 1925.

ITTF. International Table Tennis Federation. Documents. **ITTF**, 2020. Disponível em: https://www.ittf.com/history/documents/. Acesso em: 22 mar. 2022.

ITTF. International Table Tennis Federation. Evolution of the laws of table tennis and regulations for international competitions. **ITTF**, 2016. Disponível em: https://www.ittf.com/history/documents/historyoftabletennis/. Acesso em: 10 ago. 2024.

ITTF. International Table Tennis Federation. History of table tennis. **ITTF**, 2020. Disponível em: https://www.ittf.com/history/documents/historyoftabletennis/. Acesso em: 22 mar. 2022.

ITTF. International Table Tennis Federation. The table tennis collector. **ITTF**, Outubro de 1993. Disponível em: https://www.ittf.com/wp-content/uploads/2019/02/TTC03.pdf. Acesso em: 24 fev. 2024.

IVAN Severo campeão brasileiro de tennis de mesa. **O Globo**, Rio de Janeiro, p. 8, 14 abr 1944.

IVAN Severo novamente Campeão Carioca. **Esporte Ilustrado**, Rio de Janeiro, p. 3, 20 jan. 1949.

JARAGUÁ P. P. C. **O Estado de São Paulo**, São Paulo, p. 6, 29 mar. 1933.

JOGO Interestadual. **O Estado de São Paulo**, São Paulo, p. 8, 23 jan. 1932.

JOGO intermunicipal entre S. Paulo e Santos. **A Gazeta**, São Paulo, p. 11, 24 maio 1930.

JOGO Intermunicipal. **O Estado de São Paulo**, São Paulo, p. 7, 7 set. 1926.

JOGOS Annunciados. **O Estado de São Paulo**, São Paulo, p. 9, 8 ago. 1928.

JOGOS Annunciados. **O Estado de São Paulo**, São Paulo, p. 8, 5 fev. 1930.

JOGOS Anunciados. **O Estado de São Paulo**, São Paulo, p. 8, 6 fev. 1927.

JOGOS do Campeonato Paulista. **O Estado de São Paulo**, São Paulo, p. 10, 13 ago. 1947.

JOGOS Interestaduais. **O Estado de São Paulo**, São Paulo, p. 9, 26 jan. 1932.

JOGOS Realizados. **O Estado de São Paulo**, São Paulo, p. 10, 2 out. 1926.

JORNALISTAS e um técnico paulistas em Cambuquira. **Correio Paulistano**, São Paulo, p. 3, 17 dez. 1942.

JTTA. Associação Japonesa de Tênis de Mesa. História/Organograma. **JTTA**, 2023. Disponível em: https://jtta.or.jp/history. Acesso em: 24 ago. 2023.

JUNIOR, E. *et al*. Uma juventude saudável: representações de uma educação física dos jovens em São Paulo e no Rio de Janeiro na década de 1930. **Revista Brasileira de História da Educação**, Maringá, v. 21, p. e142, 2021. Disponível em: https://www.scielo.br/j/rbhe/a/TdJqBtxf7SRTvryxxhB85QS/#. Acesso em: 9 fev. 2024.

JÚNIOR, E. G. O esporte e a modernidade em São Paulo: práticas corporais no fim do século XIX e início do XX. **Movimento**, [*S. l.*], v. 19, n. 4, p. 95-117, 2013. Disponível em: https://www.seer.ufrgs.br/index.php/Movimento/article/view/37530. Acesso em: 19 abr. 2023.

JUNIOR, E. G.; GARCIA, A. B. A eugenia em periódicos da educação física brasileira (1930-1940). **Revista da Educação Física**, Universidade Estadual de Maringá, Maringá, v. 22, n. 2, p. 247-254, 2. trim. 2011.

JUNIOR, E. G.; SILVA, L. M. da M. Educação do corpo e higiene escolar na imprensa do Rio de Janeiro (1930-1939). **Educação e Pesquisa**, [*s. l.*], v. 42, n. 2, p. 411-426, 2016. Disponível em: https://www.revistas.usp.br/ep/article/view/116449. Acesso em: 9 fev. 2024.

KIYOTANI, M.; WAKISAKA, K. Cultura, educação e religião. *In:* SOCIEDADE BRASILEIRA DE CULTURA JAPONESA. **Uma epopéia moderna**: 80 anos da imigração japonesa no Brasil. São Paulo: Hucitec, 1992.

KIYOTANI, M.; YAMASHIRO, J. Do Kasato-Maru até a década de 1920. *In:* SOCIEDADE BRASILEIRA DE CULTURA JAPONESA. **Uma epopéia moderna**: 80 anos da imigração japonesa no Brasil. São Paulo: Hucitec, 1992.

LÁ E CÁ, mas fadas há. **Jornal dos Sports**, Rio de Janeiro, p. 7, 7 fev. 1943.

LESSER, J. **A invenção da brasilidade**: identidade nacional, etnicidade e políticas de imigração. São Paulo: Editora da Universidade Estadual Paulista, 2015.

LIGA Carioca de Ping-Pong. **Correio da Manhã**, Rio de Janeiro, p. 10, 1 set. 1928.

LIGA Carioca de Ping-Pong. **Correio da Manhã**, Rio de Janeiro, p. 9, 4 jan. 1928.

LIGA Carioca de Ping-Pong. **Jornal do Brasil**, Rio de Janeiro, p. 8, 22 jul. 1933.

LIGA Carioca de Ping-Pong. **Jornal dos Sports**, Rio de Janeiro, p. 3, 22 nov. 1933.

LIGA Paulista de Ping-Pong (campeonato de 1912). **O Estado de São Paulo**, São Paulo, p. 3, 9 maio 1912.

LIGA Paulista de Ping-Pong. **O Estado de São Paulo**, São Paulo, p. 4, 25 abr. 1910.

LIGA Paulista de Pingue-Pongue. **Correio de São Paulo**, São Paulo, p. 5, 19 jul. 1933.

LIGA Paulista de Pingue-Pongue. **Correio de São Paulo**, São Paulo, p. 7, 28 jul. 1933.

LIGA Paulista de Pingue-Pongue. **Correio Paulistano**, São Paulo, p. 8, 22 jan. 1928.

LIGA Paulista de Pingue-Pongue. **O Estado de São Paulo**, São Paulo, p. 10, 17 jun. 1928.

LIGA Paulista de Pingue-Pongue. **O Estado de São Paulo**, São Paulo, p. 12, 17 nov. 1929.

LIGA Paulista de Pingue-Pongue. **O Estado de São Paulo**, São Paulo, p. 12, 19 out. 1929.

LIGA Paulista de Pingue-Pongue. **O Estado de São Paulo**, São Paulo, p. 12, 25 mar. 1928.

LIGA Paulista de Pingue-Pongue. **O Estado de São Paulo**, São Paulo, p. 8, 29 jan. 1928.

LIGA Paulista de Pingue-Pongue. **O Estado de São Paulo**, São Paulo, p. 7, 2 jan. 1929.

LIGA Paulista de Pingue-Pongue. **O Estado de São Paulo**, São Paulo, p. 16, 21 dez.1928.

LIGA Paulista de Pingue-Pongue. **O Estado de São Paulo**, São Paulo, p. 11, 25 nov. 1928.

LIGA Paulista de Pingue-Pongue. **O Estado de São Paulo**, São Paulo, p. 14, 27 abr. 1929.

LIGA Santista de Pingue-Pongue. **A Gazeta,** São Paulo, p. 6, 20 jul. 1929.

LIGA Santista de Pingue-Pongue. **A Gazeta**, São Paulo, p. 4, 29 maio 1930.

LIMA, N. D. A belle époque: transformações urbanas, moda e influências no Rio de Janeiro. *In:* XXIV ENCONTRO ESTADUAL DA ANPUH. **Anais** […]. 2018. Disponível em: https://www.encontro2018.sp.anpuh.org/resources/anais/8/1530193939_ARQUIVO_artigo.pdf. Acesso em: 9 fev. 2024.

LIMA, V. Há 86 anos era fundado o Clube Negro de Cultura Social. **Fundação Cultural Palmares**. 3 de julho de 2018. Disponível em: https://www.palmares.gov.br/?p=51149. Acesso em: 27 abr. 2023.

LOPES, L. Mulheres passaram 40 anos proibidas por lei de jogar futebol no Brasil. **Jornal da USP**, Editorias – Ciências Humanas, São Paulo, 2019. Disponível em:https://jornal.usp.br/ciencias/ciencias-humanas/mulheres-passaram-40-anos-sem-poder-jogar-futebol-no-brasil/. Acesso em: 22 mar. 2022.

LORENZO, H. C. Eletricidade e modernização em São Paulo na década de 1920. *In:* LORENZO, H.; COSTA, W. **A década de 1920 e as origens do Brasil moderno**. São Paulo: Editora da Universidade Estadual Paulista, 1997. p. 143-158.

LOUREIRO, E. O café e a tartaruga. São Paulo Passado, 29 maio 2015. Disponível em: https://saopaulopassado.wordpress.com/?s=guarany. Acesso em: 24 fev. 2024.

LUCENA, R. **O esporte na cidade: aspectos do esforço civilizador brasileiro**. Campinas: Autores Associados, 2001.

LYGIA Lessa Bastos triunfou no torneio feminino de tennis de mesa. **Jornal dos Sports**, Rio de Janeiro, p. 3, 25 abr. 1943.

MACARIO, o distrahido. **A Noite**, Rio de Janeiro, p. 6, 7 dez. 1927.

MARCOLINI, A. Nas graças de Mussolini. **Folha de São Paulo**, 6 de set. de 2009. Disponível em: https://www1.folha.uol.com.br/fsp/mais/fs0609200906.htm. Acesso em: 9 fev. 2024.

MARINOVIC, W.; IIZUKA, C.; NAGAOKA, K. **Tênis de mesa: teoria e prática**. São Paulo: Phorte, 2006.

MARQUES, R. F. R.; GUTIERREZ, G. L.; ALMEIDA, M. A. B. A transição do esporte moderno para o esporte contemporâneo: tendência de mercantilização a partir do final da Guerra Fria. *In:* 1º ENCONTRO DA ALESDE – "Esporte na América Latina: atualidade e perspectivas". **Anais [...]**. Curitiba, PR, 2008.

MARTINS, J. de S. A imigração espanhola para o Brasil e a formação da força-de-trabalho na economia cafeeira: 1880-1930. **Revista de História**, [s. l.], n. 121, p. 5-26, 1989. Disponível em: https://www.revistas.usp.br/revhistoria/article/view/18605. Acesso em: 5 jan. 2024.

MASCARENHAS, G. Globalização e espetáculo: o Brasil dos megaeventos esportivos. *In:* DEL PRIORE, M.; ANDRADE, V. (org.). **História do esporte no Brasil: do Império aos dias atuais**. São Paulo: Editora da Universidade Estadual Paulista, 2009.

MATHIAS, M. B. As mulheres e as práticas corporais em clubes da cidade de São Paulo no início do século XX. *In:* RUBIO, Katia (org.). **As mulheres e o esporte Olímpico Brasileiro**. São Paulo: Casa do Psicólogo, 2011. p. 103-118.

MEDEIROS, D. C. C. de; DALBEN, A.; SOARES, C. L. Educação pelo esporte na cidade de São Paulo (1920-1936). **Cadernos de História da Educação**, [s. l.], v. 21, n. Contínua, p. e065, 2022. Disponível em: https://seer.ufu.br/index.php/che/article/view/64741. Acesso em: 9 fev. 2024.

MELCHIADES continua invicto. **Jornal do Commercio**, Rio de Janeiro, p. 10, 13 jan. 1934.

MELHORES raquetistas de 1948. **Esporte ilustrado**, Rio de Janeiro, p. 3, 3 fev. 1949.

MELO, V. A. DE; PERES, F. DE F. Associativismo e política no Rio de Janeiro do Segundo Império: o Clube Ginástico Português e o Congresso Ginástico Português. **Topoi**, Rio de Janeiro, v. 15, n. 28, p. 242-265, jan. 2014. Disponível em: https://www.scielo.br/j/topoi/a/JKdtZNTRYprBB7bPTHjRLwQ/?lang=pt. Acesso em: 9 fev. 2024.

MELO, V. A. DE. "Esporte é saúde": desde quando? **Revista Brasileira de Ciências do Esporte**, v. 22, n. 2, p. 55-67, jan. 2001. Disponível em: http://rbce.cbce.org.br/index.php/RBCE/article/view/412. Acesso em: 9 fev. 2024.

MELO, V. A. DE. A sociabilidade britânica no Rio de Janeiro do século XIX: os clubes de Cricket. **Almanack**, Guarulhos, n. 16, p. 168-205, maio 2017. Disponível em: https://www.scielo.br/j/alm/a/tn4YfHS9hffhHyJCCKz57zw/?format=pdf&lang=pt. Acesso em: 9 fev. 2024.

MELO, V. A. DE. Apontamentos para uma história comparada do esporte: um modelo heurístico. **Revista Brasileira de Educação Física e Esporte**, São Paulo, v. 24, n. 1, p. 107-120, jan. 2010. Disponível em: https://www.scielo.br/j/rbefe/a/cdg8qmNj7gnbjYyzqthHW3j/?lang=pt#. Acesso em: 9 fev. 2024.

MELO, V. A. DE. As camadas populares e o remo no Rio de Janeiro da transição dos séculos XIX/XX. **Movimento**, [s. l.], v. 6, n. 12, p. 63-72, 2007. Disponível em: https://seer.ufrgs.br/index.php/Movimento/article/view/2501. Acesso em: 9 fev. 2024.

MELO, V. A. DE. Causa e consequência: esporte e imprensa no Rio de Janeiro do século XIX e década inicial do século XX. *In:* HOLLANDA, Bernardo Borges Buarque; MELO, Victor Andrade de (org.). **Esporte na imprensa e a imprensa esportiva no Brasil**. Rio de Janeiro: 7Letras, 2012.

MELO, V. A. DE. **Cidade expandida: estudos sobre o esporte nos subúrbios cariocas**. Rio de Janeiro: 7Letras, 2022.

MELO, V. A. DE. **Cidade Sportiva (2) – Diversificando as experiências esportivas**. Rio de Janeiro: 7Letras, 2022.

MELO, V. A. DE. **Cidade Sportiva (2) – Imprensa, publicidade, comércio**. Rio de Janeiro: 7Letras, 2022.

MELO, V. A. DE. **Cidade Sportiva (2) – Os esportes pioneiros**. Rio de Janeiro: 7Letras, 2022.

MELO, V. A. DE. Das touradas às corridas de cavalo e regatas: primeiros momentos da configuração do campo esportivo no Brasil. *In:* DEL PRIORE, M.; ANDRADE, V. (org.). **História do esporte no Brasil: do Império aos dias atuais**. Editora Unesp: 2009.

MELO, V. A. DE. **Dicionário do Esporte no Brasil: do século XIX ao início do século XX**. Campinas: Autores Associados; Rio de Janeiro: Universidade Federal do Rio de Janeiro; Centro de Ciências da Saúde, 2007.

MELO, V. A. DE. Encontros nas quadras de grama: as mulheres e o tênis no Brasil do século XIX. **Revista Estudos Feministas**, [s. l.], v. 29, n. 2, 2021. Disponível em: https://periodicos.ufsc.br/index.php/ref/article/view/79300. Acesso em: 9 fev. 2024.

MELO, V. A. DE. **História da educação física e do esporte no Brasil: panorama e perspectivas**. São Paulo: Ibrasa, 1999.

MELO, V. A. DE. Mulheres em movimento: a presença feminina nos primórdios do esporte na cidade do Rio de Janeiro (até 1910). **Revista Brasileira de História**, São Paulo, v. 27, n. 54, p. 127-152, 2007.

MELO, V. A. DE. **Revista de Estudos Feministas**, Florianópolis, v. 29, n. 2, 2021. Disponível em: https://periodicos.ufsc.br/index.php/ref/article/view/79300. Acesso em: 22 mar. 2022.

MELO, V.; GOMES, E. Os britânicos e os clubes de cricket na São Paulo do século XIX (anos 1870-1890). **Revista de História da Universidade de São Paulo**, 2019. Disponível em: https://www.redalyc.org/journal/2850/285061378050/movil/. Acesso em: 18 jul. 2023.

MIDOSI, D. O que vi em Estocolmo. **Correio da Manhã**, Rio de Janeiro, p. 15, 31 mar. 1949.

MILAGRES, P.; DA SILVA, C. F.; KOWALSKI, M. O higienismo no campo da Educação Física: estudos históricos. **Motrivivência**, [s. l.], v. 30, n. 54, p. 160-176, 2018. Disponível em: https://periodicos.ufsc.br/index.php/motrivivencia/article/view/2175-8042.2018v30n54p160. Acesso em: 9 fev. 2024.

MONTENEGRO, N. R. Processo de esportivização da Natação: tempo, espaço e burocratização em competições no litoral de Fortaleza (décadas de 1920-1940). **Cadernos de História**, v. 22, n. 37, p. 263-279, 30 nov. 2021.

MORALES, o tricampeão brasileiro venceu o campeão carioca Horacio. **Correio de São Paulo**, São Paulo, p. 6, 3 nov. 1933.

MOURA, R. **Se vencer o Palestra, vence a "bela" e "legendária" pátria italiana:** uma história comparada dos Palestras Itália de São Paulo e de Belo Horizonte (1914-1933). 2016. 213f. Tese (Doutorado) – Curso de História Comparada da Universidade Federal do Rio de Janeiro, Rio de Janeiro, 2016.

MOUSSET, Kilian. **La mode du ping-pong de 1901 à 1939 :** d'un jeu de salon mondain à un sport moderne. Tese (École doctorale - Sciences Humaines et Sociales). Université Rennes, Ille-et-Vilaine, 2017.

MOVIMENTO geral do torneio de tennis de mesa, entre paulistas e cariocas. **Jornal dos Sports**, Rio de Janeiro, p. 4, 10 out. 1941.

MUNICIPAL, Vasco e América, heróis do torneio de duplas masculinas. **Jornal dos Sports**, Rio de Janeiro, p. 3, 24 jun. 1947.

MURAD, M. **Sociologia e educação física**: diálogos, linguagens do corpo, esportes. Rio de Janeiro: Fundação Getúlio Vargas, 2009.

NAS VÉSPERAS da fundação da Federação Metropolitana de Tennis de Mesa. **Jornal dos Sport**s, Rio de Janeiro, p. 5, 8 nov. 1941.

NDL. National Diet Library. Kenji Sasahara e o Mikado Club. **NDL**, Japão, 2009. Disponível em: https://www.ndl.go.jp/brasil/pt/column/baseball.html. Acesso em: 9 fev. 2024.

NEGREIROS, P. A febre esportiva em São Paulo na chegada do século XX. **Ludopédio**, 5 jun. 2019. Disponível em: https://ludopedio.org.br/arquibancada/a-febre-esportiva-em-sao-paulo-na-chegada-do-seculo-xx/. Acesso em: 9 fev. 2024.

NEGREIROS, P. Futebol nos anos 1930 e 1940: construindo a identidade nacional. História: **Questões & Debates**, [s. l.], v. 39, n. 2, dez. 2003. Disponível em: https://revistas.ufpr.br/historia/article/view/2727. Acesso em: 7 abr. 2024.

NETO, J. Primeira República: economia cafeeira, urbanização e industrialização. *In:* FERREIRA, J.; DELGADO, L. (org.). **O Brasil Republicano**: o tempo do liberalismo oligárquico (1889-1930). Rio de Janeiro: Civilização Brasileira, 2022, p. 11-42.

NETO, M. A imigração japonesa no estado do Rio de Janeiro: história, colonização e o ensino de japonês. *In:* VISAPPIL – Estudos de Linguagem. **Anais** [...]. UFF, 2015. Disponível em: http://www.mhijrio.com.br/Arquivo/IJRJ.pdf. Acesso em: 24 ago. 2023.

NEVES, M. Os cenários da República. O Brasil na virada do século XIX para o século XX. *In:* FERREIRA, J.; DELGADO, L. (org.). **O Brasil Republicano**: o tempo do liberalismo oligárquico (1889-1930). Rio de Janeiro: Civilização Brasileira, 2022, p. 183-214.

NICOLINI, H. **Tietê: o rio do esporte**. São Paulo: Phorte, 2001.

NO CLUBE Sul-América, hoje, à noite, as provas finais do Torneio Lygia Lessa Bastos. **Jornal dos Sports**, Rio de Janeiro, p. 6, 30 dez. 1942.

NO PING-PONG. **O Globo**, Rio de Janeiro, p. 5, 8 ago. 1925.

NOS DOMÍNIOS do pingue-pongue official. **Correio de São Paulo**, São Paulo, p. 4, 11 abr. 1933.

NOS DOMÍNIOS do pingue-pongue oficial. **Correio de São Paulo**, São Paulo, p. 5, 16 maio 1933.

NOS DOMÍNIOS do tênis de mesa. **Correio Paulistano,** São Paulo, p. 7, 10 out. 1941.

NOS DOMÍNIOS do tênis de mesa. **Correio Paulistano**, São Paulo, p. 10, 18 set.1941.

NOS DOMÍNIOS do tênis de mesa. **Correio Paulistano**, São Paulo, p. 6, 6 ago. 1942.

NOS DOMÍNIOS do tênis de mesa. **Correio Paulistano**, São Paulo, p. 12, 6 dez. 1941.

NOS DOMÍNIOS do tênis de mesa. **Correio Paulistano**, São Paulo, p. 8, 6 jan. 1942.

NOS SALÕES. **A Tribuna**, Santos, p. 3, 18 jul. 1915.

NOTAS Cariocas. **Correio Paulistano**, São Paulo, p. 8, 4 ago. 1948.

NOTAS Desportivas. **Jornal do Brasil**, Rio de Janeiro, p. 15, 23 jan. 1935.

NOTICIÁRIO. **O Globo**, Rio de Janeiro, p. 10, 16 nov. 1943.

NOTICIÁRIO. **O Globo**, Rio de Janeiro, p. 8, 23 set. 1943.

NOTICIÁRIO. **O Globo**, Rio de Janeiro, p. 8, 24 jun. 1944.

NOTICIÁRIO. **O Globo**, Rio de Janeiro, p. 9, 25 ago. 1948.

NOTICIÁRIO. **O Globo**, Rio de Janeiro, p. 8, 31 mar. 1944.

NOTICIÁRIO. **O Globo**, Rio de Janeiro, p. 10, 31 out. 1946.

NOTICIÁRIO. **O Globo**, Rio de Janeiro, p. 10, 5 abr. 1946.

NOTÍCIAS de Esporte. **O Estado de São Paulo**, São Paulo, p. 6, 17 abr. 1932.

NOTÍCIAS de Esporte. **O Estado de São Paulo**, São Paulo, p. 4, 9 fev. 1935.

NOTÍCIAS do dia. **O Globo**, Rio de Janeiro, p. 8, 17 abr. 1943.

NOTÍCIAS do dia. **O Globo**, Rio de Janeiro, p. 10, 24 jan.1945.

NOVA diretoria da F. P. T. M. **Folha da Noite**, São Paulo, p. 9, 4 mar. 1949.

NOVA junta governativa da Liga Carioca de Ping-Pong. **Jornal do Brasil**, Rio de Janeiro, p. 18, 27 fev. 1934.

NOVAMENTE derrotados os brasileiros no Sul-Americano de Tennis de Mesa. **O Globo**, Rio de Janeiro, p. 10, 28 fev. 1947.

NUNES, A. V.; RUBIO, K. As origens do judô brasileiro: a árvore genealógica dos medalhistas olímpicos. **Revista Brasileira de Educação Física e Esporte**, [s. l.],

v. 26, n. 4, p. 667-678, 2012. Disponível em: https://www.revistas.usp.br/rbefe/article/view/52889. Acesso em: 24 ago. 2023.

NUNES, C. F. P. Questões de gênero e a proibição do futebol feminino no Brasil pelo decreto-lei n.º 3.199/1941. **Revista Direito e Sexualidade**, Salvador, v. 3, n. 1, p. 126-148, 2022. Disponível em: https://periodicos.ufba.br/index.php/revdirsex/article/view/45109. Acesso em: 16 jan. 2024.

O SÃO PAULO F.C. vem ao Rio. **O Globo**, Rio de Janeiro, p. 8, 18 mar. 1933.

O "TENNIS de mesa", um esporte altamente social! **Jornal dos Sports**, Rio de Janeiro, p. 5, 9 jul. 1941.

O 4º CAMPEONATO Sul-Americano de Tênis de Mesa. **Esporte Ilustrado**, Rio de Janeiro, p. 3, 16 jun. 1949.

O 4º CAMPEONATO Sul-Americano de Tênis de Mesa. **Esporte Ilustrado**, Rio de Janeiro, p. 3, 7 jul. 1949.

O AGRADECIMENTO de Lygia Lessa Bastos. **Jornal dos Sports**, Rio de Janeiro, p. 5, 31 out. 1942.

O AMERICANO levanta o torneio initium da Liga Carioca. **O Globo**, Rio de Janeiro, p. 7, 20 nov. 1926.

O ANNIVERSARIO da Associação Paulista de Pingue-Pongue. **A Gazeta**, p. 11, 22 nov. 1933.

O BAILE de máscaras no Carnaval. **A Noite**, Rio de Janeiro, p. 7, 6 fev. 1933.

O BELLO sexo também será representado na competição individual da Gazeta. **A Gazeta**, São Paulo, p. 9, 12 abr. 1932.

O BRASIL no Campeonato Mundial de Tennis de Mesa. **O Globo**, Rio de Janeiro, p. 9, 27 jan. 1949.

O BRASIL no Campeonato Mundial. **Esporte Ilustrado**, Rio de Janeiro, p. 3, 17 fev.1949.

O BRASIL no Sul-Americano de Tennis de Mesa. **Globo Sportivo**, Rio de Janeiro, p. 11, 28 fev. 1947.

O BRASIL no Sul-Americano de Tennis de Mesa. **O Globo**, Rio de Janeiro, p. 10, 21 fev. 1947.

O BRASIL, campeão continental de tênis de mesa. **Globo Sportivo**, Rio de Janeiro, p. 12, 24 jun. 1949.

O CAMPEONATO de Nictheroy. **Jornal dos Sports**, Rio de Janeiro, p. 5, 31 out. 1933.

O CAMPEONATO do Diário da Noite. **O Estado de São Paulo**, São Paulo, p. 7, 12 mar. 1926.

O CAMPEONATO individual carioca. **O Globo**, Rio de Janeiro, p. 8, 7 mar. 1930.

O CAMPEONATO promovido pelo Diário da Noite. **O Estado de São Paulo**, p. 6, 10 nov. 1925.

O CERTAME individual feminino. **Correio da Manhã**, Rio de Janeiro, p. 5, 5 set. 1947.

O CLUB Gymnastico Portuguez institue a "Taça Francisco Villas Bôas". **O Globo**, Rio de Janeiro, p. 7, 26 nov. 1930.

O CONHECIDO esportista, Lido Piccinini, foi eleito Presidente do Castellões F.C. **Correio de São Paulo**, São Paulo, p. 5, 16 dez. 1932.

O DESEMPATE do título de campeão individual da cidade. **A Gazeta**, São Paulo, p. 9, 24 abr. 1931.

O DESENVOLVIMENTO do tênis de mesa no Brasil. **Correio Paulistano**, São Paulo, p. 12, 23 dez. 1941.

O DESFECHO do II campeonato individual da Penha. **Correio Paulistano**, São Paulo, p. 9, 24 maio 1939.

O DUELLO do magico contra o criminoso. **O Globo**, Rio de Janeiro, p. 8, 18 out. 1939.

O ESPORTE em São Vincente. **Gazeta Popular**, Santos, p. 5, 30 nov. 1932.

O ESPORTE universitário. **O Globo**, Rio de Janeiro, p. 12, 5 mar. 1948.

O EXITO sensacional da noitada pingue-ponguistica de hontem no República-Patinação. **A Gazeta**, São Paulo, p. 9, 8 jul. 1932.

O FESTIVAL de ping pong do S. Christovão. **Diário Carioca**, Rio de Janeiro, p. 8, 28 nov. 1929.

O GLOBO entre escoteiros. **O Globo**, Rio de Janeiro, p. 8, 14 mar. 1930.

O GLOBO entre os escoteiros. **O Globo**, Rio de Janeiro, p. 7, 17 ago. 1927.

O GLOBO entre os escoteiros. **O Globo**, Rio de Janeiro, p. 7, 28 set. 1928.

O GLOBO entre os escoteiros. **O Globo**, Rio de Janeiro, p. 7, 29 est.1928.

O GLOBO nos clubs. **O Globo**, Rio de Janeiro, p. 6, 10 nov. 1932.

O GLOBO nos clubs. **O Globo**, Rio de Janeiro, p. 4, 18 dez. 1935.

O GRANDE certamen de ping-pong em disputa da Taça Gymnastico-Patriarcha. **O Globo**, Rio de Janeiro, p. 8, 19 jul. 1932.

O GRANDE surto vitorioso do esporte brasileiro. **Correio Paulistano**, São Paulo, p. 16, 28 dez. 1941.

O GYMNASTICO repetiu uma façanha. **Jornal do Brasil**, Rio de Janeiro, p. 16, 21 mar. 1933.

O INTERESTADUAL de amanhã Rio-São Paulo. **O Globo**, Rio de Janeiro, p. 7, 27 jan. 1928.

O INTERESTADUAL do sabbado último. **Correio da Manhã**, Rio de Janeiro, p. 10, 2 fev. 1928.

O KING F. C., desta capital, jogará contra o E. C. Antarctica, do Rio de Janeiro. **O Correio de São Paulo**, São Paulo, p. 3, 15 jul. 1932.

O MARCADOR paulista foi officializado pela L. P. P. P. **A Gazeta**, São Paulo, p. 11, 24 set. 1930.

O NOVO jogo da moda. **O Estado de São Paulo**, São Paulo, p. 2, 7 jun. 1902.

O OLÍMPICO vai a Porto Alegre, com os campeões cariocas. **Jornal dos Sports**, Rio de Janeiro, p. 3, 29 maio 1948.

O PALMEIRAS vai realizar um torneio interno. **O Globo**, Rio de Janeiro, p. 7, 21 abr. 1926.

O PONTO final da "Raqueta de Ouro". **A Gazeta**, São Paulo, p. 6, 16 nov. 1932.

O PRÓXIMO campeonato individual vem empolgando centenas de pingue-ponguistas. **A Gazeta**, São Paulo, p. 11, 15 dez. 1931.

O PRÓXIMO encontro entre as turmas do Helios A.C. e do São Paulo Rio F.C. **O Globo**, Rio de Janeiro, p. 5, 14 out. 1925.

O PRÓXIMO torneio Rio-S. Paulo. **Correio Paulistano**, São Paulo, p. 6, 30 jul. 1942.

O QUE foi o Festival de Ping-Pong do Luzitano F. Club. **A Noite**, Rio de Janeiro, p. 7, 10 out. 1927.

O QUE se fala... **A Gazeta**, São Paulo, p. 11, 2 fev. 1929.

O QUE tem sido a campanha do Jornal dos Sports em pról do tennis de mesa. **Jornal dos Sports**, Rio de Janeiro, p. 5, 14 jan. 1942.

O QUE vae pelo Atlantico Sport Club, **O Globo**, Rio de Janeiro, p. 7, 19 abr. 1927.

O QUE vae pelo Club Reserva Naval. **O Globo**, Rio de Janeiro, p. 6, 10 ago. 1925.

O S. C. BRASIL conquistou a Taça Gymnastico x Patriarcha. **Correio da Manhã**, Rio de Janeiro, p. 10, 11 fev. 1933.

O S.C. ANTARCTICA confere títulos honoríficos. **O Globo**, Rio de Janeiro, p. 8, 28 jan. 1933.

O SUL-AMERICANO de Tennis de Mesa. **O Globo**, Rio de Janeiro, p. 13, 3 jun. 1949.

O TÊNIS de mesa em Santos. **Correio Paulistano**, São Paulo, p. 8, 19 fev. 1943.

O TÊNIS de mesa em Santos. **Correio Paulistano**, São Paulo, p. 6, 21 jan. 1943.

O TÊNIS de mesa em Santos. **Correio Paulistano**, São Paulo, p. 8, 26 jsn. 1943.

O TÊNIS de mesa no São Paulo Futebol Clube. **O Estado de São Paulo**, São Paulo, p. 12, 14 nov. 1943.

O TENNIS de mesa internacional. **O Globo Sportivo**, Rio de Janeiro, p. 14, 23 maio 1947.

O TENNIS de mesa já é um esporte acreditado! **Jornal dos Sports**, Rio de Janeiro, p. 5, 28 jun. 1942.

O TENNIS de mesa vai mesmo se filiar à CBD. **Jornal dos Sports**, Rio de Janeiro, p. 7, 1 fev. 1942.

O TENNIS de mesa, esporte internacional. **Jornal dos Sports**, Rio de Janeiro, p. 4, 23 abr. 1943.

O TENNIS de mesa, o mais novo esporte firmado no Brasil. **O Globo Sportivo**, Rio de Janeiro, p. 20, 12 set. 1947.

O TIJUCA T. C. é o campeão do torneio início feminino de tênis de mesa. **Jornal dos Sports**, Rio de Janeiro, p. 2, 14 set. 1943.

O TIJUCA Tênis Clube venceu o campeonato feminino por equipes. **Jornal dos Sports**, Rio de Janeiro, p. 5, 26 out. 1943.

O TORNEIO "Raqueta de Ouro" reinicia hoje sua marcha triumphante. **A Gazeta**, São Paulo, p. 7, 3 nov. 1932.

O TORNEIO de ping-pong do Praia Club. **O Globo**, Rio de Janeiro, p. 8, 8 abr. 1930.

O TORNEIO início de pingue-pongue do GER Prada. **Correio de São Paulo**, São Paulo, p. 5, 15 mar. 1933.

O TORNEIO initium da Liga Carioca de Ping-Pong. **O Globo**, Rio de Janeiro, p. 7, 16 nov. 1926.

O TORNEIO initium do Gymnastico. **A Noite**, Rio de Janeiro, p. 7, 1 set. 1928.

O TORNEIO initium em 30 do corrente. **A Noite**, Rio de Janeiro, p. 7, 9 ago. 1928.

O VETERANO campeão Jurandyr Vianna faz annos amanhã. **A Gazeta**, São Paulo, p. 4, 6 jun. 1930.

OKAMOTO, M. S.; NAGAMURA, Y. Burajiru Jihô (Notícias do Brasil) e Nippak Shimbun (Jornal Nipo-brasileiro): os primeiros tempos dos jornais japoneses no Brasil (1916-1941). **Escritos** – Revista da Fundação Casa de Rui Barbosa, Rio de Janeiro, ano 9, n. 9, p. 147-179, 2015.

OLÍMPICO, Campeão Carioca. **Esporte Ilustrado**, Rio de Janeiro, p. 4, 23 dez. 1948.

OLIVEIRA, C. M. O Rio de Janeiro da Primeira República e a imigração portuguesa: panorama histórico. **Revista do Arquivo Geral da Cidade do Rio de Janeiro**, n. 3, 2009, p. 149-168. Disponível em: http://wpro.rio.rj.gov.br/revistaagcrj/wp-content/uploads/2016/10/e03_a5.pdf. Acesso em: 9 fev. 2024.

OLIVEIRA, G. Y. S. Entre a bola e a fábrica: reflexos da industrialização paulistana no clube de fábrica Santa Marina. **Revista Hydra** – Revista Discente de História da Unifesp, [s. l.], v. 5, n. 9, p. 339-356, 2021. Disponível em: https://periodicos.unifesp.br/index.php/hydra/article/view/11526. Acesso em: 15 abr. 2024.

OLIVEIRA, G.; CHEREN, E.; TUBINO, M. A inserção histórica da mulher no esporte. **Revista Brasileira de Ciência e Movimento**, v. 16, n. 2, p. 117-125, 2008. Disponível em: https://portalrevistas.ucb.br/index.php/RBCM/article/viewFile/1133/884. Acesso em: 22 mar. 2022.

OLIVEIRA, N. O imaginário republicano através da imprensa no início do século XX: Arthur Bernardes e as disputas oligárquicas. *In:* XXI ENCONTRO REGIONAL DE HISTÓRIA: HISTÓRIA, DEMOCRACIA E RESISTÊNCIA, 2018. **Anais** [...]. Disponível em: http://www.encontro2018.mg.anpuh.org/resources/anais/8/1533750323_ARQUIVO_NataliaFragadeOliveira.pdf. Acesso em: 9 fev. 2024.

OS 15 títulos de campeões da cidade. **Esporte Ilustrado**, Rio de Janeiro, p. 7, 1 jan. 1948.

OS BAIANOS no campeonato brasileiro. **Esporte Ilustrado**, Rio de Janeiro, p. 3, 2 set. 1948.

OS BRASILEIROS no Sul-Americano de Tênis de Mesa. **O Globo Sportivo**, Rio de Janeiro, p. 8, 14 mar. 1947.

OS CAMPEÕES mundiais jogarão quarta-feira no América F. C. **Jornal do Brasil**, Rio de Janeiro, p. 16, 29 nov. 1938.

OS CAMPEONATOS da Liga Carioca de Ping-Pong. **O Globo**, Rio de Janeiro, p. 7, 5 jan. 1934.

OS CARIOCAS derrotaram os fluminenses. **O Globo**, Rio de Janeiro, p. 12, 16 nov. 1946.

OS DEZ annos de existencia do Tijuca Tênis Club. **Correio da Manhã**, Rio de Janeiro, p. 8, 11 jun. 1925.

OS DRAMAS do esporte amador. **Diário de Pernambuco**, Recife, p. 7, 24 jun. 1944.

OS GRANDES raquetistas do Brasil. **Esporte Ilustrado**, Rio de Janeiro, p. 3, 14 abr. 1949.

OS GRANDES raquetistas do Brasil. **Esporte Ilustrado**, Rio de Janeiro, p. 3, 3 mar. 1949.

OS INTERESTADOAES de ping-pong. **O Globo**, Rio de Janeiro, p. 2, 25 out. 1933.

OS JOGOS inaugurais do grande certame de ping-pong do Jornal dos Sports. **Jornal dos Sports**, Rio de Janeiro, p. 5, 9 ago. 1941.

OS NOVOS campeões paulistas de pingue-pongue. **A Gazeta**, São Paulo, p. 11, 27 fev. 1930.

OS PAULISTAS jogarão hoje com as turmas do S. C. Antarctica. **O Globo**, Rio de Janeiro, p. 7, 21 abr. 1932.

OS PRÓXIMOS jogos do campeonato individual da cidade. **O Globo**, Rio de Janeiro, p. 7, 8 abr. 1930.

OS QUE surgem... **A Gazeta**, São Paulo, p. 11, 17 jun. 1933.

OS RAPAZES da 3.a turma vencem a turma principal feminina. **O Estado de São Paulo**, São Paulo, p. 10, 29 abr. 1930.

OS TREINOS dos scratches da Liga Carioca. **O Globo**, Rio de Janeiro, p. 7, 13 set. 1927.

OS TROPHEUS da Associação já se acham expostos. **A Gazeta**, São Paulo, p. 9, 27 jun. 1930.

OS ÚLTIMOS trabalhos da directoria do C. A. Acadêmicos de Medicina. **O Globo**, Rio de Janeiro, p. 7, 21 maio 1927.

OS VETERANOS da velha guarda. **A Gazeta**, São Paulo, p. 16, 11 nov. 1929.

OSCARZINHO tinha um canário. **O Estado de São Paulo**, São Paulo, p. 7, 15 jan. 1944.

PAIVA, Edson. **Tênis de mesa – Dagoberto Midosi**. Youtube, 18 set. 2009. Disponível em: https://www.youtube.com/watch?v=qdbbQR3yulQ. Acesso em: 9 jun. 2024.

PARA incrementar o ping-pong. **O Globo**, Rio de Janeiro, p. 7, 17 jul. 1933.

PARA o Sul-Americano. **Correio da Manhã**, Rio de Janeiro, p. 10, 8 fev. 1947.

PARABÉNS à FPTM pelos 80 anos (1929-2009). **CBTM**, 2009. Disponível em: https://www.cbtm.org.br/noticia/detalhe/80540. Acesso em: 18 jul. 2023.

PATRIARCA F. Clube x E. C. Beira Mar. **Gazeta Popular**, Santos, p. 4, 21 jan. 1933.

PAULISTAS vs Cariocas. **O Estado de São Paulo**, São Paulo, p. 8, 30 jan. 1932.

PAULISTAS, 200 x Cariocas, 167. **A Gazeta**, São Paulo, p. 11, 27 out. 1933.

PAULO, João. Atenção, meninada! **Revista da Semana**, Rio de Janeiro, p. 9, 25 nov. 1906.

PELA 1ª vez na América do Sul, a partida de duplas mistas. **Esporte Ilustrado**, Rio de Janeiro, p. 8, 3 jul. 1947.

PELA PRIMEIRA vez o Brasil no Campeonato Mundial de Tênis de Mesa. **Jornal dos Sports**, Rio de Janeiro, p. 2, 30 jan. 1949.

PELO Clube Negro de Cultura Social. **Correio Paulistano**, São Paulo, p. 11, 26 fev. 1937.

PELOS CLUBS. **A Noite**, Rio de Janeiro, p. 4, 26 abr. 1933.

PEREIRA, M. **A política portuguesa de imigração, 1850-1930.** Bauru: Editora da Universidade de Caxias do Sul; Portugal: Instituto Camões, 2002.

PEREIRA, M. H. **A política portuguesa de emigração (1850-1930).** Lisboa: Biblioteca de História; A Regra do Jogo, 1981.

PESSOA, V. Esporte universitário na década de 1930: "uma expressão do amadorismo". **Recorde**, Rio de Janeiro, v. 15, n. 1, p. 1-16, jan./jun. 2022. Disponível em: https://revistas.ufrj.br/index.php/Recorde/article/view/52786/28795. Acesso em: 21 abr. 2023.

PESSOA, V.; DIAS, C. História do esporte universitário no Brasil. **Movimento**, Porto Alegre, v. 25, e 25016, 2019. Disponível em: https://seer.ufrgs.br/Movimento/article/view/82512/52582. Acesso em: 22 mar. 2022.

PING-PONG (Table-Tennis). **O Estado de São Paulo**, São Paulo, p. 4, 29 ago. 1903.

PING-PONG Club. **O Estado de São Paulo**, São Paulo, p. 3, 12 ago. 1905.

PING-PONG no Flamengo. **O Imparcial**, Rio de Janeiro, p. 10, 12 ago. 1918.

PING-PONG Sport-Club. **O Estado de São Paulo**, p. 6, 29 out. 1909.

PING-PONG, Whiff-Whaff, Timo-Timo. **Correio Paulistano**, São Paulo, p. 2, 28 abr. 1902.

PINGUE-PONGUE. **A Gazeta**, São Paulo, p. 7, 14 fev. 1928.

PINGUE-PONGUE. **A Gazeta**, São Paulo, p. 6, 17 jan. 1930.

PINGUE-PONGUE. **A Gazeta**, São Paulo, p. 9, 2 ago. 1933.

PINGUE-PONGUE. **A Gazeta**, São Paulo, p. 7, 29 dez. 1927.

PINGUE-PONGUE. **A Gazeta**, São Paulo, p. 7, 14 fev. 1928.

PINGUE-PONGUE. **A Gazeta**, São Paulo, p. 8, 10 set. 1931.

PINGUE-PONGUE. **A Gazeta**, São Paulo, p. 3, 18 dez. 1923.

PINGUE-PONGUE. **A Gazeta,** São Paulo, p. 7, 1 fev. 1928.

PINGUE-PONGUE. **A Gazeta**, São Paulo, p. 7, 1 fev. 1929.

PINGUE-PONGUE. **A Gazeta**, São Paulo, p. 9, 1 jul. 1932.

PINGUE-PONGUE. **A Gazeta**, São Paulo, p. 9, 1 jul. 1933.

PINGUE-PONGUE. **A Gazeta**, São Paulo, p. 6, 10 jun. 1925.

PINGUE-PONGUE. **A Gazeta**, São Paulo, p. 7, 12 mar. 1926.

PINGUE-PONGUE. **A Gazeta**, São Paulo, p. 9, 12 set. 1931.

PINGUE-PONGUE. **A Gazeta**, São Paulo, p. 8, 14 fev. 1928.

PINGUE-PONGUE. **A Gazeta**, São Paulo, p. 7, 14 mar. 1929.

PINGUE-PONGUE. **A Gazeta**, São Paulo, p. 8, 15 abr. 1932.

PINGUE-PONGUE. **A Gazeta**, São Paulo, p. 9, 15 maio 1931.

PINGUE-PONGUE. **A Gazeta**, São Paulo, p. 9, 16 jun. 1933.

PINGUE-PONGUE. **A Gazeta**, São Paulo, p. 7, 16 out. 1930.

PINGUE-PONGUE. **A Gazeta**, São Paulo, p. 9, 17 ago. 1933.

PINGUE-PONGUE. **A Gazeta**, São Paulo, p. 7, 18 jan. 1929.

PINGUE-PONGUE. **A Gazeta**, São Paulo, p. 7, 18 nov. 1932.

PINGUE-PONGUE. **A Gazeta**, São Paulo, p. 7, 18 out. 1927.

PINGUE-PONGUE. **A Gazeta**, São Paulo, p. 7, 2 jan. 1928.

PINGUE-PONGUE. **A Gazeta**, São Paulo, p. 7, 20 abr. 1929.

PINGUE-PONGUE. **A Gazeta**, São Paulo, p. 9, 20 dez. 1932.

PINGUE-PONGUE. **A Gazeta**, São Paulo, p. 10, 21 dez. 1933.

PINGUE-PONGUE. **A Gazeta**, São Paulo, p. 9, 21 mar. 1930.

PINGUE-PONGUE. **A Gazeta**, São Paulo, p. 4, 22 mar. 1923.

PINGUE-PONGUE. **A Gazeta**, São Paulo, p. 9, 24 maio 1933.

PINGUE-PONGUE. **A Gazet**a, São Paulo, p. 9, 25 jul. 1933.

PINGUE-PONGUE. **A Gazeta**, São Paulo, p. 11, 25 nov. 1930.

PINGUE-PONGUE. **A Gazeta**, São Paulo, p. 10, 25 out. 1933.

PINGUE-PONGUE. **A Gazeta**, São Paulo, p. 8, 26 ago. 1931.

PINGUE-PONGUE. **A Gazeta**, São Paulo, p. 9, 27 set. 1933.

PINGUE-PONGUE. **A Gazeta**, São Paulo, p. 8, 28 jun. 1933.

PINGUE-PONGUE. **A Gazeta**, São Paulo, p. 2, 29 mar. 1922.

PINGUE-PONGUE. **A Gazeta**, São Paulo, p. 9, 4 jul. 1929.

PINGUE-PONGUE. **A Gazeta**, São Paulo, p. 12, 4 mar. 1929.

PINGUE-PONGUE. **A Gazeta**, São Paulo, p. 9, 5 abr. 1932.

PINGUE-PONGUE. **A Gazeta**, São Paulo, p. 7, 5 set. 1929.

PINGUE-PONGUE. **A Gazeta**, São Paulo, p. 11, 5 set. 1930.

PINGUE-PONGUE. **A Gazeta**, São Paulo, p. 8, 5 set. 1931.

PINGUE-PONGUE. **A Gazeta**, São Paulo, p. 11, 6 set. 1930.

PINGUE-PONGUE. **A Gazeta**, São Paulo, p. 7, 7 jun. 1929.

PINGUE-PONGUE. **A Gazeta**, São Paulo, p. 10, 8 jan. 1931.

PINGUE-PONGUE. **A Gazeta,** São Paulo, p. 5, 8 nov. 1932.

PINGUE-PONGUE. **A Gazeta**, São Paulo, p. 7, 9 fev. 1928.

PINGUE-PONGUE. **A Gazeta**, São Paulo, p. 7, 9 fev. 1928.

PINGUE-PONGUE. **A Noite**, Rio de Janeiro, p. 7, 23 ago. 1928.

PINGUE-PONGUE. **A Tribuna**, Santos, p. 3, 1 jan. 1925.

PINGUE-PONGUE. **A Tribuna**, Santos, p. 3, 11 out. 1924.

PINGUE-PONGUE. **A Tribuna**, Santos, p. 4, 15 out. 1916.

PINGUE-PONGUE. **A Tribuna**, Santos, p. 4, 17 nov. 1923.

PINGUE-PONGUE. **Correio Paulistano**, São Paulo, p. 17, 10 jun. 1937.

PINGUE-PONGUE. **Gazeta Popular**, Santos, p. 5, 3 abr. 1934.

PINGUE-PONGUE. **Correio de São Paulo**, São Paulo, p. 4, 26 jan. 1935.

PING-PONG. **A Tribuna,** Santos, p. 6, 22 jul. 1920.

PING-PONG. **Correio da Manhã,** Rio de Janeiro, p. 10, 14 set. 1928.

PING-PONG. **Correio da Manhã,** Rio de Janeiro, p. 9, 27 set. 1928.

PING-PONG. **Correio da Manhã,** Rio de Janeiro, p. 8, 6 out. 1932.

PING-PONG. **Correio da Manhã,** Rio de Janeiro, p. 10, 8 ago. 1932.

PING-PONG. **Correio Paulistano**, São Paulo, p. 5, 17 jul. 1926.

PING-PONG. **Correio Paulistano**, São Paulo, p. 4, 4 mar. 1907.

PING-PONG. **Correio Paulistano**, São Paulo, p. 3, 8 jun. 1902.

PING-PONG. **Correio Paulistano**, São Paulo, p. 6, 12 ago. 1927.

PING-PONG. **Jornal do Brasil**, Rio de Janeiro, p. 8, 23 jul. 1933.

PING-PONG. **Jornal do Brasil**, Rio de Janeiro, p. 17, 23 mar. 1933.

PING-PONG. **Jornal do Commercio**, Rio de Janeiro, p. 8, 3 jun. 1933.

PING-PONG. **Jornal dos Sports**, Rio de Janeiro, p. 5, 10 jul. 1941.

PING-PONG. **Jornal dos Sports**, Rio de Janeiro, p. 5, 10 set. 1941.

PING-PONG. **Jornal dos Sports**, Rio de Janeiro, p. 5, 9 jul. 1941.

PING-PONG. **O Brasil,** Rio de Janeiro, p. 6, 23 abr. 1927.

PING-PONG. **O Brasil,** Rio de Janeiro, p. 6, 22 abr. 1927.

PING-PONG. **O Correio Paulistano**, São Paulo, p. 4, 24 ago. 1923.

PING-PONG. **O Estado de São Paulo**, São Paulo, p. 3, 17 mar. 1907.

PING-PONG. **O Estado de São Paulo**, São Paulo, p. 5, 30 abr. 1910.

PING-PONG. **O Estado de São Paulo**, São Paulo, p. 6, 5 out. 1918.

PING-PONG. **O Estado de São Paul**o, São Paul, p. 6o, 7 jun. 1910.

PING-PONG. **O Estado de São Paulo**, São Paulo, p. 2, 2 maio 1906.

PING-PONG. **O Estado de São Paulo**, São Paulo, p. 3, 31 out. 1903.

PING-PONG. **O Globo**, Rio de Janeiro, p. 7, 11 jun. 1926.

PING-PONG. **O Globo**, Rio de Janeiro, p. 7, 13 jan. 1931.

PING-PONG. **O Globo**, Rio de Janeiro, p. 5, 13 out. 1925.

PING-PONG. **O Globo**, Rio de Janeiro, p. 7, 15 ago. 1926.

PING-PONG. **O Globo**, Rio de Janeiro, p. 7, 16 ago. 1927.

PING-PONG. **O Globo**, Rio de Janeiro, p. 7, 21 fev. 1934.

PING-PONG. **O Globo**, Rio de Janeiro, p. 7, 21 jan. 1931.

PING-PONG. **O Globo**, Rio de Janeiro, p. 8, 22 nov. 1929.

PING-PONG. **O Globo**, Rio de Janeiro, p. 5, 22 set. 1925.

PING-PONG. **O Globo**, Rio de Janeiro, p. 7, 27 ago. 1927.

PING-PONG. **O Globo**, Rio de Janeiro, p. 3, 3 dez. 1929.

PING-PONG. **O Globo**, Rio de Janeiro, p. 7, 30 jan. 1930.

PING-PONG. **O Globo**, Rio de Janeiro, p. 8, 4 jul. 1935.

PING-PONG. **O Globo**, Rio de Janeiro, p. 7, 4 nov. 1925.

PING-PONG. **O Globo**, Rio de Janeiro, p. 7, 9 nov. 1926.

PING-PONG. **O Imparcial**, Rio de Janeiro, p. 6, 4 dez. 1918.

PINGUE-PONGUE. **O Estado de São Paulo**, São Paulo, p. 16, 11 jun. 1929.

PINGUE-PONGUE. **O Estado de São Paulo**, São Paulo, p. 7, 12 nov. 1942.

PINGUE-PONGUE. **O Estado de São Paulo**, São Paulo, p. 7, 17 fev. 1939.

PINGUE-PONGUE. **O Estado de São Paulo**, São Paulo, p. 6, 18 out. 1923.

PINGUE-PONGUE. **O Estado de São Paulo**, São Paulo, p. 7, 2 ago. 1942.

PINGUE-PONGUE. **O Estado de São Paulo**, São Paulo, p. 14, 27 abr. 1929.

PINGUE-PONGUE. **O Estado de São Paulo**, São Paulo, p. 6, 31 mar. 1926.

PINGUE-PONGUE. **O Estado de São Paulo**, São Paulo, p. 9, 6 mar. 1928.

PINGUE-PONGUE. **O Estado de São Paulo**, São Paulo, p. 12, 8 dez. 1929.

PINGUE-PONGUE. **O Estado de São Paulo**, São Paulo, p. 5, 15 ago. 1922.

PINGUE-PONGUE. **O Estado de São Paulo**, São Paulo, p. 8, 15 maio 1932.

PINGUE-PONGUE. **O Estado de São Paulo**, São Paulo, p. 10, 19 mar. 1927.

PINGUE-PONGUE. **O Estado de São Paulo**, São Paulo, p. 6, 20 jan. 1922.

PINGUE-PONGUE. **O Estado de São Paulo**, São Paulo, p. 16, 21 dez. 1928.

PINGUE-PONGUE. **O Estado de São Paulo**, São Paulo, p. 9, 21 jun. 1930.

PINGUE-PONGUE. **O Estado de São Paulo**, São Paulo, p. 14, 21 maio 1939.

PINGUE-PONGUE. **O Estado de São Paulo**, São Paulo, p. 10, 23 mar. 1930.

PINGUE-PONGUE. **O Estado de São Paulo**, São Paulo, p. 6, 24 out. 1920.

PINGUE-PONGUE. **O Estado de São Paulo**, São Paulo, p. 8, 27 jan. 1932.

PINGUE-PONGUE. **O Estado de São Paulo**, São Paulo, p. 6, 3 dez. 1921.

PINGUE-PONGUE. **O Estado de São Paulo**, São Paulo, p. 11, 30 jan. 1924.

PINGUE-PONGUE. **O Estado de São Paulo**, São Paulo, p. 8, 30 out. 1926.

PINGUE-PONGUE. **O Estado de São Paulo**, São Paulo, p. 8, 5 jun. 1930.

PINGUE-PONGUE. **O Estado de São Paulo**, São Paulo, p. 6, 6 abr. 1924.

PINGUE-PONGUE. **O Estado de São Paulo**, São Paulo, p. 8, 7 nov. 1922.

PREMIANDO um bandeirante do tênis. **Correio Paulistano**, São Paulo, p. 16, 18 jun. 1944.

PRESTES, W. Os horrores e os encantos da miséria. **O Globo**, Rio de Janeiro, p. 2, 31 jan. 1928.

PROSSEGUE com brilho o campeonato de pingue-pongue da cidade. **A Gazeta**, São Paulo, p. 15, 3 ago. 1931.

PROSSEGUIRÁ amanhã o torneio de seleção. **Jornal dos Sports**, Rio de Janeiro, p. 5, 9 abr. 1942.

QUANDO será convocada a Assembleia Geral da Liga Santista de Pingue-Pongue? **Gazeta Popular**, Santos, p. 5, 10 abr. 1934.

QUE pensa você sobre o tennis de mesa? **Jornal dos Sports**, Rio de Janeiro, p. 5, 7 jan.1942.

RANGEL, S. Um pouco de ética esportiva. **Esporte Ilustrado**, Rio de Janeiro, p. 15, 3 jun. 1948.

RANGEL, Silvio. A questão da empunhadura da raquete. **Esporte Ilustrado**, Rio de Janeiro, p. 3, 24 mar. 1949.

RANGEL, Silvio. Voltamos ao tempo do ping-pong!!! **Esporte Ilustrado**, Rio de Janeiro, p. 3, 26 maio 1949.

RANGEL, Sylvio. O 4º Sul-Americano de Tênis de Mesa. **Esporte Ilustrado**, Rio de Janeiro, p. 3, 21 jul. 1949.

RAQUETADAS pingue-ponguisticas. **A Gazeta**, São Paulo, p. 10, 10 ago. 1930.

RAQUETADAS pingue-ponguisticas. **A Gazeta**, São Paulo, p. 13, 20 jun. 1930.

RAQUETADAS pingue-ponguisticas... **A Gazeta**, São Paulo, p. 13, 12 set. 1930.

REGRAS de pingue-pongue. **A Gazeta**, São Paulo, p. 5, 27 set. 1922.

REPARO do dia. **O Globo**, Rio de Janeiro, p. 7, 14 maio 1929.

REPAROS do dia. **O Globo**, Rio de Janeiro, p. 7, 30 maio 1929.

RESOLUÇÕES da Federação Paulista de Pingue-Pongue. **O Estado de São Paulo**, São Paulo, p. 9, 20 fev. 1942.

RESOLUÇÕES da Liga Carioca de Ping-Pong. **O Globo**, Rio de Janeiro, p. 6, 3 set. 1928.

REUNIÕES e festas. **A Gazeta**, São Paulo, p. 2, 21 mar. 1931.

REVISTA Esportiva. **O Estado de São Paulo**, São Paulo, p. 8, 6 nov. 1926.

REVISTA Mensal do Club Athletico Paulistano, São Paulo, p. 17, dez.1927.

RIBEIRO, A. **Os donos do espetáculo**: histórias da imprensa esportiva no Brasil. São Paulo: Terceiro Nome, 2007. p. 39.

RIBEIRO, B. Z.; FELIPE, M. R.; SILVA, M. R.; CALVO, A. P. C. Evolução histórica das mulheres nos Jogos Olímpicos. **EFDeportes.com**, Revista Digital. Buenos Aires, 2013. Disponível em: https://www.efdeportes.com/efd179/mulheres-nos--jogos-olimpicos.htm. Acesso em: 10 ago. 2024.

RIBEIRO, L. C.; SOUZA, J. U. O futebol na proposta autoritária e corporativista da Era Vargas (1930-1945). **Topoi**, Rio de Janeiro, v. 22, n. 46, p. 160-181, jan./abr. 2021.

RUBIO, K. A cordialidade feminina no esporte brasileiro. *In:* RUBIO, Katia (org.). **As mulheres e o esporte olímpico brasileiro**. São Paulo: Casa do Psicólogo, 2011. p. 85-102.

RUBIO, K. Tradição, família e prática esportiva: a cultura japonesa e o beisebol no Brasil. **Movimento**, [*s. l.*], v. 6, n. 12, p. 37-44, 2007. Disponível em: https://seer.ufrgs.br/index.php/Movimento/article/view/2498. Acesso em: 24 ago. 2023.

RUBIO, K.; VELOSO, R. As mulheres no esporte brasileiro: entre os campos de enfrentamento e a jornada heroica. **Revista USP**, São Paulo, n. 122, 2019. p. 49-62. Disponível em: https://www.revistas.usp.br/revusp/article/view/162617. Acesso em: 22 mar. 2022.

RUMO a São Paulo a delegação da Federação Metropolitana de Tennis de Mesa. **Jornal dos Sports**, Rio de Janeiro, p. 8, 2 ago. 1942.

S. PAULO Rio F.C. **Correio da Manhã**, Rio de Janeiro, p. 7, 25 out. 1923.

S. PAULO Tennis vs Club das Perdizes. **O Estado de São Paulo**, São Paulo, p. 8, 30 set. 1925.

S. PAULO Tennis. **O Estado de São Paulo**, São Paulo, p. 6, 10 out. 1920.

S. PAULO Tennis. **O Estado de São Paulo**, São Paulo, p. 8, 15 mar. 1931.

S. PAULO Tennis. **O Estado de São Paulo**, São Paulo, p. 6, 28 abr. 1925.

S. PAULO Tennis. **O Estado de São Paulo**, São Paulo, p. 11, 3 dez. 1929.

SAKAKIBARA, H. A historical study on the doubles games in table tennis as introduced by Dr. Yasumasa Nagayama in the early 1930s: his contributions and the first step towards the internationalization of table tennis in Japan. **International Journal of Table Tennis Sciences**, Suíça, n. 6, 2010. Disponível em: https://sasportssience.blob.core.windows.net/ijtts/IJTTS_6_pdf%20files/IJTTS_6_145_148_Sakakibara_A%20historical.pdf. Acesso em: 26 fev. 2024.

SANTA Luiza x Patriarcha de S. Paulo. **O Jornal dos Sports**, Rio de Janeiro, p. 3, 28 abr. 1932.

SANTOS. R. P. Futebol fora do eixo: uma história comparada entre o futebol de Porto Alegre e Salvador (1889-1912). 2014. 199f. Tese (Doutorado) – Programa de Pós-Graduação em História Comparada do Instituto de Filosofia e Ciências Sociais, Universidade Federal do Rio de Janeiro, Rio de Janeiro, 2014.

SÃO LUIZ x C. A. Mikado. **A Gazeta**, São Paulo, p. 10, 14 dez. 1933.

SCHPUN, M. **Beleza em jogo**: cultura física e comportamento em São Paulo nos anos 20. São Paulo: Boitempo, 1999.

SCHWARCZ, L. **As barbas do imperador – D. Pedro II, um monarca nos trópicos**. São Paulo: Companhia das Letras, 1998.

SELEÇÃO para o 4º Sul-Americano. **Jornal dos Sports**, Rio de Janeiro, p. 2, 15 abr. 1949.

SEVCENKO, N (org.). **História da vida privada no Brasil. v. 3**. São Paulo: Companhia das Letras, 1998.

SEVCENKO, N. **Orfeu extático na metrópole: São Paulo, sociedade e cultura nos frementes anos 20**. São Paulo: Companhia das Letras, 1992.

SILVA, D. **A Associação Atlética Anhanguera e o futebol de várzea na cidade de São Paulo (1928-1950)**. 2013. 210f. Dissertação (Mestrado) – Curso de História Social da Faculdade de Filosofia, Letras e Ciências Humanas da Universidade de São Paulo, 2013. Disponível em: https://teses.usp.br/teses/disponiveis/8/8138/tde-29102013-113153/publico/2013_DianaMendesMachadoDaSilva_VCorr.pdf. Acesso em: 18 jul. 2023.

SILVA, D. A. Evolução histórica da legislação esportiva brasileira: do Estado Novo ao século XXI. **Revista Brasileira de Educação Física, Esporte, Lazer e Dança**, v. 3, n. 3, p. 69-78, set. 2008. Disponível em: http://www.educadores.diaadia.pr.gov.br/arquivos/File/2010/artigos_teses/EDUCACAO_FISICA/artigos/legislacao_esportiva.pdf. Acesso em: 9 fev. 2024.

SOARES, A.; VAZ, A. Esporte, globalização e negócios: o Brasil dos dias de hoje. *In:* DEL PRIORE, M.; ANDRADE, V. (org.). **História do esporte no Brasil: do Império aos dias atuais**. São Paulo: Editora da Universidade Estadual Paulista, 2009.

SOARES, C. L. **As roupas nas práticas corporais e esportivas**. Campinas: Autores Associados, 2011.

SOARES, W.; MARQUES, D. H. F.; FARIA, S. D.; REZENDE, D. F. de A. Italianos no Brasil: síntese histórica e predileções territoriais. **Fronteiras**, [*s. l.*], v. 13, n. 23,

p. 171-199, 2011. Disponível em: https://ojs.ufgd.edu.br/index.php/FRONTEIRAS/article/view/1423. Acesso em: 18 jul. 2023.

SOCIEDADE Christã de Moços de Santos contra União Floresta, da Capital. **A Tribuna,** Santos, p. 3, 17 jan. 1924.

SOUZA, B. Quem é Salathiel Campos? **Ludopédio,** 24 de fev. de 2019. Disponível em: https://ludopedio.org.br/arquibancada/quem-e-salathiel-de-campos/. Acesso em: 9 fev. 2024.

SPORT. **O Paiz,** Rio de Janeiro, p. 14, 16 set. 1914.

STREAPCO, J. P. F. **Cego é aquele que só vê a bola.** O futebol paulistano e a formação de Corinthians, Palmeiras e São Paulo. São Paulo: Editora da Universidade de São Paulo, 2015.

SUL-AMERICANO de Tênis de Mesa. **Esporte Ilustrado,** Rio de Janeiro, p. 3, 16 jun. 1949.

SURGE no Rio, para empolgar multidões, um novo esporte. **O Globo,** Rio de Janeiro, p. 3, 7 nov. 1941.

SURGE uma estrela no tênis de mesa brasileiro. **Esporte Ilustrado,** Rio de Janeiro, p. 3, 2 jun. 1949.

SUZUKI, F. S.; MIRANDA, M. L. de J. A história da imigração japonesa e seus descendentes: prática de atividade física e aspectos sócio-culturais. **Conexões,** Campinas, v. 6, p. 409-418, 2008. Disponível em: https://periodicos.sbu.unicamp.br/ojs/index.php/conexoes/article/view/8637844. Acesso em: 24 ago. 2023.

TAÇA Gymnastico - Patriarcha. **Jornal do Commercio,** Rio de Janeiro, p. 15, 19 fev. 1933.

TAÇA Gymnastico x Patriarcha. **Correio da Manhã,** Rio de Janeiro, p. 10, 10 nov. 1932.

TAÇA Gymnastico x Patriarcha. **Correio da Manhã,** Rio de Janeiro, p. 8, 17 set. 1932.

TAÇA Gymnastico x Patriarcha. **Correio da Manhã,** Rio de Janeiro, p. 9, 26 out. 1932.

TAÇA Gymnastico x Patriarcha. **Correio da Manhã,** Rio de Janeiro, p. 9, 4 nov. 1932.

TAÇA Gymnastico-Patriarcha. **A Noite,** Rio de Janeiro, p. 4, 8 ago. 1932.

TAKEUCHI, M. Y. **Imigração Japonesa nas Revistas Ilustradas:** preconceito e imaginário social (1897-1945). São Paulo: Editora da Universidade de São Paulo; Fapesp, 2016.

TEMPORADA interestadual de pingue-pongue. **Correio de São Paulo**, São Paulo, p. 5, 18 fev. 1933.

TEMPORADA interestadual de pingue-pongue. **Correio de São Paulo**, São Paulo, p. 5, 21 fev. 1933.

TEMPORADA interestadual de pingue-pongue. **Correio de São Paulo**, São Paulo, p. 5, 22 fev. 1933.

TÊNIS de mesa e xadrez. **Correio Paulistano**, São Paulo, p. 8, 29 out. 1949.

TÊNIS de mesa. **A Gazeta**, São Paulo, p. 12, 24 maio 1947.

TÊNIS de mesa. **Correio Paulistano**, São Paulo, p. 10, 13 jul. 1946.

TÊNIS de mesa. **Esporte Ilustrado**, Rio de Janeiro, p. 15, 13 nov. 1948.

TÊNIS de mesa. **Esporte Ilustrado**, Rio de Janeiro, p. 14, 5 dez. 1946.

TÊNIS DE MESA. **Jornal dos Sports**, Rio de Janeiro, p. 5, 9 abr. 1942.

TENNIS Club Paulista. **O Estado de São Paulo**, São Paulo, p. 12, 22 jan. 1939.

TENNIS Club Paulista. **O Estado de São Paulo**, São Paulo, p. 9, 6 abr. 1930.

TENNIS de mesa em Nova Iguassú. **Jornal dos Sports**, Rio de Janeiro, p. 2, 14 set. 1943.

TENNIS de mesa infanto-juvenil. **O Globo**, Rio de Janeiro, p. 10, 22 jul. 1947.

TENNIS de mesa no América. **Jornal dos Sports**, Rio de Janeiro, p. 5, 5 nov. 1941.

TENNIS de mesa. **Jornal dos Sports**, Rio de Janeiro, p. 8, 1 ago. 1943.

TENNIS de mesa. **Jornal dos Sports**, Rio de Janeiro, p. 4, 10 set. 1946.

TENNIS de mesa. **Jornal dos Sports**, Rio de Janeiro, p. 2, 11 jun. 1946.

TENNIS de mesa. **Jornal dos Sports**, Rio de Janeiro, p. 2, 5 ago. 1945.

TENNIS de mesa. **Jornal dos Sports**, Rio de Janeiro, p. 5, 5 fev. 1943.

TENNIS de mesa. **Jornal dos Sports**, Rio de Janeiro, p. 7, 8 mar. 1942.

TENNIS de mesa. **O Globo**, Rio de Janeiro, p. 3, 2 jul. 1942.

TENNIS de mesa. **O Globo**, Rio de Janeiro, p. 11, 20 abr. 1949.

TENNIS de mesa. **O Globo**, Rio de Janeiro, p. 8, 20 ago. 1947.

TENNIS de mesa. **O Globo**, Rio de Janeiro, p. 10, 20 mar. 1942.

TENNIS de mesa. **O Globo**, Rio de Janeiro, p. 8, 21 ago. 1946.

TENNIS de mesa. **O Globo**, Rio de Janeiro, p. 4, 26 jan. 1942.

TENNIS de mesa. **O Globo**, Rio de Janeiro, p. 8, 6 mar. 1947.

TERCEIRO Aniversario do C. A. Fazenda Estadual. **O Estado de São Paulo**, São Paulo, p. 9, 6 nov. 1941.

TERCEIRO Torneio Aberto de Tênis de Mesa. **Correio Paulistano**, São Paulo, p. 8, 9 dez. 1942.

The Table-Tennis and Pastimes Pioneer, 1 mar. 1902. Disponível em: https://www.ittf.com/wp-content/uploads/2018/03/1mar02.pdf. Acesso em: 26 fev. 2023.

The Table-Tennis and Pastimes Pioneer, 18 jan. 1902. Disponível em: https://www.ittf.com/wp-content/uploads/2018/03/15mar02.pdf. Acesso em: 27 dez. 2023.

TODOS os esportes. **O Globo**, Rio de Janeiro, p. 11, 13 jan. 1949.

TODOS os esportes. **O Globo**, Rio de Janeiro, p. 11, 18 ago. 1948.

TODOS os esportes. **O Globo**, Rio de Janeiro, p. 8, 18 out. 1946.

TODOS os esportes. **O Globo**, Rio de Janeiro, p. 14, 24 jun. 1947.

TODOS os esportes. **O Globo**, Rio de Janeiro, p. 13, 24 maio 1949.

TODOS os esportes. **O Globo**, Rio de Janeiro, p. 9, 4 mar. 1947.

TODOS os esportes. **O Globo**, Rio de Janeiro, p. 10, 4 out. 1947.

TODOS os esportes. **O Globo**, Rio de Janeiro, p. 9, 5 fev. 1949.

TODOS os esportes. **O Globo**, Rio de Janeiro, p. 11, 9 fev. 1949.

TOFFOLI, A.; ARRUDA, T. Desenvolvimento motor e cultura de movimento na formação da mulher atleta brasileira. *In:* RUBIO, Katia (org.). **As mulheres e o esporte Olímpico Brasileiro**. São Paulo: Casa do Psicólogo, 2011. p. 239-259.

TOLEDO, L. A cidade e o jornal: a Gazeta Esportiva e os sentidos da modernidade na São Paulo da primeira metade do século XX. *In:* HOLLANDA, Bernardo Borges Buarque; MELO, Victor Andrade de (org.). **Esporte na imprensa e a imprensa esportiva no Brasil**. Rio de Janeiro: 7Letras, 2012.

TORNEIO de seleção para o próximo Rio-São Paulo de tennis de mesa. **Jornal dos Sports**, Rio de Janeiro, p. 5, 10 mar. 1942.

TORNEIO dos 10 minutos do Grêmio Acadêmico Álvares Penteado. **Correio Paulistano**, São Paulo, p. 13, 7 mar. 1939.

TORNEIO início de ping-pong do C. dos Caiçaras. **O Globo**, Rio de Janeiro, p. 8, 30 set. 1932.

TORNEIO INÍCIO de pingue-pongue. **Correio de São Paulo**, São Paulo, p. 5, 4 mar. 1933.

TORNEIO initium da Associação Metropolitana de Ping-Pong. **O Globo**, Rio de Janeiro, p. 2, 15 dez. 1930.

TORNEIO interno do C. A. Acadêmicos de Medicina. **O Globo**, Rio de Janeiro, p. 7, 30 maio 1928.

TORNEIO Lygia Lessa Bastos. **Jornal dos Sports**, Rio de Janeiro, p. 5, 20 nov. 1942.

TORNEIO Lygia Lessa Bastos. **Jornal dos Sports**, Rio de Janeiro, p. 3, 27 out. 1942.

TORNEIO, nas regras brasileiras, aberto aos clubes. **Jornal dos Sports**, Rio de Janeiro, p. 5, 11 jul. 1941.

TRIBUNAL do jury. **O Commercio de São Paulo**, São Paulo, p. 1, 15 fev. 1902.

TTE. Table Tennis England. **1921-2021**: a century of Association. 2021. Disponível em: https://www.tabletennisengland.co.uk/about-us/history/. Acesso em: 9 fev. 2024.

TUBINO, M. J. G. **O esporte no Brasil – Do período colonial aos nossos dias**. São Paulo: Ibrasa, 1996.

UENO, L. M. M. O duplo perigo amarelo: o discurso antinipônico no Brasil (1908-1934). **Estudos Japoneses**, [*s. l.*], n. 41, p. 101-115, 2019. Disponível em: https://www.revistas.usp.br/ej/article/view/170435. Acesso em: 24 ago. 2023.

ÚLTIMAS notícias nacionais estrangeiras. **Correio da Manhã**, Rio de Janeiro, p. 13, 10 mar. 1949.

UM ANNIVERSARIO. **Correio Paulistano**, São Paulo, p. 3, 5 maio 1903.

UM FELIZ 1943 para o tennis de mesa! **Jornal dos Sports**, Rio de Janeiro, p. 5, 1 jan. 1943.

UM GESTO de fidalguia dos C. A. Acadêmicos de Medicina. **O Globo**, Rio de Janeiro, p. 7, 3 maio 1927.

UM GRANDE festival no E. Clube Cocotá. **Jornal dos Sports**, Rio de Janeiro, p. 5, 2 ago. 1945.

UM MEZ apenas! **O Globo,** Rio de Janeiro, p. 7, 1 abr. 1937.

UM POUCO de bolinha branca... **Correio de São Paulo**, São Paulo, p. 5, 3 jul. 1934.

UM SCRATH sul-americano de tennis de mesa no campeonato mundial. **O Globo**, Rio de Janeiro, p. 10, 27 nov. 1947.

UM SPORTSMAN completo o Príncipe D. João de Orleans e Bragança. **O Globo Sportivo**, Rio de Janeiro, p. 11, 14 maio 1943.

UMA GRANDE conquista penitenciária. **O Globo**, Rio de Janeiro, p. 1, 9 dez. 1933.

UMA SAUDAÇÃO aos jogadores cariocas. **O Globo**, Rio de Janeiro, p. 7, 28 jan. 1928.

UMA SAUDAÇÃO dos jogadores paulistas de ping-pong aos esportistas cariocas. **O Globo**, Rio de Janeiro, p. 7, 26 out. 1933.

UZORINAC, Z. 1926-2001: table tennis legends. International Table Tennis Federation, 2001. Disponível em: https://digital.la84.org/digital/collection/p17103coll23/id/202. Acesso em: 22 mar. 2022.

VAE SER formado o scratch carioca. **O Globo**, Rio de Janeiro, p. 7, 15 mar. 1932.

VAMOS fundar um clube só de tennis de mesa? **Jornal dos Sports**, Rio de Janeiro, p. 4, 13 jan. 1942.

VÁRIAS de esporte. **Correio de São Paulo**, São Paulo, p. 5, 15 fev. 1933.

VÁRIAS do esporte. **Correio de São Paulo**, São Paulo, p. 6, 21 jan. 1933.

VENCERAM o campeonato de ping-pong os escoteiros do C. R. Flamengo. **O Globo**, Rio de Janeiro, p. 6, 19 nov. de 1928.

VENCIDA a dupla nacional. **Jornal dos Sports**, Rio de Janeiro, p. 4, 10 fev. 1949.

VICENTE Albizu é o novo campeão paulista de ping-pong. **Jornal dos Sports**, Rio de Janeiro, p. 6, 15 out. 1933.

VINHAS, I; AZEVEDO, A. Tênis de mesa. *In:* DACOSTA, L (org.). **Atlas do Esporte no Brasil**. Rio de Janeiro: Confef, 2006. p. 77-80. Disponível em: http://www.atlasesportebrasil.org.br/textos/59.pdf. Acesso em: 22 mar. 2022.

YOKOTA, G. *et al*. Desigualdade de gênero no tênis de mesa brasileiro de alto rendimento: primeiras aproximações. **The Journal of the Latin American Socio-cultural Studies of Sport (ALESDE)**, [s. l.], v. 13, n. 2, p. 16-31, dez. 2021. Disponível em: https://revistas.ufpr.br/alesde/article/view/81114/45702. Acesso em: 22 mar. 2022.

YOKOTA, G. **Manual do Tênis de Mesa**. São Paulo: Giostri, 2021.